中国造园艺术史

张家骥 著

山西人民出版社

作者张家骥教授2003年春于中国苏州

内容提要

这是一部研究中国造园历史的理论著作。著者在掌握丰富的造园史料和相关史料的基础上，以辩证唯物史观，从造园的社会实践角度，对各个历史时期，在一定社会基础上形成的具有时代性的园居生活方式，作了合目的、合规律性的分析；对各个时期造园的性质、园林在内容与形式上的特征，和历史的继承与发展关系做了比较与阐述。如高台建筑的秦汉时代，由于帝室财政与国家财政分别运筹，形成“大苑囿，高台榭，远驰道”的特点，实际上是在帝室物质生活资料生产领地的区域内，建造许多离宫别馆，主要是欣赏自然景观，人工造景只是在池沼中，筑土如壶的较原始的象征性的海上三神山。从高台的形式特征，亦称**台苑**，从造园的性质，可称之谓**自然经济**的**山水宫苑**。

自东汉废止了帝室财政与国家财政分别运筹的制度，苑囿已无生产性质，从此皇家造园不仅数量减少，而且空间范围也大大地缩小，娱游的功能日益成为主要内容。

魏晋时期，皇家造园多在宫城以内，或在都城近郊，已无囿养禽兽的内容，出现了**园苑**一词，就反映了这种变化。“台”既是园中的娱游之所，也是园内的主要景观。造景与台观相应的，则是方塘石洫的理水。这一时期的园苑特征，可称之谓**楼观台苑**。

南北期时期，自然山水庄园兴盛，**山居**的生活方式，使人得以超越与自然山水的功利关系，升华为自然的审美关系，从而对自然山水进入了一个文化审美的更高境界。城市造园不论是皇家还是私家，景境创作都热衷于对自然山林形式特征的模拟，而水无定形，还处于人工规划阶段。这一时期的园林，不妨名之为“**山园**”。

唐代造园，除宫内苑外，由于宫城北面没有城墉围护，因而开辟**禁苑**。“禁苑”的作用在保卫宫城的安全，并驻有皇帝的禁卫军——神策军。禁苑的性质不是帝王经常娱游起居的地方，所以苑中建了大量的亭，既可驻足休憩游览，又充分发挥了“亭”的空间制控点的作用。**唐代的禁苑，是造园史上大量以亭入园之始。**

北宋汴京的"**艮岳**"，是继南北朝的山园之后，将模写式造山艺术发展到登峰造极的时期，自此也就为模写式造景的创作思想方法画上了句号。而唐宋私家园林的性质，主要是为园主邀朋聚友饮酒赋诗，宴平享乐的集会，提供一个赏心悦目的活动场所。这一时期的私家园林，可称之为"**宴集式园林**"。

明清时期，社会经济的发展出现了资本主义的萌芽，随着城市人口的大量集中，造园的空间则日益缩小。在有限的空间里，以自然山水为景境创作主题的造园，不能"**形似**"，只能"**神似**"，因而追求"**意境**"的**写意式山水创作**，就得到飞跃的发展。将山与水在景境的创作中融合、完善而赋予生命的活力。明末计成所著《**园冶**》，是世界最古的造园学名著，标志着以自然山水为主题的中国造园艺术，已发展到成熟和完善，在艺术上已达到很高的境界和水平。

本书著者，积四十余年的研究，通过对中国造园实践在历史运动过程的科学分析，揭示出中国造园在世界的造园文化中，独树一帜、无与伦比的高度艺术性和特殊性质。质言之：

在中国的造园思想中，始终渗透着古老的人与自然和谐关系的"天人合一"的哲学思想，以"无往不复，天地之际也"，即往复无尽的流动空间意识，创造出在园林的形式上，用有限的水石，造成"一峰（石）则太华千寻，一勺（水）则江湖万里"的审美效果；在园林的内容上，充分体现出山水的高度自然精神，追求的是时空的无限性和永恒性的意境。

History of Chinese Landscape Architecture
Abstract：

This is a theoretic work of the history of Chinese landscape architecture. With reference to a huge amount of historical materials of landscaping, from the dialectical materialistic conception of history and the viewpoint of landscaping practice, the author systematically analyzes the landscape-typed living styles characteristic of the different historical periods and developed from the social basis of each period, and probes into the nature of landscape architecture of all these periods, the features of gardens in both form and content, and the relationship between the historical inheritance and development.

During the Qin and Han Dynasties, the financial income of the royal family and the country's revenue were obtained through the different channels. The imperial garden called *yuan you* which stretched hundreds of miles were actually built on the manor of the royal family as means of subsistence and material production. Many palaces built outside of the capital city owned natural landscape features. Artificial landscaping was confined to ponds and pools. Such imperial gardens were palatial gardens of mount and waters. They may be called *tai yuan*.

When the Eastern Han Dynasty put an end to the system of separating the financial income of the royal family from that of the country, the imperial gardens lost the means of subsistence and material production. Since then, the imperial gardens decreased in number and became smaller. Recreational uses became the main function of those gardens.

During the Wei and Jin Dynasties, the most of the imperial gardens called *yuan yuan* were laid out on the ground of the royal palace or on the outskirts of the capital city. Fowls and beasts were not raised there. What was called *tai yuan* was no longer the earth mounds in ponds and pools but the elegant and magnificent towers of bricks and wood. It was both the place of recreation and the main landscape view. The landscape feature of the imperial gardens during that period was represented by towers and pool waters, called *lou guan tai yuan*.

During the period of the Northern and Southern Dynasties, there was a fashion to build manors of mountains and waters. The way of living there enabled residents to forget material gains and cultivate an aesthetic appreciation of nature. City landscaping, imperial gardens or family gardens alike, aimed at the replication of natural hills and jungles. Water view were still artificially designed. Gardens of this period may be called *san yuan*, namely, "mountain garden".

In the Tang Dynasty, apart from the imperial garden within the walls of the royal palace, a "forbid-

1

den garden", *Jin yuan*, was laid out in the north of the royal palace for the purpose of defense. And there were royal troops stationed in *jin yuan*. Since *jin yuan* was not a royal residence for daily use, there were few architectures. Instead, many pavilions were built. Since the Tang Dynasty pavilions have become an indispensable component of landscape architecture.

During the Northern Song Dynasty, *gen yue* in Bianjing (Kaifeng in Henan Province) reached the peak of replication art of mountain view designing. Family gardens of the Tang and Song Dynasties were the places of social gatherings of the garden owners' friends, where they drank wine and composed poems. This kind of family gardens with ponds and bamboo jungles instead of stone hills may be called "feast-typed garden".

During the period of the Ming and Qing Dynasties, with the emergence of capitalist production, the urban population increased drastically with the result that the landscape space was lessened. The limited space of a garden demanded that the landscape designing with the theme of mountains-and-waters view had to be symbolic and spiritual replica of nature, just like the freehand brushwork in traditional Chinese painting. Such a design was free from the boundage of natural shapes of mountains and waters but allowed much space of freedom for the lay-out of landscape architecture. Yuan ye, the earlist work in landscaping in the world, written by Ji Cheng in the late-Ming Dynasty, marks the full development of Chinese landscaping art, which has made a matchless artistic achievement.

To sum up: The Chinese landscape ideology, guided by the ancient philosophical theory that man is an integral part of nature, has strived for the harmony between man and nature. The landscape consciousness of moving space has allowed the use of small stones and shallow water to represent mountains and seas, an aesthetic effect as depicted by a Chinese saying "A heap of rocks represents a thousand-foot-high mountain, and a scoop of water symbolizes a ten-thousand-mile-wide lake". The landscape lay-out has fully manifested the spirit of nature and the artistic conception of the infinity and eternity of time and space.

（张　炜译）

目　　录

新版的话

1986 年，我的第一部著作《中国造园史》梓行问世，印数不多，很快售罄。未料此书却受到海外的重视。1989 年香港《大公报》署名文章，评论"中国造园之有史，当以此书为始"。这个评价，令我惭愧。1991 年，台湾明文书局和博远出版有限公司，两家先后用繁体字重印出版了《中国造园史》。看来此书颇受台湾读者的欢迎。

《中国造园史》出版至今，将近 20 年了。我数十年来，焚膏继晷，兀兀穷年，相继出版了《中国造园论》(荣获第六届中国图书奖)、《园冶全释——世界最古造园学名著研究》、《中国园林艺术大辞典》和最近出版的《中国建筑论》，共约 300 余万言。

我对一位学者所说的"50 岁以前写的东西就不必再读了"，深有同感。何况《中国造园史》大部分是在"文化大革命"十年浩劫后期、老父卧病在床的三年多时间里写的，当时生活与写作条件之恶劣可想而知；此书的不成熟和存在的不足之处也是不言而喻的。早有心重写，只是未得其便。现乘山西人民出版社为我的几部著作再版之机，对此书作了较大的修改，除第一章和以后各章的社会背景部分基本保留，只作文字上的修饰外，将历代造园的主要内容全部重新撰写；从内容上作了必要的补充和修订，如清代皇家园林中的"景山"和"承德避暑山庄"。从体例上，删掉原书最后一章"中国古典园林的空间意匠"(见《中国造园论》一书)，充实以"江南古典园林的实例分析"。修改的宗旨，是力求从历代园居生活的差异，清楚地阐明园林在内容和形式上各个时代的特征，以及园林在历史演变过程中继承和发展的关系，从而科学地揭示出中国造园历史发展的客观规律。所以说本书已不全同于初版。为了有所区别，就将书名改为《中国造园艺术史》。

著者张家骥

2004 年 1 月于苏州

序　言

　　中国的造园，以它独特的民族风格和高度的艺术成就，著称世界，并对欧洲的造园艺术产生深刻的影响。英国植物学家威尔逊称，"中国是世界园林之母"。英国建筑师钱伯斯（Sir William Chambers，1723～1796）赞扬中国园林是"从大自然中收集最赏心悦目的东西"，"组成一个最赏心悦目的、最动人的整体"；中国园林的艺术境界和表现出来的趣味，"是英国长期追求而没有达到的"。英人马卡尼称赞中国的造园家是：擅长于征服自然的人。德国的温泽（Ludwig A·Unzer）在他1773 年写的《中国造园艺术》中，把中国花园称为一切造园艺术的模范，以倾慕的心情写道："除非我们仿效这民族（指中国）的行径，否则在这方面（指造园）一定不能达到完美的境地。"（窦武：《中国造园艺术在欧洲的影响》）

　　在人类文明史上，我国古代人民创造出如此灿烂的文化，我们作为炎黄子孙确实是值得自豪的。可惜自明末的计成写出世界上第一部最古老的造园学名著《园冶》，迄今已有三百五十多年，对这份极为丰硕而珍贵的遗产，还没有较全面系统的研究。原因是多方面的，主要的还是思想方法问题。

　　我在大学时代，就不揣微力，妄意于此领域有所探索。20 世纪 50 年代末，先从《园冶》入手，开始自学古汉语，并注意搜集有关造园史料，写了几篇论文，力图用辩证唯物史观来研究中国的造园史，避免只罗列史料，仅止于各个时代都有些什么名园，并作些概貌性的描绘；而是力求从造园与社会生活的关系中，分析不同时代的造园实质，以及在社会生活的变革与发展中每一时代的造园继承了什么、发展了什么，从而探索出历史上造园艺术发展的客观规律。

　　我从开始研究，到这部很不成熟的书稿写成，已经过去了四分之一世纪。在这多年的摸索探求中，遇到的困难是难以计数的。常为许多不得其解的问题，而陷入彻夜的冥想；也常为一点点了悟，又通宵达旦地工作。愈来愈感到自己的学力微薄，特别是史籍中有关造园的资料，往往太过简略，三言两语，难窥端倪。即使是私家笔记专述园林的文字，多半也是阔略而无征，或散漫而难究。如果不把造园实践置于社会的发展和运动之中，从造园与社会生活错综复杂的关系去考察，就难以对一个时代的园林的基本特征，形成比较清楚的概念。这就不能单靠史料，而要求有综合多种学科的渊博知识，才能对造园史有较深入的研究。限于我的学识和理论水平，有的方面，因不知而疏漏；有的方面，由于知之甚少而不免浅薄。就史料的引用而言，它本身就包含有产生谬误的可能，理解不当而分析欠妥，甚至有谬误之处，是可以预料的。

何况在这条探索造园历史的崎岖道路上，前辈的足迹难觅，无论从著作的思想体系以至书的体例，都不免存在缺陷。我只能把探索中遇到的问题，或者我认为应该提出的问题，阐明自己的观点和看法，作为一家之言，说不上什么创见，敝帚自珍而已。窃愿以此与读者争鸣。我坚信"真理是由争论确立的，历史的事实是由矛盾的陈述中清理出来的"(马克思语)。在学术争鸣中，认识才会深入，错误的也会得到改正。这是我的目的。

我之所以不揣浅陋，把这样一部不成熟的书呈献给读者，只是希望能唤起更多的同志来开展这一领域的研究工作，为振兴中华，发扬灿烂的民族文化做出贡献。从这个要求出发，倘若本书能起个抛砖引玉的作用，则是我最大的愿望了。

张家骥

1985 年 2 月立春日

写于苏州寒山寺西江枫园

（注：此为初版时的序言）

第一章　中国古代造园艺术的民族特质

第一节　自然山水与古代造园

我国幅员辽阔，山河锦绣，自然地貌景观极为丰富多彩。有气势磅礴的高原，巍峨雄壮的山脉；浩瀚沙漠，无垠平原；江河奔流，湖海浩淼。在万水千山中还孕育着各种特殊岩性地貌：岩溶、黄土、红层、花岗岩、石英砂岩等等。类型之多，景观之奇，为世界其他国家所难以媲美。

全国各地都有山水名胜，"崖崖壑壑竞仙姿"。古代人们往往用"甲天下"来赞誉各地山水与众不同的风貌。诸如：

"天下奇秀"的雁荡；

"奇秀甲于东南"的武夷；

"奇险天下第一"的华山；

"江南山水甲天下，桂林山水甲江南"；

"三峡天下险，剑门天下雄，青城天下幽"；

"高出五岳，秀甲天下"的峨眉。

苏东坡说："天下山水在蜀，蜀之山水在嘉"（嘉，指今峨眉乐山风景区）。以奇松、怪石、云海、飞瀑四绝著称于世的黄山，明代学者徐霞客游后，不禁发出"五岳归来不看山，黄山归来不看岳"的赞叹了。

我们祖国的锦绣山河，不仅为中华民族的生存与发展提供了物质基础，还以锺灵毓秀的自然环境，孕育出中国灿烂的古代文化。在这灿烂的文化宝库里，古代的造园艺术称得上是颗瑰丽的明珠，在世界造园史上放出异彩。早在先秦两汉时代，就已将物质生产与人们对自然的精神审美需要结合起来，在自然山水中大规模地建造离宫别馆。千百年来，人们在自然山水中不断建造苑囿、山庄和庙宇祠观，人工的建筑景观，将山水点染得更富于中华民族的特色和精神。

明人诗中有"祠补旧青山"之句，这个"**补**"字十分精当地说出建筑与自然山水的有机结合，人工景观与自然景观多么巧妙地融为一体。中国古代的造园艺术，从早期建于自然山水中的帝王苑囿和士族地主阶级的别墅山庄，到后期在城市中以自然山水为景境创作主题的帝王廷园和私家园林，都离不开自然山水。前者是直接与自然山水结合，后者则是对自然山水长期深刻的观察，并加以概括、提炼的一种艺术表现。所以中国造园与山水画艺术有很深的渊源，虽然两者的空间形式不同，表现的手段各异，但有共同的原则，就是来源于自然，都必须"**师法自然**"。

因此，对自然山水形态和形式美的认识，是造园学所不可缺少的知识。今天，是科学高度分化又相互融合的时代，对自然山水的认识，已不止于从自然景观的外在形态了解其一般特征，还可以运用地理学、地质学的知识，去了解其地质结构和地理形态，科学地认识自然山水形成的条件和构成原因，去探索自然山水的特殊风貌和共同的规律。不仅有利于科学地总结造园史上人工景观与自然景观结合的成功经验，提高造园艺术的创作水平，而且有利于人们"**按照美的规律**"去开发各地的风景资源。

自然山水是地表形态，其形成和发育的过程虽很复杂，但却是有规律的运动。概言之，是地球内外力相互作用的结果。地球作为一个天体，在宇宙中旋转、飞行，受到其他天体的种种影响，地球内部的高温、高压，变化万千，左冲右突，极不平静。除火山、地震等剧烈运动外，寰球处处无不在此伏彼起的推挤运动之中。这是个互相斗争，彼此消长的过程，也就是地表形态发展和演化的过程。我国古代，早已有了这方面的观察和认识了。如：

唐代颜真卿的《麻姑山仙坛记》中，"东海三为桑田"的海水进退观念；

北宋沈括在《梦溪笔谈》中，对冲积平原黄土阶地形成的观察；

南宋朱熹的《朱子语类》中，对岩石形成的地壳运动有颇为精辟的推理；

清代徐宏祖的《徐霞客游记》和孙兰的《柳庭舆地学说》，对流水和岩溶地貌的调查研究与独到的见解，令现代学者也感到惊奇。英国著名学者李约瑟在《中国科学技术史》中说："《徐霞客游记》读来并不像是 17 世纪的学者所写的东西，倒像是一位 20 世纪的野外勘测家所写的考察记录。"

从美学方面，历代的绘画论著，特别自宋代始，对自然山水形式美以及不同地域间山水的不同形态，都有细致的观察和阐述。可见，在中国古代，不论在科学上还是艺术上，对自然山水的观察和研究已成传统。

在以千万年计的缓慢的地壳运动中，岩石层既能发生弯曲和褶皱，也会发生断裂，如我国华北的一些平原、盆地和山区交界处，往往有正在活动的大断层，山区猛烈地上升，盆地相对地下沉，而流水又把山区刻切得陡峭峻削。如"奇险天下第一"的华山、千仞一峰高的衡山、山西五台山等，都是因此而形成的。而"五岳独尊"的泰山，"景胜五岳"的黄山，也是被一些成组断层分割而成隆起的断块山区。

我国的山水著名胜地，多是长期发育的特殊岩性地貌。如花岗岩地貌中著名的安徽黄山，红岩地貌的粤北丹霞山、武夷山，石英砂岩构成的湖南张家界山水，和岩溶地貌的桂林山水、路南石林奇观等等。由于自然地域的地质和地理条件的构造不同，因而呈现出各自不同的形态，就是属于同一地貌的山水，由于岩性、构造等等的差别，也会形态各异、景观不同。现就资料所及，对几种特殊岩性地貌中的著名山水特征和成因概述之。

一、花岗岩地貌的山水景观与特征

山高岭峻　花岗岩体是由长石、石英、云母等组成的，矿物结晶呈良好的镶嵌结构，岩性固结坚硬，承压力大，抗蚀性强，所以形成气势雄伟的高峻山地。如山东的崂山、浙江的天目山海拔均为 1500 米左右，湖南的衡山海拔 1290 米，广东的罗浮山海拔 1282 米。可见"高峻"是其特点之一。

陡崖峭壁　花岗岩的节理[①]丰富，由于地表水和地下水沿节理活动，逐步发育成比较密集的沟谷和河谷。花岗岩的山坡形态，往往决定于节理的多少和形式。在节理或断裂集中处，往往出现陡崖峭壁。沿节理的风化作用，可形成很厚的红色风化壳，这是我国东南部花岗岩地貌的一大特色。

峰顶圆浑　因岩体中各种矿物的膨胀系数不同，表层易生裂隙，在热胀冷缩的过程中，造成散碎状态，有利于风化剥蚀，在高温多雨的情况下，更为迅速。山丘形态大多起伏和缓，很少见尖锐的岩脊，峰多呈浑圆的形状。

但我国西北部的花岗岩高山则有所不同，由于花岗岩体呈岩株构造，受断块抬升，地势高拔，山顶岩体裸露，沿节理与断裂处，在冰裂与雪剥的机械作用下，形成石峰群立的地貌景观。如陕西的华山，就是以奇险著称的花岗岩高山之一。

华山之奇　华山奇在山体浑然如一巨石；险在四面如削，骞腾云表，无比陡削。山道如"一线孤绳，上通霄汉"。华山是由东西南北中五大山峰组成，远眺如一朵莲花，故名华山。

黄山之美　黄山海拔 1841 米，地广约 1200 平方公里，有名的奇景有 72 峰。黄山的峰体多冰裂作用和珠状剥蚀，松树根亦有助于机械作用的侵蚀。冰裂作用多发生在秋季多雨的夜间，昼夜温差大，且在 0℃ 上下的温变次数多。黄山又是皖南的暴雨中心之一，有长期的地表水沿节理发育的沟谷，较大者有三十六条。正是这些沟谷，把山体切割成奇峰峭壁，形成高峰下临深谷，幽潭傍依天柱的奇观。如李白诗所描绘：

> 丹崖夹石柱，菡萏金芙蓉。
> 伊惜升绝顶，俯视天目松。

黄山有些峰还残留了平缓的山顶，如天平虹，即三里平坡，就是海拔 1800 米的平顶，周围悬崖峭壁、群峰林立。黄山由于沿节理的片状剥落，还形成小型洞穴，如云谷寺的仙灯洞。在强烈风化的山顶，还会形成如天外飞来的巨大石蛋，如天都峰上的仙桃石、仙桃峰上的飞来石。这种异奇的石蛋，在其他花岗岩高山上也有，如浙江的天台山、福建的九仙山、广西的大容山、辽宁的千山等。

二、红层地貌的山水景观与特征

红层地貌，是中生代特别是从侏罗纪到早第三纪的陆相红色岩系。在堆积的拗陷或断陷盆地中，岩性相间，岩层倾角不大，赋有垂直节理。盆地随同周围地面整体抬升以后，在热带、亚热带气候条件下，由于风化作用，河流的切割与散流冲蚀形成奇特的岗丘，即"**赤壁丹霞**"的峻峭山岗。以粤北仁化县的丹霞山最为典型，故称**丹霞地貌**。

闽北崇安的武夷山，是丹霞地貌中以"奇秀甲于东南"的著名风景区。武夷山水秀挺拔奇峭，有九曲溪、三十六峰，及名岩九十九，郭沫若诗的"六六三三凝道语，崖崖壑壑竞仙姿"即指此。

武夷的奇秀，是由于岩层含钙质，又多垂直节理，所以崖面上都发育了垂直溶沟，尤以晒布岩的崖面，溶沟平行密布，状如晒布，甚是奇观。这种岩性与构造特点使山峰曾呈孤峙独秀的峭拔形态。如屹立在九曲溪口的大王峰，危峰孤峭，凌云摩霄，高出溪面四五百米，陡壁如削，南面崖壁天然开裂一条巨缝，缝中架木梯，必先缘梯才可攀山，可谓"万丈危峰倚碧空，丹梯历尽意无穷"。

在九曲溪口与大王峰隔水相望的玉女峰，峰顶草木锦簇，岩体秀峭润洁，宛如亭亭玉立的仙女。宋代诗人陆游诗云：

> 二曲溪头耸碧峰，
> 分明玉女镜中容。
> 到来已讶非人境，
> 峰外奇峰更几重。

武夷山水，山峰挺秀，溪水澄碧，山环水抱，交相辉映，构成"碧水丹山"的天然画卷，因而有"人间仙境在武夷"之誉。

三、石英砂岩的山水风貌与特征

湘西土家族苗族自治州的大庸张家界，是由石英砂岩构成的风景胜地，地处峰峦起伏的武陵山脉，构造上是一个比较完整的盆地，周围为更古老地层所形成的高大山体所环峙。

张家界山水　主要是由数百米厚的石英砂岩夹薄层砂质页岩所组成，大都属泥盆系的云台观组地层。在石英砂岩上发育如此规模巨大的奇山异峰，在我国是罕见的。这里在晚古生代时期，为滨海沉积环境，并以机械沉积作用过程为主。当时地壳连续的缓慢下沉，接受沉积的速度与地壳下陷的速度大体相当，因而为厚层石英砂岩的形成奠定了物质基础，沉积物90%以上为砂粒纯净的石英碎屑颗粒。成岩作用完成后，由于造山运动的不断升高，使张家界连同整个湘西北、鄂西、川东一起形成一片高原。再经长期的侵蚀和剥蚀作用，成为一片两千多座石峰，相对高度在100米～200米之间，峰峰拔地，沟谷叠嶂的旖旎风貌。

张家界的峰岩形态与岩溶地貌的"峰林"是大异其趣的，因石英砂岩岩性单纯，硬而较脆，垂直节理极为明显，在长期的侵蚀作用下，节理、裂隙不断扩展，在重力作用下崩塌，峰岩笔立陡削，棱角分明，形成诸如**金鞭岩**似的挺拔而峥嵘的柱状峰群（参见图1-1）。

图 1-1　湖南张家界"金鞭岩"

　　峰岩由于岩层产状②比较平缓，大都不超过 5°～8°，近似水平，石英砂与砂质页岩互层的层次分明，是形成峰岩笔立陡峭形态的原因，峰岩都直上直下，上锐下削，有的甚至超过 90°，仰视峰顶，危岩欲坠，气势惊人，且姿态万千，颇具形象性，如城似楼，像人类兽，给人以生动的联想。

　　张家界山高气温低，年平均温度 16℃～17℃，最冷月平均温度为 1.6℃，水汽容易凝结，且在高山环抱之中，故风力小而云雾多。在黄狮寨等处，云雾难分，扑来是雾，吹走即云，林立的石峰，如云天石柱，十分奇特（参见图 1-2）。

　　张家界的水系发达，沟谷纵横，以金鞭溪最大，全长 20 多公里，由南向北注入澧水。在砂岩风化层的基础上，发育轻砂质黄壤，肥力高，且气候湿润，森林密茂，覆盖率达 94% 以上。稀有珍贵树种触目皆是，如被欧美誉为"中国鸽子树"的珙桐；形态苍古被称为活化石的银杏；美观耐腐的滇楸木，长沙马王堆一号出土汉墓女尸的棺材，即滇楸木所做。黄山松分布于千米高度以上。

明代诗人夏子云游张家界后有"苔痕终古迷幽壑，壁面千年挂劲松"的名句。

四、岩溶地貌的山水景观与特征

岩溶地貌，旧称喀斯特③，是在碳酸盐类的可溶性岩石上发育的一种特殊地貌。我国不同时代的碳酸盐岩石分布很广，特别是长期处于温热环境下的南方，岩溶地貌尤为发育，其发育过程十分复杂，形成类型之丰富，景色之奇丽，为世界各地所罕见。如广西的桂林山水、广东肇庆的七星岩、云南的路南石林以及各地的溶洞等等。

岩溶的发育，不仅与岩石的化学成分、结晶结构有关，而且受气候条件影响。我国地跨热带、亚热带、温带和亚寒带，南北气候悬殊，因此岩溶地貌的特点

图 1-2　湖南张家界"南天一柱"

也各地不同。广西是世界上典型的热带岩溶地区之一，地貌以"峰林"为主要特征，以桂林山水最为著名。山东、山西等地，地表岩溶一般不大发育，而以岩溶泉和干谷为特征，属于温带岩溶。清代刘鹗（1857～1909）的《老残游记》中，描写山东济南"家家泉水，户户垂杨"，就是因多岩溶泉而被称之为"泉城"。中部的四川、湖南、湖北及安徽南部，则以各种岩溶洼地、漏斗及岩溶丘陵为特征，同亚热带地中海型岩溶相似。东北地区，在辽宁本溪境内发现一特大溶洞，长达数十里，洞内有河，划船至洞底需两个多小时。

桂林山水

广西气候炎热，湿而多雨，年平均温度在 20℃或 20℃以上，年降水量一般超过 1500 毫米，且多暴雨，碳酸盐岩发育完善，如桂东大部分为石灰岩和白云岩，岩性纯而岩层厚，最利于岩溶发育，常形成陡峭的"**峰林**"。柳州、来宾一带，为石灰岩与白云岩间过渡型岩石，成分和结构不均，受岩溶作用后，岩体疏松多孔，所成之峰林，无悬崖峭壁者，洞穴亦小而多。说明岩溶地貌景观的

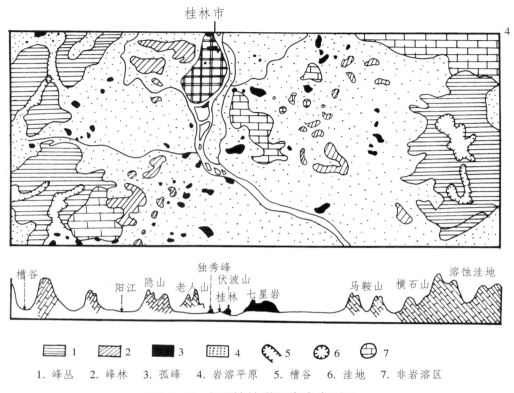

1. 峰丛　2. 峰林　3. 孤峰　4. 岩溶平原　5. 槽谷　6. 洼地　7. 非岩溶区

图1-3　广西桂林附近岩溶类型图

形成，除了外界的自然条件外，与岩性的成分、结构也有关。

　　广西的岩溶地貌可分为峰丛、峰林、孤峰、残丘四大类型。峰丛，石山的山体巨大，海拔可达千米以上，峰顶溶蚀成林状，而基部相连。残丘，是峰林已被溶蚀成零星的分散状态。这两种岩溶地貌，都不能构成奇丽的景观。桂林山水主要是以"峰林"为特征的岩溶地貌（见图1-3）。

　　峰林，主要分布在广西盆地四周，以桂林、阳朔一带为代表。一般桂江两岸峰林较疏，或孤峰散立，离江较远的地方则峰林密集。峰林的形态亦受构造影响，褶皱轴部岩层倾角小，峰林多成圆柱形或锥形，在翼部因岩层倾角大，峰林常呈单斜式，如桂林附近的老人山。

　　桂林山水之美　在山峦奇秀，四野林立，形态生动的桂林峰林，加之漓江水的澄碧与之辉映，真是千岩竞秀，万壑争流。宋代诗人黄庭坚诗云：

桂岭环城如雁荡，

平地苍玉忽嵯峨。

李成不生郭熙死，

奈此千峰百嶂何。

　　诗人认为，桂林山水之美，即使如宋代大画家李成和郭熙也难写它的风姿。桂林的山，岩石裸露，石灰岩色灰青，景色清幽。而阳朔则丛林密茂，沿漓江两岸，陡峭壁立，重叠掩映，更有神采。阳朔的山水，如论画者云，不仅"得水而活"，且"得草木而华"。韩愈以"江作青罗带，山如碧玉簪"，将桂林山水比喻成素裹的美女而传之千古，确也形象而生动地道出桂林山水的性格和风姿。

石林奇观

　　石林，是一种古热带的岩溶形态，由石灰岩的巨大裂隙经溶蚀分割而形成的石柱组合体，高度较低而呈密集状，高者二三十米，低者仅数米。在云南的路南、宜良、东川、弥勒、罗平、个旧等地均有分布，以路南最为著名。

　　石峰而名之为林，屈原就曾提出过疑问，他在《天问》中问："焉有石林？"

　　石林形成于距今约二亿七千万年前的古生代早二叠世时期，属于深海相沉积，经过中生代、新生代各个时期的造山运动和地壳变动，经长期的侵蚀和溶蚀作用，特别是在水沿着岩面的裂隙、节理进行溶蚀、冲刷与分割的作用下，形成一系列石柱、溶蚀裂隙和Ｖ型峡谷相间的复合地形。石林的峰柱，各自独立，互不相连，在阡陌田畴中，拔地而起。远眺，莽莽苍苍，犹如森林一片；近观，丛丛簇簇，人在其中，颇有进入丛"林"之感；俯视，沟壑深邃，峡谷纵横，令人叹为观止。这种奇特的奇观，非"**石林**"二字，无以名之。

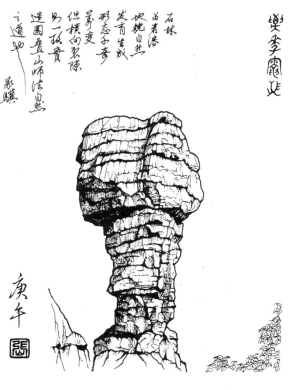

图1-4　云南路南石林"千年灵芝"

石林地区的石灰岩，多呈青灰黑色，层厚质纯，产状平缓。岩层与竖向节理受外力溶蚀、侵蚀作用，石峰的垂直面，如斧砍刀凿，痕深而斑剥，但横向的岩层裂隙十分明显，如人工叠置的假山，而横向裂痕的水平间距，却又惊人的一致，在自然造化的鬼斧神工之中，向人们揭示出大自然的客观规律。

石林景观，群峰怒拔，怪石嶙峋，远观近赏，无一雷同，且形象生动，使人浮想联翩。似人，有母子偕游、有昂首挺胸坚贞不屈的阿诗玛；似仙，有超然飘逸的仙翁；似动物，有安之若素的大象、有俛首梳翅的凤凰；似植物，有出水清沁的芙蓉、袅然升华的**千年灵芝**……（参见图 1-4）正因为这些丰富的形象在"似与不似"之间，更能引人遐想，令人兴趣盎然。

石林，这大自然的雕塑，有人工艺术所不具有的天然魅力，有一种原始的犷野之美，它生机勃勃使人感到生命的活力！

溶　洞

溶洞，是岩溶地貌的地下景观。在我国分布很广，从南到北处处都有瑰丽的溶洞蕴藏在青山绿水之中，美不胜收。溶洞的形成，是由于含碳酸的地下水，长期沿着水平方向溶蚀周围石灰岩体的结果。洞穴的深浅不一，并有地下暗河，而后随着地壳抬升露出地表，成为奇特的地下风景。

溶洞之美，在形态的多姿、色彩的绮丽。因地下溶洞随地壳抬升以后，水逐渐干涸，其中的碳酸分解成水和二氧化碳气体，剩下的固体碳酸钙，从洞顶下垂，凝结成石钟乳，点滴积累，凝结在洞底的就成石笋。这种自然凝成的形态，变化莫测，不仅形态万千，且色彩丰富，景观非常奇妙，往往附有种种神话传说。溶洞可谓空间有限而意趣无穷。

溶洞之奇，不但有色，而且有声，洞中的响石，音色优美，如有被誉为洞中"音乐厅"的太湖**黄龙洞**。有洞穴瀑布，水流跌落 **30** 米，飞珠溅玉，其声隆隆的**冰壶洞**，是浙江金华著名的"**婺州三洞**"之一。苏东坡的《石钟山记》，描写江西鄱阳湖口的石钟洞曰，浪击洞中其声如钟，故名石钟。贵阳南郊公园内长达 **500** 余米的溶洞，可听到洞内地下暗河水声的澎湃。而桂林七星岩，则是包括三山十五洞的洞穴系统。20 世纪 90 年代中，著者应云南曲靖地区和寻甸县邀请，考察了一个刚发现的溶洞，洞在大山脚下由洞口流出山外的一条小河上，洞口有许多钟乳石柱拦着，小船亦似无法进入，这正是有史以来无人知道洞内情况的原因。其实，这些钟乳石柱，虽粗细与间距大小不一，却是有规律的成前后两排,且左右交错,前后两侧都留有可通小船的豁口。乘小舟可曲折回环绕过石栅,洞高约 3 米~4 米,宽约 3 米左右,水颇深,河道数曲,汇入一很大的水池中,这是一个很大的溶洞,穿隆之下,广袤数千平方米,池周皆钟乳石笋,可能其中还有洞穴。奇妙的是,在河池相接处,一石横跨如拱桥,向前复为河道,上部拱顶十分齐整,两边绝壁如墙,近拱顶一段,钟乳倒悬,怪石林立,因无照明,光线黝暗,隐约中更觉神秘。沿河道逆水而上,忽左忽右,如三峡之奇险。船行数百米,河尽头为险滩,巨石纵横,前即出山洞口,上部透进光线,其下暗不可见,但闻瀑布之声如雷。推测可能也是条河流,由于山的两面有高差,长期水流冲激,形成穿山而过的暗河。这给人以长江三峡联想的**水溶洞**奇观,因发现不久,尚未开发。中国名山溶洞,从南到北,星罗棋布,不可殚述。

五、中国自然山水中的湖泊

山无水则不活,水无山而不媚。我国湖泊很多,湖泊所在多山水名胜之地。湖泊的形成,大都是地壳运动的结果,当地壳发生褶皱或断层之后,地表则高地不平,高者为山岭,低者为沟谷,积水而为江河湖泊。据湖泊的成因不同可分为构造湖、海化为湖、溪化为湖、偃塞湖、高山湖等。

构　造　湖

构造湖,是由拗陷盆地形成的湖泊,如湖南的洞庭湖、江西的鄱阳湖、西北的青海湖、云南的洱海和滇池,都是由地壳构造作用形成的湖泊。这类湖泊的特点是,水深而狭长,边缘平直齐整。在构造湖中,以昆明的滇池最为著名。

滇池　是第三纪末以后,沿南北构造断裂下陷积水而成的,龙门绝景的崖面就是断层遗留下来很明显的痕迹。滇池湖域广阔,南北 40 公里,湖岸线全长 150 公里,面积达 311 平方公里,是云南省第一大湖,静时烟波浩渺,动时波涛汹涌,蔚为壮观。

海化为湖

西湖　即闻名世界的杭州西湖。原是钱塘江口上,一个三面环山的海湾。由于从山上冲下泥沙,长期淤积,使海湾之水日益浅涸,终于与海隔绝成湖。西湖之美,宋代苏轼《饮湖上初晴后雨》诗云:

水光潋滟晴方好,

> 山色空濛雨亦奇。
>
> 欲把西湖比西子，
>
> 淡妆浓抹总相宜。

苏轼以春秋时代越国著名美女西施，比喻雨后初晴的西湖景色。宋代诗人杨万里《晓出净慈》描绘了六月的西湖：

> 毕竟西湖六月中，
>
> 风光不与四时同。
>
> 接天莲叶无穷碧，
>
> 映日荷花别样红。

西湖是南宋都城临安（杭州）所在地，公卿显贵和富贾豪商云集于此，沿湖私家园林相望，西湖既有山水之秀、林泉之美，人工景观和人文景观也非常丰富。

在我国，因湖在城西，而名之为西湖的，有 36 个之多，能与杭州西湖媲美的，是广东东江中游的惠州西湖。

溪化为湖

惠州西湖　即溪化为湖。位于广东东江自然堤外的洼地，是积水而成的自然堤外湖。惠州西湖约形成于东汉以后东晋以前，水面辽阔，而弯环曲折，三面青江，洲屿星布。湖面东西最阔处达 10 公里，南北长约 8 公里。湖上堤桥如带，把湖面分成五大部分，故有"五湖六桥"之称。

杭州西湖不废人工雕琢，惠州西湖自然清秀天成。清代山水画家戴熙评惠州西湖说："西湖各有其妙，此以曲折胜。"清·吴骞（1733～1813）在《惠州纪胜》中评比杭州和惠州的西湖时说：

> 杭之佳以玲珑，而惠则旷邈；杭之佳以韶丽，而惠则幽森；杭之佳以人事点缀，如华饰靓妆，而惠则天然风韵，如娥眉淡扫。④

可见两者性格各异，风貌不同。我国还有些湖泊，是由河流堵塞而形成的，如安徽的巢湖，北京的什刹海、北海、中南海等，都是由于河道弯曲，在流水不断侵蚀下，弯处被堵与河流隔绝而成的。

偃　塞　湖

偃塞湖　是由火山喷发后，岩浆偃塞河道所形成的湖泊。黑龙江省德都的

五大莲池，就是由岩浆偃塞河道，分隔成五个大小不等的湖泊。69 万年以来，这里曾发生过多次大规模的火山喷发，形成 14 座截顶圆锥状复式火山，和十几座盾形火山，其色如铁，形态奇特，为我国火山遗迹之奇观。

镜泊湖　在黑龙江宁安西南百余里的重山之中，是我国最大的高山偃塞湖。唐代时，当地靺鞨人称其为"忽汗海"，金代时称**"毕尔腾湖"**，即清平如镜之意，后意译为镜泊湖。

镜泊湖的形成，原由于地壳断裂和火山爆发，使古河道变迁，又因"地下森林"（于火山口发育的森林，国内奇景之一）处的火山爆发，岩浆将牡丹江堵塞而成。镜泊湖海拔 350 多米，湖水迤逦 45 公里，最宽处 6 公里，狭处不足 0.5 公里。四周青山环抱，湖中岛屿错落，山错水横，风光十分秀美。

镜泊湖北端出水口，有跌落约 20 米、宽 50 米的飞瀑，泻入熔岩塌陷的深潭中。潭边岩石嵯岈，绝壁陡立，飞流直泻而下，云蒸雾腾，声如春雷，气势雄伟。

高　山　湖

高山湖，是由火山口形成的湖泊。在我国有多处，如吉林长白山顶的**天池**，海拔为 2200 余米，有跌落 62 米的大瀑布。浙江天目山顶的两个湖，即**天目**，亦有瀑布。唐代诗人章孝标在《天目瀑布》诗中赞道：

> 秋河溢长空，天晒万丈布。
> 深雷隐云礐，孤电挂岩树。

瀑布下有桥，名"仰止"，独立桥头，仰视飞瀑，确有"高山仰止"之感。

西北边疆的天山上也有天池，但不是火山湖，而是和冰川的活动有关。冰川在流动过程中，不断地刨蚀地面，在岩层松软的地方，往往出现洼地，积水后便成湖泊。据考察，我国西部高原，很多湖泊都与冰川活动有关。

沙漠地带的湖，如新疆的罗布泊、宁夏的居延海，则是在风蚀洼地上形成的湖泊。

从上面对自然山水成因十分粗浅而简略的阐述中，也不难看出，自然山水虽形态万千，但都是大自然有规律运动的产物。黄山之奇、华山之险、泰山之雄、峨眉之秀、青城之幽、石林之怪，杭州西湖之玲珑秀媚、惠州西湖之旷邈幽深，……都说明它们具有不同的地质和地理、气候等条件，在自然力作用下，形成千姿百态的特征和风貌。从景观学角度，我们还研究很少，需要不断深入地了解自然山水的多种因素与人之间的关系，找出具有共同性的规律，无论是对山水画艺术和造园艺术的创作，都是非常必要的。

六、自然山水与中国绘画造园艺术

山水画与自然山水

中国山水画，极为讲究笔墨的趣味，正如清代笪重光在《画筌》中所说："从来笔墨之探奇，必系山川之写照。善师者师造化，不善师者抚缣素。"⑤其实，古代的画家是非常重写生的，如五代时画家荆浩在太行山写生"数万本"，才达到"方如其真"的境界。宋代画家李成、关同、范宽，都有自己的独特风格，被誉为"三家鼎跱，百代标程"(郭思：《论画》)。其中有个共同之点，那就是画家所描绘的对象，是他们所熟悉的，是经过长期深刻的观察，和大量写生所认识把握了的自然山水。如明代董其昌《画禅室随笔》云：

> 李思训写海外山，董源写江南山，米元晖写南徐山，李唐写中州山，马远、夏珪写钱塘山，赵吴兴写苕霅山，黄子久写海虞山，若夫方壶蓬濒，必有羽人传照。⑥

这段话中举了八位画家，在此稍作注释：李思训 (651~716) 唐宗室，善绘金碧山水，因曾官右武卫大将军，画史上又称其"大李将军"；董源 (?~962) 五代时画家，擅画水墨淡色山水，为五代、北宋间南方山水画的主要流派；米元晖 (1072~1151) 南宋画家，为书画家米芾 (1051~1107) 的长子，世称"小米"，善用水墨横点写烟峦云树，运笔草草，对后世文人画的笔墨纵放有影响；李唐 (1066~1150) 南宋画家，晚年创"大斧劈"皴，笔法豪纵，气势宏阔，对后世有影响；马远，南宋画家，山水画取法李唐，自出新意，笔力遒劲，设色清润，构图多取一角之景，有"马一角"之称；夏珪，南宋画家，山水取法李唐，用秃笔带水作大斧劈皴，称"拖泥带水皴"，简劲苍老而墨气明润，构图多作半边之景，有"夏半边"之称，后人并称"马夏"；赵吴兴，即赵孟頫 (1254~1322)，元书画家，中年曾署湖州 (浙江吴兴)，故称其为赵吴兴，书法圆转遒丽，用书法技巧写古木竹石，自称"石如飞白木如籀"，变革南宋院体画格调，开创了元代的画风；黄子久 (1269~1354) 元画家，水墨画运以草籀之法，苍茫简古，气势雄秀，有"峰峦浑厚，草木华滋"之评，对明清山水画影响甚大。

画家们的山水画所表现的内容和特点，是同他们长期写生的特定山水形态有关的，而他们所创造的表现方法与其表现内容是有一定联系的。正由于在长期实践过程中，掌握了表现的规律，从而创造出画山水的各种**"皴法"**，这对山水画的发展有重要的意义。

皴法，是用中国的毛笔和水墨画线条的一种特殊技法。如清代画家石涛所说：**"皴有是名，峰亦有是形。"**皴法并非画家的主观臆造，而是根据不同山体的岩性结构、节理所形成的外在形式特征，创造出来的不同线型的画法。大约在宋元时代就已出现皴法的名称，如披麻皴、云头皴、大斧劈皴……。到明末清初，将皴法形式主义地当做不变的模式，山水画的创作也就缺少了造化自然的生命活力。清代杰出画家石涛（约1642～约1718）在《苦瓜和尚画语录》中说：皴"必因峰之体异，峰之面生。峰与皴合，皴自峰生"。对不同地域的山峰，"是峰也，居其形；是皴也，开其面。然于运墨操笔之时，又何待有峰皴之见，一画落纸，众画随之"。⑦

可见，皴法是随绘画对象不同而变化的，只有对山峰的形态有深刻的观察和认识，而且能熟练地掌握笔墨的精湛技法，创作才能不拘泥于峰皴之见，得心应手，纵笔挥毫，抒发出画家的思想、感触和情绪。

山水画与园林艺术

山水画与园林，虽然存在的空间形式不同，表现的手段各异，但都是以自然山水为创作主题的，在**"师法自然"**的基础上，个性之中却有某些共性。因此，古代的绘画理论和创作实践，对园林的发展有很深的影响。我国明代造园学家计成，将山水画家千百年来对自然山水长期观察、提炼和概括出来的创作原理，以及某些构图、形象创作的技巧和手法，吸收并创造性地运用于造园实践中，写出《园冶》这部在世界造园史上最古老且独具民族特色的造园学名著。

但造园与绘画终究是不同的学科，山水画家是在二度空间的尺幅里，用笔墨渲染皴擦，"咫尺之内而瞻万里之遥，方寸之中乃辨千寻之峻"，写出无限空间的自然山川景色；造园学家则是在三度空间的生活环境中，以土石为皴擦，"一峰则太华千寻，一勺则江湖万里"，人工水石令人有涉身岩壑之想。古代造园，虽从绘画的创作经验和规律中，吸取了丰富的养分，但咫尺山林的造景，毕竟不同画景，不仅存在空间形式不同，而且要受表现的物质手段的制约，这就要心会神通，从造园实践的具体情况出发。如叠石以土石为皴擦，虽是个比喻，但也绝非只是文字上的藻饰之词。了解"皴法"的意义，这个生动的比喻说明：叠山在掌握土石性能的前提下，必须对山的岩性、结构、节理所形成的形式特点，借鉴山水画的表现技法，按照美的规律创作，才能随手拈来均成格局，所叠之山既具有自然之形，又能表现出山林的意境和精神。古代画论中，对山的造型有不少精辟之论，对园林造山很有启迪作用和意义。如清代画家笪重光《画筌》云：

> 山本静，水流则动；石本顽，树活则灵。土无全形，石之巨细助其形；石无全角，土之左右藏其角。土戴石而宜审重轻，石垒石而应相表里。石之立势正，走势则斜；坪之正面平，旁面则反。半山交夹，石为齿牙；平垒逶迤，石为膝趾。山脊以石为领脉之纲，山腰用树作藏身之幄。[8]

这段话对园林造山还是很有参考价值的。著者近年曾见有挖池堆山者，土本沙质却欲造成悬崖峭壁的形象，这就是不懂"**土无全形**"的道理，更缺乏土力学的基本常识，这种做法，结果只能事与愿违，劳民伤财而已。近年公园中叠山也多了起来，有些山叠得"千洞百孔"，儿童钻进钻出，不能说没有一点"**物趣**"，但却石无纹理，体无山形，零零磊磊，毫无一点"**天趣**"可言。诚然，叠山并非易事，也无一定的模式可循，殊不知自然的峰岩崖壁，虽因岩性、结构、节理的不同千差万别，但从山水的成因可知，尤其是沉积的各种峰岩，垂直面的形状极其复杂，而岩层的横向裂隙，不论疏密，却是非常一致的。也就是说，在形式多样中有统一性，复杂的形体变化中有一定的客观规律。如路南石林、张家界峰石等，对园林叠山而言是很值得研究的对象，应于师法的自然。

第二节　古代自然美学思想与造园艺术

中国古代的造园艺术，有独特的民族风格和非常鲜明的民族色彩，这种风格的形成与发展，既有它形成的历史条件和自然环境，同时也受到古代自然美学的深刻影响。

中国古代的造园艺术之所以不同于其他国家，或者说汉民族文化之所以不同于其他民族的文化，其思想渊源要追溯到先秦的美学思想。中国的美学思想，虽非始于先秦，但到先秦时代才初具体系。

在先秦的美学思想中，以孔子为代表的儒家思想学说，占有非常重要的地位。对先秦孔学，"不管是好是坏，是批判是继承，孔子在塑造中国民族文化——心理结构上的历史地位，已是一种难以否认的客观事实。孔学在世界上成为中国文化的代名词，并非偶然"。⑨而以老庄为代表的道家思想，则作为儒家思想的对立和补充，形成中国古代美学思想体系的基石。

在先秦的美学思想中，孔子的自然山水美学观，对后世的绘画和造园艺术影响最为直接和深远。这就是被记录在《论语·雍也》中孔子所说的：

知者乐水，仁者乐山。

那么，智者何以乐于水呢？据西汉韩婴在《韩诗外传》中的回答：

夫水者缘理而行，不遗小间，似有智者；动之而下，似有礼者；蹈深不疑，似有勇者；障防而清，似知命者；历险致远，卒成不毁，似有德者。天地以成，群物以生，国家以平，品物以正，此智者所以乐于水也。⑩

那么，仁者何以乐于山呢？据《尚书·大传》载，孔子回答子张的这一提问时说：

夫山者，岩然高，……草木生焉，鸟兽蕃焉，财用殖焉；生财用而无私为，四方皆伐焉，每无私予焉；出云雨以通天地之间，阴阳和合，雨露之泽，万物以成，百姓以飨。此仁者之所以乐于山也。⑪

孔子的所谓自然美，不是从人的美感同自然现象的某种属性的关系，即人与自然的关系去理解的，而是智者对于水，仁者对于山的一种主观感情的外移。美既不在自然山水本身所具有的客观属性，也不在人与自然的社会实践的关系之中，而是知者、仁者从自然山水那里，看到与自己相似的性情和品德，故而产生美感，也就是"乐"。

孔子将自然美归之于审美主体"**人**"的思想感情，具有唯心主义的色彩。但也说明了美感产生的部分事实，即在审美活动中，人的主观精神状态、心理经验、道德品质和文化修养等具有一定的影响，有时会起主要的作用。孔子的自然美学思想，如清代专治《论语》的刘宝楠在《论语正义》中一言以蔽之："言仁者比德于山，故乐于山也。"即自然美在于"**比德**"。孔子的自然美的"比德"说，是先秦时代十分普遍的美学观。

在《诗经》里就有不少比德的例子：如《诗经·君子偕老》："委委佗佗，如山如河。"以山无不容，河无不润，来比喻亡夫品德之美。《诗经·节南山》："节彼南山，维石岩岩，赫赫师尹，民具尔瞻。"以高山峻石比喻师尹的威严等。管子在《管子·水地》中也是以水来比君子之德。

先秦自然美学的"比德"说

儒家自然美学思想的"比德"说，一直沿袭到汉代，为西汉哲学家董仲舒（前179～前104）所继承，他在《春秋繁露·山川颂》中说：

> 山则厖岊嵩崔，摧嵬崒巍，久不崩阤，似夫仁人志士。孔子曰：山川神祇立，宝藏殖，器用资，曲直合，大者可以为宫室台榭，小者可以为舟舆桴楫。大者无不中，小者无不入，持斧则砍，折镰则艾。生人立，禽兽伏，死人入，多其功而不言，是以君子取譬也。且积土成山，无损也；成其高，无害也；成其大，无亏也。小其上，泰其下，久长安，后世无有去就，俨然独处，惟山之意。

> 水则源泉混混沄沄，昼夜不竭，既似力者；盈科后行，既似持平者；循微赴下，不遗小间，既似察者；循溪谷不迷，或奏万里而必至，既似知者；障防山而能清净，既似知命者；赴千仞之壑，入而不疑，既似勇者；物皆因于火，而水独胜之，既似武者；咸得之而生，失之而死，既似有德者。⑫

说得很清楚，由于山水"似夫仁人志士"具有"力者"、"持平者"、"察者"、"知者"、"勇者"、"有德者"等等的类似品德特征，"是以君子取譬"于山水，因而是美的。董仲舒的这些说法，与先秦的**比德**说意思是一样的，人与自然山水的关系，是比与被比的关系，自然山水只是"君子之德"的象征物。

但是，为什么"君子取譬"于山水呢？或者说，为什么自然山水才具有"君子之德"的品质呢？董仲舒说得很明确具体，归根结底是自然山水是人赖以生活和生存所不可缺少的物质资源。所以孔子说，有了山水才"万物以成，百姓以飨"；韩婴则说依靠山水才"群物以生，国家以平"。董仲舒说得更具体，认为宫室台榭、舟舆桴楫、人的衣食住行，从生到死，都不能离开这山山水水的自然界。可见，这种主观感情外移的"比德"说，并非悬在半空，而是落实在地上，是建立在客观的物质基础之上的。质言之，"比德"说，虽没有直接说自然之美在于功利，但是因为首先存在着这种功利的关系，才会重视山水"似夫仁人志士"的品德特征，因而君子取譬于山水。

"比德"说所比之"德"，不论代表的是没落的反动阶级，还是新兴的上升阶级，都是指奴隶主和封建统治阶级的品德。如孔子说："天生德于予"，"我欲仁，斯仁至矣"。⑬孟子也说："仁、义、礼、智非由外铄我也，我固有之也。"⑭孔子的"仁"，是孔子的社会观，是一种政治道德思想，作为个人品质，又属于理智和意识范畴，含意很广。他还以芷兰比喻自己的品质说："且夫芷兰生深林，非以无人而不芳"；"岁寒，然后知松柏之后凋也"。⑮比喻他厄于陈蔡时，能抱仁义之道，临难不失其德的品德。

这种"比德"的自然审美观，对后世的影响所及很广。如刘安《淮南子·俶真训》、司马迁的《史记·伯夷列传》、王符的《潜夫论·交际》等书中，都曾引用并发挥孔子的这一思想，以岁寒比喻乱世，或比喻事难，或比喻势衰，但无不以松柏比喻君子坚贞的品德。

在绘画艺术中，如郭熙的《林泉高致》、黄公望的《论山水树石》，也在构图上把松柏比喻为君子，石比喻为小人。而松、竹、梅、兰等被比喻有人的品德的植物，在中国人的生活和造园艺术中，已成为象征美好的传统的观赏植物。可以说，在人与自然的审美关系中，以生活的想像与联想，将自然山水树石的某些形态特征，视为人的精神拟态，这种审美心理已成为民族的历史传统。

先秦的自然美学思想，对中国文学艺术的发展具有很大的作用。正因为这种"比德"说是主观感情的外移，重在情感的感受，对自然物的各种形式属性，如色彩、线条、形状、比例、韵律等，在审美意识中就不占主要的地位，审美要求在"似"，而不要求"是"，这正好揭示出艺术表现的本质特征。因为任何艺术形式都是有限的具体，而艺术创作的形象，对于客观事物现象，只能"似"而不可能"是"，艺术之妙就妙在"似与不似"（齐白石语）、"真与不真"之间。所以，中国绘画艺术追求的不在于形似，而在神似，惟其神似，才能"以少总多"而情貌无遗。

中国古代的造园艺术，尤其是发展到封建社会后期，园林山水创作，曰山，曰水，不过是一堆土石，半亩池塘而已，要求的就是"有真为假"，"做假成真"，惟其神似，才达到了"虽由人作，宛自天开"，被誉为"咫尺山林"。先秦的美学思想，对中国古代艺术的民族性和民族特质的形成起着难以估量的作用。

先秦的"比德"转变为魏晋的"比兴"

魏晋南北朝时代，是中国历史上思想大变革的时代。在自然审美观上，由个人情感外移的"比德"，变为个人情感抒发的"比兴"。自然山水成为人们喻志、寄兴、兴怀的对象，要求借景抒情，情景交融。

绘画与文论　摆脱了政治伦理束缚，由着重于鉴赏的功能，转向为表现人的内在精神，由工匠的绘饰发展为士大夫的个人雅好。东晋大画家顾恺之 (约345～406) 开始山水画的专题创作，并提出："**以形写神**"[16]、"迁想妙得"的绘画思想，要求在形似中求神似，对后世影响很大。南朝宋的画家宗炳 (375～443)，将儒家的"仁知之乐"与道家的"游心物外"交融，认为"身所盘桓，目所绸缪，以形写形，以色貌色"，必须"闲居理气"，而"万趣融其神思"，提出绘画的要旨在"**畅神**"[17]。南齐的谢赫 (生卒年不详)，概括了前人画理，提出"画有六法"，即气韵生动、骨法用笔、应物象形、随类赋彩、经营位置、传移模写[18]。作为一种法则，为历代画家所遵奉。

南朝梁文学理论家刘勰 (约466～538) 的《文心雕龙》讲"情在词外"而"状如目前"，高度评价"事必宜广"，"文亦过焉"的"诗书雅言"。认为"辞虽已甚，其义无害也"[19]已甚的夸饰之所以无害其义，是由于表达感情的真挚。有了真情，则可以假喻真，反丑为美，达到"物色尽而情有余"[20]。也是强调感情的抒发。

自唐末司空图 (837～908) 的《二十四诗品》提出："**超以象外，得其环中**"的"弦外之音"、"味外之旨"[21]就日益侧重于写意了。由秦汉的"缘情观景"、"情在景中"，转化为"景在情中"；由形似中求神似，转化为在神似中见形似。(见宋·苏轼《东坡集·论传神》) 发展到元代，以天真幽淡为宗的山水画家倪瓒 (1301～1374)，则干脆说："仆之所谓画者，不过逸笔草草，不求形似，聊以自娱耳。"[22]由传神演化为写心，即通过画自然山水来表达画家的心境和意绪。如果说，在倪瓒等元人的山水画中，还存形似的踪迹，到明清便形成一种浪漫主义的思潮，如石涛、朱耷，以及扬州八怪 (一般指汪士慎、黄慎、金农、高翔、李鱓、郑燮、李方膺、罗聘) 等，不受形似束缚，纵情挥毫，以极简略的形象、构图和笔墨，表达出画家个人异常的感受，使感情得以充分抒发。如原济和尚石涛在《画语录》中强调的，"夫画者，从于心者也"[23]。要求的是客观服从主观，物我统一于感情。画家能充分抒发自己的情感和意趣，同笔墨技法的高度发展是分不开的。没有精炼的极臻变化的笔墨技巧，也不可能使画家的思想感情充分表达出来。讲究笔墨的趣味，已成为绘画审美的核心，而作为表现手段的笔墨本身具有相对独立的审美价值，这正是中国绘画艺术具有非常鲜明的民族特色的一个重要因素。

造园与绘画　中国艺术在实践和理论上所体现的自然美学思想具有共同性，

在历史发展中也是互相影响、渗透、补充而完善的。中国的造园与山水画艺术的发展，大致上是相应的。正如山水画不是成熟于自然经济庄园的山居别业盛行的六朝，而是成熟于城市经济发达的宋代。造园艺术也由于城市经济的繁荣，人口向城市集中，造园的空间日益缩小，才脱离了庄园的自然经济，日益发展其休憩游赏的功能，成为城市居住生活的一个组成部分，即所谓**宅园**，后世所说的**私家园林**。

园林的艺术创作，与绘画也大致上是同步的。以造山艺术最具典型性和代表性，其发展的轨迹大致概括言之：

汉代的**苑囿**，是以土筑如坟的象征性海上神山为特征。六朝时**苑园**，则以石为主并以体量巨大的模移山水为特征。唐代苑园未见有造山之说，私家的宴集式园林，尚无明确的造山活动，但具有形象性的**太湖石**，已被罗列于庭际，作为独立的观赏对象了。自宋代始，土石趋于结合，私家园林中，山的形象塑造尚不明显，但在帝王苑园中，如北宋"**艮岳**"的万寿山已土石兼用，成为由模移山水向写意山水过渡的标志，为明清写意山水奠定了基础。明清之际，写意山水造景，在艺术上已达到很高的成就。清代盛期的皇家**廷园**，成功地运用"**因山构室**"法，创造了大体量的北海**琼华岛**和颐和园**万寿山**；私家园林造山，则用"**未山先麓**"法，寓无限之**山**于有限的**山麓**之中，令人有涉身岩壑之感。或用石叠，二三块灵石，孤峙独秀，在有限的庭园空间里，给人以"一峰则太华千寻"的意趣。叠石艺术以土石为皴擦，可以说与绘画的笔墨之趣，有异曲同工之妙。同样，对中国造园艺术的民族形式与民族风格的形成，也是不可缺少的重要因素。

自然美学思想，是古代美学思想中的一个方面，而且本书涉及的只是对古代造园有直接影响的部分，借以说明，以自然山水为创作主题的中国园林，在山水景境创作上的思想渊源，和中国园林的民族性格与特点的历史形成，只在说明问题而非系统地研究中国园林美学。至于道家的自然美学思想"**道**"，主要体现在宇宙空间方面，**空间是建筑的本质**，中国园林可以说是建筑的空间环境——具有高度自然精神的环境。所以道家的自然美学思想，就放在下一节"古代的空间意识与造园"中去谈了。

近年来，以中西方美学思想进行比较研究者日兴，这是很有意义的课题，有比较就易于看出各自不同的特点，和不同的历史发展规律，能使我们比较清楚地认识我们传统文化的民族特质。下面从造园艺术角度作简约的阐述。

中西方美学思想的比较

从思想体系上　西方偏重于**再现**，中国则偏重于**表现**。西方更多是强调摹仿、写实，非常注重形式的和谐。古希腊毕达哥拉斯学派认为："数的原则是一切事物的原则"，"整个天体就是一种和谐和一种数"。㉔欧洲美学思想的奠基人亚里士多德（Aristotle，前384～前322）在《诗学》中对美有段话，他说：

　　一个美的事物——一个活东西或一个由某些部分组成之物——不但它的各部分应有一定的安排，而且它的体积也应有一定的大小；因为美要倚靠体积与安排，一个非常小的活东西不能美，因为我们的观察处于不可感知的时间内，以致模糊不清；一个非常大的活东西，例如一个一千里（一希腊里约合180米）长的活东西，也不能美，因为不能一览而尽，看不出它的整一性；……㉕

上面所说的"由某些部分组成之物"，包括自然界的创造物和人工制成品。而"美要倚靠体积与安排"，也比喻艺术结构。所以"活东西"可解做"画像"。

亚里士多德对美的时空观念，同中国古代的美学思想是大相径庭的。所以，在西方既不会产生在一粒米上雕一篇散文的微雕艺术，也不会有连绵在崇山峻岭之上的万里长城，而**万里长城**却是中华民族伟大活力的象征。

车尔尼雪夫斯基（Церны щевский，1828～1889）曾说："亚里士多德是第一个以独立体系阐明美学概念的人，他的概念竟雄霸了二千余年。"㉖亚里士多德的概念，概言之就是美的事物具有**"整一性"**，这种美的时空概念，在西方的造园中得到充分的体现。西方花园中的建筑、水池、花坛、草坪……无一不讲究整一性，以几何形的组合达到数的和谐，一望而尽。中国古代造园则完全相反，最忌方塘石泗，一览无余的做法，要求"水令人远，石令人古"，㉗在有限的空间里要有无限的意趣。特别是中国园林中的建筑，庭院深重，"处处邻虚，方方侧景"，空间上要求循环往复，无始无终，无穷无尽，小小园林，却使人感到游而难尽。所以，中国园林的整体艺术形象，是在空间中展开，在时间的延续中感知的。这种在时空上不同的观念和设计方法，正是中西方造园在本质上的差别。

被恩格斯（Friedrich Engels，1820～1895）称为欧洲文艺复兴时期多才多艺的**巨人**之一的达·芬奇（L. da Vinci，1452～1519），认为艺术的真谛和全部价值，就在于将自然真实而生动地表现出来。事物的美"完全建立在各部之间神圣的比例关系上"。造成人敏锐的感受力，要"以可靠的准则为依据的理性"。他为了探索人体最完美的比例，亲自解剖过几十具尸体，并对医学也做出过贡献。

中西雕塑　西方的人体雕像各部分之间有精确的比例关系，的确很美。中国的雕像却远非如此，以龙门奉先寺大卢舍那佛的摩崖造像为例，在本尊大佛坐像与侍立的神王金刚雕像的比例关系上，典型地反映出中国艺术不重于模仿的真实，而重在精神表现的美学思想。为了达到昭示本尊大佛的佛法无边，不使侍像喧宾夺主，而又不缩小立像的身材，失去护法神王、金刚的威武气势，古代雕塑家们采用大胆的夸张手法，使神王、金刚保持上身的高大适度，而下半身则有意地缩短变小，利用人仰视时的心理错觉，从而保持整体艺术形象的完整，完全打破了人体比例关系的束缚，同希腊雕塑刻意追求各部分之间的神圣比例关系，是大相径庭的。

石文而丑　中国人对石头的欣赏，最能说明与西方不同的审美观念。中国人欣赏的石，不但要怪，而且要丑，如太湖、灵璧、龙潭等石，既无所谓"数"的和谐，更无什么形式美的法则可寻。如清代画家郑板桥 (燮) (1693～1765) 所说：

> 米元章论石，曰瘦、曰皱、曰漏、曰透，可谓尽石之妙矣！东坡又曰：石文而丑，一丑字则石千态万状皆从此出。彼元章但知好之为好，而不知陋劣之中有至好也。东坡胸次，其造化之炉冶乎。燮画此石，丑石也，丑而雄，丑而秀。㉘

清代刘熙载 (1813～1881) 在《艺概》中说得很干脆："怪石以丑为美，丑到极处，便是美到极处，丑字中丘壑未尽言。"㉙所谓石之丑，非内容之"恶"。借一位俄国的美学家的说法：丑石之美**"是对和谐整体的破坏，是一种完美的不和谐"**。也就是板桥所说的**"丑而雄，丑而秀"**，在静态中具有动势，它**"如虬如凤，若跂若动，将翔将踊；如鬼如兽，若行若骤，将攫将斗；……"**㉚在动态中呈现出一种活力的美和蓬勃的气势。如果说，西方的审美心理和趣味，多喜静态的几何形式中体现出来的数的和谐和整一性，齐整而了然的优美。相反的是，中国造园则力求打破形式上数的和谐和整一性，酷爱自然的完美的不和谐，千状百态视觉无尽的意趣和意境之美。

美学与神学　在美学思想中反映对神的观念，中西方也是截然不同的。欧洲到中世纪，西方美学成为神学的附庸，神学家是对美的权威的阐发者，如圣·

托马斯·阿奎那（Saint Thomas Aquinas，1226～1274）在《神学大全》中提出："美有三个要素：第一是一种完整或完美，凡是不完整的东西就是丑的；其次是适当的比例或和谐；第三是鲜明，所以鲜明的颜色是公认为美的。"㉛他认为"事物之所以美，是由于神住在它们里面。"㉜神是西方人的精神主宰，所以西方古代的主要建筑是神的住所——神殿和教堂，西方古代建筑史，差不多等于宗教建筑史。在这种宗教性社会里，人要取得统治的权威，就必须借助神的力量，将人神化。

在中国的宗法制社会里，是以君主家长式统治为核心的**人本主义**社会，帝王就是最高的神。神要得到承认，必须人化，神是为人服务的，所谓"天上神仙府，人间帝王家"，帝王的生活也就是天堂的生活。所以，中国古代主要建筑的不是神殿，而是帝王的宫殿和陵寝，以及离宫别馆、弥山跨谷的苑囿。

佛教自东汉明帝时传入，据《晋书·孝武帝纪》载："帝初奉法，立精舍于殿内，引诸沙门以居之。"㉝从一开始中国皇帝为进口神灵安排的住所，就是人间天堂的宫殿。而历史上"**舍宅为寺**"的现象很普遍，所以中国佛寺与寺庙园林，与第宅和宅园，并无本质的区别。

所以，中国古代的庙宇，既不同于埃及的神庙，柱列森森，那种黝暗而神秘的氛围；也不同于中世纪高直式教堂，空间高旷而光影变化神秘、尖顶高耸直指苍天的超凡入圣。中国的佛寺庙宇，不孤立于世人的生活之外，而是在世俗生活的环境之中，幽静而典丽。中国的宗教，非但不超越人间，而是愈来愈向世俗化方向发展。如佛像的塑造，魏晋六朝时佛像清癯秀骨，面似微笑，具有一种超凡绝俗、洞悉哲理的智慧和精神。唐代则体态丰满，方额广颐，睿智而慈祥。如奉先石窟寺本尊大卢舍那像，美丽而慈祥的中年妇女形象，与武则天的相貌吻合，可说是一代风流女皇的化身。到宋代，已不再是魏晋的思辨的神或唐式主宰的神，而是完全人化的世俗的神，如大足北山的那些观音、文殊、普贤菩萨，都是秀媚动人的妇女写照。特别是太原晋祠圣母殿著名的彩塑，优美俊秀的侍女像，栩栩如生，十分动人，已没有多少宗教的作用和意味了（参见图1-5）。

建于自然山水中的佛寺道观，为招徕信徒和游人，无不建于风景优胜之处，实际上起了将**自然山水园林化**的作用，迄今仍然是人们选择的旅游胜地。从造园艺术角度，自然山水中佛寺道观，在建筑景观与自然景观的结合上，有丰富的实践资料，尚待深入挖掘，是应予以专门研究的一个重要课题。

图 1-5 山西太原晋祠
圣母殿侍女像

从理论形态上 西方最早的美学家，如古希腊的毕达哥拉斯（Pythagoras，约前580～约前500）是数学家，他和信徒们于公元前6世纪末组成的毕达哥拉斯学派，成员都是数学家、天文学家和物理学家，对美的问题的探讨，自然具有分析推理性，也就是说研究的思想方法倾向于科学，这就成了西方美学的传统。所以，18世纪美学正式成为独立的科学以后，如康德、黑格尔、立普斯等等，都有体系精密而博大完整的美学著作。

西方的美学思想源于希腊的古典哲学，如希腊的哲学家柏拉图（Plato，前427～前347）是早对美的问题进行深入的哲学思考的人，又如"欧洲美学思想的奠基人"亚里士多德，他们都是哲学家，是"智者"，讲授知识，特点是"求知"和"斗智"。因此，西方美学家重视逻辑推理和系统的分析研究。

中国的美学思想源于先秦儒道两家的创始人孔子（前551～前479）和老子，他们是哲学家，但首先是思想家，孔子还是政治家、教育家，他们传授知识，重视的不是"求知"，而是如何"做人"。差别只在儒家要做仁人、圣人，道家则要做真人、至人。正因为他们强调的是做人，不重视探讨事物的本质和发展的规律，不求概念的准确和明晰，崇尚含义的博大和深邃，所以不重理智而重感悟。所以，中国古代的美学思想，不重理性分析和系统的著作，而重感性直观和零星的感受。在古代的文字资料中，散见有大量的丰富的美学思想，却没有一本系统的美学著作。

如我国历代的画论，多是画家创作和鉴赏的经验之谈，却采用散文笔记的形式。至于造园学，在明末计成以前没有一本造园学方面的专著，只在历史、文学和笔记中，有些记述，也是一鳞半爪。就是明代计成的《园冶》，这部世界上最早的造园学名著，也缺乏逻辑性和系统性，但文学性很强，特别是在园林设计思想方法等重要部分，骈骊行文，排比齐整，虽能给人以美感，作为一部科学著作，却缺乏逻辑的分析和理论的概括。因此，许多极有价值的法则和规律性的东西，往往被淹埋在文字的藻饰和典故的堆砌之中，令人不得要领（见第七章第三节"明代计成与《园冶》")。因此，科学地清理、总结古代造园艺术思想，以辩证唯物史观建立造园学理论体系具有重要的意义。

第三节　古代的空间意匠与造园

　　一切事物，无不是在空间中存在、时间中发展。人的空间意识，离不开人与自然的关系和人在社会实践中对自然的认识。如马克思所说："人类靠自然来生活，这就是说，自然是人类的身体，为了不至于死亡，他必须始终和自然一道在连续不断的过程中。所谓人类底物质和精神生活和自然联系着，也就是说，自然和自己本身联系着，因为人类是自然底一部分。"[34] 人对自然的认识，总是同现实的社会生活方式和意识形态相关，社会生活方式和意识形态不同，也就形成具有特定内容与表达形式的空间意识。在艺术分类中，有的美学著作把园林归入**空间艺术**一类，尽管对中国园林来说，并不十分恰切，但也可以理解，因为空间意识，对以自然山水为创作主题的山水诗画和园林艺术，有非常重要的作用。

道家的"天地为庐"观念

　　同儒家"比德"的自然美学思想互为补充的，在空间意识上，是道家以"天地为庐"的宇宙观。庄子说：

> 吾以天地为棺椁，以日月为连璧，星辰为珠玑，万物为赍送，吾葬具岂不备耶？何以加此！[35]

　　庄子生以"天地为庐"，死也要"以天地为棺椁"，用日月、星辰、万物作装殓，将自身与天地融为一体，是以自我为中心，与天地精神相往来的空间意识。

　　如上一节所说，古代的美学思想，由先秦的"比德"，到魏晋的"比兴"，强调个人品德与主观精神的"澄怀味像"的"畅神"的美学思想，反映了当时社会，士族豪门的土地兼并斗争和政治上的极度动乱，门阀士族政治性退避，而隐迹山林之风盛行的现实。这种所谓的隐士生活，如东晋葛洪（284～364）所说：

> 是一种"含醇守朴，无欲无忧，全真虚器，居平味澹，恢恢荡荡，与浑成等其自然；浩浩茫茫，与造化钩其符契。"[36]

葛洪所说这种"含醇守朴","执太朴于至醇之中"的隐士生活，对门阀士族来说并非是无欲无忧的，因为他们并非是看破红尘的社会性退隐，而是怕遭杀戮的一种政治退避的方式。古人认为这"恢恢荡荡"、"浩浩茫茫"的宇宙，是万物的源泉和根本，具有生生不已、无穷无尽的活力。这是古代根本的宇宙观"**道**"，即《易经》上说的"**一阴一阳之谓道**"。道家名之为"虚无"或"自然"，儒家称之为"天"。如老子所说：

> 道之为物，惟恍惟惚。惚兮恍兮，其中有象；恍兮惚兮，其中有物。窈兮冥兮，其中有精；其精甚真，其中有信。㊲

用现代汉语说，"**道**"这个东西，是隐约难测的。虽隐隐约约，其中却有形象；虽难辨莫测，其中却有物质。道是深远难见的，其中却富有生命力，这生命力是非常真实的，是可以信验的。

庄子说：

> 至阴肃肃，至阳赫赫；肃肃出乎天，赫赫发乎地；两者交通成和而万物生焉，或为之纪而莫见其形。㊳

文中的"至阴肃肃"。成玄英疏："肃肃阴气寒也。"赫赫，《诗·大雅·云汉》："旱既大甚，则不可沮，赫赫炎炎，云我无所。""交通成和"，即《老子·四十二章》中"万物负阴而抱阳，冲气以为和"也。纪，即纲纪、规律。

庄子这段话用现代汉语说即为：至阴寒冷，至阳炎热；寒冷出于天，炎热出于地；阴阳相交融合而化生万物，或为万物内在的规律。

庄子曾直接说："天地者万物之父母也，合则成体，一散则成始。"㊴也就是说，天地化生万物，皆由阴阳二气，二气合则生万物，二气分则归之于天地。这种古老的宇宙观，有它合理的内核，不是把宇宙看成为静止不变的，或是为超自然的神所主宰，而是万物由天地的运动变化所产生，有朴素的唯物主义精神。基于这种宇宙观的空间意识，与西方是大不相同的。

中国的空间意识特点

中国古代的空间意识，对自然的无限空间，不是冒险的探索和执著的追求，而是"与浑成（宇宙）等其自然；与造化（自然）钧其符契"，侧重自我心灵的抒发与满足；不是求实践的探索，而是"神与物游，思与境谐"，是从人的"身所盘桓，目所绸缪"出发；不是追求无穷，一去不返，而是"目既往还，心亦吐纳"，也就是从有限中去观照无限，又于无限中回归于有限，而达于自我。这是

"**无往不复，天地际也**"的空间意识。[40] 这是《周易·泰第十一》中的卦辞，"际"，法也。意为"无往不复"，乃天地之法则，自然之规律。

这种空间意识反映在汉代和魏晋的诗歌中很多，如：

> 俯观江汉流，仰视浮云翔（汉武帝）
>
> 俯降千仞，仰登天阻（三国魏·曹植）
>
> 目送归鸿，手挥五弦。俯仰自得，心游太玄（西晋·嵇康）
>
> 仰视乔木杪，俯听大壑淙（东晋·谢灵运）
>
> 仰视碧天际，俯瞰绿水滨（东晋·王羲之）
>
> 俯视清水波，仰看明月光（魏文帝）

陶渊明有"俯仰终宇宙，不乐复何如？"的诗句。这类俯仰自得、游目骋怀之作很多，亦不限用俯仰二字。但却说明一个事实，古人是在相对静止的状态中，以视觉的运动去观察自然的，而这种观察方式，是与先秦两汉的高台建筑、魏晋的山居生活有密切的联系。宋代画家郭熙在观赏自然山水的特点说："山水大物也，人之看者，须远而观之，方见得一障山川之形势气象。"[41] 事实上，要目极四裔，不仅视野要广，视点亦要高。这正是秦汉时喜高台建筑的道理，如汉赋的描绘：

> 崇台闲馆，焕若列宿，
>
> 排飞闼而上出，若游目于天表（《两都赋》）
>
> 伏棂槛而俯听，闻雷霆之相激（《西京赋》）
>
> 结阳城之延阁，飞观榭乎云中，
>
> 开高轩以临山，列绮窗而瞰江（《蜀都赋》）

高台建筑与三远画法

登高才能望远，视线无碍才能极目，汉代建筑不仅高大，还多建在高处及高台之上。这种高视点远眺的方式，以至影响建筑的空间布局和山水画的章法。从视觉活动特点出发，有两种观赏方式：一是仰眺俯览，空间景象随视线在时间中由远而近的运动，形成中国山水画"**三远**"画法中，"**高远**"、"**深远**"的透视和章法，从而出现长条形立轴的画面构图，欣赏条幅画，也是从上而下的看，这同高视点的视觉活动是一致的；二是游目环瞩，空间景象随视线在时间中左右水平向运动，多为"**平远**"之景，从而产生横手卷式图画。中国画这种特殊的画幅比例关系，正是来自于独特的观赏方式。西洋画幅比例的**黄金分割**，完全不适于中国画的表现内容和方法。

不论是仰眺俯览，还是游目环瞩，都是在视线的运动中取景，这同西方绘画静止的定点取景全然不同，中国画不是定点透视，而且连续的散点透视，灭点不在画幅之内，而在画外无限的空间之中。正因为如此，才说明为什么只有中国画能给人以**时空无限与永恒**之感的原因。

以往认为中国画法不科学，不符合透视学的原理者，是不懂得中国传统文化之故。其实，定点透视原理，中国早在一千五百年以前，南朝宋的画家宗炳已经发现，这种透视法之所以未能得到应用，就是由于它不合中国画的取景方法。宋代科学家沈括 (1031～1095)，在他名著《梦溪笔谈》里，曾对大画家李成 (919～967)"仰画飞角"的画法，不合散点透视而讥评说：

> 李成画山上亭馆及楼阁之类，皆仰画飞檐。其说以谓"自下望上，如人立平地望塔檐间，见其榱桷"。此论非也，大都山水之法，盖以大观小，如人观假山耳。若同真山之法，以下望上，只合见一重山，岂可重重悉见，兼不应见其溪谷间事。又如屋舍，亦不应见中庭及巷中事。若人在东立，则山西便合是远境。人在西立，则山东却合是远境。似此如何成画？李君盖不知以大观小之法，其间折高折远，自有妙理，岂在掀屋角也？⑫

沈括所说的**"以大观小"**之法，也就是登高眺远之法，即散点透视的画法。南朝宋画家王微在《叙画》中说：

> 古人之作画也，非以案城域，辨方州，标镇阜，划浸流，本乎形者。融灵而变动者心也，灵无所见，故所托不动；目有所极，故所见不周。于是乎以一管之笔，拟太虚之体；以判躯之状，尽寸眸之明。⑬

中国画家不仅以目光游动取景，而且要以心灵的律动，突破"目有所极，故所见不周"的视界局限，使一草一木、一丘一壑，达到"其意象在六合之表，荣落在四时之外"的空灵意境。

在中国画中的建筑和园林，不但可以画出"中庭及巷中事"，而且重重院落，前后左右的房舍，都要画出来。因为中国建筑是木梁架结构，在两片（缝或贴）梁架之间，搁上檩子构成三度的立体空间，即基本的组合单位**"间"**。一般由三间或五间组合成一栋房屋，**"栋"**是建筑空间的使用单位。用三栋或四栋围闭成三合院或四合院，一座院子就称为一**"进"**。房屋多时，就沿轴线组合成多进的住宅。所以"进"是室内外空间融合的基本组合单元，具有相对的独立性和广延性。

正由于中国木构建筑空间结构的特点，是内外结合，在平面上展开的组群建筑。如果用所谓科学的定点透视法，不论在任何一点，甚至用若干个定点透视画面，也无法表现出建筑整体的空间面貌来。定点透视只适于西方砖石结构建筑，将若干活动空间集合在一个结构空间里，如亚里士多德所说：将"原来零散的因素结合成为统一体"⑭。一般用定点的一个成角透视，就可以基本表现出建筑的整体面貌。对中国建筑，必须于高远处，如看模型，并以散点透视的方法，才能将整体表现出来。

概言之，中国建筑与西方建筑的结构不同、空间组合方式各异，建筑与自然的关系也不相同，中国的建筑空间与自然空间不是对立的，而是相互融合的；建筑的节奏不是体现在个体的外在形式上，而是在空间的序列、层次和时间延续之中，具有时空的统一性、广延性、无限性。这种空间的"无限"或"无尽"，在不受宗法制和建筑型制束缚的园林中，得到充分的发展，成为中国造园艺术的一个重要法则。

中国建筑的空间意识，与老庄哲学有很深的思想渊源。老子名言：**"凿户牖以为室，当其无，有室之用"**⑮是说：开凿门窗建造房屋，有了门窗四壁中的空间，才能有房屋的用途。这个"无"，即"虚无"、"空间"，大则是"自然"，也就是"道"。老子揭示出建筑最**本质**的东西——**空间**。庄子曰："瞻彼阕者，虚室生白。"建筑实体若无阕，即门窗空透处，则室内空间就没有光亮，所以他说："**惟道集虚**。"这就从哲学思想上把建筑空间与自然空间统一起来。

老子提倡："不出户，知天下，不窥牖，见天道。"⑯是说，不出门外，能够推知天下事理；不望窗外，就能了解自然的规律。这就要靠人的本明的智慧，在道家看来，人的内心深处是清澈空明的，只因智巧和嗜欲等等而受到骚乱与蒙蔽。所以老子说："致虚极，守静笃，万物并作，吾以观复。"⑰老子认为，应透过自我修养的"致虚"和"守静"的功夫，净化欲念，清除心灵的蔽障，以虚静的心境、本明的智慧，去观照万物，了解其运动的规律。所谓"吾以观复"，老子认为万物生长与消亡，是往复循环的运动规律。他正是从建筑有限的空间里，以虚静的心境，观照宇宙的运动变化，即从有限观照无限、知无限，而又归之于有限，达于自我，出入往返而归根复命。

老庄哲学思想渗透在建筑和造园的空间意识中，就是力求从视觉上突破建筑和园林的封闭的有限空间的局限，与自然的无限空间流通而融合。在崇尚黄老之学、隐逸山林之风盛行的魏晋南北时期，生活在自然山水中的山居、别墅，就为这种空间上的突破提供了优越的条件，而山居生活的实践促进并丰富了这种空间意识的形成。谢灵运在《山居赋》中有很精辟的观点，他说：

　　　　　　罗曾崖于户里，列镜澜于窗前。

在这句话里，曾，犹重。曾崖，重山峻岭之意。镜澜，澄碧如镜的水面，指江河湖泊等。意思是，要收罗重山峻岭到户牖中来，应将如镜的水面安排到窗户的前面。这种将自然山水收罗到户牖之类的空间意识，早在一千五百多年以前提出来，在造园史上是应大书而特书的。这就把道家的"天地为庐"的空间意识具体地实践化了。这一思想，就是在今天，对自然风景区的规划、园林布局中建筑的位置经营，也是非常重要的。

窗户的美学

　　造园和建筑要突破封闭的有限空间的局限，从总体规划讲，在于建筑的位置经营；从建筑设计讲，关键则在门窗的意匠。门和窗在中国木构架建筑中，不仅只是供采光通风和交通之用，是老子所说的"无"、庄子所说的"阙"，没有这个"无"，就不能当室之用，也就不能"见天道"；没有这个"无"，有限的空间就不能与无限的空间流通、流畅、流动而融合。

　　南朝齐诗人谢朓 (464~499) 有**"辟牖栖清旷，卷帘候风景"**的诗句，毫不夸张地说，这是有史以来，世人对窗的功能所做的最全面而精辟的解释了。

　　"栖清旷"，不仅指窗的采光功能，它包含着室内空间环境的观感，如清代李渔 (1611~约1679) 在《闲情偶寄》中说：室庐清净，可使"卑者高，隘者敞"。是庄子的"虚室生白"的"白"，是"灵光满大千，半在小楼里"(明·陈眉公) 的大千世界的灵光。

　　"候风景"，是谢灵运的"罗曾崖于户里，列镜澜于窗前"，是计成《园冶》所说的"纳千顷之汪洋，收四时之烂漫"，是有限达于无限，而且具有空间景象在时间中变化的意义，所以用**"候"**。而这种纳时空于自我，收山川于户牖的意识，反映在古代诗人作品中亦十分丰富，对造园和建筑的意匠颇有启迪之功。集录一些如下：

　　　　窗中列远岫，庭际俯乔木 (南朝齐·谢朓)
　　　　栋里归白云，窗外落晖红 (南朝陈·阴铿)

画栋朝飞南浦云，珠帘暮卷西山雨 (唐·王勃)

窗含西岭千秋雪，门泊东吴万里船 (唐·杜甫)

卷帘唯白水，隐几亦青山 (唐·杜甫)

大壑随阶转，群山入户登 (唐·王维)

隔窗云雾生衣上，卷幔山泉入镜中 (唐·王维)

檐飞宛溪水，窗落敬云亭 (唐·李白)

山月临窗近，天河入户低 (唐·沈佺期)

窗前远岫悬生碧，帘外残霞挂熟红 (唐·罗虬)

山随宴坐图画出，水作夜窗风雨来 (宋·米芾)

江山重复争供眼，风雨纵横乱入楼 (宋·陆游)

云随一磬出林杪，窗放群山到榻前 (清·谭嗣同)

从诗人的窥窗所得，可以看到无论是在**山林、江湖、田野、闹市**都很讲究窗外的景观之美，不仅是自然风景，城市生活也纳入观赏的范围，如"枕上见千里，窗中窥万室"(王维)，"窗含西岭千秋雪，门泊东吴万里船"(杜甫)之类。

城市园林空间较小，若登高眺远视界超出园外，须有可以观赏之景，这就在造园之初，因地制宜，做到"意在笔先"，既要在一定的空间高度上把握住园外之景，又要在规划上建筑位置有巧妙的安排。计成将这种他处之景为我所观的方法，名之为**"借"**，是非常精当的。借者，物非我有而借用之谓。借，就包含有选择、节制的意思。从这个意义上说，园林的景境之间、建筑的内外，由此望彼，由彼顾此；从内窥外，从外观内，无不存在景观美与不美的问题。如论画者云："千里之山不能尽奇，万里之水岂能尽秀。"自然尚且如此，园林造景受种种条件制约，岂能身之所处，目之所见，尽奇尽秀？这就需要成竹在胸，在规划视线上有所引导，并且还得下一番"屏俗收佳"的工夫。计成在《园冶》中有"借景"专篇，提出"互相借资"、"妙于因借"的独到见解，成为造园艺术的一个重要原则。

门窗在园林建筑上，作为空间流通的手段，发展成为一种特殊的形式，只开洞口不设门窗扇的**"窗空"**和**"门空"**，也称"月洞"和"地穴"（参见图1-6和图1-7）。庄子之谓"观彼阙者"，这名副其实的"阙"，洞然豁然空无一物，形状可作各种图案，周遭以水砖清砖为边饰，在白壁粉墙上，非常素雅而空灵。多用于园中的边角死隅，是一种化死地而生的空间设计手法。如清代沈复 (1763~1807年后?) 在《浮生六记》中所说："实中有虚者，开门于不通之院，

图1-6 苏州园林中的门空

图1-7 苏州园林中的窗空

映以竹石，如有实无也。"⑱窗空和门空，既有空间通秀之功，又具取景框的构图作用。明代散文家张岱在《西湖梦寻》的"火德祠"有段生动的描绘，他说这个火德祠是道士的精庐，可北眺西泠，一览西湖胜概，祠中：

> 窗棂门楔，凡见湖者，皆为一幅画图，小则斗方，长则单条，阔则横披，纵则手卷，移步换影，若迁韵人，自当解衣盘礴。⑲

文中的"斗方"，是一二尺见方的书画页；"单条"，竖幅的书画；"横披"，横幅的书画；"手卷"，横幅的长卷书画，只供案头欣赏，不能悬挂者。

火德庙的门窗户牖，是不可能按这些画幅比例建筑的，显然是张岱**"窥窗如画"**的一种审美感受。但他的这种审美经验，给后人以很大的启迪，清代对造园很有造诣的戏剧家李渔 (1611～约1679)，将**"窥窗如画"**发展为**"当窗为画"**，也就是将前人的审美经验发展成窗户的设计，创立**"无心画"**、**"尺幅牖"**之说，对今天的建筑的窗户设计，也是足资借鉴的 (详见拙著《中国造园论》)。

漏窗 是中国园林艺术中另一独特创造。漏窗的功用，不在于空间的流通、视觉的流畅，而在于隔而不绝，遮而不蔽，在空间上起互相渗透的作用。窗中玲珑剔透的花饰，有浓厚的民族风味，图案的丰富多彩，可谓美不胜收（见图

图1-8 苏州古典园林中的漏窗

1-8）。在园林中，透过漏窗，隔院楼台罅影，竹树迷离摇疏，使景色于隐显藏露之间，造成幽深的境界和朦胧的意趣。

空间意识中的动与静

在古代的空间意识中，包含着动与静的辩证观。从造园学言，"静"是讲人身之所住，"动"是指人目之所视，宇宙本身是无时无刻不在运动变化中的，《中庸》中有："诗云：'鸢飞戾天，鱼跃于渊。'言其上下察也。"⑩用《诗经·大雅·旱麓》中两句话，即老鹰飞得很高，几乎要碰着了天；鱼跳跃在深水里，是很逍遥自在的。是说人在相对静止状态中，仰观俯察所见的景象。而儒家却是用这两句诗比喻，持中庸之道的人能够对上对下进行详细的审察。但不论怎么解释，都似陶渊明所说，"俯仰终宇宙，不乐复何如"？

对动与静的辩证关系，苏东坡有句诗作了非常精辟的概括：

静故了群动，空故纳万境⑤¹

静寂非死寂，是群动之所生；虚空非空无，乃万境之所由。在古代的空间意识中，是由静而动，静中有动，动归之于静的。这种观念很早就体现在建筑中，即讲究静穆之中而有飞动之感、静态之中具有动势之美。《诗经》中对建筑形象描写道：

如跂斯翼，如矢斯棘；如鸟斯革，如翚斯飞。⑤²

句中字意，跂：是挺直的站立着。翼：《诗·小雅·六月》："有严有翼"。恭敬的样子。矢：箭也；亦正直之意。棘：通"急"字。革：郑玄笺："如鸟夏暑希革张其翼时。"翚：羽毛五彩的野鸡。

这四句话用现代汉语说即为：房屋建造得俨正，似人恭敬地站立着；房子的角柱，如射出的箭一样笔直；反宇的屋檐，似鸟儿张开了翅膀；梁枋上的彩画，似锦雉一样地飞舞。

从上述的描写，可以想见建筑已有一种动态之美。从遗存的古建筑看，大而且沉的屋顶之所以无沉重压抑之感，是由于屋顶那飞舞欲举的造型，给人以巨栋横空、檐宇雄飞的形象。中国古建筑这种檐口"反宇"、屋角"起翘"、角柱"升起"的做法，并非产生于美的需要，而是有抛出檐雷，保护版筑土墙，防止不均匀沉陷的实用要求。也就是说，大屋顶的特殊造型，是在实用功能的基础上艺术加工的结果，是按照美的规律进行创造的杰出典范。**"大屋顶"**几乎成了传统建筑的代名词，本来并无贬意，如果说有，只是对那些不顾实用功能，把它奉为千古不变的模式加以抄袭才是如此。

这种具有动态美的屋顶形式，在江南园林中得到高度的艺术夸张，小小庭院，一角飞扬，抛向蓝天，不仅打破这庭院的端方呆板，而且具有突破庭院封闭而有限的空间的作用，使小院显得明快、活泼而生动。可以说是从视觉上引导，由有限至无限，又归之于有限了（参见图 1-9）。

在中国园林中，从山水造景到庭院意匠，以及一系列空间处理的技巧和手法中，无不包含着动与静的辩证关系。中国艺术的共同之处，是在感性经验中充满着古典的理性主义精神。在美学思想上，提出许多对立与统一的概念，闪耀着辩证法的光辉。如**形与神、景与情、意与境、虚与实、动与静、因与借、真与假、有限与无限、有法与无法**……其中有的是园林艺术所特有的，如因与

图 1－9　苏州留园石林小院揖峰轩前回望静中观

借，或者是主要的，如空间的有限与无限等。这些对立的范畴，既互相区别，又互相联系、互相制约。如美学家李泽厚所说："它们作为矛盾结构，强调得更多的是对立面之间的渗透与协调，而不是对立面的排斥与冲突。作为反映，强调得更多的是内在生命意兴的表达，而不在模拟的忠实、再现的可信。作为效果，强调得更多的是情理结合，而不是非理性的迷狂或超世间的信念。作为形象，强调得更多的是情感性的优美（阴柔）和壮美（阳刚），而不是宿命的恐惧和悲剧性的崇高……所有这些中国古典美学中'中和'的原则和艺术特征，都可以追溯到先秦的理性精神。"⑳从古代美学思想和艺术特征之中，可以较清楚地了解中国造园艺术所体现出来的民族性和民族的精神。

～～～～～～～～～～～～～

注：

①节理 Joint：地质学名词，岩石于凝固时（后），因温度降低或水分散失而体积收缩，产生特殊的罅裂之谓。有球状节理、板状节理、柱状节理等。

②产状：地质学名词，这里仅指岩层倾斜以及倾伏向和倾伏角。

③喀斯特：岩溶的旧称。由亚得里亚海岸的喀斯特（Karst）高地得名。

④清·吴骞：《惠州纪胜》。

⑤清·笪重光：《画筌》。

⑥明·董其昌：《画禅室随笔》。

⑦清·石涛：《苦瓜和尚画语录·皴法章第九》。

⑧清·笪重光：《画筌》。

⑨李泽厚：《美的历程》，第49页，文物出版社，1981。

⑩西汉·韩婴：《韩诗外传》，卷三。

⑪《尚书·大传》。

⑫西汉·董仲舒：《春秋繁露·山川颂》。

⑬《论语·述而》。

⑭《孟子·告子上》。

⑮《论语·子罕》。

⑯东晋·顾恺之：《魏晋胜流画赞》。

⑰南朝宋·宗炳：《画山水序》。

⑱南朝齐·谢赫：《古画品录》。

⑲南朝梁·刘勰：《文心雕龙·夸饰》。

⑳南朝梁·刘勰《文心雕龙·物色》。

㉑唐·司空图：《二十四诗品》。

㉒元·倪瓒：《论画》。

㉓《苦瓜和尚画语录·一画章第一》。

㉔㉕㉖北京大学哲学系美学教研室编：《西方美学家论美和美感》，第13、39、38～39页，商务印书馆，1980。

㉗明·文震亨：《长物志·水石》，卷三。

㉘卞孝萱编：《郑板桥全集》，第 215 页，齐鲁书社，1985。

㉙清·刘熙载：《艺概》。

㉚唐·白居易：《太湖石记》。

㉛㉜《西方美学家论美和美感》，第 65、66 页。

㉝唐·房玄龄：《晋书·孝武帝纪》。

㉞马克思：《经济学—哲学手稿》，第 57 页，人民出版社，1963。

㉟《庄子·列御寇》。

㊱晋·葛洪：《抱朴子·内篇·畅玄》。

㊲《老子·二十一章》。

㊳《庄子·田子方》。

㊴《庄子·达生》。

㊵《周易·泰第十一》。

㊶宋·郭熙：《林泉高致》。

㊷宋·沈括：《梦溪笔谈》。

㊸南朝宋·王微：《叙画》。

㊹《西方美学家论美和美感》，第 39 页。

㊺《老子·十一章》。

㊻《老子·四十七章》。

㊼《老子·十六章》。

㊽清·沈复：《浮生六记》。

㊾明·张岱：《西湖梦寻·火德祠》，卷五。

㊿相传战国·子思：《中庸》。

○51宋·苏轼：《送参寥师》。

○52《诗经·斯干》，卷五。

○53《美的历程》，第 52 ~ 53 页。

第二章　秦汉时代

第一节　秦汉社会与造园概述

一、秦王朝统一中国的建设情况

秦在周代原是个地处边陲的小国，据《史记·秦本纪》载，秦先人因助禹治水有功，又佐舜调驯鸟兽，被赐姓嬴。到伯益后世给周孝王养马有功，封邑于秦，称秦嬴，此后即以国为姓。春秋时秦已称霸西戎，到秦孝公时，广罗人才，变法图强，采纳了商鞅"变法修刑，内务耕稼，外劝死战之赏罚"的意见，实行了历史上著名的**"商鞅变法"**，而成为强国，并为以后统一六国奠定了基础。自公元前 230 年灭韩开始，到公元前 221 年灭齐止，经 10 年的统一战争，消灭了割据称雄的韩、赵、魏、楚、燕、齐六国，建立了中国历史上第一个统一的多民族的封建帝国。秦嬴政称帝，称始皇帝，定都咸阳。

秦王朝（前 221～206）历时二世，共 15 年。虽时间很短，却对后世的影响很大，所谓"百代皆沿秦制度"。秦始皇为巩固国家的统一，加强中央集权的统治，实行**"改诸侯为郡县，一法律，同度量"**①，统一文字（小篆），筑长城，把原秦、赵、燕三国的北方长城连接起来，成西起临洮、东至辽东的伟大工程。扩大中国疆域，击匈奴，逐胡人，取河南地辟 44 县，征南越，开桂林、象郡、南海三郡。当时疆土，东、南到海，西到甘肃、四川，西南至云南、广西，北至阴山，东北迤至辽东。秦代的政策措施，一方面加强了对人民的统治，同时也促进了各民族地区的经济文化交流与发展，巩固并加强了封建国家的统一。

秦代的建筑与造园

在秦穆公时 (前659～前621)，宫室建造得已颇壮观。据《三辅黄图·序》注：

> 三代盛时，未闻宫室过制。秦穆公居西秦，以境地多良材，始大宫观。戎使由余适秦，穆公示以宫观。由余曰：使鬼为之，则劳神矣。使人为之，亦苦民矣。②

秦统一中国以后，将全国的政治、军事、经济集中在一人之手的秦始皇，空前地掌握了全国的人力、物力、财力，因此秦代的建筑与造园的规模之大、占地之广、气魄之宏伟，在中国历史上也是空前的。西汉淮南王刘安 (前179～前122) 及其门客所著《淮南子·氾论训》很精辟地概括说："**秦之时，高为台榭，大为苑囿，远为驰道。**"③ "高"、"大"、"远"三个字非常形象地道出秦时建筑的面貌。

秦代的建筑与造园情况，多见于《史记》、《三辅黄图》等书，虽不系统，但可见其概貌。《三辅黄图·咸阳故城》中记：

> 始皇二十六年 (前221)，徙天下高赀富豪于咸阳十二万户。诸庙及**台苑**，皆在渭南。秦每破诸侯，彻其宫室，作之咸阳北坂上。南临渭，自雍门以东至泾、渭，殿屋复道周阁相属，所得诸侯美人、钟鼓以充之。
>
> 二十七年 (前220) 作信宫渭南，已而更命信宫为极庙，象天极。自极庙道通骊山，作甘泉前殿，筑甬道，自咸阳属之。始皇穷极奢侈，筑咸阳宫，因北陵营殿，端门四达，以则紫宫，象帝居。渭水贯都，以象天汉；横桥南渡，以法牵牛。
>
> 咸阳北至九嵕甘泉，南至鄠、杜，东至河，西至汧、渭之交。东西八百里，南北四百里，离宫别馆，相望联属。木衣绨绣，土被朱紫，宫人不移，乐不改悬，穷年忘归，犹不能遍。④

秦始皇将天下豪富十二万户移民到都城咸阳，从历史可知，这一措施在政治上是为了打击工商奴隶主的反抗，使他们远离本土，置于京畿的直接监视之下。而十二万户之众的豪富之家，集居于咸阳，必然促进都城的建设，有利于城市的经济发展。

秦始皇灭了诸侯，而将各国宫室，具云有145处之多，集中移建于咸阳北坂，这是个空前绝后的壮举，等于建设了一个**规模巨大的各地域民族的建筑博览会**，必然起了建筑艺术与建筑技术相互交流和融合的促进作用，为后世工官匠役制的手工业建筑生产、制定建筑制度和法式创造了条件，为中国建筑的民族性格和建筑风格的形成与发展奠定了基础。

秦始皇大建宫室，且规模都很庞大，仅以上述咸阳宫言，"穷年忘归，犹不能遍"，虽属夸饰之词，其占地"东西八百里，南北四百里"之广，还是十分惊人的。说明历史上统治者将全国人民所赖以生存的物质生活资料，开始集中于一人之手，虽是为满足其极权统治和贪婪的情欲需要，但在历史发展中却起了巨大作用。

正如列宁所指出的："**没有情欲，世界上任何伟大的事业都不会成功。**"⑤秦代的大量宫殿建筑，是统治者贪婪情欲的物质存在形式。秦始皇为了能永远地享受这极权、极欲的生活，妄想长生不死，非常迷信方士之术，《史记·秦始皇本纪》中记有始皇受方士卢生之骗，劝他隐秘行居可得不死药的事：

> 卢生曰："人主所居，而人臣知之，则害于神……愿上所居宫，毋令人知，然后不死之药，殆可得也。"于是始皇曰："我慕'真人'，自谓'真人'，不称'朕'。"乃令咸阳之旁二百里内宫观，二百七十复道甬道相连，帷帐钟鼓美人充之，各案署不移徙。行所幸，有言其处者，罪死。⑥

先弄清楚"复道"和"甬道"是什么样子的。**甬道**，据张守节正义引应劭曰："谓于驰道外筑墙，天子于中行，外人不见。"**复道**，《史记·留侯世家》："上在雒阳南宫，从复道望见诸将"。裴骃集解："如淳曰：'上下有道，故谓之复道。'"复道也就是架空的廊道。

这就不难理解，在二百里范围内，宫观之间的驰道外筑墙成"甬道"，为了不致隔断与甬道垂直方向的道路交通，在交叉处做成架空的廊道，即"复道"，廊应有外墙开高窗，天子于中行，外人不可见。可以想像，单单驰道外筑墙的土方量，也是大得惊人的。

秦代的宫室很多，关中有三百余所，关外有四百余所。始皇好营宫室，也同他"慕真人"、求不死、迷信方士之术有关。这种思想还反映在都城宫殿的布局上，如咸阳宫的"则紫宫，象帝居；引渭水，象天汉；桥南渡，法牵牛"，信宫之象天极等等。

秦代的台榭　具体记载的资料很少，《三辅黄图》记有：

> 鸿台，秦始皇二十七年筑，高四十丈，上起观宇，帝尝射飞鸿于台上，故号鸿台。⑦

由于汉代的"宫"和"苑"多因秦之旧，而汉代苑囿中的台观很多，秦的台观定不会少，所以如前引《三辅黄图·咸阳故城》中有"**诸庙及台苑，皆在渭南**"的话，"台苑"一词，正是从形式上反映了秦汉苑囿的特点。

阿房宫　这是中国古代建筑史上著名的秦代宫殿。秦灭六国以后，以咸阳人多，先王宫殿小，在渭南的**上林苑**作朝，即阿房宫。宫名"阿房"者，据唐李善 (约630~690) 注《西京赋》引《三辅故事》云：因"在山之阿，故曰阿房也"。《三辅黄图·秦宫》：

> 阿房宫，亦曰阿城。惠文王造，宫未成而亡。始皇广其宫，规恢三百余里。离宫别馆，弥山跨谷，辇道相属，阁道通骊山八十余里。表南山之颠以为阙，络樊川以为池。作阿房前殿，东西五十步，南北五十丈，上可坐万人，下建五丈旗。以木兰为梁，以磁石为门。周驰为复道，度渭属之咸阳，以象太极阁道抵营室也。阿房宫未成，成欲更择令名名之。作宫阿基旁，故天下谓之阿房宫。[⑧]

磁石门　是阿房宫的北阙门，皆以磁石造成，以防怀刃者入内也。关于阿房殿的大小，《水经注》、《汉书》、《史记》、《博物志》等古籍所记各不相同。据遗址测绘，遗址在今西安市西郊赵家堡和大古村之间，殿基为夯土，台址东西宽约2公里，南北长约1公里。

唐文学家杜牧 (803~852) 在《阿房宫赋》中，描写咸阳的离宫别馆情况是：

> 覆压三百余里，隔离天日。骊山北构而西折，直走咸阳。二川 (泾渭) 溶溶，流入宫墙。五步一楼，十步一阁，廊腰缦回，檐牙高啄，各抱地势，钩心斗角。[⑨]

辞赋丽藻，铺陈夸饰，赋在以宫殿之宏伟，颂扬帝王的千秋伟业和功德。但从考古对遗址的发掘看，亦非毫无根据。

驰道　《汉书·贾山传》：

> 秦为驰道于天下，东穷燕齐，南极吴楚，江湖之上，濒海之观毕至。道广五十步，三丈而树，厚筑其外，隐以金椎，树以青松。为驰道之丽至于此，使其后世曾不得邪径而托足焉。[⑩]

文中的"隐以金椎"，服虔曰："作壁如甬道，隐筑也，以铁椎筑之。"是说道两旁的版筑土墙，用铁椎筑之令坚之意。秦代的驰道在中国东部几乎到处可通，从秦始皇言，便于王朝在政治、军事上对齐、燕、吴、楚等地的控制，而通畅的道路网打破了地域间的闭塞，大大促进了不同地域城市间的经济文化交流，对社会经济的发展、国家的统一具有深远的影响。

秦代的建筑，如《三辅黄图》的序言所说："始皇并灭六国，凭藉富强，益为骄侈，殚天下财力，以事营缮，项羽入关，烧秦宫阙，三月火不灭。"[11]

更令人惊叹的是，秦代的宫室、苑囿、驰道、长城等规模非常庞大的工程，仅在不到 10 年的时间就完成了，施工速度非常之快，世界上是无与伦比的。首先是秦代继承了传统的**工官匠役制**的建筑生产方式 (详见拙著《中国建筑论》第二章 "中国古代的建筑生产方式")，而空前的规模，说明国家的统一，使之具有地大物博人众的客观条件，才能体现出中国历史上出现的封建集权统治。将全国人民所赖以生活的一切都集中在帝王一人之手，这种情形才有可能实现。

秦代社会所创造出来的灿烂文化，正是在高度的集权统治下，以千百万被奴役人民的生命力消耗为代价所取得的结果。仅据《三辅黄图》中片断的记载，为建阿房宫和骊山就使役七十余万人之多。也正由于秦代赋役的繁重、刑政的苛暴，激化了人民与官府的矛盾，于公元前 206 年，为刘邦领导的起义军所推翻。

二、汉代的社会与造园概况

汉高祖刘邦 (前 256 或前 247～前 195) 继秦以后建立的政权，史称西汉 (前 206～23)，与汉光武帝刘秀 (前 6～后 57) 建立的东汉王朝 (25～220)，合称两汉。两汉政权共延续约 400 年的时间。封建制自秦至汉已在全国建立了巩固的政权。

在社会思想方面，汉初为恢复长期遭到战争破坏的经济，采取"与民休息"的政策，反映到社会思想上便是黄老之学的盛行。到汉武帝刘彻 (前 156～前 87) 时，由于他有许多雄才大略的英明措施，使人民安居乐业，政权的优势已经树立，社会经济有了进一步发展。董仲舒作为先秦儒家思想的继承者，同时又是汉代神学思想的创造者，为了迎合汉武帝实行"大一统"的封建专制的政治需要，提出**"罢黜百家，独尊儒术"**的主张，并将孔孟之道与阴阳五行之说融合，炮制出一套**"天人感应"**、**"君权神授"**等神学目的论的思想体系，为巩固王权寻找 (制造) 神学上的依据。

汉代谶纬神学的盛行，就是从董仲舒开始的。所谓**"谶"**，本是巫师或方士制作的一种隐语或预言，作为凶吉的符验或征兆。**"纬"**则是以这种宗教预言的思想观点来解释儒家的经典。到东汉光武帝刘秀时，甚至用政治手段来强制推行，可说谶纬神学成了两汉的正统思想。中国的这种神学目的论，在于神的人化，**是政治暴力统治的补充，是精神统治的一种手段**；从帝王自身来说，是妄想得道成仙与天地同寿，永远享受"人间天堂"的帝王生活。这从秦始皇迷信不死之药，而好营宫室；汉武帝为"候神明，望神仙"，而台观大兴可印证。

秦代苑囿，恢弘数百里，将大量的宫殿造在自然山水之中。汉代苑囿多因秦之旧，而加以恢复和扩展，除狩猎以及娱游活动而外，自然山水仍然是主要的观赏内容。反映在造园艺术上的审美观念，是董仲舒继承先秦美学思想的"比德"说。

在社会经济方面，自秦孝公用商鞅之法，改帝王之制，除井田，民得买卖，造成"庶人之富者累钜万，而贫者食糟糠"[12]的局面。汉因循未改秦制，未能改善"贫民常衣牛马之衣，而食犬彘之食"[13]，以至"人相食"的情况。

西汉社会的经济情况：

> 富商贾或蹛财役贫，转毂百数，废居居邑，封君皆低首仰给焉。冶铸盐铁，财或累万金，而不佐公家之急。[14]

> 豪民侵陵，分田劫假，厥名三十，实什税五也。[15]

当时富商大贾和豪民，就是工商奴隶主兼封建地主。"蹛财"的意思，即屯积居奇，大利盘剥，借此来奴役贫苦人民。"分田"是把土地分租给贫苦者，而劫夺他们的剩余劳动。郭沫若氏认为**"蹛财役贫"，"分田劫假"**可以概括出西汉的全部社会经济情况。

汉初同秦一样采取了一系列打击工商奴隶主的政策。《史记·平准书》：

> 天下已平，高祖乃令贾人不得衣丝乘车，重租税以困辱之。孝惠、高后时，为天下初定，复弛商贾之律，然市井之子孙亦不得仕宦为吏。[16]

汉武帝元鼎三年 (114)，征收富商大贾的财产税，以**"缗钱"**为单位，缗是古代串钱用的绳，缗钱意为一串钱。采取自报的办法，若隐匿不报或报而不实，许人告发，官府处以严刑，并没收其财产。结果是"杨可告缗遍天下，中家以上大抵皆遇告"，汉官府"得民财物以亿计，奴婢以千万数，田大县数百顷，小县百余顷，宅亦如之。"[17]。

现所知汉代惟一的民间私家园林，是《三辅黄图》中记载的富民因罪诛，而被没入官府的**袁广汉园**。袁广汉是茂陵 (在今兴平东北) 富民，他"藏镪巨万，家僮八九百人"。这许多"僮"并非都是供生活使役的家庭奴隶，大多数是富贾豪商用于从事贸易或手工业及农业生产劳动的奴隶。如上《汉书·食货志》告缗没入官府的"奴婢以千万数"。《史记·平准书》亦记有没入官府的奴婢，"分诸苑养狗马禽兽，及与诸官"的记载。在汉初苑囿中及诸官所使役的奴婢，数量之大，是很惊人的。由于"徒奴婢众，而下河漕度四百万石，及官自籴，乃足"⑱。按李悝的计算，"人月一石半"，则一年十八石粮，"四百万石"可供养22万人以上。

汉代苑囿之大，地广数百里，使役人数以万计，就是民间私家园林——袁广汉园亦东西2公里，南北2.5公里，家僮八九百人。秦汉造园何以如此之大？从历史上园林发展情况看，汉以后规模是逐渐缩小的，这种情况是否说明，汉代苑囿与后世造园在性质上有所不同呢？

对汉代苑囿的性质，历来论造园者的传统说法，是据《三辅黄图·苑囿》引《汉官旧仪》所说："苑中养百兽，天子秋冬射猎取之。"认为秦汉苑囿的性质，主要是养禽兽供狩猎娱乐之用。此说，并不能解释秦汉苑囿何以需要如此之大。更何况古代是农业生产社会，竟然在京畿周围膏腴之地，为养禽兽供狩猎占用那么广阔的土地，从社会经济言，根本无法解释。

苑囿的意义，《诗经》毛苌注曰："囿，所以域养禽兽也。"没有说明域养禽兽的囿，是专供狩猎娱乐之用，还是有其他的用途；在经济上是纯属消费性的，还是具有生产的性质？汉代的苑，也就是古代的囿，往往苑囿并称。关于苑囿的性质，我们可以从西汉桓宽于昭帝时盐铁会议上，桑弘羊和贤良、文学就盐铁官营等问题的辩论，集录成的《盐铁论》一书，（其中提到的"苑囿"），来看汉代苑囿的性质。现摘录一段以供分析研究：

大夫曰：诸侯以国为家，其忧在内。天子以八极为境，其虑在外。故宇小者用菲，功巨者用大。是以县官开**园池**，总山海，致利以助贡赋；修沟渠，立诸农，广田收，盛**苑囿**。太仆、水衡、少府、大农，岁课诸入，田收之利，池籞之假，及北边置任，任田官以赡诸用，而犹未足，今欲罢之，绝其源，杜其流，上下俱殚，困乏之应也。虽好省事节用，如之何其可也？

文学曰：古者制地足以养民，民足以承其上。千乘之国，百里之地，公、侯、伯、子、男各充其求，赡其欲。秦兼万国之地，有四海之富，而意不赡，非宇小而用菲者，欲多而下不堪其求也。语曰："厨有腐肉，国有饥民；厩有肥马，路有馁人。"今狗马之养，虫兽之食，岂特腐肉秕马之费哉？无用之官，不急之作，服淫侈之变，无功而衣食县官者众，是以上不足而下困乏也。今不减除其本而欲赡其末，设机利，造田畜，与百姓争薦草，与商贾争市利，非所以明主德而相国家也。……今县官之多张**苑囿**，公田**池泽**，公家有鄣假之名，而利归权家。三辅迫近于山河，地狭人众，四方并臻，粟米薪菜，不能相赡。公田转假，桑榆菜果不殖，地力不尽，愚以为非先帝之开**苑囿池籞**，可赋归之于民，县官租税而已。假税殊名，其实一也。夫如是，匹夫之力尽于南亩，匹妇之力尽于麻枲。田野辟，麻枲治，则上下俱衍，何困乏之有矣？[19]

《盐铁论》是汉昭帝刘弗陵（前94～前74）召开盐铁政策讨论会的记录，对前朝汉武帝制定的盐铁官营政策的一场辩论。上录文字，是将山海池籞土地租佃（即"假"）给农民，还是分给农民由国家征收赋税，形成两派意见。对盐铁政策的辩论本身与本书无关，我们只是从辩论中了解汉代苑囿的性质而已。从辩论中多次提到的苑囿的情况看：

一、在大夫的言论中，是把开园池、总山海、广田收、盛苑囿并举的。总山海，显然是指国家掌握山林海洋的自然资源所征收的赋税；园池，是指园圃和水产；田收，指的是农田收入；苑囿，仍然是指域养禽兽。但这里的**"园池"**和**"苑囿"**，既与狩猎娱游无关，也没有园林的休憩游赏之意。而是从经济政策角度，在生产资料这个意义上使用的，说明"苑囿"在汉代具有一定的生产资料性质。

二、从文学的反驳中，"今狗马之养，虫兽之食，岂特腐肉秕马之费哉？"可说明两个问题，即苑囿的域养禽兽之说中的"禽兽"，并非定指野生动物，也包括人工饲养的动物，如狗马之类。所以《三辅黄图·苑囿》有"养鸟兽者通名为苑，故谓之牧马处为苑"[20]。从这个解释来看，"苑囿"也没有休憩游赏的意思。

其次，说明汉初苑囿无节制的巨大消费，已造成"上不足而下困乏"的局面，其原由仍然是重蹈秦始皇"嗜欲多而下不堪其求"的覆辙。

三、文学所说："先帝之开苑囿池籞，可赋归之于民，县官租税而已。"和"田野辟，麻枲治"联系起来看，汉武帝时，在占地数百里的苑囿范围里，除山林、池沼、宫室而外，包括有大量的农田和可耕可牧的土地，汉武帝将其中不用的"假"（"租佃"之意）给农民，向他们征收一定的租税。

如果理解合乎事实，说汉代苑囿具有一定生产的性质，是没有问题的。进而言之，要说秦汉苑囿是由于生产需要而建立的，只凭上述资料是不足为证的，这在后面第四节"秦汉苑囿的性质"再作分析。提出这个问题，对造园学是很重要的。研究中国园林者，几乎多囿于园林的形式方面，尚未见有从形式所反映的内容，探讨不同时代的园林性质和特征。要做到这一点，就不能脱离社会特定的经济形态去分析研究了。

第二节　汉代帝王的苑囿

汉代的苑囿有两类，一种是专门饲养马匹的地方，这种苑很多，如《三辅黄图·苑囿》：

> 三十六苑，《汉仪》注："太仆牧师诸苑三十六所，分布北边西边，以郎为园监，宦官奴婢三万人，养马三十万匹。"养鸟兽者通名为苑，故谓之牧马处为苑。[21]

汉初在京畿之所以养如此之多的马匹，据《史记·平准书》记载："天子为伐胡，盛养马，马之来食长安者数万匹。"[22]说明汉初在太仆职掌下建立如此众多的牧马处，是同征伐匈奴的军事需要有关。这种苑的性质，实际上就是今天所说的军马场。

汉代的宫殿多富丽有娱游观赏的内容，这是中国宫殿建筑的传统。但汉代的苑，是指建于都城之外，在自然山水中的"**离宫别馆**"。按《三辅黄图·杂录》解释："**离宫，天子出游之宫也。**"颜师古注云："凡言离宫者，皆谓于别处置之，非常所居也。"[23]**别馆**，《说文》："馆，客舍也。"是接待宾客、可供食宿之所。"别馆"，也就是非帝王常居、建于别处的离宫了。所以，那些建于京都的宫殿，虽然也附有池沼台观等娱游之处，只作"宫"的组成部分，而不属于"苑"的范围。

如汉高祖刘邦时修建的长乐宫和未央宫，汉武帝刘彻时兴建的北宫、桂宫、明光宫等，除宫殿建筑而外，其造园部分无论从规模到内容，都是非常可观的。

长乐宫　据《三辅黄图》载：

> 庙记曰：长乐宫中有鱼池、酒池，池上有肉炙树，秦始皇造，武帝行舟于池中。

　　长乐宫有鱼池台、酒池台，秦始皇造。又有著书室、斗鸡台、走狗台、坛台、汉韩信射台。

　　长乐宫有鸿台，秦始皇二十七筑，高四十丈，上起观宇，帝尝射飞鸿于台上。

　　长乐宫，本是秦之"兴乐宫，秦始皇造，汉修饰之，周回二十余里，汉太后常居之"㉔。

　　未央宫　据《三辅黄图》载：

　　《汉书》曰："高祖七年，萧何造未央宫，立东阙、北阙、前殿、武库、太仓。上见其壮丽太甚，怒曰：天下匈匈劳苦数岁，成败未可知，是何治宫室过度也。"何对曰："以天下未定，故可因以就宫室。且**天子以四海为家，非壮丽无以重威**，无令后世有以加也。"上悦，自栎阳徙居焉。

　　未央宫有宣室、麒麟、金华、承明、钩弋等殿。又有殿阁三十二，有寿成、万岁、广明、椒房、清凉、永延、玉堂、寿安、平就、宣德、东明、飞雨、凤凰、通光、曲台、白虎等殿。㉕

　　未央宫规模很大，周回 14 公里。据《西京杂记》说："未央宫有台殿四十三所，其三十二所在外，十一所在后宫。池十三，山六，池一、山二在后宫。门闼凡九十五。"㉖可见未央宫是由三四十座殿堂组合成的庞大建筑群，并且有许多人工山水的造景。《三辅黄图》中记载的池沼台观，有武帝玩月而凿的影娥池，池旁有望鹄台，亦称眺蟾宫。有广千步的琳池，池南有桂台，池中有商台。未央宫的沧池中有渐台，王莽即死于此渐台上。其他还有钓台、通灵台、避风台等台观建筑。

　　从城市规划上，长安城内的水，都是引自西南上林苑中的昆明池，由城西面引进，向东面清明门出城，穿城中宫殿而过。长乐宫和未央宫中的池，皆以此水为源。这不仅为造园所需，更重要的是解决了宫城饮用水和消防用水的需要。

上　林　苑

　　上林苑，是中国造园史上著名的汉代名苑，原是秦时旧苑，汉武帝建元三年（前138）加以扩建而成。上林苑的范围非常之大，出长安城西南数百里均属之。用今地名说，即蓝田以西，周至、户县以东，秦岭以北，渭河以南，周围

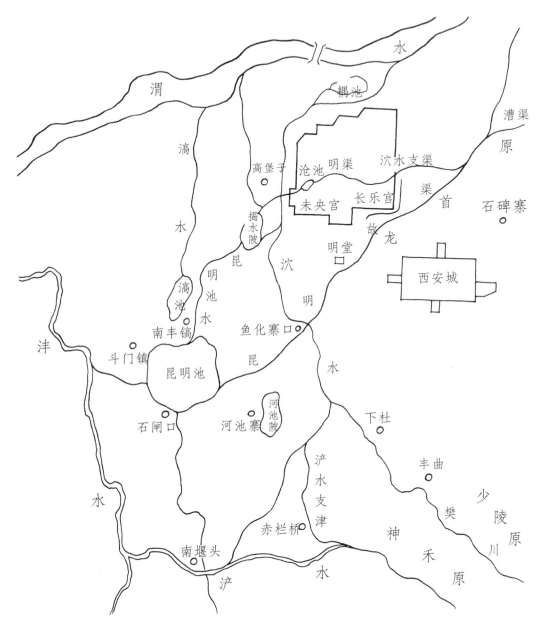

图2-1 汉长安城附近河流渠道分布示意图

150公里这一片地区。在上林苑的范围里,不仅有山,而且有灞、浐、泾、渭、沣、滈、潦、潏,八川经流其内,灞、浐二水终始其中(参见图2-1)。据《长安志》引《关中记》总叙上林苑宫观颇详,原文云:

上林苑门十二，中有苑三十六，宫十二，观二十五。建章宫、承光宫、宣曲宫、储元宫、包阳宫、尸阳宫、望远宫、犬台宫、长杨宫、昭台宫、蒲陶宫、扶荔宫；茧观、平乐观、博望观、益乐观、便门观、众鹿观、樛木观、三爵观、阳禄观、阳德观、鼎郊观、椒唐观、当路观、则阳观、走马观、虎圈观、上兰观、昆池观、豫章观、郎池观、华光观、燕升观。以上十二宫二十二观，在上林苑中。⑦

由上可见，在上林苑包含山薮、广袤数百里的地区内，是苑中有苑，宫中有宫；池沼星布，台观林立；百兽珍禽，委积其间，其宏伟奇丽的形象，如司马相如《上林赋》所描写的：

离宫别馆，弥山跨谷；高廊四注，重坐曲阁；华榱璧珰，辇道纚属；步櫩周流，长途中宿。夷嵏筑堂，累台增成，岩宎洞房。俯杳眇而无见，仰攀橑而扪天。奔星更于闺闼，宛虹扡于楯轩。……⑧

对文中的词作些简释。弥：满也。高廊：架高的层廊。四注：围绕四周。重坐：指廊上下两层皆可坐。曲阁：也就是指曲折的架空廊道。华榱（cuī）：榱是方形的椽子，华榱，即彩绘的方椽。璧珰：珰是筒瓦的前端，瓦头。璧珰，是用玉嵌瓦珰。辇：帝王乘坐的车。步櫩：櫩，古"檐"字。檐下走廊。周流：周边。中宿：中途而宿。殿阁之间必须中途止宿才能到达，形容廊道之长也。夷嵏（zōng）：削平山顶。夷，平；嵏：孤峙高聚的山。筑堂：构筑殿堂。堂，殿堂，也称山上的平地为堂。累台：重叠的高台。增成：层层累积。岩宎（yào）：山的底下。宎，岩底。杳眇（yǎo miǎo）：无限的遥远。橑：椽子。扪：摸。奔星：流星。更：经过。闺闼：指门窗。宛虹：弯曲的虹。扡（tuō）：同"拖"。楯（shǔn）轩：栏杆。楯，是栏杆的横木；轩，檐部的拱状之顶。

可见汉代离宫别馆的壮丽和恢弘。如司马相如所说："若此者数百千处，娱游往来，宫宿馆舍，庖厨不徙（xǐ，迁移），后宫不移，百官备具。"㉔由此说明，上林苑各处的"宫"和"苑"，凡饮食起居所需，都有完善的设施，是各自可以独立生活活动的建筑组群。

汉代的上林苑，是在帝王划定的自然山水之中，建造具有不同娱游功能和特点的"宫苑"综合体。有的学者认为，秦汉时代的苑，是以宫殿建筑群为主体，特称之为"秦汉建筑宫苑"。这是对秦汉苑囿缺乏深入的研究，根据表象而想当然的命名。以宫殿建筑群为主体，这不只是秦汉苑囿才有的特点，如清代的皇家园林的宫殿建筑群，不仅只满足帝室园居生活的需要，而且还解决了朝廷活动的要求，清人很准确地称之为"**廷园**"。"秦汉建筑宫苑"之名，还不如前面所引《三辅黄图》中所称"**台苑**"，尚能反映秦汉高台建筑时代苑囿在形式上的特征。我认为，秦汉苑囿名之为"**自然经济的山水宫苑**"，更能概括出秦汉苑囿的本质特征。(详见第四节"秦汉苑囿的性质")

上林苑中之苑

《关中记》云：上林苑"有三十六苑"，典籍中记载的资料很少。如甘泉、御宿、思贤、博望、宜春、昆吾等苑，《三辅黄图》中虽有记载，都十分阔略，录之以见其概貌。

御宿苑

御宿苑，在长安城南御宿川中。汉武帝为离宫别馆，禁御人不得入。往来游观，止宿其中，故曰御宿。《三秦记》云："御宿园出栗，十五枚一胜。大梨如五胜，落地则破。其取梨，先以布囊承之，号曰含消，此园梨也。

思贤苑

孝文帝为太子立思贤苑，以招宾客。苑中有堂室六所，客馆皆广庑高轩，屏风帏褥甚丽。

博望苑

武帝立子据为太子，为太子开博望苑以通宾客。《汉书》曰："武帝年二十九乃得太子，甚喜。太子冠，为立博望苑，使之通宾客从其所好。"又云："博望苑在长安城南，杜门外五里有遗址。"

西郊苑

汉西郊有苑囿，林麓薮泽连亘，缭以周垣四百余里，离宫别馆三百余所。

乐游苑

在杜陵西北，宣帝神爵三年春起。

宜春下苑

在京城东南隅。又：宜春宫，本秦之离宫，在长安城东南杜县东，近下杜。③⁰

上述的几处上林苑中之苑，乐游、宜春只列其名知其地而已。汉代的乐游苑，原是秦代的宜春苑，隋代叫芙蓉苑，也就是唐代著名的**曲江池**（芙蓉苑）。思贤苑、博望苑的主要功能，是皇帝为培养太子通宾客、广见闻的交游场所，所以苑址都离都城不远，自然环境景观可能比较幽美。

御宿苑，又称御宿园。许慎《说文》曰："园以树果也。"《三秦记》说园中有栗、有梨，其主要内容是**果园**。汉武帝在此建离宫，以便去上林苑"往来游观止宿其中"，故称苑为御宿。

在汉代官职中，有掌山海租税的"水衡都尉"，下属有御羞令和禁圃令。关于御羞，《汉书·百官公卿表上》颜师古注："御宿，则今长安城南御宿川也，不在蓝田。羞、宿声相近，故或云御羞，或云御宿耳。羞者，珍羞所出；宿者，止宿之义。"③¹早在《周礼·天官·大宰》记有："四曰羞服之式。"注曰："羞，饮食之物也。"③²实际上，羞与宿是并存的，它既是汉代离宫，供皇帝往来上林苑中途止宿之处，也是种植果木的园圃。

这几处苑，建在自然山水之中，自然有风景可供观赏。但从其本身的功能来看，并非专为游观娱乐而建。虽只是上林苑几十处离宫中的几处，但可从一个侧面说明，上林苑中之苑，不仅规模有大小，内容也各不尽同。

上林苑中之宫

上林苑之宫，如前引《关中记》云有"宫十二"，其中以建章宫规模最大，记载的资料较多，从建章宫的情况可了解汉代苑中之宫的概貌。

建章宫

建章宫，汉武帝太初元年（前104）建，位于长安故城西，与城内未央宫隔墙相望，周回15公里，《水经注》作10公里。《三辅黄图·汉宫》记载：

> 帝于未央宫营造日广，以城中为小，乃于宫西跨城池作飞阁，通建章宫，构辇道以上下。辇道为阁道，可以乘辇而行。
>
> 《关辅记》云："桂宫在未央北，中有明光殿土山，复道从宫中西上城，至建章神明台蓬莱山"。③³

未央宫和桂宫都在长安城内西部，未央宫在南，桂宫在北，两宫都有飞架

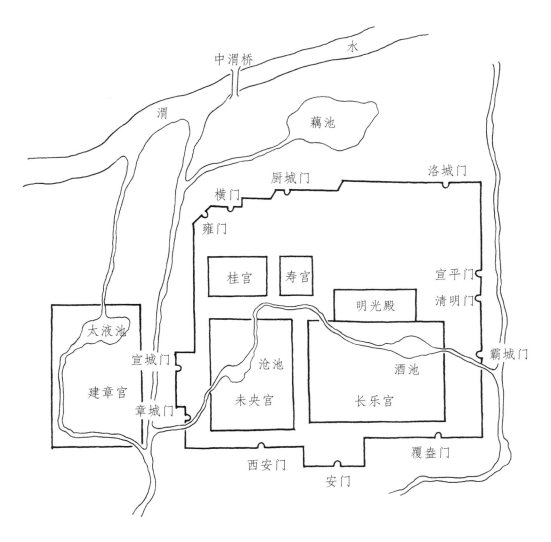

图2-2　西汉长安及建章宫平面示意图

的阁道与建章宫相连接，可称奇构（参见图2-2）。

我们从《三辅黄图》中有关建章宫的分散材料，佐以班固《西都赋》中下面的一段文字，可以大体上推测建章宫的情况。《西都赋》云：

自未央而连桂宫，北弥明光而亘长乐。凌磴道而超西墉，掍建章而连外属。设璧门之凤阙，上觚棱而栖金爵。内则别风之嶕峣，眇丽巧而耸擢。张千门而立万户，顺阴阳以开阖。尔乃正殿崔嵬，层构厥高，临平未央。经骀荡而出馺娑，洞枍诣以与天梁。上反宇以盖戴，激日景而纳光。神明

郁其特起，遂偃蹇而上跻。轶云雨于太半，虹霓回带于棼楣。虽轻迅与僄
狡，犹愕眙而不敢阶。攀井干而未半，目眩转而意迷。舍棂槛而却倚，若
颠坠而复稽。……排飞闼而上出，若游目于天表，似无依而洋洋。前唐中
而后太液，览沧海之汤汤。扬波涛于碣石，激神岳之将将。滥瀛洲与方壶，
若蓬莱起乎中央。㉞

这里对一些词作简释。弥：终。亘：(gèn) 通"緪"，连接。磴 (dèng) 道：
阁道。西墉 (yōng)：西城墙。捆 (hǔn)：混同。璧门：以玉饰之门。凤阙：有铜
凤脊饰的阙。觚棱 (gūlíng)：垂脊或戗脊上之隆起处。金爵：爵为"雀"之通假
字，指屋脊上的铜凤凰。别风：高五十丈，以其高出宫墙可辨风向，故名。嶕
峣 (jiāoyáo)：高耸貌。眇 (miǎo)：高远。矗擢 (zhuó)：矗立。阖 (hé)：关闭。层
构：形容宫殿层次。骀 (dài) 荡：春时景物荡漾满宫中而得名。馺娑 (sàsuō)：形
容马行之速，一日始能遍宫中，言宫之大也。洞：穿。枍 (yì) 诣：美木名，宫
中美木茂盛，故名。天梁：形容梁木高于天，故名。反 (fǎn) 宇：殿堂的檐口上
翘之谓。盖戴、纳光：李善注："言宫殿光辉激于日，日景下照而反纳其光也。"
郁：茂盛、壮观的样子。偃蹇 (yǎnjiǎn)：高耸，上升。上跻 (jī)：上升。轶 (yì)：
超越。棼楣：泛指殿堂的栋梁。僄 (piào) 狡：灵活勇猛。愕眙 (chì)：惊视。眩
(xuàn) 转：眼目眩乱。棂槛：楼阁上的栏杆。颠坠：头朝下坠落。稽：留，止。
飞闼 (tà)：楼阁上的门，形容其高。唐中：即中唐、中庭。汤汤：波涛汹涌。
碣石：海畔之山。神岳：指碣石。将将 (qiāng)：水激山石之声。滥：有激荡之
义。中央：蓬莱处瀛洲、方壶之间。

《西都赋》对建章宫壮丽形象的描绘和审美感受，虽难以令我们对建章宫的
总体轮廓有所了解，但描绘的许多细节，确有助于我们对古书中的分散资料作
较系统的分析。在《汉书·郊祀志下》中有段文字，却明晰地勾画出建章宫的起
因和大体布局。《郊祀志》云：

> 粤俗有火灾，复起屋，必以大，用胜服之。于是作建章宫，度为千门
> 万户，前殿度高未央。其东则凤阙，高二十余丈。其西则商中，数十里虎
> 圈。其北治大池，渐台高二十余丈，名曰泰液，池中有蓬莱、方丈、瀛洲、
> 壶梁，象海中神山龟鱼之属。其南有玉堂、璧门、大鸟之属。立神明台、
> 井干楼，高五十丈，辇道相属焉。㉟

从这段话可知，建章宫大体分三部分：以高过长安城内未央宫的**前殿**，即

正殿为主体的**宫殿群**；西部为周回数十里，设有虎圈的**商中**；北部为大池，名**太液池**，池中有渐台，高二十余丈。现据资料所及，分别阐述之。

宫殿部分

璧门　即建章宫的正门名**阊阖**，宫名阊阖者，以象天门也。据《水经注·渭水》云：

> 建章宫北有太液池，南有璧门三层，高三十余丈。中殿十二间，阶陛咸以玉为之。铸铜凤高五丈，饰以黄金，栖屋上。椽首薄以玉璧，因曰璧玉门也。㊱

璧门是有城楼的宫城之门，三层者，似为中殿十二间之楼层也。这是建在宫城门上三层楼阁的建筑，它有十二门，可见其高大和壮丽，由于其阶陛和檐头瓦当都用玉饰，而称之为"**玉堂**"。铺设镶嵌用的玉，多半是白色大理石，即"汉白玉"。屋脊中间还装饰有随风转动、"向风若翔"的铜制金凤，实际是以凤为造型的华丽的风向仪。在璧门的两边，左有凤阙，右有神明台。

凤阙　凤阙在璧门之左，也就是在璧门的东面。所谓"阙"的意义，据《三辅黄图·杂录》云："阙，观也。周置两观以表宫门，其上可居，登之可以远观，故谓之观。人臣将朝，至此则思其所阙。"㊲阙，通"缺"。古作宫门的表识，左右各一，中空缺为道，故称"阙"。而"思其所阙"的"阙"，是缺点错误的意思。"其上可居"的"阙"，也就同"楼"，据杨震《关辅古语》云"长安民俗谓凤凰阙为**贞女楼**"，"高二十五丈"。㊳

凤阙，也叫凤凰阙。其具体形制，《汉书·郊祀志下》中，颜师古注凤阙，引《三辅故事》云："其阙圜上有铜凤凰。"㊴又《太平御览》卷一百七十九，引《关中记》云："建章宫圆阙，临北道，凤在上，故号曰凤阙也。"㊵这两条资料说明，凤阙是平面呈圆形的楼式建筑，既临道，位置则在宫门之侧。

但五代宋初文字学家徐锴 (921～975)《说文解字系传》云："盖为二台于门外，人君作楼观于上，上员下方。以其阙然为道，谓之阙，以其上可远观，谓之观。"㊶"员"通"圆"。这是圆形建筑造在方台之上，故曰"上员下方"。从工程技术角度，下为方台与宫墙连接较圆形有利。

神明台　在璧门之右，即在宫门的西侧。《汉书·郊祀志下》中，颜师古注："汉宫阁疏"云：'神明台高五十丈，上有九室，恒置九天道士百人'。"㊷台上有九室，还可置道士百人，台顶的面积不会小。《三辅黄图》中有关神明台的文字，均未讲台的形制，有关古籍多解释台为方形，是台多方形之故。

　　《三辅黄图》引《庙记》曰："神明台，武帝造，祭仙人处，上有承露盘，有铜仙人，舒掌捧铜盘玉杯，以承云表之露，以露和玉屑服之，以求仙道。"⑬这就是《西京赋》云"神明崛其特起"，"立修茎之仙掌，承云表之清露"。秦汉时代建造高台，多与秦皇、汉武迷信方士之术以求仙道有关。

　　建章宫门"阊阖门"即"壁门"居中，左有"凤阙"高二十五丈，右有"神明台"高五十丈，这是建章宫宫城南面宫城墙上的三栋建筑物。而神明台高出凤阙一倍，东低西高，在空间构图上，形成建章宫倾向长安城的一边，借跨越城墉的飞阁，将建章宫与城内的未央宫和谐地联系起来。而高大简朴的神明台，与圆形上饰金爵的凤阙，在体量和形态上的强烈对比，构成一种不对称的平衡，从而也表现出离宫的"盛娱游之壮观"。

　　由宫城正门"阊阖门"到建章宫正殿前的建筑布局，《三辅黄图》及其所引《三辅旧事》、《庙记》等书，在建筑物高度上相差很大，集录如下，再作分析。

　　　　门内北起别风阙，（在阊阖门内，以其出宫垣识风何处来，以为阙名也）高五十丈，对峙井干楼，高五十丈，辇道相属焉。

　　　　《三辅旧事》云："东起别风阙，高二十五丈，乘高以望远。又于宫门北起圆阙，高二十五丈，上有铜凤凰。"

　　　　《庙记》云："建章宫北门高二十五丈，建章北阙门也。又有凤凰阙，汉武帝造，高七（十）丈五尺。凤凰阙，一名'别风阙'。又云：'嶕峣阙'，在圆阙门内二百步。"

　　　　《长安志》引《庙记》云："建章宫有嶕峣阙。薛综注：次门，女阙也，在圆阙门内二百步。"⑭

　　所云皆语焉不详，有的矛盾很大，大致可以肯定的，是在阊阖门之北，与其对位的"圆阙门"。也就是说，建章宫的南面有两道门，即第一道宫门"阊阖门"，第二道"圆阙门"。其余的两幢建筑"别风阙"和"井干楼"，记载的位置出入较大，分别阐述之。

　　圆阙　《三辅旧事》云："又于宫门北起圆阙，高二十五丈。"说得较清楚，建筑位置在宫门之北，形体为圆形，故称圆阙。《庙记》云："建章宫北门高二十五丈，建章北阙门也。"表述得不够清楚，从前一句可以理解为在整个宫殿之北的北门，但后句之"北阙门"，"阙"是标表宫门的建筑，不会造在宫殿群北面的后门上。应理解为宫门之北的阙门，前后就一致了。圆阙，是进入建章宫的第二重宫门。

别风阙　从所录资料来看矛盾很多，在高度上有四种说法：神明台条说：高五十丈，与井干楼对峙；《三辅旧事》云：高二十五丈；《庙记》云：高七十丈五尺，陈直先生校证，据《水经注》删掉"十"字，就剩下"七丈五尺"了。七十丈五尺太高，甚至高过神明台和井干楼，这是绝不可能的，改成七丈五尺，岂不太低，如何说"以其出宫垣识风何处来，以为阙名"呢？我认为七十丈五尺，多半为二十五丈之误。

别风阙有多高？这可以从建筑布局和空间构图来分析。建章宫的建筑，可谓殊形诡制，但布局应是沿轴线对称的。别风阙既非圆阙，即为楼阁式建筑，与井干楼左右对称布置，两者有可能等高，但不够协调，因两者形体殊异，且楼阁式的阙，高五十丈，自身的比例就失调，是不可能建造的。而宫殿群的空间组合，不仅沿轴线要左右对称，而且要前后对位，即别风阙与凤阙、井干楼与神明台对位。显然只有别风阙高二十五丈，与凤阙等高，才能合于建章宫与隔墙的未央宫在空间联系与构图上的要求。因此，别风阙的高度应为二十五丈。

别风阙和井干楼的位置，是在阊阖门内？还是在圆阙门内呢？

《三辅黄图》载："古歌云：长安城西有双阙，上有双铜雀，一鸣五谷生，再鸣五谷熟。"[45]也就是《西京赋》所云："圆阙耸以造天，若双碣之相望。"[46]圆阙只有两座，即凤阙和圆阙门，两者顶上都有金雀，但前后并不对位，建筑的形式和高度却相同。从视觉观赏的角度而言，如在阊阖门和圆阙门之间的第一进殿庭里，左右布置别风阙和井干楼，那么，不论从哪一面都看不到双阙的形象，只有在前庭空敞的情况下，才会看到两个圆阙"若双碣之相望"。因此推断：别风阙和井干楼的位置是在圆阙门内。

井干楼　在圆阙门内，与别风阙左右对称，在中轴线之右（西），前与神明台对位，且高度相等，均为五十丈。《汉书·郊祀志下》中，颜师古注："井干楼积木而高，为楼若井干之形也。井干者，井上木栏也，其形或四角，或八角。"[47]

井干楼与神明台，是建章宫中最高的建筑物，如《西都赋》的描述，在神明台上感到"愕眙而不敢阶"，在井干楼中感到"魂恍恍以失度"。这里从人的主观感受写出了建筑空间美的雄伟与崇高，也充分显示出二千多年以前，中国人占领空间的伟大气魄。

井干楼，是多层多边形的楼式建筑。造高层建筑采用原始的井干式木构方式，这说明木构梁架建筑技术，发展到西汉还没有找到建造高层的结构方式。但如此高度的井干楼，已开后世木构高塔的先河，到东汉末笮融造塔寺，就出现了楼阁式的木塔建筑了。

从壁门到井干楼，是建章宫主体建筑正殿以前的大致情况，下面对建章宫的殿堂建筑作些分析阐述。

正殿 《三辅黄图》中叫"前殿"，也只记有"前殿下视未央"一句。班固《西都赋》云："尔乃正殿崔嵬，层构厥高，临乎未央。"[48]说明正殿高耸奇伟，是建在层层高台之上，居高临下，俯视着长安城内的未央宫。

正殿之后，有四座主要的殿堂，即**骀荡、驳娑、枍诣、天梁**。殿名之义，见前《西都赋》有关词的简释。按班固的"经骀荡而出驳娑，洞枍诣以与天梁"的描述，从"经、出、洞、以"的关系来看，经：南北通行之路；出：由内往外；洞：穿通；以：与和"以"不当连用，为后人所加（用王念孙、许巽行说）及于。用现代汉语说：经骀荡，而出驳娑；穿枍诣，以及天梁。这四座殿堂的位置，是在正殿之后，沿中轴线纵深排列的。除这四座宫殿外，列名的还有二十多座，多无文字记录，其位置、功用也就不得而知了。但从上面阐述，已不难了解建章宫宫殿部分的概况。

商中部分

司马迁（前145或前135～?）《史记·封禅书》载：建章宫"其西则唐中，数十里虎圈。"[49]北宋·宋敏求（1019～1079）《长安志》：建章宫"其西则商中数十里，虎圈"[50]。唐中：即中唐、中庭。（用朱琏、胡绍煐说）中庭之"庭"，是径庭之庭。清·宣颖说："径，门外路也。庭，堂前地也。势相远隔。"言疆界之遥远也。唐中之义，是说建章宫的西面有数十里大的一片地方。

《汉书·郊祀志》如淳注："商中，商庭也。"颜师古曰："商，金也。于序在秋，故谓西方之庭为商庭，言广数十里。於菟亦西方之兽，故于此置其圈也。[51]"於菟，虎的别名。《三辅黄图·汉宫》：建章宫"其西则**唐中殿**，受万人[52]"。可见殿之大，殿庭之广。《三辅黄图·池沼》："唐中池，周回十二里，在建章宫太液池南。[53]"所以，《西都赋》云："前唐中而后太液，览沧海之汤汤。"《西京赋》云："前开唐中，弥望广潒（dàng）。"这数十里范围的唐中，是上苑林圈养老虎的地方之一，设有**虎圈**。

泰池部分

泰池，即太液池“言承阴阳津液以作池也”。“在长安故城西，建章宫北，未央宫西南。太液者，言其津润所及广也。《关辅记》云：‘建章宫北有池，以象北海，刻石为鲸鱼，长三丈。’《汉书》曰：‘建章宫北治大池，名曰太液池，中起三山，以象瀛洲、蓬莱、方丈，刻金石为鱼龙、奇禽、异兽之属’”(54)。东晋·王嘉《拾遗记》说：“海上有三山，其形如壶，方丈曰方壶，蓬莱曰蓬壶，瀛洲曰瀛壶。”(55)山形如壶，很合乎人工堆筑土山的自然形状，说明汉代苑囿中的人工造山，还没有成为独立的创作对象。当时造山的主要目的不是为了造景，如《三辅黄图·池沼》注云：“三山统名昆丘，亦曰神山，上有不死之药，食之轻举。武帝信仙道，取少君、栾大妄诞之语，多起楼观，故池中立三山，以象蓬莱、瀛洲、方丈。”(56)三山只是作为海上神山的象征而已。

山在秦汉造园中，还未成为景境创作的主要内容。作为园中制高的观赏点，在“大为苑囿，高为台榭”的秦汉时代，是“**台**”而非“**山**”。太液池景区的台，文字记载的资料极少，就所见录之如下：

避风台　汉成帝与赵飞燕戏于太液池的避风台。《三辅黄图》云：“成帝常以秋日与赵飞燕戏于太液池，以沙棠木为舟，以云母饰于鹢（yì）首，一名云舟。又刻大桐木为虬龙，雕饰如真，夹云舟而行。以紫桂为柁枻，及观云棹水，玩撷（xié）菱蕖。帝每忧轻荡以惊飞燕，命佽飞之士以金锁缆云舟于波上。每轻风时至，飞燕殆欲随风入水，帝以翠缨结飞燕之裾。今太液池尚有避风台，即飞燕结裾之处。”(57)

凉风台　《长安志》引《关中记》曰：“建章宫北作凉风台，积木为楼，高五十余丈。”(58)台名“凉风”，想见是造在水边风口之台，酷暑乘风纳凉之处。

渐台　《水经注·渭水》引《汉武帝故事》曰：“建章宫有太液池，池中有渐台，高三十丈。渐，浸也，为池水所浸，一说星名也。”(59)渐台，是造在池水中之台也。不止太液池中有渐台，未央宫的沧池中亦有渐台，王莽就死在沧池的渐台上。这种水中筑高台的形式，或将高台建于池畔，不仅是秦汉苑囿中喜用的手法，早在筑台之始，春秋时代的西周就是**灵台**和**灵沼**并举（详见台观的分析）。

太液池是个很大的景区，本身面积就“周回十顷”（《庙记》），定有不少景物，但记载下来的很少，除上列而外，晋·葛洪（约281～341）的《西京杂记》中记有：孤树池“在太液池西，池中有一洲，上煔树一株，六十余围，望之重重如车盖，故取以为名。”(60)

通过以上资料的疏理和分析，从建章宫可大致了解秦汉离宫的情况。

从建章宫的空间结构与布局中，不难看出秦汉离宫的特点。殿堂建筑在型体的不对称中，保持着对称的格局。表现在建筑形式虽殊形诡制，十分丰富多彩，但仍保持着轴线对称的关系，如凤阙之与神明台、别风阙之与井干楼，左右对称而形式各异；凤阙与别风阙、神明台与井干楼，是前后对位、体量相等而形式不同。在空间构图上，神明台与井干楼，高于凤阙和别风阙，形成西高东低，具有空间上导向都城的方向性，这显然与建章宫选址紧邻都城西墉，要求与未央宫飞阁跨墉的联系有关。

太液池的造景，空间范围很大，很少有建筑的记载，主要是登高远眺的台观。水面开旷，有浩渺之势；而山形如壶，既没有发展到宋代艮岳的中景构图作用，更不同于明清的近景构图，反映出早期造园艺术大空间远景构图的特点。给人的审美感受是**空间上的旷如，艺术上的粗犷**。

上林苑中，除建章宫记载的资料较多些，其他列名者都非常简略，集录如下，以见其大概：

昭台宫　在上林苑中。孝宣霍皇后立五年，废处昭台宫。后 12 岁，徙云林馆，乃自杀。

犬台宫　在上林苑中，长安城西 14 公里。《汉书》：江充召见犬台宫。(外有走狗观)

宣曲宫　在昆明池西。孝宣帝晓音律，常于此度曲，因以为名。实为一座音乐馆。

长杨宫　中有长杨榭，秋冬狩猎其下，命武士搏射禽兽，天子登此以观焉。

扶荔宫　在上林苑中，汉武帝元鼎六年，破南越起扶荔宫，宫以荔枝得名。

葡萄宫　在上林苑西。

……

秦汉离宫中，几乎多筑有高台，以某种娱乐活动为主要内容的"宫"，更是无不筑台以观。如犬台、斗鸡台、长杨宫射熊观等等。有些娱乐活动，在我国可谓历史非常悠久，如斗鸡、走狗等。

斗鸡　是以两只公鸡相斗以决胜负的娱乐。早在春秋后期，奴隶主贵族已开始有这种娱乐，《左传》中记载："季、郈之鸡斗。季氏介其鸡，郈氏为之金钜。"[51]是说：季平子、郈昭伯二家相近，故斗鸡。季氏"捬芥子播其毛"，郈氏用金属装备鸡爪以取胜，结果两家结怨成仇的故事。到战国秦汉之际，这种娱乐形式广泛流行于民间，据说汉高祖刘邦的父亲，在故乡沛县丰邑中阳里时，他的"平生所好，皆屠贩少年，酤酒卖饼，斗鸡蹴踘（踢球），以此为欢"[52]。汉代宫殿苑囿中都有斗鸡台，将这种活动在台观上进行的，可说是一种娱乐性建筑了。

走狗　是驱使猎狗追逐兔子的娱乐。在《史记·李斯列传》中，记有牵着黄狗到郊外"逐狡兔"的事。说明秦代已有此娱乐，直到汉代还很流行，如《淮南子·原道训》所说："强弩弋高鸟，走犬逐狡兔，此其乐也。"[53]这是观看走狗逐狡兔的看台。而秦代的"鸿台"，因"帝尝射飞鸿于台上"，这种台可称为射台了。

射熊观　在长杨宫里。研究中国造园者，习惯认为秦汉的"大苑囿"，正是为了域养禽兽、狩猎娱乐的需要。其实并不尽然，这只是现象而非本质。就是把狩猎视为供帝王观赏的娱乐活动，也是大谬不然的。后面再专题论述。

《汉书·扬雄传》曾有如下记述：

> （元延二年）秋，命右扶风发民入南山。西自褒斜，东至弘农，南殴汉中，张罗网罝罘，捕熊罴、豪猪、虎豹、狖玃、狐兔、麋鹿，载以槛车，输长杨射熊馆。以网为周陆，纵禽兽其中，令胡人手搏之，自取其获，上亲临观焉。[54]

有些词需稍加解释。右扶风：郡名。与京兆、左冯翊为三辅，在今长安县以西。褒斜：古道名，也称褒道、褒斜谷。弘农：郡名。殴：同"驱"，直达。罝罘（jūfú）：捕兽的网。罴（pí）：棕熊。狖（yòu）：长尾猿。玃（jué）：大猴。槛车：车上栏槛如笼，以圈野兽。输：运送。周陆（qū）：围猎禽兽的圈。胡人：古代对北方和西域各族人的称呼。

用现代汉语说：秋天，（汉成帝）命令征发右扶风的民众进入终南山。西至褒斜谷，东至弘农郡，往南到汉中，张罗捕兽之网，捕捉熊罴豪猪、虎豹猿猴、狐兔麋鹿。用槛车装载，送到长杨宫射熊馆。四周用网围成圈，把禽兽放入其中。令胡人亲手与兽搏斗，自取其所获。皇帝亲临观看。

可见，上林苑中域养的禽兽，都是皇帝命令郊畿人民去捕获的。狩猎活动有两种：一、是人与兽单人独斗，如上"令胡人手搏之"者，有时皇室成员也参与活动，《三辅黄图·苑囿》载："广陵王胥有勇力，常于别囿学格熊，后遂能空手搏之，莫不绝脰（dòu，颈项），后为兽所伤，陷脑而死。"还记有上林苑兽圈中的猛兽脱圈，逼近元帝刘奭时，贵人冯媛以身挡护，元帝为此赏赐冯贵人五万钱的故事。二、是如班固《西都赋》中所说："于是天子乃登属玉之馆，历长杨之榭，**览山川之体势，观三军之杂获。**"⑥皇帝必须在高高的台榭中，才能远眺山峦重叠绵延的体势，俯瞰千军万马围猎野兽的盛况。要说动用三军之众狩猎是为了取悦皇帝，满足他一己之私欲，只是主观臆想耳。实质是，**狩猎，是古代军事训练的重要方式。**

上林苑中的台观与池沼

上林苑中的台观

上林苑中的台观很多，台观或台榭，是秦汉时代建造较多的一种特殊建筑类型，往往"**凿池**"与"**起台**"是相辅相成的。而且台观的功用很多，也不限于苑囿，形式丰富，布置灵活，是能反映秦汉时代造园特征的一种形式，是值得深入研究的课题。这里仅就有关资料作一般性概述。

据《三辅黄图》中记载，在上林苑中的台观有：昆明观、茧观、柘观、樛木观、椒唐观、上兰观、观象观、白鹿观、走马观、鱼观、鸟观、飞廉观、平乐观、望远观、燕升观、便门观、三爵观、鼎郊观、阳禄观、阳德观、元华观、郎池观、当路观等。

名之为"台"的有：鱼台、犬台、豫章台，在建章宫有神明台、避风台、凉风台、渐台等。汉代的所谓台、观、宫等名称，在使用上没有严格的区别，如豫章台，即昆明台，又叫豫章观或豫章宫。而台和观的不同，也不在台上是否有建筑。如建章宫中的神明台，在《三辅黄图·补遗》中引《水经注》说："神明台上有九室。"引《长安志》说："神明台上有九室，今谓之九子台，非也。"我认为，可能有两种情况，台上无建筑物的当然叫台，台上有建筑物的多名之为观，也称为榭。如长杨宫里的射熊馆或长杨榭。从资料看，汉代的台上大多建有观宇，这台和观的区别，可能是台上的观宇之前，有相当比例的露天部分，就多称之为台了。正因为台上也有建筑，所以，台也可称之为观，观亦可名之为台。

有关台观的具体资料亦很少，就《三辅黄图》所记言之。

豫章观　"甘泉宫南有昆明池，池中有灵波殿，皆以桂为殿柱，风来自香。"又："池中有龙首船，常令宫女泛舟池中，张凤盖、建华旗、作櫂歌，杂以鼓吹，帝御豫章观临观焉。"⑥

从殿名"灵波"言，灵波殿是建在昆明池洲屿上的一组宫殿，豫章观则是建在灵波殿建筑组群中的高台，皇帝就在这台上观赏宫女泛舟歌舞来取乐。

平乐观 《汉书·武帝纪》载："元封六年（前105）夏，京师民观角抵于上林平乐馆。"⑥⑦

角抵，即角力，也就是现在的相扑或摔跤。《汉书·刑法志》："稍增讲武之礼，以为戏乐，用相夸视（示）。而秦更名角抵。"⑥⑧汉代叫做"卞"或"弁"。角抵的表演是在台观上进行的，民众在其下观赏，这台不应很高。

飞廉观 据班固《汉武故事》，汉武帝欲见仙人而不得，方士公孙卿谎言"仙人好楼居，不极高显，神终不降也。于是上于长安作飞廉观，高四十丈"。又："飞廉观，在上林，武帝元封二年（前109）作。飞廉神禽，能致风气者。身似鹿，头如雀，有角而蛇尾，文如豹，武帝命以铜铸置观上，因以为名。"⑥⑨这是根据神话中的神禽的所铸的铜制艺术品，飞廉也反映了人的想像力的丰富。

茧观 亦称茧馆。《汉宫阙疏》云："上林苑有茧馆。"盖蚕茧之所也。又《汉官旧仪》云："群臣妾从桑还献于茧观。"⑦⑩这是养蚕、缫丝的场所，汉代帝室生活中具有生产性的建筑。生产性建筑不止是茧馆，如**织室**，"在未央宫。又有东西织室，织作文绣郊庙之服，有令史"⑦①。是手工纺织的场所；**暴室**，"主掖庭织作染练之署，谓之暴室，取暴晒为名耳，有啬夫官属"⑦②。这是染坊。而茧观、织室、暴室三者就构成了从养蚕、缫丝、纺织、染练等一整套丝绸的生产过程。

柘观 柘（zhè），据明代医药学家李时珍（1518～1593）在《本草纲目》中说：柘的叶子可以饲蚕，柘的果实似桑子，而形圆如椒，柘木可作染料，染成黄赤色，名"柘黄"。柘，是桑科的灌木或小乔木。柘观，是种植柘木地方的台观，显然是与茧观、织室、暴室配套的林场。

兽圈 《三辅黄图·圈》："汉兽圈九，彘圈一，在未央宫中。文帝问上林尉，及冯媛当熊，皆此处。**兽圈上有楼观。**"⑦③《汉书·郊祀志》曰："建章宫西有虎圈。"《三辅故事》云："师子圈，一在建章宫西南。"汉代域养的禽兽中，如虎、狮、野猪等猛兽是圈养的。从"兽圈上有楼观"说明如观象观、白鹿观、鱼观、鸟观等等，是饲养鸟兽等动物的地方，建楼观以供帝王观赏。走马观，可能是跑马场。古代"走"的意思是"跑"。《释名·释姿容》："徐行曰步，疾行曰趋，疾趋曰走。"⑦④而马的饲养放牧，则专有牧马场，如太仆所属的三十六苑。

从上面几个台观的功能，也就透露出一些消息，秦汉苑囿在性质上，与后世的皇家园林并不相同，至少秦汉苑囿与帝室物质生活资料的生产，并非无关。

上林苑中的池沼

上林苑中的池沼很多，大者波光十里，空灝际天；小者虚明洞澈，一池净碧。池有凿于自然山水之中的，有凿于上林苑中之苑或苑中之宫里的。《三辅黄图·池沼》记：**十池**："上林苑有初池、麋池、牛首池、蒯池、积草池、东陂池、西陂池、当路池、太乙池、郎池。牛首池在上林苑中西头。蒯池生蒯草以织席。西陂池、郎池，皆在古城南上林苑中。'陂'、'郎'二水名，因为池。积草池中有珊瑚树，高一丈二尺，一本三柯，上有四百六十二条，南越王赵佗所献"⑦。

《初学记》则云："汉上林有池十五所。"但却记了十七所池沼，无上述十池中的初池和郎池，多出上述十池所无的九池。即承露池、昆台池、戟子池、龙池、鱼池、菌鹤池、含利池、百子池。十池和十七池中，都未包括建章宫的太液池、唐中池和孤树池。

以上所记，都是指苑中最大的最主要的昆明池以外的池。

昆明池

《三辅黄图·池沼》云："汉昆明池，武帝元狩三年（前120）穿，在长安西南，周回四十里。"开凿如此巨大的人工湖的原因，据《汉书·武帝纪》臣瓒注：

> 《西南夷传》有越巂、昆明国，有滇池，方三百里。汉使求身毒国，而为昆明所闭。今欲伐之，故作昆明池象之，以习水战，在长安西南，周回四十里。《食货志》又曰：时越欲与汉用船战，遂乃大修昆明池也。⑯

文中的"越巂"：郡名。西汉元鼎六年（前111）置，本西南夷邛都之地。身毒（yuándú）：古印度的音译。意思是汉使去印度，昆明国不允让通过，汉武帝欲征伐之。开凿昆明池，是土方量非常巨大的工程，劳动力是如何解决的呢？据《汉书·武帝纪》载：元狩三年，"减陇西、北地、上郡戍卒半，发谪吏穿昆明池"。因罪遭贬谪发去挖昆明池的官吏，只是少数，但发数地边防士卒的一半，人数就非常可观了。

这就很深刻地说明，古代帝王不管如何地穷奢极侈，也不会为了娱乐，去役使数以万计和十万计的人去挖一个人工湖的。昆明池是为了征伐昆明国，操练水军船战的需要。春秋战国时代，国家的大事在"**祀与戎**"，因祭祀祖先和土

图 2-3　元·李容瑾《汉苑图》

谷之神的宗庙和社稷，代表或象征家天下的国家，保卫宗庙和社稷的根本，在征服别国，使国家强大。

实际上，秦汉苑囿域养禽兽供狩猎的内容，也并非原由于娱乐，而是在"**寓兵于民**"的时代，军训和军事演习的一个重要方式。我在多年研究中发现，如建筑类型中的"**楼**"和"**亭**"的产生，都是同战争的城防需要直接有关。（详见拙著《中国建筑论》"中国建筑的名与实"）

有如此巨浸空澄、一泓净碧的水面，自然为水嬉提供了最佳条件与场所，如前**豫章观**，就是在昆明池洲渚上的**灵波殿**建筑组群中，供帝王观赏宫女泛舟歌舞的台观（参见图 2－3 元·李容瑾《汉苑图》）。

从今天的遗址看，昆明池的面积约 10 平方公里。作为水源，对长安城不可能没有影响。据南宋时精于地理之学的程大昌（1123～1195）研究，汉武帝作石闼堰，使西流入沣的滮水北流，经细柳原注入昆明池，汇为巨浸，再引渠至长安，它接纳樊、杜诸水，长安"**城内外皆赖之**"⑦。据今学者研究：昆明池共有四个口，南口为水的来源，北口和东口为水的排出处，以供应长安城内外饮用，西口可调节昆明池的水量之用。昆明池北流之水，《水经注》称之为昆明池水，经阿房宫后折向东北流入揭水陂，揭水陂可调节控制水量，供应建章宫和城内的用水。昆明池东出之水，《水经注》叫昆明故渠，东北经长安城东南入漕渠，除供长安的部分用水，可能为了接济漕渠之水。**昆明池，是都城长安的蓄水库，是帝王游娱的人工湖。**

上林苑有八川经营其内，大小池沼有一二十，有水有林木，即是可观之景、可游之境。也就是一种生产资源，如蒯池中种植的蒯草，是多年生草本，茎可以织席，在人们惯以席地而坐的秦汉，"**堂上度以筵**"（《周礼》）的时代，千万间宫室地面要用筵（席）铺满，2×1 米的筵的用量是多得惊人的，所以必须有专门生产蒯草的池。当然还可种植芙蕖。

琳池　"昭帝始元元年（前86），穿琳池，广千步，池南起桂台以望远，东引太液之水。池中植分枝荷，一茎四叶，状如骈盖……实如玄珠，可以佩饰，花叶虽萎，芬馥之气彻十余里，食之令人口气常香，益脉治病。宫人贵之，每游燕出入，必皆含呬，或折以障日，以为戏弄。"⑱有《琳池歌》云：

秋素景兮泛洪波，
挥纤手兮折芰荷，
凉风凄凄扬棹歌，

云光开曙月低荷，

万岁为乐岂云多。

……

上林苑中的植物

上林苑中的植物品种非常丰富。初修上林苑时，"群臣远方各献名果异卉，三千余种植其中，亦有制为美名，以标奇异"（《三辅黄图·苑囿》）。司马相如在《上林赋》中的描绘：

于是乎卢桔夏熟，黄甘橙楱；枇杷橪柿，亭奈厚朴；梬枣杨梅，樱桃蒲陶；隐夫薁棣，答遝离支。罗乎后宫，列乎北园；迤丘陵，下平原。扬翠叶，扤紫茎；发红华，垂朱荣。煌煌扈扈，照耀巨野。⑦⑨

这只是写的果木方面，有些作必要的解释。橙（chéng）：柚子。楱（còu）：一种皮有皱纹的橘子。橪（rǎn）：酸小枣。亭奈：棠梨（《尔雅义疏》说）。厚朴：木名，皮厚花红实青，实甘美可食，皮可入药。梬（yǐng）：羊枣，实小而圆，紫黑色，俗呼羊矢枣（《说文解字注》）。蒲陶：即葡萄。隐夫：即棠棣（dì 的），果实名山樱桃（用高步瀛说）。薁（yù）：即野葡萄，一名郁李。答遝（dátà）：木名，似李。离支：即荔枝。迤（yǐ）：亦作"迆"，延展。扤（wù）：动摇不定。华、荣：《尔雅·释草》："木谓之荣，草谓之华。"煌煌扈扈：光彩灿烂。煌煌：明亮貌；扈扈：鲜明。

白话言之，于是乎卢橘夏熟、黄柑橘柚、枇杷枣柿、棠梨厚朴、羊枣杨梅、樱桃葡萄、山樱郁李、答遝荔枝，分布于后宫，植列于北园。展延丘陵，直下平原，翠叶风扬，紫茎摇曳，红花烂漫，朱实累累，光彩灿烂，照耀着广阔的原野。

可见上林苑的花果（其中有药材），大面积的种植，漫山遍野，非常茂盛。据《西京杂记》的作者说，仅就他记忆所录已很可观，其中果木十多种，每种果木都有不同的品种，如梨十、枣七、栗四、桃十（包括核桃、樱桃）、李十五、奈（苹果）、查三、稗三、棠四、梅七、杏二。具体品种从略。

树木的品种也很多，如沙棠栎槠、桦树枫树、银杏黄栌、石榴椰树、槟榔棪树、檀树木兰、樟木冬青，高千仞，大连抱，茂盛萧森，布满山谷。

关于池中的水生植物，《西京杂记》记述太液池情况说：

太液池边皆是雕胡、紫箨、绿节之类。菰之有米者，长安人谓为雕胡。

葭芦之未解叶者，谓之紫箨。菰之有首者，谓之绿节。其间凫雏雁子，布满充积，又多紫龟绿龟；池边多平沙，沙上鹈胡、鹧鸪、鸩鹊、鸿鹝，动辄成群。㉚

菰，多年水生宿根草木。其基部肥大的嫩茎，即食用的"**茭白**"。颖果狭圆柱形，名"菰米"或"**雕胡米**"，可煮食。葭（jiā）是初生的芦苇。太液池当然不止有菰和芦，如前讲建章宫太液池的"避风台"，汉成帝与赵飞燕戏于太液池的引文中就有"**玩撷菱藕**"句，菱，一名"芰"，俗称"菱角"。藕，是芋头。而"芙蕖"，是荷花。

在上林苑的广大区域内，除自然山水中的林木，有大量人工种植面积，并有专业的种植园，如御宿苑、梨园等。

上林苑中的雕塑艺术

上林苑有铜铸石雕的艺术品，这些雕塑并非一般生活意义上的造型，对环境的美化，是有其特定的思想内容的。因为，在古代人们"按五经礼传记曰，圣人之教，作之象所以法则天地，比类阴阳，以成宫室，本之太古，以昭令德。"㉛秦始皇统一天下之后，他在宫室营建中，就极力尊"圣人之教"以象天法地。始皇"二十七年（前220）作信宫渭南，已而更命信宫为极庙，象天极。""筑咸阳宫，因北陵营殿，端门四达，以制紫宫，象帝居。渭水贯都，以象天汉；横桥南渡，以法牵牛"㉜。天极，即北极星。紫宫，亦称紫微宫、紫微垣。北斗之北有星十五颗，分两列以天极为中枢，成屏藩形状，东藩八星，西藩七星，左右两枢之间叫阊阖门，这就是天上帝居的星相。用建筑语言说，就是以主体建筑（殿堂）为中枢、其他建筑左右对称的布局方式来象帝居。天汉，即银河。牵牛，即牛郎星。神话牛郎织女的故事，天帝的孙女织女，长年织造云锦，自嫁河西牛郎后，而废机织，天帝大怒，责令分居银河两边，只准每年七夕相会一次，喜鹊于天河上为之搭桥，名"鹊桥"。

建筑的方位，则按"苍龙、白虎、朱雀、玄武，天之四灵，以正四方，王者制宫阙殿阁取法焉"㉝。

在苑囿中，雕塑的作用，是为地面上的象征性宇宙图案作形象性的点缀。张衡（78～139）《西京赋》云：

乃有昆明灵沼，黑水玄阯。周以金堤，树以柳杞。豫章珍馆，揭焉中峙。牵牛立其左，织女处其右。日月于是乎出入，象扶桑与蒙汜。其中则有鼋鼍巨鳖，鳣鲤鲔鲖；鲔鲵鲿鲨，修额短项，大口折鼻，诡类殊种。㉞

文中词义：玄阯（zhǐ）：水中小块黑色的陆地。玄，黑色；阯，通"沚"，小渚也。金堤：坚固如金之堤。柳杞（qǐ）：树名，即杞柳，亦称"红皮柳"。豫章：即指昆明池中灵波殿组群建筑和豫章观。扶桑：神话中的树名，传说日出其下。蒙汜（sì）：神话中的池名，传说日没之处。鼋（yuán）、鼍（tuó）巨鳖：皆爬行动物。鳣（zhān）鲤鲔（xù）鲖（tóng）：皆鱼名。鲔（wěi）鲵（ní）鲿（cháng）鲨（shā）：皆鱼名。诡：奇异。殊：不同。

今译：又有神灵的昆明池，池中有黑色的洲渚。四周筑以固堤，绕堤种植杞柳。洲上奇丽的豫章观，耸立之势若举。石雕的牛郎立在它的左边，织女立在它的右边。日月如从这里出没，象征着无涯的宇宙天体。

《关辅古语》曰："昆明池中有二石人，立牵牛、织女于池之东西，以象天河。"㉟据考古发现，现距西安城西约 10 公里斗门镇东南，有一所小庙，俗称石爷庙。在庙之东 1.5 公里，北常家庄附近田间另有一所小庙，俗称石婆庙。两庙中有石像，**石爷**即**牛郎**，像高 **230** 厘米；**石婆**即**织女**，像高 **190** 厘米，均属汉代昆明池遗迹。㊱

石鲸　秦汉时代的池，除实用功能而外，在秦皇、汉武的思想精神上，是为了长生不死，仿效海上的三座神山，做成池中三岛。为了使池能象征海，选取非常具有代表性的典型海洋动物鲸，作为雕塑的题材，刻石置池边。如：

昆明池，"池中有豫章台及石鲸，刻石为鲸鱼，长三丈，每至雷雨，常鸣吼，鬐尾皆动。"㊲

建章宫，"太液池北岸有石鱼长三丈，高五尺。西岸有石鳖三枚，长六尺。"㊳

石鲸长三丈、高五尺，按汉代每尺折合公制 0.23 米，为长 **6.9** 米、高 **1.15** 米。作为雕刻可谓大矣，但对体长可达 30 米的鲸来说，实是很小的。从"每至雷雨，常鸣吼，鬐尾皆动"的描写，可能是一种幻觉的夸饰，其雕刻形象之生动，是可以肯定的。仅从建章宫有"刻金石为鱼龙、奇禽、异兽之属"之说，显然还有许多没有记载下的雕塑艺术作品了。

上林苑中还有许多铜铸艺术品，如：

金凤　即金凤凰,亦称"金爵"或"金雀"。这是汉代建筑的脊上很喜用的铜制鸟形风向仪。如前述建章宫正殿前至宫门的一组建筑物，六幢建筑中就有三幢即壁门、圆阙、别风阙的屋顶都有铜铸的凤凰。《三辅黄图·汉宫》中记建章宫的别风阙，有"铸铜凤高五尺，饰黄金栖屋上，下有转枢，向风若翔"。关于建章宫的正门，《水经注·渭水》亦记有"铸铜凤高五丈，饰以黄金，栖屋上"。两者文字几乎一样，但在尺度上相差九倍。从建章宫的阊阖门高二十五丈，如屋顶上的铜凤高五丈，为宫门总高的五分之一，而且宫门是在宫城门上的三层楼阁，铜凤之大与建筑是不成比例的。我认为铜凤高五尺之说比"高五丈"可信。

金马　《三辅黄图·未央宫》卷之三："金马门，宦者署。武帝得大宛马，以铜铸像，立于署门，因以为名。"⑧金马门者，宦署门也。大宛是古西域国名，在今中亚费尔干纳盆地，以产汗血马著名。《史记·大宛列传》：武帝时"得乌孙好马，名曰天马。及得大宛汗血马，益壮，更名乌孙马为西极，更大宛马为天马云"⑨。

飞廉　汉武帝迷信方士所说"仙人好楼居"的谎言，于长安城外造四十丈高的"飞廉观"。飞廉，是神话传说中的神禽，能致风气，为"身似鹿，头如雀，有角而蛇尾，文如豹"的怪异之形。武帝命用铜铸置观上。"后汉明帝，永平五年（62）至长安，悉取飞廉并铜马，置之西门外，为平乐观。董卓悉销以为钱"⑩。

铜人　汉武帝为求仙道，需用露水调玉屑服之，铸铜人捧铜盘玉杯，置建章宫神明台上，以承接云表之露。未明铜人高度，据《三辅黄图》引《长安记》云："仙人掌大七围，以铜为之。魏文帝徙铜盘折，声闻数十里。"⑪说仙人的手掌大七围，而《三辅故事》则说承露盘"大七围"。**围**作为量词，一是指两只手的拇指和食指合拢来的长度，二是指两只胳膊合拢来的长度。显然不可能是手掌的大小，即使作为承露盘的大小，推测铜人之大，也是很可观的。说明汉代铜的铸造技艺已达到很高的水平。

第三节　秦汉苑囿中的"台"

秦汉是中国封建社会早期建筑与造园发展的一个高潮时代，所谓始皇信方士之言而"好营宫室；汉武听少君栾大荒诞之语而多兴楼观"。这种迷信思想，只是帝王贪婪情欲的一方面的表现而已。在大规模的土木之役中，早在春秋战国时已兴建的台，秦汉时却大为盛行，用途很广，建造的数量也多。不论是在宫殿、苑囿，还是都城、郊野，都有筑台的记载，而且台的形式多样，与造园艺术有密切的关系。可以说，台在秦汉时代是具有特殊意义的一种建筑形式，反映出秦汉时代建筑和造园的特征，可称之为"**高台建筑时代**"。

一、台的释义

对汉代台的具体内容和形式在中国造园中的意义与作用，除了前面所接触到的一些资料和简略的分析之外，在这一节再作较系统的阐述。先将古代文字中有关**"台"**、**"观"**、**"榭"**的解释汇集如下：

"台，观四方而高者也。"（《说文》）

"四方而高曰台。"（《毛传》）

"土高曰台，有木曰榭。"（《孔传》）

"台，持也，筑土坚高能自胜持也。"（《释名》）

"台上有屋谓之榭。"（《尔雅》李巡注）

"观，观也，于上观望也，不必四方。"（《释名》）

"观其所由"（《论语·为政》）注："观，广瞻也。"

"宫室不观"（《左传·哀公元年》）注："观，台榭也。"

"禁妇女无观"（《吕氏春秋·季春》）注："观，游也。"

综上所述，从台的形式说，"土高曰台"，台是用土构筑的高耸平台，或者是高出地面、四面比较陡峭的自然土台，或其形如台的小山。而"台四方而高"，是指平面呈方形的台。"观四方而高者也"，是从台的观览作用讲，可以观望四方，所以"不必四方"。

从台与建筑的关系言，台上有房屋的汉代称之为"榭"，台上没有房屋的只能称台了。但往往顶部前半为台，后半有屋，平面呈"凸"字形或"凸"形者，就统称为"台榭"。这同明代计成《园冶》所说："**藉景成榭**"的"榭"不同，那是在平地上造的建筑，之所以称"榭"，是由于建筑四面开敞，取古榭的"广瞻"之义。

台上建屋，汉代又称之为"观"。造台观，说**"起观宇"**，这就说明，凡称为"观"者，台上都建有房屋。故长杨榭又称射熊观。昆明池的豫章台，也称豫章观或豫章宫。未央宫里影娥池畔的望鹄台又称眺瞻宫。宫可能是以标表之台，代称其所在的建筑组群。但不论台上是否有建筑，都是视野广阔，具登高眺远、游目骋怀之妙的地方。可以说，台榭是指建筑的形式；观或台观，是从空间上指其视觉无碍的广瞻特点。

台的高度　高低不等，低者十丈、高者数十丈，如建章宫太液池中的渐台高十丈，飞廉观高四十丈等。更有高达百余丈者，如武帝元封二年在甘泉宫中所筑的**通天台**，《三辅黄图》引《汉武故事》云："筑通天台于甘泉，去地百余丈，望云雨悉在其下，望见长安城。"㉝在三百里外可望见长安城，台如此之高，百余丈在二百米以上，绝非土筑可成。甘泉宫在池阳县故甘泉山，宫以山为名。通天台最大的可能，是建在孤峙独出的山峰之上。(见三、"台的构筑与造园艺术"。)

二、台的类型

从古籍中有关台的资料看，台在功能上大体有下列几种：

天　文　台

《诗经·大雅·灵台》："经始灵台，庶民子来，经之营之，不日成之。"㉞郑玄注："天子有灵台者，所以观祲象、察氛祥也。文王受命，而作邑于丰，立灵台。"颜师古曰："祲谓阴阳相浸渐以成灾祥也。"周的灵台，高二十丈，周回四百二十步。汉代灵台，据《三辅黄图》载：

> 汉灵台，在长安西北八里。汉始曰清台，本为候者观阴阳天文之变，更名曰灵台。郭延生《述征记》曰："长安宫南有灵台，高十五仞，上有浑仪，张衡所制。又有相风铜鸟，遇风乃动。一曰：长安灵台，上有相风铜鸟，千里风至，此鸟乃动。又有铜表，高八尺，长一丈三尺，广尺二寸，题云太初四年 (前 101) 造"。㉟

仞，是古代长度单位。据陶方琦 (1845～1884)《说文仞字八尺考》，谓周制为八尺，汉制为七尺，东汉末则为五尺六寸。汉灵台高约 16 米。汉代的天文台上，有科学家张衡发明的利用水力转动的**浑天仪**和**候风仪**，这是世界上最早拥有科学设备的天文台了。看来这种观测天文用的台，应是台的建筑之始。

祭　神　台

这种性质的台，据《三辅黄图》中所记，有甘泉宫的通天台，亦称候神台及建章宫的神明台、上林苑的飞廉观和甘泉苑的延寿观等。

通天台　据《三辅黄图》所记集录如下：

　　武帝元封二年 (前109) 作甘泉通天台。《汉官旧仪》云："通天者，言此台高通于天也。"

　　《汉武故事》："筑通天台于甘泉，去地百余丈，望云雨悉在其下，望见长安城。"

　　"武帝时祭泰乙，上通天台，舞八岁童女三百人，祠祀招仙人。祭泰乙，云令人升通天台，以候天神……上有承露盘，仙人掌玉杯，以承云表之露。"⑨⑥

　　文中"泰乙"，即"太一"，天帝的别名。通天台高为"去地百余丈"，是太过夸饰之词。《汉书·郊祀志》云："乃作通天台。"颜师古注引《汉官旧仪》云："台高三十丈。"《长安志》引《关中记》云："左有通天台，高三十余丈。"《元和郡县图志》卷一云："台高三十五丈。"按汉每尺折合 0.23 米计，三十丈是 69 米、三十五丈是 80.5 米、百余丈以百丈计为 230 米。如台高百余丈，即使是以孤峙独出的山顶为台，如此之高，要让皇帝爬二百多米的高度到台上去祭神，这是绝不可能的。汉武帝就是在通天台造好的当年去祭神，他也已 50 岁了。看来台高三十到三十五丈，是比较可信的。

　　汉代建造这种祭神的高台，是武帝刘彻听信方士的胡言乱语所造成的。如：

　　飞廉观、延寿观　　《三辅黄图》引班固《汉武故事》曰："公孙卿言神人见于东莱山，欲见天子。上于是幸缑氏，登东莱，留数日，无所见，惟见大人迹。上怒公孙卿之无应，卿惧诛，乃因卫青白上云：仙人可见，而上往遽，以故不相值。今陛下可为观于缑氏，则神人可致。且仙人好楼居，不极高显，神终不降也。于是上于长安作飞廉观，高四十丈；于甘泉作延寿观，亦如之。"⑨⑦

　　文中词义：公孙卿：西汉齐人，方士。缑氏：古县名。秦置，治所在今河南偃师东南。卫青（？~前106）：西汉名将，官至大将军，封长平侯。遽（jù）：急；骤然。陛下：《三辅黄图·杂录》："陛下，陛所由升堂也。天子必有近臣，执兵阶陛，以戒不虞。臣下与天子言，不敢指斥天子，故呼在殿陛下以告之，故称陛下，因卑达尊之意也。上书亦如之，如群臣士庶相与语曰阁下、足下之属。"

　　从"极高显"的要求，飞廉观高四十丈，也可说明：汉代人工构筑之台，最高也就是四五十丈，如神明台。古人无测量如此高度的仪器，所云高若千丈，目测估计之数，且多有夸饰，不能视为实数也。

　　这类台观，是汉武帝信方士荒诞之语而"多兴台观"的原因。这种"候神明、望神仙"之台，多极高显。然台再高，神仙也永远不会下降人间，而帝王却把地上的宫殿升到了天上。

台作为宗教建筑，虽其高入云表，却并不代表人对神的崇拜及慑服于超人间力量的神灵，而是封建最高统治者极权极欲的反映。帝王恣情纵欲，贪婪到想永远地享乐下去，妄图获得仙人那样与天地同寿的金刚之体，不惜奴役数以万计的人民，岁月不息地建造帝王与神仙往来的高台。

秦汉时代，高耸入云的台观，既不象征神灵的伟大，也不会显示帝王至高无上的权威，而是人民的力量和智慧，在历史上永远显耀着光辉。

纪　念　台

汉代，帝王不仅为求长生不死、欲通天候神大筑高台，而且也为了纪念死去的家人建台。

通灵台　是汉武帝为思念死去的钩弋倢伃所建之台。钩弋夫人是汉昭帝的生母，得武帝宠幸，自夫人加倢伃。《汉书·外戚钩弋赵倢伃传》："钩弋倢伃从幸甘泉，有过见谴，以忧死，因葬云阳。"⑱钩弋姓赵，河间人，汉昭帝刘弗陵的母亲，7岁时钩弋死，母死后立皇太子。倢伃：一作"倢好"，妃嫔的称号，汉武帝时置，自魏晋至明多治置。谴（qiǎn）：责备，罪责。云阳：在甘泉宫南。《三辅黄图·甘泉宫》："钩弋夫人从至甘泉而卒，尸香闻十余里，葬云阳。武帝思之，起**通灵台**于甘泉宫。"⑲

归来望思之台　汉武帝戾太子刘据无辜被杀，作思子宫，为归来望思之台。据《太平御览》引《述征记》（戴延之撰）曰："汉武帝征和二年（前91），卫太子遇江充之乱，奔湖自缢。壶关三老、太庙令田千秋讼太子之冤，筑思子宫于湖，其城存焉。"⑩卫太子，因戾太子为卫皇后所生。故事详见《汉书·戾太子传》。

帝王贪婪的情欲，迷信长生不死的思想，不止反映在多兴台观上，也反映在宫殿的营造中，如在华阴县界建造的**集灵宫**、**集仙宫**、**存仙殿**、**明光宫**等等。《三辅黄图》记明光宫云：

> 武帝求仙起明光宫，发燕赵美女二千人充之，率取二十以下，十五以上，年满三十者出嫁之，掖庭令总其籍，时有死出者补之。⑩

如果说秦皇、汉武迷信长生不死，其建筑具有宗教意义的话，那么，古代统治阶级的宗教思想，从一开始就不是出世的，而是入世的；不是四大皆空，清心寡欲，而是声色犬马，恣情纵欲；不是神秘的宗教迷狂和虔诚的膜拜，而是对物质生活的迷恋和对权势的贪婪。

观　赏　台

大苑囿与高台榭是相辅相成的，观赏的对象范围愈大，视点的要求就愈高，视角的活动范围也愈广，这是欲广瞻而眺远、需筑台以登高的原因。

汉代的台观，由于主要的观赏对象不同而有不同的功用。天子狩猎的长杨宫射熊观，既可远眺"山川之体势"，又可俯瞰"三军之杂获"，无论是观赏自然山水，还是看三军打猎，都需要有一个高视点、广视野的观赏点才行。

汉代的台观之兴盛，与汉人观赏对象的活动内容与性质是分不开的。以域养禽兽而言，上林苑中豢养的禽兽，实际上是野生动物的圈养，无论是狩猎还是看人兽搏斗，都要远视，而不能近赏。同样，看赛马和跑狗也如此。所以台就具有两种性质：

一是看台。如昆明池中的豫章台、太液池中的渐台、未央宫琳池的桂台和商台、影娥池的望鹄台，都是看宫女水嬉、乘舟弄月影、泛舟歌舞等的看台。

除上述观看禽兽及各种活动的看台，从植物观赏而言，上林苑广袤数百里，名果异卉多专地培植，有各种果园、林场。其景观特色，不同于后世园林规模小、静观近赏的要求，讲究孤株独秀或丛簇争芳，而是"驰丘陵，下平原，扬翠叶，扤紫茎，发红华，垂朱荣，煌煌扈扈，照曜巨野"（《上林赋》）的宏观景象，非高台亦不能见其锦绣。

二是戏台，即表演之台。如"京师民观角抵于上林平乐观"，即竞技者角抵于台上，民众围观于台下。这种竞技的表演之台，想来不会太高，否则台下人无法看清台上的表演。是否还有其他技艺在台上表演，尚未见有文字记载。

娱　乐　台

这是一种在台上进行某种娱乐活动的台观建筑，如武帝元鼎二年（前115）在长安所建的下述各台。

柏梁台　《三辅黄图》云："柏梁台，武帝元鼎二年春起。此台在长安城中北阙内。《三辅旧事》云：'以香柏为梁也，帝尝置酒其上，诏群臣和诗，能七言诗者乃得上。'"[102]

著室台　著，是著作，撰写文章。皇帝不会去著书立说。著室，大概是指写诗作文来消遣的地方。古代建筑的题名，有的与其功用有关，有的则无关。如"柏梁台"之名，是以木构梁架所用的珍贵木材而名。它作为君臣诗酒唱和的地方，显然是"柏梁台"造在城内，离皇宫较近，往来方便有关。可以想像，帝王依其生活习惯，某种娱乐活动经常在某台上进行，是完全可能的。当然，也有将某种娱乐固定在某台上举行，如**斗鸡台**、赏月之**望瞻台**等。

从景观的内容看，不仅自然山水、动物、植物、娱乐、竞技等等，是可观之景，而且生产活动也可作为观赏的对象，如茧观、柘观。人在高台之上，不论是远眺还是俯览，人与审美对象之间是分离的，对立的；人不是融于景境之中，而是处于景境之外；审美感受不是微观的情景交融的美感升华，而是宏观的为景象之宏大而赞叹！词赋家正是借这种宏大的气势，赞美帝王的功德和伟大。

三、台的构筑与造园艺术

根据古籍记载的资料分析，汉代筑台有两种方式，而不同的构筑方式，对台的艺术形象和景境的创造都有直接的关系。

削山平顶成台

这是利用山峰孤峙独出的自然形态加工改造成的台。司马相如《上林赋》中所说的几句话非常重要，录出分析之：

夷嵏筑堂，累台增成，岩窔洞房。[103]

颜师古注："夷，平也。山之高聚者曰嵏。累，言平山而筑堂于其上为累台也。增，重也，一重为一成也。"窔（yào），深底。"于岩穴底为室，若灶突然，潜通台上。"

《康熙字典》："峰聚之山曰嵏。"

郑注释"堂"为"殿堂"。我以为不够准确，应为《诗·秦风·终南》中："终南何有？有纪（屺）有堂"之**"堂"**。即山上的平地也。

夷嵏筑堂　就是将孤峙独出的山顶，夷为平地成台。顶上如造殿堂则称之为榭。

累台增成　其外形是将山改造成台阶式，"一重为一成"，意思有多层，故曰"增成"。可设想，每层可构筑成"厂"字形的廊，构成"步榈周流"的形式，层层有梯可通台上。厂，附厓岩的单坡顶建筑。榈，即廊。

岩窔洞房 窔：岩底也。《说文》郭璞注："于岩底为室，潜通台上也。"也就是从山中岩底凿通道，像烟囱一样，可从山内潜通而上到山顶的台上或殿堂中。

这种潜藏在山体中的垂直通道，绝不可能像楼梯一样便于上下，尤其当山峰较高时是不适用于皇帝攀爬登台的。所以我们设想，山外形的层层造廊设梯以便上下。

从造型的艺术要求，如果保持山体的自然外貌，只夷平山顶建造殿堂，这样做的结果，只能是山自为山、堂自为堂，堂造在山顶上而已，人们不会说这是台。这样的例子现实中就有，如四川江油县境内的**窦圌山**，又名圌（chuán）山，唐代窦圌隐居于此，故名。在山脊上高耸独出三峰，高逾 100 米，顶上各有一古庙，就是这种形象。小者如山西隰县**小西天**，是在不高的土山顶上修建的一座庙宇，亦名"千佛庵"。

如果层层构筑回廊，将整个山体建筑化，就会与山顶的殿堂浑然一体。这种台的形象可以想见，层层回廊，檐宇重叠，簇拥着顶上的殿堂，"云谲波诡"，奇巧巍峨，十分壮观。显然，这种台山不宜太高，石不宜太坚，否则其工程之艰险，不言而喻。

汉代也有利用孤峰高耸、山顶自然平坦的条件，上起观宇而称之为台者。

石阙观、封峦观 《云阳宫记》云："宫东北有石门山，冈峦纤纷，干霄秀出，有石岩容数百人，上起甘泉观。"[104]

凿池累土成台

秦汉的大苑囿与高台榭，是相辅相成的。而多池沼与兴台观，从工程角度则可谓相反相成，是加与减的土方平衡问题。汉代的宫殿苑囿中都凿有许多大大小小的池沼，专讲累土筑山者，除建章宫太液池中有蓬壶、瀛壶、方壶象征的海上三神山，及桂宫中有土山可上西城墉之外，很少记载。但凡有池处无不筑台，说明秦汉时代造园，凿池与累台是土方平衡的一个重要措施。

这土方平衡的原理，依古籍所载，早在西周时代，从文王作灵台和池沼的文字中，也可以想见了。据《三辅黄图》引刘向《新序》中说：

周文王作灵台及为池沼，掘得死人骨，吏以闻于文王，文王曰：更葬之。吏曰：此无主矣！文王曰：有天下者，天下之主；有一国者，一国之主。寡人者，死人之主，又何求主？遂令吏以衣冠更葬之。[105]

这个故事说明，灵台与池沼，均于平地构筑，显然台是挖池累土成台的，故云："作灵台及为池沼"。汉代的台与池的关系，一言以蔽之，是"**挖土作池，累土成台**"。根据当时台的体量，《三辅黄图》说："周灵台高二丈，周回百二十步。"但毕沅对此说的按语云："高二十丈，周回四百二十步。"若按古每步6尺，每尺折合公制约0.23米（战国、西汉）。假定台为方形，按前说，台高为4.6米，每边长41.4米，台高与底边之比为1:9。若按毕沅说，台高二十丈为46米，底每边105步为145米，台高与底边之比为1:3。显然，前者坡度太缓，后者比例比较适中，故本书前引周灵台，用高二十丈、周回四百二十步这一说法。

汉代的台，筑在池中的，专名之为"**渐台**"，"渐"或为"谶"。据《三辅黄图》解：

> 渐，浸也，言为池水所渐。又一说，渐台星名，法星以为台名。

渐台就是造在水中之台，四周挖土而累其中，是非常经济合理的系统工程。

挖池筑台，台与池之间，既有位置上的经营，也有两者体量的对比和空间构图上的权衡。这在秦汉苑囿人工造景方面，是艺术创作问题，限于资料只作概要的归纳如下。

平地挖池累土成台，台要受到土力学的制约，需要有一定的坡度。南北朝时夏国的赫连勃勃，用蒸土成城之法筑城，勃勃"性骄虐，视民如草芥。蒸土以筑都城，铁锥刺入一寸，即杀作人而并筑之"[106]。筑城之坚，可以想像，城墙的高厚比，可能比较陡。我们尚未见汉代筑台的技术资料，具体情况不得而知。但不论用什么技术筑城，台愈高体量愈大，根据土方平衡和空间构图，台与池都要有个相应的比例关系。

琳池广千步，池南有桂台，池中有商台，却没有称之为渐台，可能台的位置是半岛式的。一般的池，台多筑在池旁，如武帝玩月所凿的影娥池、池旁的眺蟾台。根据眺望蓝天之月、水中之影的要求，台似应筑在池北或池西。

特大的池，如昆明池周回20公里，池中筑台，就显得孤峙无依，台与浩渺的水面难以协调。池中亦未筑三神山，而是在一个大的洲屿上，建造了以灵波殿为主的组群建筑，在这组宫殿群中建有豫章台，亦称豫章观，由于台的高显昭著作用，而称之为豫章宫。包括台在内的组群建筑，既是昆明池上的主要景观，其本身也是水上独立的一处景境。

在宫殿中的台，当然与池无关。其他许多台，如造在植物园、动物园中的，以及娱游竞技之用的台，是否与池结合？无从稽考，不能去主观地臆测。

著者认为，台这种特殊的建筑形式，在秦汉时代具有特殊的意义和作用，是"自然经济山水宫苑"时代的产物。从对台的分析可知，"**结阳城之延阁，飞观榭于云中**"的高台，集中地反映出秦汉时代的城市面貌及苑囿的特点和风格。《三辅黄图》在"咸阳故城"条中，曾有"诸庙及台苑"句，"**台苑**"一词，非常形象地说明了秦汉苑囿在形式上的特征。**秦汉苑囿名为台苑，是名实相副的。**

第四节　秦汉苑囿的性质

秦汉苑囿不仅多，而且大得惊人。如上林苑"周衰三百里，离宫七十所"，甘泉苑"周回五百四十里，苑中起宫殿台阁百余所"，范围之大，包山含数，占有七八个县的农田和山林。

按照传统的说法，秦汉苑囿之所以如此之大，是由于帝王狩猎和域养禽兽的需要。多年来已成不刊之论，但确是造园学历史的绝大误会。产生谬误的源泉，是古籍中对苑囿的解释，如《诗经》毛苌注"**囿，所以域养禽兽也**"；《汉官旧仪》"**苑中养百兽，天子秋冬射猎取之**"。古人是突出现象的重点，并非讲事物的本质。如多加推敲，如此解释疑问很多，最大的疑问是，中国古代是"**以农为本**"的国家，而苑囿都是造在都城附近的膏腴之地，难道仅仅为了狩猎竟将京畿数百里范围作为狩猎场吗？更何况这种由人工捕捉来的禽兽，供射猎之用的场地，根本不需要如此之大。在《三辅黄图》中记载的狩猎之地，只有上林苑中的**长杨宫**，其中有**射熊观**，和**建章宫**唐中有**虎圈**。

实际上，域养禽兽也只是在苑中之苑、苑中之宫中圈养，即**兽圈**，占地的比例非常之少。据有关资料集录之：

《太平御览》卷一百九十七："秦故虎圈，周匝三十五步，去长安十五里。"又："雍州虎圈，在通化门东二十五里。秦王置朱亥其中，亥瞋目，虎不敢动。"

《汉书·郊祀志》：建章宫"其西则商中，数十里虎圈。"《三辅黄图》："汉兽圈九，彘圈一，在未央宫中。"《长安志》："有彘圈，有狮子圈，武帝造。"⑩

从上列资料看，秦时的虎圈，"周匝三十五步"，按每步六尺，每尺合 0.23
米计，周长为 48 米，假设圈的平面为方形，边长仅 12 ~ 15 米。兽圈即使多达
百计，占地也十分有限。上述资料记有圈数的，是未央宫，有 9 个兽圈 1 个彘
圈。在苑囿中的兽圈均未计数，从秋季征发三辅百姓进山捕捉禽兽来看，不可
能捉到大量的野兽，也就不会去设很多的兽圈了。

问题是，为什么这十个兽圈，不设在郊外的苑囿里，却置于长安城内的未
央宫呢？以上兽圈只明确其中之一是彘圈，彘（zhì），从《方言》第八："猪，关
东西或谓之彘"。可想而知，这是供皇宫生活食用的猪圈。资料亦显示，凡豢养
的是猛兽者，都明确是虎圈或狮子圈，显然设在未央宫中的兽圈，非猛兽无疑。
那么，兽圈中豢养的是什么动物呢？这就不能从娱游观赏着眼，而要从帝室生
活角度去想，如《汉官旧仪》云："尝祭祀宾客，用鹿千枚，麕兔无数。"⑩麕
（jūn），即獐，鹿属。推想 9 个兽圈中所养，都是**獐狍鹿兔**之类的食用动物也。既
然对这类动物的食用数量很大，其兽圈在苑囿中的也不会少了。

在我们进一步分析秦汉苑囿何以如此之大以前，需要先明确两个概念，即
池沼与狩猎的性质与作用。

凿池非为娱游　汉代凿昆明池的原因，前面已讲了，是因为汉武帝派人去
印度，途经云南，昆明国不允许通行，武帝要去讨伐。知昆明国有方三百里的
滇池，所以凿了广袤三百三十二顷之昆明池，以训练士卒适应水战。在"国之
大事，在祀与戎"的古代，战争的需要，是国家的头等重要的事。昆明池凿好
以后，即使练习水军，也是一时之事。在长期生活中，昆明池不仅是可供水嬉
娱游的观赏景境，其作为一种生产资源，在物质生活资料的生产上，对帝室生
活也起着一定的作用。见下面的社会经济分析。

狩猎非为观赏　班固《西都赋》云："（天子）历长杨之榭，览山川之体势，
观三军之杂获。"这正是狩猎观赏说的古代版本。实际上，汉武帝如此"盛娱游
之壮观，奋泰武乎上囿"，其目的根本不是为了娱乐，而是"因兹以威戎夸狄，
耀威灵而讲武事"⑩，借狩猎炫耀武力，向戎狄示威。

可见将狩猎理解为消遣和娱乐，就大错而特错了。宋祚胤先生对古代狩猎
的军事意义有新的考证，他在《周易新论》中说：

　　明夷九三爻辞有"于南狩"，升卦卦辞有"南征吉"。所谓"南狩"和

"南征"，都是说向南方用兵。因为"征"可以讲成征伐，而"狩"的本义虽是冬天打猎，但打猎和用兵在古人却看成一回事。这从《诗经·豳风·七月》"二之日其同，载缵武功"，和《左传·隐公五年》"故春搜、夏苗、秋狝、冬狩，皆于农隙，以讲武事也"，都可以得到证明。⑩

古代一年四季在农闲时都要举行狩猎活动，以冬狩为主，如《周礼·夏官·大司马》："中冬，教大阅……遂以狩田。"**因为在寓兵于民的古代，狩猎是惟一能集中卒伍进行军事训练的方式。**

我们对秦汉苑囿中的凿池与狩猎有了正确的认识，再对秦汉苑囿何以如此之大进行深入分析。历史上，只有秦汉时代苑囿的规模宏大，汉以后的帝王造园，不是随社会经济发展而日益扩大，相反地倒是相对地缩小。这些问题，单从造园本身是无法回答的。

任何社会现象，都是社会经济的反映。时代不同，人的生活方式亦有所不同，归根到底是决定于形成这种方式所赖以建立的社会经济基础。从西汉王朝的历史本身说明，汉昭帝时盐铁政策的大辩论，涉及**"园池"**、**"苑囿"**的不同政见，都是从社会经济关系出发的。我们可以从东方朔《谏除上林苑疏》了解上林苑的经济意义及其对社会生活的影响。摘其要者分析之：

> 其山出玉石、金、银、铜、铁、豫章、檀、柘、异类之物，不可胜原，此百工所取给，万民所卬（áng, 仰仗）足也。又有杭稻梨栗桑麻竹箭之饶，土宜姜芋，水多蛙鱼，贫者得以人给家足，无饥寒之忧。故鄠鄂之间号为土膏，其贾亩一金。今规以为苑，绝陂池水泽之利，而取民膏腴之地，上乏国家之用，下夺农桑之业，弃成功，就败事，损耗五谷，是其不可一也。且盛荆棘之林，而长养麋鹿，广狐兔之苑，大狼虎之虚，又坏人冢墓，发人室庐，令幼弱怀土而思，耆老泣涕而悲，是其不可二也。斥而营之，垣而囿之，骑驰东西，车鹜南北，又有深沟大渠，夫一日之乐不足以危无隄之舆，是其不可三也。故务苑囿之大，不恤农时，非所以强国富人也。⑪

秦代的上林苑本已不小，汉武帝又加以扩大，而"坏人冢墓，发人室庐"，将原在这里的农民从土地上赶走。且不谈造苑对京畿农民的涂炭，由此说明，上林苑原来就有大量的耕地。所以东方朔说："损耗五谷"，"不恤农时"，非富民强国之道。

从《汉书·东方朔传》可知，由于建苑而失去土地的农民，是在其他县里拨给土地而令其迁出上林苑的。但在如此广大的区域里，不可能把其中的耕田全部废掉，农民也不可能统统搬走，有的就留下作为官佃从事耕作。如《盐铁论》中文学所说：“先帝（汉武帝）之开苑囿池御，可赋归之于民，县官租税而已。”也说明汉武帝时，曾将在上林苑中向农民征收的土地再租佃给农民，或招募农民在苑中偏远之地从事耕作。在《后汉书·百官志》的“少府上林令”条“主苑中禽兽，颇有民居，皆主之”的记载，可证。

作为生产资料，上林苑中不仅有大量的耕田，而且山上的林木、矿产，池中的水产都非常丰富。如在湖城县（亦说蓝田县）的鼎湖宫，“昔黄帝采首山铜以铸鼎”⑫。汉代铜是非常重要的资源，如兵器、祭器、餐饮具，以至建筑上的大量装饰等等，都是用铜铸造的。玉石的用途亦很广，甚至建筑宫门、台阶以及椽头皆用玉饰。而山林树木，古籍中记载有栎、檀、枫、女贞树等良材，多“长千仞，大连抱”的高大乔木，这就为宫殿建设提供了木材。

汉代的园艺已很发达，《史记·货殖列传》中曾列举成为富源的各地物产：

> 山居千章之材，安邑千树枣，燕秦千树栗，蜀、汉、江陵千树橘，淮北、常山已南，河济之间千树萩，陈、夏千亩漆，齐、鲁千亩桑麻，渭川千亩竹，及名国万家之城，带郭千亩亩锺之田，若千亩卮茜，千畦姜韭，此其人皆与千户侯等，然是富给之资也。⑬

对一些植物稍加解释：女贞木犀科，常绿灌木或乔木，为庭园或绿篱树种，木质细，供细木工用。萩，通“楸”，紫薇科，高大的落叶乔木，建材或做观赏树。卮茜，卮，古代一种野生植物，紫赤色，可制胭脂；茜，茜草，根可做大红色染料，李群玉《黄陵庙》：“黄陵女儿茜裙新。”

上林苑中不仅出产大量的木材，并有专门培植果木的**葡萄宫、棠梨宫、扶荔宫**。据云武帝元鼎六年（前111）破南越后所建“扶荔宫”，培植的奇草异木就有：“菖蒲百本；山姜十本；甘蔗十二本；留求子十本；桂百本；蜜香指甲花百本；龙眼、荔枝、槟榔、橄榄、千岁子、甘橘皆百余本。”⑭虽然这些南方果木在北方多难存活，但说明若是帝王的欲求，是圣旨，就得实行。北方的佳卉名果，上林苑更不会没有。从汉元帝时少府召信臣上书奏罢**太官园**，说明汉代已用温室培植蔬菜了。

> 太官园种冬生葱韭菜茹，覆以屋庑，昼夜爇蕰火，待温气乃生，信臣以为此皆不时之物，有伤于人，不宜以奉供养，及它非法食物，恶奏罢，

省费岁数千万。⑮

爨，"然"的古字，燃烧。为提高温室内空气温度，"昼夜爨蕴火"。大概是在温室内砌有多条水平烟道，在室外燃火，靠烟气加热室温，如东北的火炕或火地的原理。（见《中国建筑论》"古代的采暖"）在尚无透明的围护材料时，就不知如何解决日照的问题了。至于其他还有什么不合天时的"非法食物"，也无从得知，不必去妄加推测。

在汉代帝王宫室苑囿中，使役的奴婢宦官人数相当可观，日常菜蔬的消费需要数量很大，供应的来源和方式，尚未见有关于这方面的材料，有学者据汉代水衡都尉属官中的"御羞令"和"禁圃令"的有关材料考证，**汉代的御宿苑是种植菜蔬的园圃**。

上林苑中池沼很多，《三辅黄图》中特别提出："蒯池生蒯草，以织席"的事，是很有时代性意义的。蒯（kuǎi），是丛生水边的草，属莎草科，高四尺许，茎可织席，为绳索，草籽可食。席，是汉代**"席地而坐"**的生活方式中必须的东西。汉代室内除"所凭以为安"的**"几"**，别无长物。坐法如跪，只是臀部靠脚，不靠脚直立上身为**跽**，为隔湿气、保暖清洁，地上铺满席子，故云"席地而坐"。其实铺满地面的织物，不叫"席"而称之为**"筵"**，席是放在人坐处的垫子，是方形的。席放的位置很有讲究，视人的身份地位而定，所以"席"有表示人的主宾和地位的意义。（详见《中国建筑论》有关家具布置的内容）

在《三辅黄图》中论及未央宫宣室殿，引《汉书》曰："文帝受厘宣室，夜半前席贾生，问鬼神之事。"徐广注："厘，祭祀福祚也"。这个故事说汉文帝在宣室斋居，夜里问贾生关于鬼神的事，气氛神秘而有点紧张，他把坐席向前移到贾生的身边，亦说明席是坐垫也。

筵满铺地上，尺寸大小如今之单人凉席，约 2×1 米，席大概为 1 米见方。筵既是满铺，室内面积的大小，必须是筵的倍数。这就是《周礼·考工记》中所说**"堂上度以筵"**的道理。说明：**中国在两千多年前就用"筵"为平面设计的模数了**。

汉代仅上林苑和甘泉苑就有离宫一百七十余所，房屋千万间，全都铺满筵，对蒯草的用量之大，是个非常惊人的数字。所以，《三辅黄图》才特别明确地提出蒯池生蒯草以织席。

上林苑池中的水产，如司马相如《上林赋》所说，是"鱼鳖谨声，万物众夥"的，其用途集录有关资料如下：

《西京杂记》："武帝作昆明池，欲伐昆吾夷，教习水战，因而于上游戏养鱼，鱼给诸陵庙祭祀，余付长安市卖之。"⑩

《汉官旧仪》："上林苑中昆明池、镐池、牛首诸池，取鱼鳖，给祭祀，用鱼鳖千枚，以余给太官。"⑪

《三辅黄图》："少府佽飞外池，《汉仪》注，佽飞具缯缴以射凫雁，给祭祀，故有池。"⑱

《汉书·循吏传·龚遂传》："水衡典上林禁苑，共张宫馆，为宗庙取牲。"⑲

先解释上列各条中提到的汉代官名。**太官**：掌皇帝饮食宴会，属少府。**少府**：掌管山海池泽的税收，供皇帝享用，属皇帝的私府。**佽飞**：掌弋射，汉少府属下的武官。**水衡**：掌上林苑，兼保管皇室财物及铸钱。

从上面的几条材料说明，汉代苑囿中的水产品鱼鳖以及水禽野鸭飞雁的用途：一、供祭祀，二、供食用，三、宴宾客。还有剩余，就拿到长安市场上卖掉，可见产量之多。

对上林苑中的物产，扬雄在《羽猎赋》开篇就作了总结性的概括说：**"池沼苑囿，林麓薮泽，财足以奉郊庙，御宾客、充庖厨而已。"**⑳

著者认为，秦汉苑囿之所以多而且很大，从经济上，为满足帝室的物质生活需要，才不得不封山锢水，开辟那么多、那么广大的苑囿。所谓**"娱游狩猎"**的性质，就如同为了征伐昆吾夷，教习水军挖了昆明池，才"因而于上游戏养鱼"的道理一样。不是帝王首先为了观赏宫女泛舟歌舞、水嬉和弄影，去挖池筑台，然后才利用那许多池沼去养鱼鳖、植蒯草、种菱荷的。

质言之，汉代苑囿中山水土地池薮等资源的开发利用，以及驯兽水禽鱼鳖的饲养，水果、菜蔬和药物的种植等等，应是为了帝室物质生活的需要所进行的生产活动。而分布在自然山水中的离宫别馆，正是利用这些生产对象本身所具有的审美价值，而成为娱游的活动场所。当然事物总是辩证的，为娱游狩猎目的所建造的离宫别馆，符合自然景观的要求，也必然在不同程度上影响生产的地域规划。而这两者的相互影响，总的说要受苑囿范围内自然条件的制约。

汉代苑囿的内容非常丰富，通俗地用现代的语言说，**汉代苑囿的性质，包括有动物园、植物园、果园、菜圃、药圃、游乐园、竞技场、矿山、林场等等，既是帝王娱游狩猎之所，也是帝室物质生活资料的生产专用基地。**

从经济上讲，秦汉苑囿的性质，反映了当时自给自足的自然经济的社会形态。说汉代苑囿具有帝室物质生活资料生产基地的性质，是否有历史事实根据呢？

据经济史学家的考证，汉代的财政是沿袭秦的旧制，与后世有很大的不同。汉代实行帝室财政与国家财政分别运筹的制度，国家财政归司农管辖，而帝室财政则属少府、水衡。元初史学家马端临（1254～1323）在《文献通考》中明确指出：**"西汉财赋曰大农者，国家之帑藏也。曰少府曰水衡者，人主之私蓄也。"**⑫

汉代设有水衡都尉，掌山林之税，上林苑属水衡管辖。如《汉官旧仪》云："上林有令有尉，禽兽簿记其名数。又有上林诏狱，主治苑中禽兽宫殿之事。"⑫上林苑负责管理和保卫等事务的机构，设有上林令一人、丞八人、尉三十人。

苑囿，在经济上作为奉养帝室生活的生产资料，并非始于秦汉，其早在奴隶社会的周代已是一种俸禄制度。如《诗经》毛苌注："囿，所以域养禽兽也。天子百里，诸侯四十里。"和前面引《盐铁论·园池篇》所说："古者制地足以养民，民足以承其上。千乘之国，百里之地，公侯伯子男各充其求，赡其欲。"这是以封地的租税为卿大夫俸禄的制度，称**"采邑"**或**"采地"**。采，官也，因官食地，故曰采地，亦称**"食邑"**。

秦始皇统一中国，为加强中央集权统治，"改诸侯为郡县"，取消了食邑的封地制度。但以苑囿的形式保留了帝室物质生活资料的生产基地，说明社会商品经济还很不发达，帝室生活所需的一切，都要依靠官营手工业生产才能解决。事实上，随着社会经济的发展、帝室消费的日益膨胀，苑囿的生产也就愈来愈不能满足帝室穷奢极欲的生活需要，难以"充其求，赡其欲"了。

仅宫殿苑囿建设，"土木之役倍秦越旧"，耗费的人力物力之巨，是非常惊人的。如汉昭帝刘弗陵追尊钩弋夫人为皇太后，为她造阳陵更葬，仅这一项工程就征用了 62 万人。到西汉后期，元、成、哀、平四朝，政治上的腐败，经济上帝室财政的无限扩张，使国家财政失去平衡，陷入混乱的局面，已"不足称帝矣！"（李贽语）西汉王朝终于为赤眉、铜马、绿林等大规模农民起义所推翻。

东汉光武帝刘秀，鉴于前汉覆灭的教训，在财政制度上，废止了帝室财政与国家财政分别运筹的制度，把原少府掌管的山泽陂池等租税，划归大司农管理，少府就成为只管宫廷杂务的机构，苑囿也就不再具有帝室物质生活资料生产基地的性质。反映到东汉以后帝王苑囿不仅数量大减，规模也大大地缩小，娱游的功能成为主要的内容，建筑与自然环境的结合日趋紧密，以人工代天巧的景境创作逐渐增加而占主导地位。

第五节　汉代贵族和富商的园

梁苑　汉代的王侯显贵和帝王一样，不仅好营宫室，也务苑之大。汉初文帝的次子梁孝王刘武，在河南商丘的兔园，据《三辅黄图·曜华宫》记载：

> 梁孝王好营宫室，苑囿之乐，作曜华宫，筑兔园。园中有百灵山，有肤寸石、落猿岩、栖龙岫；又有雁池，池间有鹤洲、凫渚。其诸宫观相连，延亘数十里，奇果异树，珍禽怪兽毕有。王日与宫人宾客弋钓其中。⑫

清康熙年间《商丘县志·古迹》记载：

> 梁园在城东，一作梁苑，或云即兔园，或云梁孝王筑东园，方三百里，大冶宫室，有复道，自宫连属于平台三十余里。《西京杂记》曰：兔园有百灵山、落猿岩、栖龙岫、望秦岭，又有雁池，池间有鹤洲、凫渚诸胜。⑫

据上所记之山、岩、岭、岫来看，苑是建于自然山水幽美之处，规模方三百里之大。按《史记》索隐，"平台又名脩竹苑"，可能兔园中之建筑，如上林苑采取苑中之苑或苑中之宫的方式。苑中既有奇果异树，而且亦如皇家苑囿，域养有"珍禽怪兽"。苑的内容与上林苑基本相同，只是规模略小而已。

问题是，秦汉是高台建筑时代，上面两条资料中，均未说梁园中有台，是否汉代苑囿只有皇帝建造的有台，而诸王所建者无台或不能筑台呢？非也！《三辅黄图》和《商丘县志》未记梁园有台，梁苑并非无台，而是有台未记也。如《太平御览》引戴延之《述征记》云："蠡台，梁孝王所筑，于兔园中回道似蠡，因名之。"⑫又《水经注》："睢阳城故东宫，即梁之旧池也，因五六百步，水列钓台。池东又有一台，世谓之清冷台。"⑫

袁广汉园　《三辅黄图·苑囿》曰：

> 茂陵富民袁广汉，藏镪巨万，家僮八九百人。于北邙山下筑园，东西四里，南北五里，激流水注其中。**构石为山**，高十余丈，连延数里。养白鹦鹉、紫鸳鸯、牦牛、青咒，奇兽珍禽，委积其间。积沙为洲屿，激水为波涛，致江鸥海鹤孕雏产鷇，延漫林池；奇树异草，靡不培植。屋皆徘徊连属，重阁修廊，行之移晷不能遍也。广汉后有罪诛，没入为官园，鸟兽草木，皆移入上林苑。⑫

这是见于史籍的汉代惟一的私家园林，袁广汉园能留于史册，正由于他获罪被诛、园中草木鸟兽移入上林苑之故。

袁广汉园，周回10公里，较之帝王苑囿来说，可谓微乎其微了。作为私家园林，对"贫无立锥之地"的农民，是属"富者田连阡陌"一族。不能以今天的园林去理解，我认为袁广汉园是私人庄园的园林化之类。私人园林与狩猎无涉，所以"奇兽珍禽"，只是供观赏的水鸟和牛类的驯兽了。

袁广汉园在北邙山下，所谓"构石为山"，而且高十余丈，连延数里之远，根本不可能是人工堆筑的假山，多半是利用北邙山麓的自然条件，可能进行了某种程度的加工，也不排除某些因形就势的塑造岩崖沟壑局部形象之可能。我们从西汉后期和东汉的造园资料中，只见有"起土山"和"采土筑山"的记载，足证"构石为山"的不足为凭。

《三辅黄图》既非正史，更非"科学"意义上的著作，撰人不知是谁？编著年代亦尚无定论，由于曹魏时人如淳《汉书》注中曾引用过，如原本最晚成于东汉末曹魏初期，而后几经散佚和修改，今本与原本的面目，大有差异。但《三辅黄图》总是以汉人之作为根底，无疑地有其参考价值。故应正确地引用，不囿于字句作立论的根据，而是以辩证唯物史观，从特定的社会形态，多视角地进行综合分析研究，尽可能接近史实，从中探索出规律性的东西来。

汉代后期造园尚无"构石为山"之说。《汉书·元后传》记载，汉成帝刘骜同日封其五个舅舅为侯，世称"五侯"。其造园情况：

> 五侯群弟，争为奢侈，赂遗珍宝，四面而至，后庭姬妾，各数十人，僮奴以千百数，罗钟磬，舞郑女，作倡优，狗马驰逐；大治第室，**起土山渐台**，洞门高廊阁道，连属弥望。[128]

五侯中曲阳侯王根最为强暴，他建宅造园，不仅坏决了高都水，引入自己的园池，并且侵占外杜里地区为私有。百姓歌之曰：

> 五侯初起，曲阳最怒，
> 坏决高都，连竟外杜，
> 土山渐台西白虎。

服虔曰："坏决高都水入长安。高都水在长安西也。"孟康曰："杜、鄠二县之间田亩一金。言其境自长安至杜陵也。"白虎者，是当时皇宫里的殿堂，言其建筑可比拟皇宫也。西汉到成帝刘骜是十一世，王朝统治已衰败，而皇亲国戚如此骄横奢靡，帝室情况亦可想而知。历来封建统治者，无不以血缘姻亲的裙带来巩固其统治，这可以说是中国封建宗法制家天下的传统。历史事实证明，**维系封建家长式统治的血缘纽带，结果无不是王朝覆灭的一根绞索**。这就是历史的必然性。

到东汉时代，光武帝刘秀废除了帝室与国家财政分别运筹的制度，苑囿也随之失去帝室物质生活资料生产基地的性质，苑囿在规模和数量也大大地缩小。虽然王侯国戚的封地不存在了，却皆"**务苑囿之大**"，反映了以土地为根本的古代农业社会，封建统治阶级土地兼并的斗争。从中也反映出当时造园的情况，以东汉桓帝时，外戚大将军梁冀（？～159）造园：

> 广开园囿，**采土筑山**，十里九坂，以象二崤，深林绝涧，有若自然，**奇禽驯兽**，飞走其间。……又多拓林苑，禁同王家。西至弘农，东界荥阳，南极鲁阳，北达河、淇，包含山薮，远带丘荒，周旋封域，殆将千里。⑫

梁冀的两个妹妹为顺帝、桓帝皇后，顺帝死，与其妹梁太后先后立冲、质、桓三帝，专断朝政几二十年，骄奢横暴。其借造苑之名，霸占好几个县百姓的土地，强迫百姓数千为奴婢，称之为"自卖人"。梁太后、皇后先后死，桓帝与宦官单超等定议，诛灭梁氏，梁冀自杀而亡。抄没其家财多达三十余万万，据说等于封建政权全年租税收入的一半，还不包括房屋、苑园和土地在内。梁冀的故事，与造园并无什么直接的关系，但从梁冀造园的目的，可以了解东汉时苑园的性质。

从梁冀园短短数十字的描述，可以看到与以前不同的变化。在人工造山方面，"**采土筑山，十里九坂，以象二崤**"。崤，即崤山，又名嵚崟山，在河南洛宁县北。山分东、西二崤，东崤长坂峻阜，西崤多石板，险绝不异东崤。坂，是斜坡。长坂峻阜，坡度较陡的土山。梁冀园的土筑之山，已不同前汉那样壶形的象征性神山，而是绵延数里以至数十里的岗阜，是对自然景象崤山的摹写。而这种绵延的山岗式造型，在空间上合乎苑园空间广漠的构图要求，在技术上合乎当时的社会物质条件，是可信的，如果是"崇山峻岭"，有若自然，是不可能的，也不可信。

从囿养禽兽来说，在文字上由"**奇禽怪兽**"变化为"**奇禽驯兽**"，已非司马相如《上林赋》所说的熊罴狮虎之类的猛兽，而是"沈牛麈麋、穷奇象犀、駏驉橐驼"之属，即牛、鹿、犀象、野马（駏驉）、骆驼等，无害于人，而有观赏价值的食草动物。这种变化说明，苑囿中域养禽兽供狩猎的军事需要，转化为供观赏的娱游生活的享乐，造园在性质上已有所改变。

东汉的笮家园辨

秦汉时代的私家园林，古文献中很少记载，《三辅黄图》中所记，茂陵（今陕西兴平东南）富民**袁广汉园**，是迄今所见记载比较详细的私家园林。近来翻阅江南私家园林的历史背景材料，惊奇地发现《苏州历史园林录》"秦汉时期"中说，东汉时苏州就有私家园林**笮家园**了。仔细推敲，此说问题很多，从研究中国造园史言，不得不做点考证。该书有关笮融园的文字如下：

> 尤其值得注意的是东汉时出现了苏州最早的私家园林：**笮家园**。同治《苏州府志》："笮家园在保吉利桥南。古名笮里，吴大夫笮融所居。"《吴门表隐》有相同的记载。卢熊《苏州府志》："《吴志》汉中有笮融，居丹阳。"据《三国志·吴书·刘繇传》载，笮融是东汉时丹阳（治在今安徽宣城）人，他在中国的佛教发展史上是一个有重要贡献的人物，当时他聚众依附徐州牧陶谦，陶谦使至广陵、下邳、彭城运粮。曾先后攻杀广陵和豫太守，叱咤一时。汉献帝初平四年，他在徐州"大起浮图祠，……"又据《苏州史志笔记》载，刘濞治吴时，辖三郡，丹阳郡此其一。据此可知，笮融建园是有其物资和个性爱好基础的，他居住丹阳，而在苏州有园第，即后人所称的"笮家园"。[130]

19世纪，清代同治年间（1862～1874）修订的地方志，说一千五百多年以前的东汉时，苏州就有了笮融的私家园林，没有任何证据，单从这简单的一句话，是不足为信的。说《吴门表隐》有相同的记载，也不尽然。《吴门表隐》卷一有一条云：

> 迮家园在保吉利桥南，古名笮里，吴大夫笮融所居。[131]

字数都一样，园名却不同。从字义，**笮**（zé）有压榨之意；**迮**（zé）是仓促、逼迫的意思，通"窄"而不通"笮"。清·顾震涛编纂的《吴门表隐》一书，"皆郡中典故见闻所未及者。"（韩崶·序）其材料来源，是"博采群书之奥，兼听街巷之谈"（吴云·序）汇集而成。此书对当时苏州城市经济生活、地方的民风民俗、土特产品等等，提供了不少有参考价值的资料。对笮家园简单记上一句，若出之街巷之谈，只有姑妄听之了。

笮融是丹阳（今安徽当涂）人，何以会在苏州有园第呢？《园林录》的解释是：因为刘濞治吴时辖三郡，其中包括丹阳郡之故。这个解释真是闻所未闻，刘濞（前215~前154）是汉高祖刘邦的侄子，封吴王，是西汉初期的诸侯王。笮融（? ~195）是东汉末的人，相距一二百年，刘濞治吴，和笮融在苏州是否有园第何干？这本是风马牛不相及的事，释者竟然说："据此可知，笮融建园是有其物资和个性爱好基础的，他居住丹阳，而在苏州有园第。"

说笮融有造园的财力，倒非捕风捉影；说他造园有个性爱好基础，纯属不经之谈。笮融在中国佛教史上，是第一个以私人之力建造寺庙而留名后世的人。据我的研究，中国楼阁式塔的起源，就与笮融造寺有直接关系。详见拙著《中国建筑论》第四章"中国建筑类型（二）·塔"。

从笮融生平和作为来看，他是个不足挂齿的小人。据《三国志·魏书八·陶谦传》及《三国志·吴书·刘繇传》中陶谦、刘繇传里提到笮融的文字分析，我认为笮融多半属于市井无赖的亡命之徒，是乡里**游手**中颇有号召力的人。他曾聚众数百人，去徐州投靠同乡徐州牧陶谦（132~194），为下邳（今江苏睢宁西北）相，地位相当于县令。督广陵（今扬州）、下邳、彭城（今徐州）三郡的漕运，他有了点权力，就横征暴敛租税钱粮，"遂放纵擅杀"百姓，"坐断三郡委输以自入"，即全部据为己有，从而获得大量的财富。笮融如此无法无天，正说明他是个"**草莽英雄**"式的人物，也反映了东汉末代王朝的统治已临崩溃的边缘。

笮融为收买人心，不惜"费以巨亿计"的金钱建筑塔寺，当然也有财力去建筑园林。问题是是否有这种可能？

笮融是个背信弃义、心狠手辣，为己利不择手段的无耻之徒。初平四年（193），曹操征陶谦，徐州骚动，笮融将男女万口走广陵，广陵太宁赵昱待以宾礼，"融利广陵之众，因酒酣杀昱，放兵大略，因载而去"[132]。故谢承《后汉书》记其事，称其为"**贼笮融**"。陶谦兵败走，次年即兴平元年（194），陶谦病死。

后扬州刺史刘繇，命笮融去助彭泽（今江西北部，长江南岸，邻接安徽省）太守朱皓，讨伐刘表所用太守诸葛玄。繇属将许子将就对繇说："笮融出军，不顾名义者也。朱文明（皓）善推诚以信人，宜使密防之。"果然不出所料，笮融到彭泽后，即诈杀朱皓，代领郡事，取得太守的权位。刘繇进讨笮融，城破"融败走入山，为民所杀"[133]。时为兴平二年（195），足见笮融作恶多端，为人民所不容了。

汉末天下方乱，灵帝中平五年（188），为镇压农民起义，诸要州置"**牧**"，与刺史制并存，均驾凌于郡国之上，独专一州的军政，且多加将军号、封列侯，牧也就等于诸侯割据政权。为扩大势力，巩固自己的地位，牧之间掠城夺地，互相残杀。在此社会动荡人心惶惶的时代，会有人有闲情逸致去造园吗？更何况像笮融这样借动乱起家、杀人越货、闯荡江湖、行踪不定的人，竟然说"他居住丹阳，而在苏州有园第"，岂非痴人说梦吗！

按汉灵帝中平五年（188）置州牧，笮融投靠徐州牧的时间，最早也就是陶谦为徐州牧的 188 年，到汉献帝兴平二年（195）逃入山中为民所杀，前后一共也仅有六七年的光景，甚至更少，不要说笮融没有时间，即使有恐怕也不敢跑到他势力范围之外的苏州，去大造园第吧！

《苏州府志》和《吴门表隐》中，皆称笮融为"**吴大夫**"，这是对笮融不合史实的美化。徐州牧属地为今山东南部和江苏北部一带，并非吴地。笮融也够不上"大夫"，不过是徐州牧属下，一个小小的下邳相而已。如果说，东汉时苏州曾有笮姓建造过私人园林的话，也没有任何史料说明是笮融所建。

~~~~~~~~~~~~~~~~~~~~~~~~

注：

① 《三辅黄图·秦宫》，卷之一。

② 陈直校证：《三辅黄图校证》，4 页，陕西人民出版社，1980。

③ 西汉·刘安等：《淮南子·氾论训》。

④ 《三辅黄图·咸阳故城》，卷之一。

⑤ 《列宁全集》，第 38 卷。

⑥ 汉·司马迁：《史记·秦始皇本纪》，卷六。

⑦ 《三辅黄图·长乐宫》，卷之三。

⑧ 《三辅黄图·秦宫》，卷之一。

⑨ 唐·杜牧：《阿房宫赋》。

⑩ 汉·班固：《汉书·贾山传》，卷五十一。

⑪ 《三辅黄图·序》。

⑫⑬ 《汉书·食货志上》，卷二十四。

⑭ 《汉书·食货志下》，卷二十四。

⑮ 《汉书·食货志上》，卷二十四。

⑯ 《史记·平准书》。

⑰ 《汉书·食货志下》，卷二十四。

⑱ 《史记·平准书》，卷三十。

⑲汉·桓宽：《盐铁论·园池第十三》。

⑳《三辅黄图·苑囿》，卷之四。

㉑《三辅黄图·苑囿·三十六苑》。

㉒《史记·平准书》，"元狩二年"条。

㉓《三辅黄图·杂录》，卷之六。

㉔《三辅黄图·秦宫》，卷之一。

㉕《三辅黄图·汉宫》，卷之二。

㉖晋·葛洪：《西京杂记》。

㉗陈植校证：《三辅黄图校证》，87页，陕西人民出版社，1980。

㉘汉·司马相如：《上林赋》。

㉙《汉书·司马相如传》，卷五十七。

㉚《三辅黄图·苑囿》，卷之四。

㉛《汉书·百官公卿表上》，卷十九。

㉜《周礼·天官·大宰》。

㉝《三辅黄图·汉宫》，卷之三。

㉞汉·班固：《西都赋》。

㉟《汉书·郊祀志下》，卷二十五。

㊱北魏·郦道元：《水经注·渭水》。

㊲《三辅黄图·杂录》，卷之六。

㊳《三辅黄图·汉宫》，卷之三。

㊴《汉书·郊祀志下》，卷二十五。

㊵宋·李昉等：《太平御览》，卷一百七十九。

㊶五代宋·徐锴：《说文解字系传》，卷二十三。

㊷《汉书·郊祀志下》，卷二十五。

㊸《三辅黄图·建章宫》，卷之三。

㊹㊺《三辅黄图·汉宫》，卷之二。

㊻汉·张衡：《西京赋》。

㊼《汉书·郊祀志下》，卷二十五。

㊽汉·班固：《西都赋》。

㊾《史记·封禅书》。

㊿宋·宋敏求：《长安志》。

51《汉书·郊祀志下》，卷二十五。

52《三辅黄图·汉宫》，卷之二。

53 54《三辅黄图·池沼》，卷之四。

55东晋·王嘉：《拾遗记》。

56《三辅黄图·池沼》注。

57《三辅黄图·池沼》，卷之四。

中
国
造
园
艺
术
史

(58)宋·宋敏求：《长安志》。

(59)《水经注·渭水》。

(60)晋·葛洪：《西京杂记》。

(61)《左传·昭公二十五年》。

(62)《史记·高祖本纪》，“十年”条。

(63)汉·刘安等：《淮南子·原道训》。

(64)《汉书·扬雄传》（下）。

(65)汉·班固：《西都赋》。

(66)《三辅黄图·池沼》，卷之四。

(67)《汉书·武帝纪》，卷之六。

(68)《汉书·刑法志》，卷二十三。

(69)《三辅黄图·观》，卷之五。

(70)《三辅黄图·杂录》，卷之六。

(71)(72)《三辅黄图·未央宫》，卷之三。

(73)《三辅黄图·圈》，卷之六。

(74)东汉·刘熙：《释名·释姿容》。

(75)《三辅黄图·池沼》，卷之四。

(76)《汉书·武帝纪》，卷六。

(77)南宋·程大昌《雍录》，卷九。

(78)《三辅黄图·池沼》，卷之四。

(79)汉·司马相如：《上林赋》。

(80)晋·葛洪：《西京杂记》，卷一。

(81)《太平御览》，卷五百三十三。

(82)《三辅黄图·三辅治所》，卷之一。

(83)《三辅黄图·未央宫》，卷之三。

(84)汉·张衡：《西京赋》。

(85)《三辅黄图·池沼》，卷之四。

(86)《西安附近所见西汉石雕艺术》，载《文物参考资料》，1955（11）。

(87)《三辅黄图·池沼》。

(88)《三辅黄图·池沼》。

(89)《三辅黄图·未央宫》，卷之三。

(90)《史记·大宛列传》。

(91)《三辅黄图·台榭》，卷之五。

(92)《三辅黄图·建章宫》，卷之三。

(93)《三辅黄图·台榭》，卷之五。

(94)《诗经·大雅·灵台》。

(95)(96)《三辅黄图·台榭》，卷之五。

㊆《三辅黄图·观》，卷之五。

㊈《汉书·外戚钩弋赵倢伃传》，卷九十七。

㊈《三辅黄图·甘泉宫》，卷之三。

⑩《太平御览》，卷一百九十三。

⑩《三辅黄图·甘泉宫》，卷之三。

⑩《三辅黄图·台榭》，卷之五。

⑩汉·司马相如：《上林赋》。

⑩《三辅黄图·观》，卷之五。

⑩《三辅黄图·池沼》，卷之四。

⑩北齐·魏收：《魏书·铁弗刘虎传》。

⑩陈直校证：《三辅黄图校证》，137、138 页，陕西人民出版社，1980。

⑩汉·卫宏：《汉官旧仪》。

⑩汉·班固：《西都赋》。

⑪宋祚胤：《周易新论》，15 页，湖南教育出版社，1982。

⑪《汉书·东方朔传》，卷六十五。

⑪《三辅黄图·鼎湖宫》，卷之三。

⑪《史记·货殖列传》。

⑪《三辅黄图·扶荔宫》，卷之三。

⑪《汉书·召信臣传》，卷八十九。

⑪晋·葛洪：《西京杂记》。

⑪汉·卫宏：《汉官旧仪》。

⑪《三辅黄图·少府饮飞外池》，卷之四。

⑪《汉书·循吏传·龚遂传》，卷八十九。

⑫汉·扬雄：《羽猎赋》。

⑫元·马端临：《文献通考》。

⑫汉·卫宏：《汉官旧仪》。

⑫《三辅黄图·曜华宫》，卷之三。

⑫清·康熙：《商邱县志·古迹》。

⑫《太平御览》，卷一百七十八。

⑫《水经注》。

⑫《三辅黄图·苑囿》，卷之四。

⑫《汉书·元后传》，卷九十八。

⑫南朝宋·范晔：《后汉书·梁统传·玄孙翼》。

⑬魏嘉瓒：《苏州历史园林录》，16 ~ 17 页，北京燕山出版社，1992。

⑬清·顾震涛：《吴门表隐》，3 页，江苏古籍出版社，1986。

⑬⑬晋·陈寿：《三国志·吴书·刘繇传》，卷四十九。

第三章　魏晋南北朝时代

第一节　魏晋南北朝社会与造园概述

东汉末年大规模的农民起义，终于被地主武装所镇压，接着军阀混战，互相兼并形成魏、蜀、吴三国鼎立的局面。曹魏统一北方称帝后，司马氏又代曹魏而起，建立了晋王朝政权，晋代八王之乱，和匈奴、鲜卑、氐、羌、羯等少数民族的统治集团侵入北方，致使晋室南渡，偏安江左，形成南北朝对峙，直到隋朝暂告统一，前后历时共 370 年，这一段历史时期，史称**南北朝时代**。这是中国历史上最动乱、战争频繁、剧烈、生灵涂炭、民不聊生、苦难深重的时代。

事物是辩证的，政治上的大动乱，酿成社会秩序的大解体，旧的礼教崩溃，思想上获得自由，人的个性得到重视和发展，在文学艺术上出现了"第二次复兴"。

在文学上，曹植、阮籍、陶潜、谢灵运、鲍照、谢朓等的吟怀咏史、田园山水诗，尤其是五言诗的形成，在古代文学史上占有重要的地位。

在书画艺术上，王羲之父子的字，顾恺之和陆探微的画，尤其是顾恺之首创的山水画，为中国的山水画发展奠定了基础。在理论上，谢赫提出的绘画**"六法"**，一直为后世所宗。画家宗炳发现"近大远小"的定点透视画法，早于欧洲一千多年。他提出**"澄怀味像"**说，山水画须**"质有而趣灵"**，在创作思想上，对绘画艺术的发展有很大的影响。

中
国
造
园
艺
术
史

在雕塑艺术上，东晋的学者、雕塑家和画家戴逵（？~396），曾作木雕一丈六尺高的佛像，认为古制朴拙，不足动心。他隐于幕后，听观者褒贬，反复修改，三年始成。他的次子戴颙（378~441），精音律、善雕塑。建康瓦官寺铸丈六铜佛像，而恨面瘦，匠人不能治。他使减臂胛，云"非面瘦，乃臂胛肥"也，修改后像乃相称。说明戴颙对大型圆雕形体透视变形的视觉纠正，已有很深的修养。

在建筑造园艺术上，魏晋南北朝也是重要的转折时代，寺庙和佛塔的大量兴建，"**舍宅为寺**"对中国佛教建筑民族化的深远影响；苑园中土石兼用模拟山水的创作，特别是"**山居**"在物质占有的基础上，升华为对山水自然美的欣赏，人与自然山水的关系，由功利超越为非功利的审美关系。

在社会意识形态领域，摆脱了汉代"罢黜百家，独尊儒术"的束缚，和神学目的论谶纬迷信的控制，社会现实本身的大动荡，就否定了两汉时代的那一套伦理道德、鬼神迷信、谶纬宿命、烦琐经学等等的规范、标准和价值，人们正是从对外在的怀疑否定中，激起了内在的人格觉醒，对人生、生命和生活欲望的追求。秦皇汉武服药求仙、长生不死的人生观被否定了，代之以人生无常、生命短促的悲叹和感伤，因而出现公开宣扬"人生行乐"的诗篇。如《古诗十九首》中有：

> 人生忽如寄，寿无金石固。
> 万岁更相送，贤圣莫能度。
> 服食求神仙，多为药所误。
> 不如饮美酒，被服纨与素。

对人生的坎坷、苦难，生离死别，短促的人生，发至胸臆感叹，构成《古诗十九首》的基本音调。如：

> 人生天地间，忽如远行客。
> 斗酒相娱乐，聊厚不为薄。
>
> 人生不满百，常怀千岁忧。
> 昼短苦夜长，何不秉烛游？
> 为乐当及时，何能待来兹？
> 愚者爱惜费，但为后世嗤！

这种叹人生短促，哀人生沧桑，而求及时行乐的思想，成为庶民以至统治阶级的共同心声。如三国时的政治家、军事家、诗人曹操（155～220）在《短歌行》中抒发出感叹：

"对酒当歌，人生几何？譬如朝露，去日苦多。慨当以慷，忧思难忘，何以解忧？唯有杜康。"

他的儿子魏文帝曹丕（187～226）云："人亦有言，忧令人老，嗟我白发，生一何早？"大书法家王羲之（321～379，或303～361）感叹："死生亦大矣，岂不痛哉。固知一死生为虚诞，齐彭殇为妄作。后之视今，亦犹今之视昔，悲夫"！诗人陶潜（365～427）云："晨曦之易夕，感人生之长勤，同一尽于百年，何欢寡而愁殷。"他们合奏的是时代的悲歌。

正因感到人生有限、生命的短促，他们才更加珍视生命的价值和意义。曹操既有"对酒当歌，人生几何"的感叹，也有"老骥伏枥，志在千里；烈士暮年，壮心不已"的慷慨之气。他在《长歌行》中所说的"少壮不努力，老大徒伤悲"，今天也常作人们的座右铭。做了皇帝的曹丕，虽极人世之尊荣，他仍然感到"年寿有时而尽，荣乐止乎其身，二者必至之常期，未若文章之无穷"[①]。他看到荣华富贵集于一身的皇帝，终将白骨荒丘湮没无闻，而好的文章却可以传世不朽，这就是**"文章千古事"**典的出处。鲁迅评论说："曹丕的一个时代可说是文学的自觉时代，或如近代所说，是为艺术而艺术的一派。"[②]

"为艺术而艺术"，是建立在对艺术的无限热爱，感情率真执著基础上的，这同汉代"助人伦成教化"，一切以帝王为中心的歌功颂德，是历史的一大进步。

社会现象是非常复杂的，曹操父子虽然破坏了东汉重节操伦常的道德标准，但将能文善诗、持才负气，却将触怒他的孔融以"败伦乱俗，讪谤惑众，大逆不道"的罪名杀掉，甚至屠杀孔融的9岁小儿、7岁的幼女。以"非汤、武而薄周、孔"的嵇康，被司马昭以"无益于今，有败于俗，乱群惑众"的罪名杀于东市。被钟嵘《诗品》誉为"才高辞盛，富艳难踪"，为"元嘉之雄"的谢灵运，在他的山水诗中云"中为天地物，今成鄙夫有"，鄙视住在山水秀丽中的人民，产生占有的欲望而进行掠夺。如何认识这些现象，去把握社会、历史呢？我们从恩格斯对黑格尔的"人性恶"之说的科学阐述中可以有所觉悟。

黑格尔指出："有些人以为他们说人性是善的这句话时，就算是自己说出了非常深刻的思想；但是他们忘记了，人性是恶的这句话，意思要深刻得多。"黑格尔所说的恶是历史发展的动力借以表现出来的形式。这里有双重的意思。一方面，每一个新的进步都必然是对于某一神圣事物的凌辱，是对于一种陈旧、衰亡、但为习惯所崇奉的秩序的叛乱。另一方面，**自从各种社会阶级的对立发生以来，正是人的恶劣的情欲——贪欲和权势欲成了历史发展的杠杆**。③

真是鞭辟入里之论，对一切社会现象皆应作如斯观，古今中外，概莫能外。古代造园，无论是帝王的苑囿，还是私家的园林，都是为封建统治阶级骄奢淫逸生活服务的，对造园历史的研究更是如此。南北朝时称王称帝者，虽然战争频仍，统治者互相残杀，也不忘宫室苑囿之乐。就如僻处辽西，小小的后燕末代主慕容熙（385~407），淫虐无度，大造宫殿陵墓和苑园，建龙腾园，因需大量土方，致使"土与谷同价"；因为是在夏季施工，"土卒不得休息，喝（yē）死太半"④。

魏晋南北朝时期，正因在战祸不已、互相残杀的动乱形势下，不可能将苑造在远离都城的山林之中，只能建于城内或京畿之地，这就必然引起造园在内容和形式上的变化。首先是空间范围的缩小，狩猎内容的消失，娱游功能的加强，人工景境的创作成为突出的问题，特别反映在造山方面，汉代那种象征性的海上神山，已不可能满足山的造型审美要求，由稚拙的壶形土山，向模拟自然山水的方向发展，成为中国造园史上的由生产领地向非生产领地性**"质"**的变化和发展。

如曹魏时，曹操在魏都邺城（今之河北临漳），为解决城小造苑在空间上大大地受到局限，保持**"登高望远，人情所乐"**的传统审美要求，充分利用并发挥秦汉**"高台榭"**的作用，建造了铜雀（爵）、金虎、冰井三台，因《铜雀台赋》而著称于世。这一时期的台，在内容与形式以及结构技术上，都有很大的发展。造山艺术，已土石兼用，模拟自然，是人工造山兴起的时代。

在社会如此动荡的年代，史籍中很少看到有私家园林的记载，北魏杨衒之（生卒年不详）专记都城洛阳人文地理的《洛阳伽蓝记》，记昭德里的五宅，只有司农张伦宅中有园，这也是书中所记的惟一的私家园林。《洛阳伽蓝记》是以记伽蓝为主，**伽蓝**，是僧伽蓝的略称，梵文 Sang-hārāma，意译"众园"，即"僧院"，这里指佛教寺院。书中记了近九十座寺院，其中大的寺院多有园林。

魏晋南北朝是佛教兴盛时期，寺庙之多，在历史上是空前的，而不少寺庙，是"经河阴之役,诸元歼尽,王侯第宅多题为寺"⑤。河阴之役,是说北魏契胡部落首领尔朱荣,进军洛阳,杀太后、少帝及王侯公卿二千余人,立孝庄帝,专断朝政,后为孝庄帝所杀。南北朝时这种"舍宅为寺"之风,对中国佛教寺院邸宅化起了决定性的作用。

而寺庙园林之多,正说明原宅园之盛。如《洛阳伽蓝记·寿丘里(王子坊)》所云:

> 帝族王侯,外戚公主,擅山海之富,居川林之饶,争修园宅,互相夸竞。崇门丰室,洞户连房,飞馆生风,重楼起雾,高台芳榭,家家而筑,花林曲池,园园而有。莫不桃李夏绿,竹柏冬青。⑥

可见,至少在京畿的私家园林,不是很少,而是甚多,只是园主限于皇室宗亲,王侯公主统治阶级中的最上层,像掌管朝廷钱粮的大司农张伦才是个别的。这种现象正反映了当时社会的现实状况,皇室的不断更迭,社会上层的争夺砍杀,皇室内部的兄弟相残,父子相戮,政治斗争异常残酷,世家大族不可能都摆脱上层政治斗争的漩涡,他们当中不少著名人士,被一批批送上断头台,如何晏、嵇康、张华、潘岳、郭象、陆机、陆云、裴颁、刘琨、谢灵运、范晔……都是被杀害的著名诗人、文学家、史学家和哲学家。

因此,在魏晋南北朝时期,门阀士族和著名的士大夫,为保全自己,逃避政治迫害而隐迹山林。这种"**隐逸**"和后来文人"**隐居**"全然不同,他们根本不是看破名利,对人生有透彻的了悟,不避开尘世过淡泊宁静的生活。而是心怀激愤、筑壁自守,特别是北方世族南来,对江南尚未开发的土地大肆掠夺,扩大自己庄园的土地和山林,以加强、巩固自己的实力。

如三国时江南许多世家大族的庄园,都是"僮仆成军,闭门为市,牛羊掩原隰,田池布千里","金玉满堂,伎妾溢房,商贩千艘,腐谷万庚"。⑦所以,夺得政权的统治者,无不需要世家大族的支持。因此,南北朝的皇帝尽可以不断更换,而门阀世族的经济地位和政治地位始终是巩固的。

世家大族由于其巩固的经济地位,享有一切特权,因而表现在他们的生活态度和思想意识方面,特别具有一种"超脱"、"高傲"的虚伪面貌。他们自诩"不为物累",正因为他们已占有充足的物质财富;他们崇尚"虚无","以无为本",正由于他们用政治和法律的形式,把农民束缚在庄园里,自己用不着费半点心思,就可坐享其成。集成代表这种思想的是玄学,以三国时玄学家王弼

（226～249）的 **"圣人有情"** 说最具典型的意义，他认为圣人应物而无累于物，更近于自然。这就是说，世家大族虽过着放荡纵欲的生活，由于 "应物而无累于物"，所以完全符合 "自然" 的原则。

魏晋南北朝时，把这种世家大族的 **"自然经济庄园"**，美其名曰 **"别墅"** 或 **"山居"**。而玄学家的 "不以物累形" 的思想，从造园学上为 "山居"、"别墅" 抹上了一层潇洒脱俗的光彩。

南朝宋诗人谢灵运（385～433）的山居生活思想和生活方式，就充分地反映出这种山居的性质。谢灵运为性褊急，"多愆礼度，朝廷唯以文义处之，不以应实相许。自谓才能宜参权要，既不见知，常怀愤惋"⑧。他做官既不得志，"遂肆意游遨，遍历诸县，动逾旬朔"；不问政事。后以疾东归，隐居浙东始宁墅，"而游娱宴集，以夜续昼"⑨。以遨游山水来取得心理的平衡和心灵的慰藉。

世家大族的所谓隐山林，非但不放弃任何已经取得的利益，而且不遗余力，甚至不择手段去扩大能得到的利益。谢灵运和王羲之都是东晋南朝数一数二的世家大族，谢灵运是晋朝车骑将军谢玄的孙子，父早亡，袭封康乐公。他 "性奢豪，车服鲜丽，衣裳器物，多改旧制，世共宗之，咸称谢康乐也"⑩。据史载：

> 灵运因祖父之资，生业甚厚，奴僮既众，义故门生数百，凿山浚湖，功役无已。寻山陟岭，必造幽峻，岩嶂数十重，莫不备尽。登蹑常着木屐，上山则去其前齿，下山去其后齿。⑪

这是明代计成在《园冶》中所用 **"欲藉陶舆，何缘谢屐"** 之典的出处。"陶舆" 是指陶渊明患有足疾，让他的子弟用篮舆抬着游山玩水；"谢屐"，是指谢灵运穿着木屐登山陟岭，近距离视觉景观特点而言，意在说明人工造山 **"未山先麓"** 的创作原则。实际上，谢灵运如此不辞辛劳地爬山越岭，以至磨掉了木屐的前后齿，并非有那么大的逸致闲情，只是为了探幽寻胜，而是他不满足祖父在始宁县留下的产业 "故宅及墅" 的规模。

> 尝自始宁南山伐木开径，直至临海，从者数百。临海太守王琇惊骇，谓为山贼，末知灵运乃安。⑫

这是谢灵运在进行掠夺性的开发，不只在始宁如此，"在会稽亦多徒众，惊动县邑"。他曾看中会稽东郭的回踵湖，"求决以为田"，未能得逞。"又求始宁岉崲湖为田"，也遭到太守孟颉的拒绝，谢灵运就 "言论伤之，与颉遂隙"。可见其骄横，对土地兼并的贪欲。后被诬谋反，为太守所杀。

谢灵运写了不少山水诗，抒发他对自然山水的酷爱之情，但他封山锢水对山水占有的强烈欲望，不可能超脱功利的审美感兴，他的山水诗也很难达到情景交融的最高境界。

谢灵运是"博览群书，文章之美，与颜延之同为江左第一"，是很有才华的诗人。颜延之自称"狂不可及"，人称"颜彪"，与谢灵运俱以文采齐名，世称"颜谢"。正由于谢灵运这样世家大族的文人，占有佳山胜水，生活在自然山水之中，以遨游山水为乐，人们才有条件发现和欣赏到自然山水自身之美。可以说，**魏晋南北朝是真正欣赏到山水自然美的时代**。

谢灵运对山水自然美有很高的欣赏水平，他从山居的生活实践，不仅在建筑布局与自然山水结合上，提出很有意义的见解，而且从建筑的空间艺术提出："**罗曾崖于户里，列镜澜于窗前**"的精辟之论。这些对后世的造园艺术，在理论和实践上都有很深的影响。

从造园学来说，谢灵运在《山居赋》中所描写的建于自然山水中的庄园，同秦汉具有自然经济性质的山水宫苑，是不同的，这之间的区别不仅表现在内容和规模上，从建筑与自然山水的关系言，苑囿基本上是按土地的经济规划，建造若干具有相对独立性的宫殿组群；山庄则是将建筑分布在一定范围，并与自然山水景观的相互结合。秦汉的苑囿，我们名之为"**自然经济的山水宫苑**"，对魏晋南北朝的山居则可称之谓"**自然经济的山水庄园**"。

第二节　魏晋南北朝的苑园

魏晋南北朝虽战祸不绝，统治集团互相残杀不已，社会十分动荡不安，但统治者豪奢淫乐的贪婪情欲，并不因此而稍减。夺得统治权力的帝王贵胄，为满足一己之私欲，无不殚力大造宫殿苑园。这些宫殿苑囿，多毁于兵燹之灾，或经改朝换代，宫殿被毁，苑园尚存，改建更名。

如古都洛阳就先后为曹魏、西晋、北魏的都城。据《文选》注："《洛阳图经》曰：华林苑，在城内东北隅，魏明帝起名芳林园，齐王芳改为华林园"，北魏时又叫华林苑。魏晋南北朝时期筑苑较多，但史籍记载多非常简略，许多仅列名而已。如：魏明帝曹叡（ruì 瑞）筑的芳林园，晋武帝司马炎筑有琼圃、灵芝、石祠、平乐、桑梓苑；东晋在建业（今南京玄武湖）有北湖、华林苑；十六国时后赵石虎在邺（今河北临漳）筑园，亦名华林，后燕慕容熙在龙城（今辽宁朝阳）筑龙腾苑；南朝宋有乐游苑、青林苑、上林苑（在玄武湖北），齐有娄湖苑、新林苑、博望苑、灵邱苑、芳东苑、元圃苑，梁有兰亭苑、江潭苑、建兴苑、玄圃苑、延春苑、湘东王园等等。北朝的北魏筑有鹿苑、西游园、华林园等等，不一而足。

这一时期帝王造园由自然山水转向都市和京畿地区，苑的空间范围大大地缩小，随环境的改变，造园也必然有所变化。下面对史书记载较详的几处苑园，就资料所及进行分析，以阐明魏晋南北朝时代苑园的一些特点。

一、铜　爵　园

是三国时曹操在魏都邺城（今河北临漳）文昌殿西筑园，名"铜爵（雀）"。邺城规模不大，仅东西 3.5 公里，南北 2.5 公里。何况铜爵园又造在城内宫城之中，可见其空间范围之小。从秦汉时代苑囿规恢数百里，"大苑囿、高台榭"的苑居生活，已形成"**登高望远，人情所乐**"的视觉审美习惯与经验，显然突破视界的局限，成为当时造园的主要矛盾。所以在铜爵西建了铜雀、金凤、冰井三座高台。据左思《魏都赋》描述：

> 右则疏圃曲池，下畹高堂。兰渚莓莓，石濑汤汤。弱菱系实，轻叶振芳。奔龟跌鱼，有瞡吕梁。驰道周屈于果下，延阁胤宇以经营。飞陛方辇而径西，三台列峙为峥嵘。亢阳台于阴基，拟华山之削成。上累栋而重霤，下冰室而沍冥。⑬

辞释：右则，是指文昌殿西。疏：同"疏"。畹（wǎn 晚）：《离骚》，"余既滋兰之九畹兮。"王逸注，"十二亩曰畹。"此泛指田。堂：山上的平地。莓莓（méi méi 没）：草盛貌。石濑：《楚辞·九歌·湘君》，"石濑兮浅浅。"注："石濑，水激石间则怒成湍。"汤：大水急流貌。菱（zōng 宗）：树木的细枝。瞡（qì 气）：察；观赏。吕梁：指吕梁洪，在吕梁山，传说此洪悬水三十仞，流沫四十里，鼋鼍不上游。果下：《后汉书·东夷传》："（涉）有果下马。"李贤注："高三尺，乘之可于果树下行。"指矮小的马。胤（yìn 印）：通"引"。延阁胤宇：阁道延续栋宇相连。飞陛方辇：高高的台（陛）道。方辇（niǎn 捻）：并行的人挽之车。亢（kàng 抗）：高。阳台阴基：上为阳，下为阴。沍（hù 户）：冻结。冥（míng 明）：昏暗。

今译：文昌殿西是园圃曲池，下为田畴，上有平阜。水中小渚，芳草萋萋；石上浅水，急流淙淙。弱枝垂着硕果，轻叶飘动香风。龟奔鱼跃，似游向吕梁洪之悬瀑。果下矮马，急走于回环的驰道；阁道逶迤，连续于栋宇之间。由并辇的陛道向西，铜雀、冰井、金虎三台列峙而峥嵘。高耸的台观立于台基之上，有如华山的削壁挺立当空。台上殿阁层楼而重檐，台下冰室阴冷而昏暗。

从《魏都赋》这段文字描述，园不大，景物也不多，主要景观就是三座高台。从"拟华山之削成"看，台的四壁很陡峭，不可能是累土而成。赋中有登台"八极围于寸眸，万物可齐于一朝"，台很高。台上的建筑，"累栋而重雷"，是檐宇重叠的殿阁式建筑。关于台的具体情况，据有关古籍摘录如下：

> 台在"邺城西北隅，因城为基。铜雀台高十丈，有屋一百二十间，周围弥覆其上。金虎台有屋百三十间，冰井台有百四十五间，有冰室三与冻殿，三台崇举，其若山，与法殿皆阁道相通。"[⑭]

> "于铜爵台起五层楼阁，去地三百七十尺，……作铜雀楼颠，高一丈五尺，舒翼若飞，南则金虎台，置金虎于台颠。……北则冰井台，上有冰室，……三台相通，各有正殿，……并殿屋百余间。三台皆砖筑，相去各六十步，上作阁道如浮桥，连以金屈戌，画以云气龙虎之势，放则三台相通，废则中央悬绝。"[⑮]

据这些资料，对三台特别是铜雀台的具体形象，可以有较清晰的概念。

台"因城为基"，就是建在城墙上。既在城的西北隅，若以铜雀台为主体，就应建在城角的位置。其余二台则一在其东，一在其南，三台呈鼎立之势。

台之高，铜雀台高十丈，设城墙高十丈，台去地为二十丈，按每尺折合公制 0.24 米，则台高为 48 米。台上五层楼阁，去地三百七十尺，合 88 米，共计高达 136 米，故有"其高若山"的形容。

这高度的数字，显然有很大的夸饰。楼阁高 88 米，层高达 17.6 米，是不成比例的，对比实物可知，现存最高木构建筑，山西应县木塔九层才高 67.31 米，层高约 7.5 米。如楼阁"去地三百七十尺"之"地"，是平地而非台的顶面，则楼阁高约 40 米，层高约 8 米，不计楼阁顶点的一丈五尺高的铜雀。那么，由地面到阁顶的总高为 88 米，从建筑设计及构造技术是可能的，也近乎于实际。

台的形式，台上除了有五层高的楼阁外，还"有屋一百二十间，周围弥覆其上"。三台房屋间数略有不同，但"各有正殿"。从"周围弥覆其上"，显然是围绕着楼阁，也就是沿台边一周布置房屋。这一百多间房屋间架组合的形式，就是台的平面形状。组合成圆环形是不可能的，既不便于施工，且房间皆成楔形也不便于使用，正殿的平面也不允许呈弧形。如楼阁为基本对称的点式建筑，最合理的方案，是将房屋组合成正方的口字形，即台的平面为正方形，台与台上的楼阁以及三台之间，在空间构图上才能取得和谐与协调。

从台的观四方而高的基本功能，这周绕在台上的殿屋，应是前后设廊的，对外则四面开敞，可凭栏俯仰自得；对内则虚廊周匝，与楼阁融为一体。中央楼阁巍峨，檐宇层叠而雄飞，顶上的铜雀金凤，"云雀踶甍而矫首，壮翼擒镂于青霄"（《魏都赋》）。不难想像三台之宏伟壮丽。

这样的台不能用土堆筑，是用砖砌而成，这是否是中国建筑史上，最早用砖砌的建筑物？待考，至于三台之间各相距六十步，有阁道相通，而且像浮桥一样，拉起可互通，放下则悬绝。六十步，按步六尺，尺合 0.24 米，为 86.4 米，如飞阁（浮桥）二台各半，长约 43 米，由地面至台面高 48 米，飞阁可以下垂直挂；如两半飞阁做成弧形，提高后放下对接咬合，也可以中间不用支柱。飞阁与台口用屈戍者，屈戍本是门窗搭扣，如唐·李商隐《骄儿》诗："凝走弄香奁，拨脱金屈戍。"这里应是金属制的铰链式构件，也就是说这种在两台之间可活动的阁道，是可能的，难在这长达 40 米的阁道结构，和起动的机械装置如是现实的，说明一千多年以前，在工程技术上已达到很高的水平。

陆翙《邺中记》所说上述三台，已非曹魏的三台，而是十六国后赵石虎在曹魏基础上所"**崇饰三台**"了。我们要说的是：秦汉的台观发展到魏晋南北朝时的变化。

铜爵园建于邺城一隅，空间之小较之秦汉苑囿，有天壤之别，为突破宫垣和城墉的视界局限，"筑台若山"，以获得"八极可围于寸眸，万物可齐于一朝"的无限开阔的视野。正因为园小，台的体量不能太大，由秦汉的土筑改变为砖砌，这是建筑技术上的飞跃；台不能高，台上建楼阁以崇其高，并吸取汉代宫苑凤阙、嶕峣阙的手法，将台与阙结合，而不失汉代宫殿宏伟壮丽的气势。这是秦汉以来，台观在不同情况下创造性的运用与发展。苑园造景在建台，说明造园尚未进入游观近赏人工景境的创作时期，还处于静观远眺宏观自然的阶段。而这种从有限达无限，由无限回归于有限的空间意识与视觉审美经验，很自然地为后世城市造园开了"借景"之先河，可称之为**楼阁式台苑**。

二、邺城华林苑

邺城是曹魏定都之地，十六国时是后赵、前燕、北朝东魏、北齐的都城。后赵主石虎（石季龙，羯族），他除了崇饰城内的曹魏三台，并在城外建造了华林苑。据《晋书·石季龙载记》记载：

> 华林苑在邺城东二里，"使尚书张群发近郡男女十六万，车十万乘，运土筑华林苑及长墙于邺北，广长数十里。……张群以烛夜作，起三观、四门，三门通漳水，皆为铁扉。暴风大雨，死者数万人"⑯。

《邺中记》中记华林苑文字与上文基本相同，还有一段苑内种植的事说：

> 虎于园中种众果，民间有名果，虎作虾蟆车箱，阔一丈深一丈四，抟掘根面去一丈深一丈，合土载之，植之无不生。华林苑中，千金堤上作两铜龙相向吐水，以注天泉池，通御沟中。三月三日，石季龙及皇后百官临中宴赏。⑰

从上面两段文字，可知华林苑的大体情况。苑离城 1 公里，很近，周围 10 余公里，苑筑有围墙，辟四门。建筑只提到有三座台观，苑中有池名天泉。从石虎和皇后及百官临中宴赏，"中"指园中，应有殿堂；如指池中，池中可能有土山洲渚。池由漳水引入，并在千金堤上有双龙吐水的铜塑，将水注入池内。但苑中无造山之说，其总体布局，多半沿袭汉代池沼台观为主的宫苑格局，只是规模小得很多。雕塑题材，已非秦汉时代的神仙故事，而是象征帝王权威的"龙"了。在园艺上，将长成的果木连根带土地移植，是值得称道的事。

石虎是十六国最残暴的君主，《晋书·石季龙载记》对他有段概括说：

> 季龙心昧德义，幼而轻险，假豹姿于羊质，骋枭心于狼性，始怀怨怼，终行篡夺。于是穷骄极侈，劳役繁兴，畚锸相寻，干戈不息，刑政严酷，动见诛夷，慄慄遗黎，求哀无地，戎狄残犷，斯为甚乎！⑱

三、龙城龙腾苑

后燕主慕容熙，鲜卑族，虽地狭人稀，僻处辽东，也同样无休止地大兴土木，他在后燕都龙城（今辽宁朝阳）近郊筑龙腾苑，据《晋书·慕容熙载记》记载：

> 大筑龙腾苑，广袤十余里，役徒二万人。起景云山于苑内，基广五百

步，峰高十七丈。又起逍遥宫、甘露殿，连房数百，观阁相交。凿天河渠，引水入宫。又为其昭仪符氏凿曲光海、清凉池。夏季盛暑，士卒不得休息，喝死者太半。[⑲]

　　文中之昭仪，女官名，位比丞相，爵比诸侯。符氏是熙宠幸的妃子。喝（yē 掖）：中暑。广袤：东西曰广，南北曰袤。值得注意的是，苑中已有人工造山，从"基广五百步，峰高十七丈"，五百步为三千尺，按尺合 0.24 米，即山东西占地 720 米。十七丈，为 40 米。这是用土堆筑的土山，土方量之大是惊人的，以至"土与谷同价"。可见人工造山，在苑的造景中已占有重要地位。凿池而称之为海，说明水面较大，龙腾苑是以山水为主的景境创作。

　　公元 407 年，慕容熙出城为昭仪符氏下葬，龙城将吏乘机推慕容云为主，拒绝慕容熙回城，他逃入龙腾苑中被杀，后燕王朝遂亡。

四、建康苑囿

　　建康原名金陵，周显王三十六年（前333），楚威王灭越，在石头山北置金陵邑而得名。秦始皇二十六年（前221）灭六国后，改金陵邑为秣陵县。汉献帝建安十七年（212），改秣陵为建业，后为东吴都城。东晋南渡建都后，又称建康。

　　建康如三国时诸葛亮所说，是"钟山龙蟠，石城虎踞，负山带江，九曲青溪"的形胜之地。北依覆舟山和玄武湖，南有秦淮，东凭钟山（今紫金山）西麓，西有冶城山和石头城相护。石头城，楚金陵邑旧址，依山而筑，临江壁立，十分险要，因称"鬼脸城"（参见图 3-1）。

　　六朝古都　金陵（南京）是三国时的吴、东晋和南朝的宋、齐、梁、陈六朝古都，历朝皆筑有苑囿，在宫城之内就有园十余所，规模最大的是建于台城（宫城）东北隅的"华林园"，在今鸡鸣寺前一带，和覆舟山下的"乐游苑"。华林园内有人工山水，和几十座殿堂楼观，其中以景山上的景阳楼最为著名。园中还有陈后主造的临春、结绮、望山三阁，各高数十丈，以香木构筑、金玉珠翠为饰，极为巨丽。

　　玄武湖　历史非常悠久，本名桑泊，晋时即以风景著称。湖在钟山西麓，因山南有燕雀湖，又称前湖，故桑泊称后湖。又因湖在金陵城北，亦称北湖。南朝刘宋元嘉二年（425），复修东晋时所筑的北堤，南抵城东七里的白塘，壅蓄山水，以练舟师。据云元嘉中湖中曾现黑龙，是为"玄武湖"名之由来。当时湖水与长江相通，水面辽阔，浪潮汹涌，十分壮观。湖中亦仿海上神山故事，

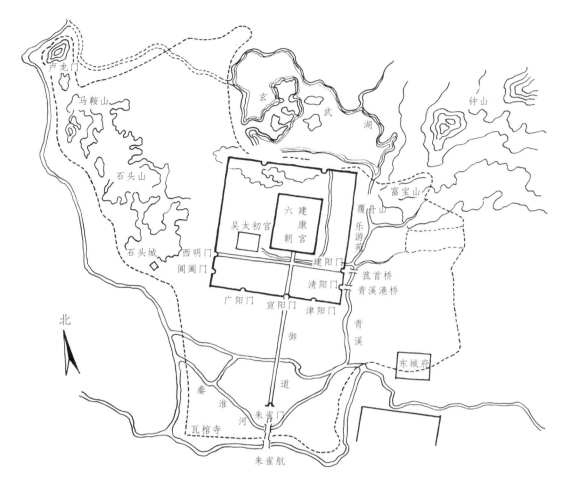

图 3-1 东晋·南朝建康都城平面示意图

有三座岛屿，即今玄武湖中五洲的基底。玄武湖之胜，在烟波浩渺，三面环山，隔城堞与鸡笼、覆舟二山对峙，西临古城，垣堞透迤，湖光山色，有旷如之美。

限于资料，对魏晋南北朝时南京的苑园，只能作非常简略的概括。对史书记载的南朝齐的玄圃园，南朝梁的湘东苑分析如下：

五、玄圃园

玄圃园是南朝齐武帝萧赜的皇太子长懋所筑，据《南史·齐武帝诸子传》记载：

(太子) 性颇奢丽，宫内殿堂，皆雕饰精绮，过于上宫。开拓玄圃园与台城北堑等，其中起出土山池阁楼观塔宇，穷奇极丽，费以千万。多聚异石，妙极山水。虑上宫中望见，乃旁列修竹，外施高鄣。造游墙数百间，施诸机巧，宜须鄣蔽，须臾成立，若应毁撤，应手迁徙。⑳

上文"其中起出土山池阁楼观塔宇"，是园中有何景物很重要的话，如原文如此，从文字言景物应为"土山池阁"、"楼观塔宇"。按此可以理解，园中有人工山水，山为土筑，显然是挖土成池，反土为山也。楼观作为一个名词，很易使人联想到曹魏时的铜雀台，将台与楼阁结合的建筑形象。**楼观**，可以说是反映时代建筑特征的词汇。

玄圃园中出现了**塔宇**，将佛教建筑的"塔"造在苑中，作为园林建筑，既说明南北朝时期佛教盛行，和佛教艺术对造园的影响，也反映出中国统治阶级以"我"为中心的宗教思想，以及将宗教世俗化的信仰态度。

"多聚异石，妙极山水。"文中已明确，玄圃园中有山，山为土筑。园中异石很多，石的用途却用"聚"来形容，说明石是作为独立的观赏对象，只是将石聚集一处，罗列庭中以供欣赏。但这种欣赏已不止于石的奇形怪状之美，而是从中产生出"三山五岳，百洞千壑，㟏缕簇缩，尽在其中"㉑的审美感受，所以说"**妙极山水**"。这种审美经验，显然对后世写意式掇山有深远的影响。

玄圃园中的"异石"，还不太可能是"钩深致远"的太湖石，即使不是太湖石，金陵一带山上也有奇石，如**龙潭石**：产于金陵下35余公里，"有露土者，有半埋者。有一种色青，质坚，透漏，文理如太湖者"㉒。**青龙山石**：在南京东南，"金陵青龙山石，大圈大孔者"人们常以此为太湖主峰。说明**早在一千五百多年以前，南北朝时形态丑怪之石，作为独立的观赏对象，已成为园林的一种景物。**

六、湘东苑

是南朝梁元帝萧绎（508～554）即位称帝以前，封湘东王，镇守江陵（今属湖北）时所建。关于湘东苑情况，唐·余知古《渚宫旧事》中有一段较详的记载：

湘东王于子城中造湘东苑，穿池构山，长数百丈，植莲浦，缘岸杂以奇木。其上有通波阁，跨水为之。南有芙蓉堂，东有禊钦堂，堂后有隐士亭，亭北有正武堂，堂前有射棚、马埒。其西有乡射堂，堂安行棚可得移动。东南有连理堂……北有映月亭、修存堂、临水斋。前有高山，山有石洞，潜行逶迤二百余步。山上有阳云楼，楼极高峻，远近皆见。北有临风亭、明月楼。颜之推云：屡陪明月宴，并将军扈熙所造。[23]

梁元帝萧绎，幼盲一目，博极群书，好著述、工书善画，是很有才华的皇帝。陈朝的姚最在《续古画品录》中评萧绎说："梁元帝，学穷性表，心师造化。"赞他的人像画，"王于象人，特尽神妙"[24]。可见其人物画的造诣很高，他还撰有《山水松石格》的论画之作传世。我们正可从其山水画论，了解湘东苑的山水景境的创作思想。

从《渚宫旧事》描述，开头就说："穿池构山，长数百丈"。说明湘东苑的造景以人工山水为主，而且山的体量较大，相应的水面也不会小。接着就讲水生植物、堤岸的绿化和水景建筑。然后是罗列池周围的建筑，池东空间较开阔，以"楔钦堂"为主，由堂向北，是一组以骑射为乐的建筑，如有分隔射道的射堋，四面砌有矮墙的射马场，观看和休息的乡射堂。池北有映月亭等建筑，向"前有高山"，可知苑中之山在池之北，池在山之南。

概言之，湘东苑的总体规划，是以水为中心，以山为屏障，环池布置建筑的格局。萧绎在《山水松石格》中对山的造型，和山水的比例关系，有段精彩的论述说：

> 夫天地之名，造化为灵，设奇巧之体势，写山水之纵横，……素屏连隅，山脉溅淘，首尾相映，项腹相迎，丈尺分寸，约有常程。[25]

意思是说，山要以水为血脉，水以山为屏障。山的体势，要"首尾相映，项腹相迎"，山环水抱，要有所呼应和相应的比例关系，也就是要合乎自然的一般规律，即"约有常程"。

湘东苑的山，不用"筑"，而用"构"。古人用字颇有讲究，一般土山用筑，石山才用构。从山的描述，并无岩崖涧壑等形质特征，但山中有长近300米的石洞，所以用"穿池构山"。"构山"亦非构石为山，如后世外石内土塑造山的形质特征的做法，而是内石外土，内构石洞，外则覆土为山。山顶建有阳云楼，故云："楼极高峻"。山是否用石点缀，如后世画家所说："平垒逶迤，石为膝趾；山脊以石为领脉之纲，山腰用树作藏身之幄。"[26]既已用石，似应土中载石的加以点缀也。

湘东苑的理水，从映月亭、临水斋、临风亭、明月楼等建筑之名，多为临水建筑，有可能采取**"亭台突池沼而参差"**（《园冶》）的布置方式。从"其上有通

波阁，跨水为之"，这种用"隔"来扩展空间的手法，在萧绎的《山水松石格》
中已有明确的认识，如"泉源至曲，雾破山明"；"水因断而流远，云欲坠而霞
轻"；"路广石隔，天遥鸟征"等等，是很精辟的论点，揭示出山水画的一些创
作规律：水欲其远，必须曲折有情才具远意；山用雾破，烟云缥缈才颠末莫测；
路欲其远，中间须用石隔断；天遥难图，画上远去之鸟，就显得遥远了。

梁元帝萧绎在一千五百年前的论述，不仅掌握了透视的基本原理，从视觉
心理上，发现了空间的意匠和手法，在绘画艺术上为后世画家所法。在造园艺
术上，为在有限的空间里创造出无限的空间意境，提供了具有深远意义的思想
方法。

北朝的苑园，可提供分析的资料较多，集中在洛阳宫内的华林苑、西游园
及张伦造景阳山等。位置见图 3-2　北魏洛阳园苑和寺庙位置示意图。

七、西　游　园

是皇城内的宫苑，在千秋门内道北，皇城的西北部。据杨衒之《洛阳伽蓝
记·城内·瑶光寺》条云：

> 千秋门道北有西游园，园中有凌云台，即是魏文帝所筑者。台上有八
> 角井，高祖于井北造凉风观，登之远望，目极洛川；台下有碧海曲池；台
> 东有宣慈观，去地十丈。观东有灵芝钓台，累木为之，出于海中，去地二
> 十丈。风生户牖，云起梁栋，丹楹刻桷，图写列仙。刻石为鲸鱼，背负钓
> 台，既如从地踊出，又似空中飞下。钓台南有宣光殿，北有嘉福殿，西有
> 九龙殿，殿前九龙吐水成一海。凡四殿，皆有飞阁向灵芝台往来。三伏之
> 月，皇帝在灵芝台以避暑。[27]

西游园中的楼观池沼，多为三国时曹魏的旧物，如凌云台，是魏文帝黄初
二年 (221) 所筑；灵芝池，是黄初三年 (222) 凿，《三国志·魏书·文帝丕》均有
记载。《太平御览·晋宫阁名》云："灵芝池广长百五十步，深二丈，上有连楼飞
观，四出阁道钓台，中有鸣鹤舟、指南舟。"[28]这几句话对理解上面"西游园"
的文字很有帮助，即台与池的关系，灵芝钓台的形式问题。灵芝台是水中之台，
即渐台；台的四面当中凸出，可以垂钓，所以灵芝台亦可称"灵芝钓台"；灵芝
台四面之水，就是"灵芝池"，也就是文中碧海曲池的"碧海"。

从凌云台上有井，在井北造凉风观的描述，说明当时对"台"和"观"二

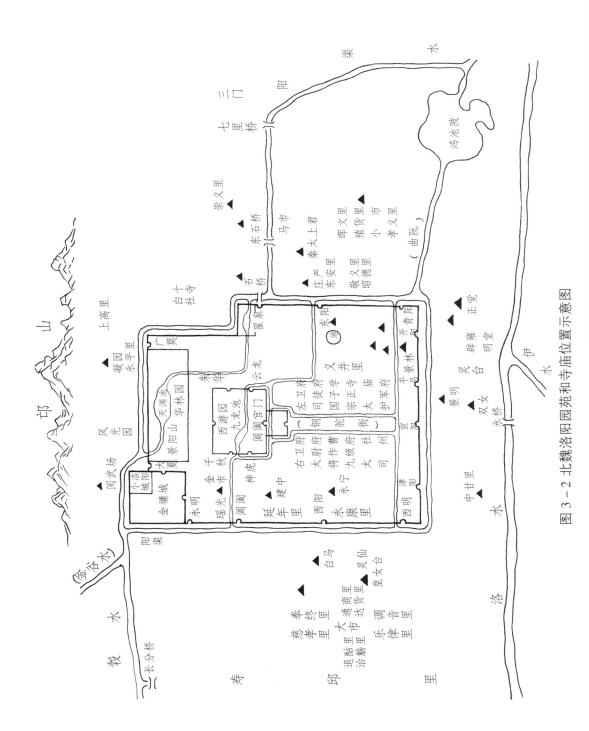

图 3 - 2 北魏洛阳园苑和寺庙位置示意图

字，含义是有区别的，即台上的露天部分叫做"**台**"，而台上造楼阁的部分则称之为"**观**"。

从"刻石为鲸鱼，背负钓台"这句话来琢磨，所说的钓台，是指在石鲸背上的平台，因近水而可垂钓，故名。

最后云："凡四殿，皆有飞阁向灵芝台往来。"说是四殿，文中只有三殿，即宣光殿、嘉福殿、九龙殿。其中嘉福殿为曹魏时所建，魏文帝曹丕和明帝曹叡皆死在此殿。

文中的意思弄清楚了，西游园的情况大体可知，园中有历史上著名的凌云台，台东有高十丈的宣慈观，观东有高二十丈的灵芝台，三台沿东西方向错列布置。灵芝台建灵芝池中，池之东有钓台，西有九龙殿，南有宣光殿，北有嘉福殿，三殿都架有飞阁可通水中的灵芝台。西游园的台观殿堂较多，这些建筑的具体情况，尤其是凌云台和灵芝台，《洛阳伽蓝记》中没有详细记载，我们从魏晋南北朝有关史籍中有所记录的文字简析之。据南朝宋·临川王刘义庆（403～444）的《世说新语·巧艺第二十一》凌云台条云：

> 凌云台楼观精巧，先称平众木轻重，然后造构，乃无锱铢相负。揭台虽高峻，常随风摇动，而终无倾倒之理。注：《洛阳宫殿簿》曰：'凌云台上壁，方十三丈，高九尺；楼方四丈，高五丈；栋去地十三丈五尺七寸五分也。㉔

> 又：(凌云) 台有明光殿，西高八丈，累砖作道，通至台上。登台回眺，究观洛邑，暨南望少室，亦山岳之秀极也。㉚

凌云台的结构颇为奇特，台非砖砌而是用木构成，可能与灵芝台"累木为之"的结构相同，是井干式的。台为正方形，顶部四面挑出一个方十三丈，高九尺的平台，称之为"台帽"。台帽下的台身，是四壁垂直的方筒形，其边长从力学言，应不小于台上楼的平面方四丈。若如此，每边的台帽要悬挑出四五丈之多。且不论其具体的尺寸，至少可想像台顶部悬挑很多，如何结构？从"**先称平众材轻重**"分析，很形象地说明，如古代的悬臂式桥，一排排木材，层叠相压而挑出，所以每层木材的直径大小必须相等，长短也要一致，这大概就是先要"称平众材轻重"的道理。正因为台的结构对称受力均衡，所以虽"常随风摇动，而终无倾倒之理"。

凌云台 (亦作 "陵云台"，陵与凌通) 的高度，有二十丈、二十三丈、十三丈五尺七寸五分，三种说法，不知孰是？古籍所记尺寸，非科技文献，每多溢辞，不必太过拘执。若按《元河南志·晋城阙宫殿古迹》所说："西高八丈，累砖作道，通至台上"。登凌云台，是从台西侧的砖砌梯道上去的，台高为八丈，加上楼高五丈，为十三丈，与"栋去地十三丈五尺七寸五分"，大体尺寸一致。多余的五尺七寸五分，可能是屋脊与脊饰的高度。台高八丈，按晋每尺合 0.245 米计，为 19.6 米。这个高度，对累木而成的台，已相当高了。

灵芝台 灵芝池、灵芝台、嘉福殿、九龙殿等，在三国魏明帝曹叡时已都建成。灵芝池广长百五十步，合九十丈，池近方形，水面不大，台建水的中央，台上有楼殿阁道，与池边殿堂驾水凌空相接，故云"连楼飞观"。可以想像，在连体式楼观组合建筑的四周设阁道，即空灵之廊，并挑出有台，称钓台，亦有台帽挑出，在造型上可能如茎干独出水面，而台上建筑层叠如华叶交纷，故名为"灵芝"，形象是十分复杂而华丽的。

八、魏晋时的台苑

铜雀园、西游园的景物，几乎都是建筑，建筑中又以台观居主要地位，如果从园的形式而称之为"台苑"，并无不可，但它同秦汉时代的"台苑"，既有历史的内在联系，又有"质"的区别。如前所说：可名之谓**楼阁式台苑**。

高台建筑时代的**秦汉台苑**，是秦皇汉武为求长生不死，筑高台以"**望神明，候仙人**"。所以台欲其高而不在其美，是属功用性的台。在技术上，台与池是系统工程，**挖土成池，反土筑台**，土筑之台愈高，其体量就愈大，而去地数十丈之**高台榭**，与广袤数百里的**大苑囿**，两者相辅相成反映秦汉的时代特征。台虽非为为观赏而建，但在广漠无垠的山林原野到处屹立高出云表的台，自然形成高台建筑时代的恢宏而粗犷的风格。秦汉台苑，对后世最大的贡献和最深远的影响，是中国人在两千年以前就占领了空间，获得视觉的解放，形成"**登高望远，人情所乐**"的审美经验，从而积淀为中国人传统的美学思想。在历史的运动中，成为**中国艺术对空间的无限性和时间永恒性的追求**。

铜雀园和西游园，是在苑囿已失去生产基地的性质，由广袤数百里的郊野，缩小到周回数十亩的宫城之内。空间的剧变，必然引起造园在形式与内容上的变化。需要解决的最大矛盾，首先是如何解决视觉空间的障碍，这应是魏晋造园之初，采用可"登高望远"台观的原因了。与秦汉台观的不同，不在追求台观之高，是在开阔视野的同时而求台观之美；台既是观赏的景物，也是娱游的景境。技术上要改变秦汉台观之高大，而代之以精巧和奇丽。魏晋初园林台观之兴盛，可以说是**高台建筑的回光返照**了。

九、洛阳华林园

六朝时，华林园有三处，如前述后赵石虎在邺所建，是仿洛阳之华林园而为之。在建业者，《金陵新志》云："在台城内，本吴旧宫苑也，晋南渡后，仿洛阳园名而葺之。"③ 洛阳华林园，裴松之《魏志》注："本东汉之芳林园，魏明帝青龙三年，于其中起陂池，楫棹越歌。"② 齐王芳即位，以芳字犯讳，乃改为华林园。

华林园在洛阳城内北部，北埇之下，广莫门和大夏门之间，除西北隅的**金墉城**，占有北城墙之阔，地形东西长而南北窄。记华林园的资料较多，如《水经注》、《三国志·魏志》、《魏书》、《太平御览》、《洛阳伽蓝记》等皆有所记载。如唐史学家刘知幾 (661~721) 评《洛阳伽蓝记》既能"除烦"，又能"毕载"，记述简明而较全面，现据《洛阳伽蓝记》所记"华林园"分析之。

> 华林园中有大海，即魏天渊池，池中犹有文帝九华台。高祖于台上造清凉殿。世宗在海内作蓬莱山，山上有仙人馆，山有钓台殿，并作虹蜺阁，乘虚往来。至于三月禊日，季秋巳辰，皇帝驾龙舟鹢首，游于其上。海西有藏冰室，六月出冰以给百官。海西南有景阳殿。山东有羲和岭，岭上有温风室；山西有姮娥峰，峰上有寒露馆，并飞阁相通，凌山跨谷。山北有玄武池，山南有清暑殿。殿东有临涧亭，殿西有临危台。

> 景阳山南有百果园，果列作林，林各有堂。……果林南有石碑一所，魏文帝所立也，题云"苗茨之碑"。高祖于碑北作苗茨堂。果林西有都堂，有流觞池，堂东有扶桑海。凡此诸海，皆有石窦流于池下，西通榖水，东连阳渠，亦与翟泉相连。若旱魃为害，榖水注之不竭；离华滂润，阳榖泄之不盈。至于鳞甲异品，羽毛殊类，濯波浮浪，如似自然也。③

北魏的华林园，是在曹魏芳林园基础上建立的，有的景物都建于曹魏时代，如天渊池为魏文帝曹丕黄初五年 (224) 所穿；九华台，黄初七年 (226) 所建；魏文帝所建《苗茨之碑》，考《说文解字》段注"苗"字："古或假苗为茅，《洛阳伽蓝记》所云魏时《苗茨之碑》，实即茅茨，取尧舜茅茨不翦也。"《宋书·礼志》："魏明帝天渊池南设流杯石沟，燕群臣。"③ 流觞池或即此处。

据《三国志·魏志·高堂隆传》："景初元年 (237)，……帝 (魏明帝曹叡) 愈增崇宫殿，雕饰观阁，凿太行之石英，采榖城之文石，起景阳山于芳林之园，建昭阳殿于太极之北，铸作黄龙凤凰奇伟之兽，饰金墉、陵云台、凌霄阙。百役繁兴，作者万数，公卿以下至于学生，莫不展力，帝乃躬自掘土以率之。"[35] 可见，华林园中的景阳山也是在曹魏时所筑。天渊池和景阳山，是华林园中两大主要景物，也奠定了华林园的**"体势"**与**"形胜"**。

因《洛阳伽蓝记》对华林园的描述比较清楚，可大致想像出华林园的总体布局情况。

华林园的**范围与环境**，华林园的规模，要看洛阳城厢的大小，史家多有考证，而其说不一。我们采用《续汉书·郡国志》注引《帝王世纪》："城东西六里十一步，南北九里一百步"之说，按此华林园东西之长，去掉西北角上的"金墉城"及两头的"广莫"与"大夏"城门，大约 2 公里左右；南北深仅里许，平面呈东西向狭长的地形。华林园的周围环境，南面宫城，北负城埤，东有广莫门，西有大夏门，隔街与金墉城比邻（参见图 3－2）。

华林园的**总体布局**，全园以人工山水天渊池和景阳山为主体，天渊池居中，近北城墙，景阳山在天渊池的西南。景阳山南是百果园，果园南有苗茨堂，西有都堂、流觞池，东有扶桑池。围绕天渊池的景物，只记有池西的藏冰室，西南的景阳殿，池中有九华台和蓬莱山等。按郦道元《水经注·榖水》云：天渊池，"池东有魏文帝九华殿，殿基悉是洛中故碑累之，今造钓台于其上"[36]。这是说北魏已无台，故云"九华殿"不称"九华台"。按《洛阳伽蓝记》所记，华林园的总体布局问题很多。

华林园是都城内的帝王苑园，园门应设在宫城的中轴线上，园中景物在轴线上的只有天渊池，园门以西是景阳山及百果园等，园门以东即园的东半部，未记有任何景物，这是很大的疏漏。

华林园内山池的位置也经营不当，天渊池居中靠后，景阳山在池的西南，从地形山的体势大致是东西走向，景阳山就在山池间造成大片的阴影，所谓"海西南有景阳殿"，只能理解殿的方位在池的西南，位置应在池边，不在山的阴影之中，坐北朝南，即朝向景阳山。景阳殿也不可能建在山下，山下有玄武池，更不可能在山麓或山上，因山的背阴面向池，建筑只能坐南朝北，不见阳光。这种山与水的关系，也违背传统的**"负阴抱阳"**的阴阳五行观念。造成这种状况的原因，显然是缺乏统一的总体规划的结果。

天渊池，是魏文帝曹丕于黄初五年 (224) 所凿，如当时池的位置的确就在园的中轴线上且向后近北塘的话，说明凿池时就没有考虑要筑山，而凿池与筑山是便利的系统工程，但史籍并无筑山的记载，却有筑台之说，园林以池沼台观为主者，如铜雀园、西游园是曹魏的时尚。

景阳山，是魏明帝曹叡于景初元年 (237) 所筑，而且曹叡"帝乃躬自掘土以率之"，这掘土处与所堆之山，肯定相距不远。平地筑山须挖掘大量的土方，看来景阳山的体量较大，所以"山北有玄武池"，果林西"有流觞池"，东"有扶桑海"，围绕景阳山有这些池和海，显然是由于挖土的需要使然。

从对景阳山的描写，山已非纯用土筑，而是土石兼用，造型在模仿自然的悬崖涧壑特征，都是在山的阳面不是阴面，景阳山的南面是百果园，且山在园门的西侧，与人流方向相左，不可能形成主要游览线，山与海在主要景区中难以形成有机的整体。

华林园的这种山与水的不协调关系，也反映了造园史的一种状况，魏晋时期在造园性质产生质变以后，由池沼台观的人工精巧与华丽，欲以人工代天巧，向以自然山水为创作主题的方向开始转变与发展。

华林园的**理水**。园中之水皆活水，天渊池引流成溪，由东南出园，曲折逶迤，南流东折与"翟泉"相通，东出城塘，与环城之"阳渠水"相接；天渊池引流向西，出北塘经环城阳渠与穀水合流，即"**东连阳渠，西通穀水**"。围绕景阳山的玄武池、流觞池、扶桑海，地下都有石窦相通，所以旱时"穀水注之不竭"，涝时"阳渠泄之不盈"。这种理水之法，汉代已用，如未央宫殿北，藏秘书图籍的"石渠阁，其下砻石为渠，以导水"，因阁建渠上，故名。(见第五章，第二节，"五、艮岳的山水意匠")

华林园的**造山**。景阳山的形态，《洛阳伽蓝记》的记载如上，在《魏书·酷吏列传·茹皓传》中记载茹皓"领华林诸作"的事说：

> 皓性微工巧，多所兴立。为山于天渊池西，采掘北邙及南山佳石。徙竹汝、颍，罗莳其间；经构楼馆，列于上下。树草栽木，颇有野致。世宗心悦之，以时临幸。[57]

文中的"北邙"，洛阳市北的山名。东汉及北魏的王侯公卿多葬于此，后人常用来泛指墓地。"汝、颍"，指河南汝州和颍州。"世宗"，北魏宣武帝元恪 (500～515)。从茹皓采掘北邙及南山佳石，景阳山是土石兼用，山的整体形态，呈双峰并列之势，东有羲和岭，上建温风室；西有姮娥峰，上建寒露馆。山的向阳面建有清暑殿，从东有临涧亭，西有临危台的描写，羲和岭南具洞壑之形，姮娥峰则南呈岩壁之态。看来景阳山的南北造型处理是不同的，山南多用石构，岩崖陡峭，洞壑深邃，亭台临危，巉岩峥嵘，外石内土，竹树萧森；山北面向天渊池，空间开阔，多用土筑，土中载石，林木翳然，殿馆隐现于木杪，山脚映带以清泉（玄武池），着重在山的整体形象和气势。这种阴阳向背的不同造型，如论画者云：

> 石之立势正，走势则斜；坪之正面平，旁面则反。半山交夹，石为齿牙。平垒逶迤，石为膝趾。山脊以石为领脉之纲，山腰用树作藏身之幄。⑱

在景阳山之南是百果园，从"果列作林，林各有堂"，说明果木是按品种分别种植的。《洛阳伽蓝记》云："有仙人枣，长五寸，把之两头俱出，核细如针，霜降乃熟，食之甚美。俗传云出昆仑山，一曰西王母枣。又有仙人桃，其色赤，表里照彻，得霜即熟，亦出昆仑山，一曰王母桃也。"⑲据《太平御览》引《晋宫阙名》记有"华林园枣六十二株，王母枣十四株。"又："华林园桃七百三十株，白桃三株，侯桃三株。"⑳可见华林园中的枣林和桃林，在晋时已有了。

十、张伦景阳山

张伦景阳山，是《洛阳伽蓝记》中记载的惟一的私家园林，但实际上只记了张伦园林中所造的"景阳山"。我们正可以从张伦的景阳山比较深入地了解北魏时的造山艺术。《洛阳伽蓝记》在城东昭德里条中说，里内住有高官五宅：

> 惟伦最为豪侈，斋宇光丽，服玩精奇，车马出入，逾于邦君。园林山池之美，诸王莫及。伦造景阳山，有若自然。其中重岩复岭，嵚崟相属；深蹊洞壑，逦递连接。高林巨树，足使日月蔽亏；悬葛垂萝，能令风烟出入。崎岖石路，似壅而通；峥嵘涧道，盘纡复直。是以山情野兴之士，游以忘归。㉑

所谓"张伦造景阳山"，常被人误解华林园的景阳山为张伦所造，《魏书·茹皓传》已明确"领华林诸作"者是茹皓，张伦此山疑是仿华林园景阳山而作，亦名景阳耳。

张伦的景阳山，从城市私家园林人工造山，山的体量可说已相当大了，造型也是模仿自然的山的形质特征，既有"深蹊洞壑"、"崎岖石路"、"峥嵘涧道"的景观，山当非土筑，洞壑、石路、涧道，只有用石构，方能有崎岖、峥嵘的景象和深邃的意境。但"高林巨树"、"悬葛垂萝",无土则难以成活。景阳山正因为有"足使日月蔽亏"的高林巨树,"能令风烟出入"的悬葛垂萝,才能给人以"有若自然"的野趣。

大体量人工造山,必须土石兼用,构石造型,土以种植,或以石载土,或以土载石,因境而宜。华林园的景阳山和张伦的景阳山,代表着北魏造山艺术的发展水平,标志着历史上造山艺术的飞跃和转折。这个转折,反映造园从自然山水转入城市以后,园林造景由池沼台观转向建筑与模拟山水的结合,空间构图由远景转向中景和近景的变化。这个变化,同中国绘画艺术的"澄怀味象"思想,讲究"以形写神",在形似中求神似的发展阶段相适应。

在中国造园史上,魏晋南北朝时期,是以自然山水为造园艺术创作主题的开始和兴起的时期。模写自然是一种创作,必须把握自然山水发育形态的某些典型特征,以艺术形象表现出自然山水的意境和精神。自然山水,广土千里,结云万里,若自然主义追求其大和形"似"之"真",其结果只能像模型似的"假"。所以人工造山的体量大小和形象的塑造,必须从造园的空间范围、人的视觉心理活动特点出发,适应人在园中**可望**、**可游**、**可居**的园居生活的需要。造园空间,总是随城市经济的繁荣、人口的集中而日益缩小,造山艺术由**形似中见神似**,逐渐向**神似中见形似**发展,同绘画艺术一样,是合乎历史运动规律的发展。

南北朝的造山艺术水平　华林园和张伦的景阳山,虽然已具一定水平,我们不能据文字的描绘,把它想像得很高,这种初期的人工山水造景,不可能一蹴即至,还很不成熟。这一点可以从当时山水画的发展水平得到佐证。唐代画家张彦远在《历代名画记》中,曾对这一时期的山水画评论说:

> 魏晋以降,名迹在人间者,皆见之矣。其画山水,则群峰之势,若钿饰犀栉,或水不容泛,或人大于山,率皆附以树石,映带其地。列植之状,则若伸臂布指。[42]

可见当时山水画的稚拙状态,所以宋代郭思在《画论》的"论古今优劣"中说:

> 或问近代至艺与古人如何?答曰:近代方古多不及,而过亦有之。若论佛道、人物、仕女、牛马,则近不及古。若论山水、林石、花竹、禽鱼,则古不及今。[43]

山水画初期情况如此，人工山水的造园艺术，也不可能超越时代的局限。其实从姜质为张伦景阳山所作的《亭山赋》中，描绘水石的"纤列之状一如古，崩剥之势似千年"，也可想像这"纤列之状"的稚拙形象了。

第三节　门阀士族地主的别墅、山庄

一、园宅与山居

魏晋南北朝时期，门阀世族地主的造园，同他们自给自足的庄园经济生活是密切结合在一起的，当时称之为"园"的，也称"别业"、"别墅"、"别庐"、"山庄"或"山居"，这些名词在概念上并没有什么质的区别。如晋·石崇的金谷园，也叫河阳别业或别庐；谢灵运的山居，也就是始宁墅。一般山居多指庄园在自然山水中者。因庄园主的住宅就造在庄园里，故又称"园宅"。如晋·谢安的次子谢琰"资财巨万，园宅十余所"。这"园宅"的"园"，不一定具有造园的性质，而具有造园性质的园，也不限于只是在自然山水中的园。

这种自然经济的庄园，三国时在江南的东吴已很兴盛，如吴郡的世家大族的顾、陆、朱、张，会稽的孔、魏、虞、谢等大姓，他们的庄园都是"僮仆成军，闭门为市，牛羊掩原隰，田池布千里"[44]。到西晋时，在北方的世家大族的庄园经济也有了发展。如著名富豪石崇的"**金谷园**"，据《世说新语》注引石崇《金谷诗叙》曰：

> 余以元康六年 (296)，从太仆卿出为使，持节监青徐诸军事、征虏将军。有别庐在河南县界金谷涧中，或高或下，有清泉、茂林，众果、竹柏、药草之属，莫不毕备。又有水碓、鱼池、土窟，其为娱目欢心之物备矣。[45]

石崇在《思归引序》曾说：

> 晚节更乐放逸，笃好林薮，遂肥遁于河阳别业。其制宅也，却阻长堤，前临清渠，百木几千万株，流水周于舍下，有观阁池沼，多养鱼鸟。家素习技，颇有秦赵之声。出则以游目弋钓为事，入则有琴书之娱，又好服食咽气，志在不朽，傲然有凌云之操。[46]

石崇于永熙元年 (290)，出为荆州刺史，以劫夺客商，以致巨富。他的庄园

中国造园艺术史

119

规模较大，一般物质生活资料皆可自给。他 52 岁时，因诣事贾谧，为赵王伦所害，"有司簿阅崇水碓三十余区，苍头八百余人，他珍宝货贿田宅称是"⑰。苍头，是指私家奴隶。石崇之富，当时无人能比，他用**"肥遁"**二字非常确切地说明他的园居生活。

这些世家大族"奢侈之费，甚于天灾"。石崇过着"丝竹尽当时之选，庖膳穷水陆之珍"的生活。他自诩"晚节更乐放逸"，而"傲然有凌云之操"者，"石崇每要客燕集，常令美人行酒；客饮酒不尽者，使黄门交斩美人"⑱。有一次宴客，客坚不肯饮，石崇一连杀了三个行酒的美人，其残暴到灭绝人性的地步了。在古代所谓休憩游赏的园居生活中，渗透着残酷的阶级压迫和被奴役者的血和泪。

石崇的好友潘岳，在洛水之旁建有园宅，潘岳作《闲居赋》述其庄园曰：

> 爰定我居，筑室穿池，长杨映沼，芳枳树橘，游鳞瀺灂，菡萏敷披，竹木蓊蔼，灵果参差。……石榴蒲桃之珍，磊落曼延乎其侧。梅杏郁棣之属，繁荣藻丽之饰，华实照烂，言所不能极也。菜则葱韭蒜芋，青笋紫姜，堇荠甘旨，蓼荽芬芳，蘘荷依阴，时藿向阳，绿葵含露，白薤负霜。⑲

辞释：爰：于是。枳（zhǐ 纸）：亦称"枸橘"，芸香料。果肉不堪食，实可入药，常栽作绿篱。瀺灂（chán zhuó 馋浊）：鱼出没貌。菡萏（hàn dàn 憾旦）：即荷花。郁（yù）：果木名，郁李。棣（dì 弟）：棠棣，蔷薇科灌木，观赏植物。堇（jǐn）：野菜名。荠（jì 剂）：十字花科，荠菜。蓼（liǎo 了）：蓼科中部分植物的泛称。荽（suī 虽）：同"荽"，香菜。蘘（ráng 攘）荷：亦称"阳藿"，姜科，花穗嫩芽可食，根供药用。藿（huò 获）：唇形科，即藿香。薤（xiè）：百合科，鳞茎可作蔬菜或加工成酱菜，干茎称"薤白"入药。

潘岳的庄园果木品种较多，菜蔬齐备，并有药用植物。至于大田庄稼以及家畜、家禽定不会少，未写是因为这些常见必备之物，不必写出而已。

自魏晋到南北朝，这种自然经济的庄园，不胜枚举，但记载多极阔略而无征，散漫而难究，很难从造园学角度去分析研究，只有东晋时名将谢玄（343～388），因病解职后，在浙江会稽始宁县经营的山庄，经他孙子谢灵运（385～433）加以扩展，"傍山带水，尽幽居之美"。谢灵运为此写了一篇《山居赋》，对始宁墅作了详细的描述，并自作注释，不仅可从中了解山庄的内容和性质，并且可知山庄的建筑布局与自然山水结合的情况。尤其是谢灵运在《山居赋》中提出有关园林创作思想方面的见解，对研究这一时期的自然山水园宅，都是难得的珍贵资料。

二、谢灵运的始宁墅与《山居赋》

郦道元《水经·浙江水注》对谢灵运祖父谢玄的**始宁墅**有记载如下：

> 浦阳江自嶕山东北，径太康湖，车骑将军谢玄田居所在，右滨长江，左傍连山，平陵修通，澄湖远镜，于江曲起楼，楼侧悉是桐梓，森耸可爱，居民号为桐亭楼，楼两面临江，尽升眺之趣，芦人渔子，泛滥满焉。湖中筑路，东出趣山，路甚平直，山中有三精舍，高甍凌虚，垂檐带空，俯眺平林，烟杳在下，水陆宁晏，足为避地之乡矣。⑤

谢灵运在《山居赋》的自注中曾说明其祖父谢玄建始宁墅的原由：

> 余祖车骑建大功淮、肥、江左，得免横流之祸。后及太傅既薨，远图已辍，于是便求解驾东归，以避君侧之乱。废兴隐显，当是贤远之心，故选神丽之所，以申高栖之意。经始山川，实基于此。⑤

这就说明，魏晋南北朝时期，世家大族退隐山林，与后世士大夫的隐居性质不同，不是看破人世沧桑，求得淡泊宁静的生活，而是为了"免横流之祸"，"以避君侧之乱"，不得已的一种政治退避而已。当时浙江东部的山林土地尚未开发，便成为随晋室南渡的北方世家大族掠夺的对象。如谢灵运与庐陵王义真笺曰："会境既丰山水，是以江左嘉遁，并多居之。但季世慕荣，幽栖者寡，或复才为时求，弗获从志。"⑤可见魏晋南北朝时期隐迹山林的性质。这里值得注意的是谢灵运用了"**嘉遁**"二字，从西晋石崇的"肥遁"，经百余年后到南朝宋的谢灵运之"嘉遁"，这一个字的变化中，恰包含着很深的意义。

由西晋时的肥遁，到南朝时的嘉遁，反映山居生活，由物质享乐到精神审美的变化。在人与自然山水的关系上，人在肥遁的基础上生成嘉遁之后，自然山水之美，才能由主观的"比德"升华为客观的山水"自然"之美。

谢灵运的始宁墅有"南北两居"，南山是其祖谢玄"开创卜居之处"，"临江旧宅，门前对江，三转曾山，路穷四江"。江中有孤石沉沙，春秋朔望，随水增减，"及风兴涛作，水势奔壮"，"电激雷崩"之时，"始迅转而腾天，终倒底而见礐"，蔚为壮观。旧居"临溪而傍沼"，抱阜而带山，"茸室在宅里山之东麓"，其位置经营，是"葺骈梁于岩麓，栖孤栋于江源，敞南户以对远岭，辟东窗以瞩近田"。骈梁，是三间之室；孤栋，为一间之屋。是说三间建于山麓，一间在门前，枕矶临水，两者属望；东窗可见平畴沃野，景境旷如幽美。

谢灵运又在北山，"刊翳开筑"，别营宅居，"其居也，左湖右江，往渚还汀；面山背阜，东阻西倾；抱含吸吐，款跨纡萦，绵联邪亘，侧直齐平。"㊳北山园宅，是左面临湖，右面傍江，四面皆水，水中有渚（小块陆地），水边平地（汀），面对高山，背负岗阜（土山）。山峦绵延，水流纡萦（曲折），是个复杂的水系。山形水势，迂回（邪亘）平直（侧直），曲折回环。他认为汉代辞赋家淮阴人枚乘（？~前140）所说："左江右湖，其乐无有"，是江都之野，而他的山居则兼山水之胜。

谢灵运在《山居赋》的自注中，对北山园宅有较详细的描述，摘录如下：

> 从江楼步路，跨越山岭，绵亘田野，或升或降，当三里许。涂路所经见也，则乔木茂竹，缘畛弥阜，横波疏石，侧道飞流，以为寓目之美观。及至所居之处，自西山开道，迄于东山，二里有余。南悉连岭叠郭，青翠相接，云烟霄路，殆无倪际。从迳入谷，……缘路初入，行于竹迳，半路阔，以竹渠涧。既入东南傍山渠，展转幽奇，异处同美。路北东西路，因山为郭。正北狭处，践湖为池。南山相对，皆有崖岩。东北枕壑，下则清川如镜。倾砢盘石，被隩映渚。西岩带林，去潭可二十丈许，葺室构宇，在岩林之中，水卫石阶。开窗封山，仰眺层峰，俯镜濬壑。去岩半岭，复有一楼。回望周眺，既得远趣，还顾西馆，望对窗户。缘崖下者，密竹蒙径，从北直南，悉是竹园。东西百丈，南北百五十五丈。北倚近峰，南眺远岭，四山周回，溪涧交过，水石林竹之美，岩岫隈曲之好，备尽之矣！刊翳开筑，此焉居处，细趣密玩，非可具记，故较言大势耳。㊴

谢灵运的山居，建于山水幽深之处，南北两居。"峰嶒阻绝，水道通耳"，"往返经过，自非岩涧，便是水径，洲岛相对，皆有趣也。"谢灵运不愧是诗人，他在山庄建筑的位置经营上，很注重户牖的景观，建筑与自然环境的融合。他"爱初经略"，即"躬自履行"，不"假于龟筮"迷信风水，而是"择良选奇，剪榛开迳，寻石觅崖"，惨淡经营，别具匠心。对建筑与自然山水的结合作了概括，即：

> 面南岭，建经台；倚北阜，筑讲堂。傍危峰，立禅室。临浚流，列僧

房。对百年之高木，纳万代之芬芳；抱终古之泉源，美膏液之清长；谢丽塔于郊郭，殊世间于城傍。

谢灵运笃信佛教，他所说的经台、讲堂、禅室、僧房，并非定指寺庙，不过借以示其超凡脱俗罢了。从他对山庄的描写，在江流曲折回环处，两面临江，尽俯仰之乐。在山林深邃隈曲处，构宇临潭，与半岭高楼相望，构成倚近峰，眺远岭，四山环抱，溪涧交流，具水石林竹之美，岩岫隈曲之好的山水胜地。谢灵运通过山居的建筑实践，从空间艺术上提出十分精辟的观点。他说：

> 抗北顶以葺馆，瞰南峰以启轩。
>
> **罗层崖于户里，列镜澜于窗前。**
>
> 因丹霞以颓楣，附碧云以翠椽。
>
> 视奔星之俯驰，顾飞埃之未牵。

第一句，是讲建筑的位置经营，按《说文》："抗者当也"的解释，即在北山顶上建筑，要南向开敞，保持坐北朝南的最佳朝向。但谢灵运认为，建筑不同的朝向在不同季节各有其利，所谓"向阳则在寒而纳煦，面阴则当暑而含雪。"

第二句，是从空间上，要将山水收罗于户牖之内的思想，这是将古之"**无往不复**"的空间意识，在山居建筑意匠上创造性的运用，为中国的造园学开辟了"**借景**"论的先河。

第三四句，前者是在山水中，仰视山上建筑的形象，后者则是在山上建筑中俯视的景象。这种观察方法，对建筑创作是很有启迪意义的。园林建筑必须内外兼顾，由外看建筑，建筑要融合于景境之中；由建筑室内外观，美景要能收入户牖之内，才能创造出感人至深的意境来。

谢灵运的始宁墅，可以说是魏晋南北朝时代别墅、山庄的代表之作。这无论是从造园学还是经济学的角度来讲皆如此，我们知道，始宁墅并非是专为游山玩水建造的园林，而是一个建于自然山水之中的自给自足的庄园。山墅范围里，有上好的土地，"南山夹渠二田，周岭三苑"；"北山二园"，不仅五谷异献，而且百果备列，物产非常丰富。现据《山居赋》中所写，对始宁墅的山林和农田经济作简略介绍，以增加读者对山庄、别墅性质的了解。

始宁墅的庄园经济

以下所引资料，皆出自《山居赋》，不再一一注出。

在农业上，始宁墅中的耕地，是"田连岗而盈畴，岭枕水而通阡"。据记：

> 阡陌纵横，塍埒交经，导渠引流，脉散沟并。蔚蔚丰秫，芯芯香粳，迎秋晚成。兼有陵陆，麻麦粟菽，候时觇节，递艺递熟，供粮食与浆饮，谢工商与衡牧。

辞释：阡陌（qiānmò）：田间小路，南北曰阡，东西为陌。塍埒（chéngliè 成列）：田畦界道。芯芯（bì 必）：浓香。粳：粳稻。菽（chū 叔）：豆类总称。觇（chān）：看，看气节之意。衡：古代掌管山林的官。这里指林产山货。

始宁墅的农田作物，米麦杂粮应有尽有，可谓"闭门成市"，无须通过商品交易皆能自给。

在园艺菜蔬方面，有蓼、蕺（jí 疾）：蕺菜，一名鱼腥草，茎叶入药，嫩者可食。荠、葑（fēng）：即芜菁。菲（fěi 匪）：即蒠菜。苏：即紫苏。姜、绿葵、白蘘、寒葱、春藿（huò 获）：藿香。完全"不待外交"，而"灌蔬自供"。

果木有"杏坛、柰（苹果）园、橘林、栗圃、桃李多品，梨枣殊所，枇杷、林檎（沙果），带谷映渚"。确是"百果备列"，品种不少。

林木，除种有大片的竹林，树木的品种亦很多，常见的如松、柏、檀、栎、桐、榆、楸、梓，都是"干合抱以隐岭，杪千仞而排虚"。

始宁墅山上出的药材甚多，记有桃仁、杏仁、五茄根、葛根、菊花、柏实、菟丝子、女贞实、蛇床实、天门冬、麦门冬、附子、天雄、乌头、地黄、细辛、卷柏、伏岭等等，凡雷公《本草》、桐君《药录》所载，皆有出产。雷公，是古代名医，曾与黄帝讨论医学理论；桐君，相传为黄帝时的医师。上文之雷公、桐君比喻草药之具备也。

始宁墅中还有不少手工业生产，如蚕桑麻纻（zhù 住），"寒待绵纩，暑待绤绤"（纩 kuàng 矿，絮衣服的新丝绵；绤绤：chīxì 隙。细粗葛布。）纺织制衣，四季服装，不需外求，皆可自给。还有制陶和砖瓦的生产，以及造纸和酿酒。酒有两种，术酒味苦，可治疾冷；椑酒味甘，可治痈核。并有计划地砍伐一些竹木作柴薪，和烧制木炭供冬季烤火之用等等。总之是"春秋有待，朝夕须资。既耕以饭，亦桑贸衣。蓺菜当看，采药救颓"，一切物质生活资料，皆靠山庄以自给，完全是自给自足自然经济的庄园。

谢灵运作为诗人，在《山居赋》里，对动植物不仅从经济资源而且从审美的角度作了形象的描绘，可以看这些大片种植的植物和饲养的动物本身具有的观赏价值，或者说，从人改造的自然中看到美。如：

水草："独扶渠之华鲜，播绿叶之郁茂，含红敷之滨翻，怨清香之难留，矜盛容之易阑。"

鱼类："辑采杂色，锦烂云鲜，唼藻戏浪，泛苻流渊。或鼓鳃而湍跃，或掉尾而波旋。鲈鲝乘时以入浦，鳟鲤沿濑以出泉。"

药材："映红葩于绿蒂，茂素蕤于紫枝。既往年而增灵，亦驱妖而斥疵。"

竹林："水石别谷，巨细各汇（不同品种之竹），既修竦而便娟，亦萧森而蓊蔚。露夕沾而凄阴，风朝振而清气，梢玄云以拂杪，临碧潭而挺翠。"

林木："卑高沃脊，各随所如。干合抱以隐岑，杪千仞而排虚。陵冈上乔竦，荫涧下而扶疏。沿长谷以倾柯，攒积石以插衢。华映水而增光，气结风而回敷。当严劲而葱倩，承和煦而芬腴。"

当时像始宁墅这样的山庄很多，谢灵运在《山居赋》里提到的就有好几处，如他的山墅北面，有大小巫湖，东晋"义熙中（405～417），王穆之居大巫湖，经始处所犹在"。在山墅东有五奥，"五奥者，昙济道人、蔡氏、郗氏、谢氏、陈氏，各有一奥"。奥，是指山区的腹地，这些都是世家大族的别业、山庄，其规模也不会比始宁墅小，如南朝宋·孔灵符于永兴立墅，"周回三十三里，水陆地二百六十五顷，含带二山，又有果园九处"⑤。其规模会超过谢灵运的始宁墅。

这些别墅、山庄，如同谢灵运一样，大多是巧取豪夺而来。这些未开发的土地，往往成为他们夺占的对象，名山大川，往往被世家大族所占。封建朝廷"虽有旧科，人俗相因，替而不奉"，朝廷的禁令，"自顷以来，颓弛日甚"。实际情况是"富强者兼岭而占，贫弱者薪苏无托，至渔采之地，亦又如兹"⑥。这就是南朝宋孝武帝刘骏大明初（457）的状况。

所说的"旧科"，是指文帝刘义隆于元嘉二十九年（452）的壬辰诏书，规定"擅占山泽强盗律，论赃一贯以下皆弃市"。一贯（千文）以下就处死刑，而这些庄园主家产何止巨万，千刀万剐也不能抵其罪之万一了。如此极端脱离实际的律令，等于一纸空文，对世家大族豪强们没有一点作用，仅时隔五年时间，就不得不承认，"壬辰之制，其禁严刻，事既难遵，理与时乖，而占山封水，渐染复兹，更相因仍，便成先业，一朝顿去，易致嗟怨"⑦。

孝武帝大明中，只有采取彻底妥协的办法，首先是承认秦汉以来的公共山泽土地，私人占有的合法性，不仅按官品规定占地的多少，对已开发庄园，虽超过限额，得追认其"先业"，"听不追夺"。而且规定"先占阙少，依限占足"，也就是对占得少者，可按规定限额占足。世家大族土地所有制的庄园经济的发展，不仅阻碍商品经济的发展，更意味着封建王朝统治的经济基础，自耕小农经济的衰颓。

第四节　南北朝的佛寺园林

佛教传入中国最早的时间，传说是东汉明帝永平十年（67）。佛经传入的时间较早，约在东汉初年，即公元前六七十年。起初佛教只在少数上层阶级中间流传，到东晋末已流传较广。南朝梁武帝时，将佛教定为国教，北朝自石勒父子奉信僧人佛图澄（232~348），佛教兴起，中经魏太武帝短暂灭佛，至文成帝营造云冈石窟而复兴。北魏佛教兴盛从魏宣武帝元恪（500~515）开始，当时仅洛阳城内就有佛寺五百所，《洛阳伽蓝记》云：胡太后时，"京城表里，凡有一千余寺"。北魏自孝文帝由平城（今山西大同）迁都洛阳，二十年中大量建造佛寺，几乎多达城市住宅的三分之一。这许多佛寺新建者少，**"舍宅为寺"**者多，尤其是在"河阴之变"中，北魏诸王多被尔朱荣（493~530）所杀，其家"多舍居宅，以施僧尼"，一度造成"京邑第宅，略为寺矣"。

"舍宅为寺"的现象，直到唐代还颇盛行，这是中国寺庙建筑邸宅化，释道建筑与宫殿邸宅，在形制与布局上，无质的区别的原因。因之寺庙园林与宅园也基本类同。故本书仅就《洛阳伽蓝记》所载寺庙园林，作概略的阐述，以后各章就不再专论。至于自然山水中的道观佛寺，在建筑与自然山水结合方面，有不少实践的资料，在中国造园学中，还是个有待于深入耕耘的土地。

在佛教传入中国以前，古代的方士之术，还不能形成一种思想体系，宗教则是更高级的思想体系，即更加离开物质经济基础的思想体系，而采取了哲学和宗教的形式。印度传来的佛教之所以在南北朝时能得以广泛的流传，有其社会条件和生活基础，魏晋南北朝时代，战祸频仍，杀戮残酷，人民不仅备受剥削和奴役，还常遭受野蛮的屠杀，是历史上苦难深重的时代。曹魏建安时，如曹操诗是"白骨蔽于野，千里无鸡鸣"。西晋八王之乱，战无宁日，"白骨蔽野，百无一存"，"道路断绝，千里无烟"，不死于战祸，则"饿死衢路，无人收拾"[58]。当时人民是"贫道但供吏，死者弗望埋，鳏居有不愿娶，生子每不收举，又成淹徭久，妻老嗣绝"。以至有人绝望地喊出："杀人之（道）日有数途，生人之（法）岁无一理，不知复百年间，将尽以草木为世邪？"[59]正是当人们辗转煎熬在悲苦、恐怖、绝望的水深火热的生活之中，菩萨才会走进人们的心灵。佛教借艺术形式宣扬那些佛本生的故事，如"割肉贸鸽"、"舍身饲虎"等等经变，以悲惨的苦难和"自我牺牲"，来烘托灵魂的善良与圣洁，引导人们忘掉现实，忍受人世间的一切苦难，以获得佛的慈悲，死后或来生超登西方的"极乐世界"。而无法改变现实和自身命运的人们，必然会产生对死亡的幸福生活的憧憬，接受宗教的引导，把希望寄托在天国的恩赐上。这就是为什么在社会大动乱的南北朝时代，佛教能得到广泛流传的原因。

对统治阶级来说，他们深知宗教能"**助王政之禁律，益仁智之善性**"[60]的作用，而按照自己的意志来改造宗教，使之成为巩固政权的精神统治工具。从宗教本身也必须依靠统治者的力量来达到其推行教义和牟取僧侣特权的目的，正如晋·释道安说的"**不依国主，则法事难举**"[61]。北魏时佛教极力宣扬帝王"即是当今如来"，"能鸿道者人主也，我非拜天子，乃是礼佛耳"[62]。鼓吹人神合一论，要人们跪倒在帝王脚下，如同拜佛一样，神就成为帝王的符号，帝王成了神的化身。当时的佛像，不仅在服饰上中国化为"褒衣博带"，甚至按照帝王的模样来塑造佛像，"如令帝身，既成，颜上足下各有黑石，冥同帝体上下黑子（痣）"[63]。

古代的艺术，是自觉地为政治服务的宗教艺术，佛像是雕塑的主题，大量的绘画作品，也多是佛寺中的壁画。即将佛经中的故事画成图画，称之为"经变相"，或"经变"。任何艺术都离不开它生长的土壤，脱离自己的社会生活，人们历史形成的审美思想和趣味，经变中那些接吻、扭腰、摆臀、露脐、凸乳等富于性刺激的体态和姿势被排除了，加以民族化使其具有中国人的情貌和风度。不仅是塑造佛像，即使在《地狱变》这种以鬼神和因果报应为题材的经变中，也往往渗进现实生活中的人物和故事，反映出当时的一些社会精神面貌和状况。

南北朝的佛教兴盛，由于战乱和动荡，佛教宣传"古来帝宫，终逢煨尽，若依立之，效尤斯及"，提倡"乃顾盼山尊，可以终天，……安设尊仪，或石或塑"[64]。从而石窟寺十分盛行，正是这些石窟寺的存在，为后世保存下大量的壁画和雕塑。

佛寺建筑的大量兴建，如《洛阳伽蓝记》所描绘："招提栉比，宝塔骈罗，争写天上之姿，竞模山中之影，金刹与灵台比高，广殿共阿房等壮。岂直木衣绨绣，土被朱紫而已哉。"[65]洛阳最盛时佛宇多到"一千三百六十七所"。到孝静帝元善见于天平元年 (534) 迁都邺城，洛阳残破之后，还"余四百二十一所"。

佛寺兴起之初，是以塔为中心，《洛阳伽蓝记》第一卷第一条"永宁寺"，所记灵太后胡氏所建的九层木构楼阁式塔，这是史籍中记载的最早木塔，建于熙平元年 (516)，按《魏书·释老志》说："永宁寺佛图九层高四十余丈"，这是较可信的尺度。（关于塔及塔上门钉的分析，详见拙著《中国建筑论》。）

北魏佛寺的总体布局，是突出塔的重要地位，塔在殿前，以塔为中心。这种前塔后殿的布局，是早期佛教建筑的典型模式，也是能充分体现宗教特点的建筑形式，而有"**塔寺**"之称。塔作为供奉"舍利"（意为尸体或身骨）的纪念性建筑，放在人的生活活动的寺庙中心，既不合于中国人的生活观念，也不适合人们的活动方式。随着"**舍宅为寺**"的风气盛行，具有佛教建筑特点的"塔寺"，随时间的逝去而消失。寺与宅基本上成为同质同构的建筑，区别只在**宅居家人**，**寺住僧侣**而已。

可以说，寺庙园林与第宅园林并无本质的不同，甚至可以说，寺庙园林是由于"舍宅为寺"，宅多有园的影响而成传统。就《洛阳伽蓝记》的资料，虽记园林文字少而且简，但寺庙皆很重视绿化。集录之以见一斑，如：

永宁寺　"僧房楼观一千余间，雕梁粉壁，青琐绮疏，难得而言。栝柏松椿，扶疏拂檐；翠竹香草，布护阶墀。是以常景碑云：'须弥宝殿，兜率净宫，莫尚于斯也'。"

建中寺　"本是阉官司空刘腾宅"，"**以前厅为佛殿，后堂为讲堂**，金花宝盖，遍满其中。有一凉风堂，本腾避暑之处，凄凉常冷，经夏无蝇，有万年千岁之树也"。

景乐寺　"堂庑周环，曲房连接，轻条拂户，花蕊被庭。至于六斋，常设女乐。歌声绕梁，舞袖徐转，丝管嘹亮，谐妙入神。以是尼寺，丈夫不得入。得往观者，以为至天堂。"

龙华寺、追圣寺、报恩寺　"京师寺皆种杂果，而此三寺，园林茂盛，莫之与争。"

景明寺　"寺东西南北，方五百步。前望嵩山、少室，却负帝城，青林垂影，绿水为文，形胜之地，爽垲独美。山悬台观，光盛一千余间。复殿重房，交疏对霤，青台紫阁，浮道相通。虽外有四时，而内无寒暑。房檐之外，皆是山池，松竹兰芷，垂列阶墀，含风团露，流香吐馥。至正光年中 (520～524)，太后始造七层浮图一所，去地百仞。是以邢子才碑文云：'俯闻激电，旁属奔星。'

是也。装饰华丽，侔于永宁，金盘宝铎，焕烂霞表。

"寺有三池，萑蒲菱藕，水物生焉。或黄甲紫鳞，出没于繁藻，或青凫白雁，浮沉于绿水。砲礴舂簸，皆用水功。"

以上是记载稍详或表述较清楚的，其他多三言两语，难窥端倪。所记寺庙"舍宅为寺"者多，从建中寺"以前厅为佛殿，后堂为讲堂"。可见传统住宅的空间组合形式对佛寺建筑布局的制约；住宅改作寺庙，无建塔的余地，塔寺建筑也就自行消亡了。

龙华等三寺的记载，说明当时寺庙多喜种植果木，并以品种优劣相竞。到宋代《洛阳名园记》中，寺庙不再种果树，而是以培植奇花异卉为尚。从寺庙的种植也反映出社会经济的发展。

景明寺在洛阳城南，背靠帝都，南可望嵩山少室，虽不在自然山水之中，而地势高爽，林荫密茂，是形胜之地。寺非宅舍，是宣武帝元恪景明年中（500～503）立，因以为名。建寺时并未造塔，到孝明帝正光年中（520～524），即二十年后才又造了一座七层的塔。这塔就绝不会造在山门之内，大殿之前，只能建在佛寺的主轴线之外。也就是说，在北魏孝明帝于熙平元年（516），建造以塔为中心的**永宁寺**以前，还没有塔寺式的佛教建筑。

景明寺有园林，从"房檐之外，皆是山池"，说明园内有人工山水造景，但无具体描述。从寺方五百步，按六尺为步每尺合 0.255～0.295 米，取大值五百步约 800 多米。寺内有房 1000 余间，建筑密度很高，造园的空间范围有限。从"青台紫阁，浮道相通"的描写，尚可见魏晋时池沼台观精巧华丽的余韵。而传统的"登高望远，人情所乐"的"台观"审美特点，已为"俯闻激电，旁属奔星"的"塔"所替代和专美了。

南北朝是世家大族掠夺性开发山林的时代，佛教也正处在普及的阶段，还不同于后世的佛寺，为招徕香客游人，日益向世俗化和园林化的方向发展。至少当时佛寺园林化，在思想上还不认为有什么必要性。所以人们也不重视寺庙园林，这大概是《洛阳伽蓝记》之所以略于佛寺园林的缘故吧。当时"舍宅为寺"盛行，而皇亲国戚、王侯公卿的邸宅，无不建有园林，如前《洛阳伽蓝记》记皇宗所居的**寿丘里**。

在北魏上层统治阶级中，第宅园林是颇为盛行的。但不论是已舍为寺的宅，还是第宅中的园林，《洛阳伽蓝记》都很少记述，即使有所记载，也只是作为第宅或寺庙的环境，泛泛而谈，可谓**"阔略而无征，散漫而难究"**，无法作具体的分析了。

〜〜〜〜〜〜〜〜〜〜〜〜〜〜〜〜〜〜〜〜〜〜

注：

①三国魏·曹丕：《典论·论文》。

②鲁迅：《而已集·魏晋风度及药与酒的关系》。

③恩格斯：《费尔巴哈与德国古典哲学的终结》第27页，人民出版社，1962年版。

④唐·房玄龄等：《晋书·慕容熙载记》卷一百二十四。

⑤⑥北魏·杨衒之：《洛阳伽蓝记·寿丘里》，卷四。

⑦东晋·葛洪：《抱朴子·吴失篇》。

⑧⑨⑩⑪⑫唐·李延寿：《南史·谢灵运传》，卷十九。

⑬西晋·左思：《魏都赋》。

⑭⑮晋·陆翙：《邺中记》。

⑯⑱《晋书·石季龙载记》，卷一百七。

⑰《邺中记》。

⑲《晋书·慕容熙载记》，卷一百二十四。

⑳唐·李延寿：《南史·齐武帝诸子传》，卷四十四。

㉑唐·白居易：《太湖石记》。

㉒明·计成：《园冶·选石》。

㉓唐·余知古：《渚宫旧事》。

㉔南朝陈·姚最：《续古画品录》。

㉕南朝梁·萧绎：《山水松石格》。

㉖清·笪重光：《画筌》。

㉗北魏·杨衒之：《洛阳伽蓝记》，卷一。

㉘宋·李昉等：《太平御览》，卷六十七引《晋宫阁名》。

㉙南朝宋·刘义庆：《世说新语·巧艺第二十一》。

㉚《元河南志·晋城阙宫殿古迹》引《述征记》。

㉛㉜徐震谔：《世说新语校笺》上注。

㉝《洛阳伽蓝记》，卷一。

㉞南朝梁·沈约：《宋书·礼志》，卷十五。

㉟晋·陈寿：《三国志·魏书·高堂隆传》，卷二十五。

㊱北魏·郦道元：《水经注·榖水》，卷十六。

㊲北齐·魏收：《魏书·酷吏列传·茹皓传》，卷九十三。

㊳清·笪重光：《画筌》。

㊴《洛阳伽蓝记》，卷一。

㊵《太平御览》九百六十五、九百六十七引《晋宫阙名》。

㊶《洛阳伽蓝记》，卷二。

㊷唐·张彦远：《历代名画记》。

㊸宋·郭思：《论画》。

㊹东晋·葛洪：《抱朴子·吴央篇》。

㊺《世说新语·品藻第九》。

㊻西晋·石崇：《思归引序》。

㊼《晋书·石苞传附石崇传》，卷三十三。

㊽《世说新语·汰侈第三十》，卷下。

㊾《晋书·潘岳传》，卷五十五。

㊿《水经·浙江水注》，卷四十。

51南朝宋·谢灵运：《山居赋》注。

52南朝梁·沈约：《宋书·隐逸王弘之传》。

5354南朝宋·谢灵运：《山居赋》。

55《宋书·孔季恭传·附子灵符传》，卷五十四。

5657《宋书·羊玄保传·兄子希附传》。卷五十四。

58《魏书·高祖记》，卷七上。

59《宋书·周朗传》，卷八十二。

60《魏书·释老志》，卷一百一十四。

61梁·慧皎：《高僧传·释道安传》。

6263《魏书·释老志》，卷一百一十四。

64唐·道宣：《集神州三宝感通录》。

65《洛阳伽蓝记·序》。

第四章　隋唐时代

第一节　隋代与隋炀帝的西苑

　　南北朝后期，北周于建德六年 (577) 灭北齐，统一了中国北方，与南朝陈对峙。北周末代皇帝宇文赟，荒淫残暴，在位二年死，其子宇文阐时年仅 8 岁，皇后的父亲隋国公杨坚入宫辅政，总揽北周大权。于大定元年 (581) 杨坚废太子自立，以封号为国，名隋。定都大兴城 (今陕西西安)。南朝的陈后主，是荒淫无度的皇帝，隋军兵临城下，将遭灭顶，仍沉湎于酒色之中。杨坚于开皇九年 (589) 灭陈，统一了中国。

　　隋朝 (581～618) 两代共 37 年，同秦王朝一样，寿命很短，但对历史发展是有一定贡献的朝代。统一了国家，终止自十六国大乱之后，连续达 300 年之久的战争，使人民得以安定和休养生息。文帝杨坚为巩固政权，在政治、经济上进行了许多改革，如整顿币制，定隋律，废郡立州等等。杨坚在位 24 年，是个比较崇尚节俭的皇帝，对贪官污吏刑罚极严，对人民的剥削也有所减轻。因此，人口大增，社会经济得到顺利的发展，为唐代的经济和文化繁荣奠定了基础。

　　自南北朝的长期分裂和战乱，到隋朝的和平统一，这一巨大的变革，反映到艺术上的变化：在雕塑上，南北朝时佛像那种秀骨清相、超脱不凡形貌，逐渐为隋塑的方面大耳、健壮而朴拙的形貌所取代。在绘画上，山水楼台的题材多了起来，已非北魏时"人大于山，水不容泛"，画树"列植之状，若伸臂布指"的稚拙和把山水纯作宗教画的象征性背景了。不仅技法趋向成熟，而且开始注重写生，山水画已具独立的审美意义。如《宣和画谱》云：隋著名画家展子虔，"善画台阁，写江山远近之势尤工，有咫尺千里之趣"。①而"展子虔山水，大抵唐李将军父子多宗之"。②李将军父子指唐代画家李思训和李昭道。说明隋代绘画对后世山水画发展的影响。

隋的造园艺术，兴于隋炀帝杨广时期，杨广是历史上著名的荒淫无度、好大喜功的皇帝，他杀掉病重的父亲杨坚，自立为帝，登上皇帝宝座后，第一件大事就是迁都洛阳。于大业元年 (605) 下诏营建东都洛阳，他认为："洛邑自古之都，王畿之内，天地之所合，阴阳之所和。控以三河，固以四塞，水陆通，贡赋等。"③迁洛的理由："今者汉王谅悖逆，毒被山东，遂使州县或沦非所。此由关河悬远，兵不赴急，加以并州移户复在河南。周迁殷人，意在于此。况复南服遐远，东夏殷大，因机顺动，今也其时。"④他是吸取了汉王谅谋反的教训，把富足大片地区"东夏"置于京畿的控制之下，有政治上的意义。但杨广营建东都，也有其物质享乐的要求。据《隋书·食货志》记载：

> 始建东都，以尚书令杨素为营作大监，每月役丁二百万人。徙洛州郭内人及天下诸州富商大贾数万家，以实之。新置兴洛及回洛仓。又于皁涧营显仁宫，苑囿连接，北至新安，南及飞山，西至渑池，周围数百里。课天下诸州，各贡草木花果，奇禽异兽于其中。开渠，引榖、洛水，自苑西入，而东注于洛。又自板渚引河，达于淮海，谓之御河。河畔筑御道，树以柳。又命黄门侍郎王弘、上仪同於士澄，往江南诸州采大木，引至东都。所经州县，递送往返，首尾相属，不绝者千里。而东都役使促迫，僵仆而毙者，十四五焉。每月载死丁，东至城皋，北至河阳，车相望于道。
>
> 又造龙舟凤艒 (tà 榻。大船)，黄龙赤舰，楼船篾舫。募诸水工，谓之殿脚，衣锦行膝 (téng 藤。佩囊)，执青丝缆挽船，以幸江都 (今扬州)。……舳舻相接，二百余里。⑤

宋·洪迈《容斋随笔·土木宫室》中记载隋炀帝营建宫室劳役惨重的情况说：

> 隋炀帝营宫室，近山无大木，皆致之远方，二千人曳一柱，以木为轮，则戛摩火出，乃铸铁为毂，行一二里，毂辄破，别使数百人赍毂，随而易之，尽日不过行二三十里，计一柱之费，已用数十万功。⑥

隋炀帝杨广不顾一切，不惜牺牲数以万计的人民的生命，大肆建造宫殿园苑。为幸江都，开凿御河，主观上出于其贪婪情欲的需要，客观上却起了促进南北经济文化交流的作用，尽管如此，对当时的人民来说是极为深重的灾难，造成百姓废业，无以自给，"初皆剥树皮以食之，渐及于叶，皮叶皆尽，乃煮土或捣藁（gǎo搞）为末而食之。其后人乃相食"。⑦

隋炀帝登基的当年夏天，就开始建造规模很大的西苑。古籍虽多有记载，详略不一，不仅自身矛盾，且相互矛盾处更多。如清代毛宸《洛阳伽蓝记·跋》所说："大抵古人著书，各成一家言。所见异辞，所闻异辞，所传闻异辞，互有不同，鲁鱼先后，焉知孰是？"⑧我们既不能依样画芦，也不能执一而是，只能在历史和造园发展的基本规律上进行分析。辞虽异而存乎理，不违背历史和当时社会条件，不违背工程、建筑科学技术和美学的基本法则，加以衡量和取舍。

我们采用所记较详、文字叙述比较清楚的《隋炀帝海山记》为本，摘其要者集录如下：

> 大业元年夏六月筑西苑，"乃辟地周二百里为苑，役民力常百万数。苑内为十六院，聚土石为山，凿池为五湖四海，诏天下所有境内鸟兽草木，驿至京师"。"天下共进花卉、草木、鸟兽、鱼虫莫知其数，此不具载。诏起西苑十六院，景明一、迎晖二、栖鸾三、晨光四、明霞五、翠华六、文安七、积珍八、影纹九、仪凤十、仁智十一、清修十二、宝林十三、和明十四、绮阴十五、绛阳十六，皆帝自制名。院有二十人，皆择宫中嫔丽，谨厚有容色美人实之。每一院选，帝常幸御者为之首，每院有宦者主出入市易。又凿五湖，每湖方四十里，南曰迎阳湖，东曰翠光湖，西曰金明湖，北曰洁水湖，中曰广明湖，湖中积土石为山，构亭殿曲屈盘旋，广袤数千间，皆穷极人间华丽。又凿北海，周环四十里。中有三山，效蓬莱、方丈、瀛洲，上皆台榭回廊，水深数丈，开沟通五湖四海，沟尽通行龙凤舸。""大业六年（610），后苑草木鸟兽，繁息茂盛；桃蹊李径，翠荫交合；金猿青鹿，动辄成群。自大内（皇宫）开为御道，通西苑，夹道植长松高柳。帝多幸苑中，无时宿御，多夹道而宿，帝往往中夜幸焉。"⑧

西苑的规模，"周二百里"之说，与《大业杂记》完全一致，若如此则可划定空间范围的大小，对西苑的总体规划、山水体量等比较分析，多少就有了依据。

《隋炀帝海山记》开头就明确提出，西苑是"聚土石为山，凿池为五湖四海"。突出造山是土石兼用，山已非纯用土筑，这是符合南北朝之后造山艺术发展趋势的。五湖四海，列出五湖相对位置是东西南北中和五湖的名称，显然五湖在苑中的分布自成一区。但没有四海，接着说又凿北海，所谓"四海"，可能是形容海之大的习惯说法，因为不可在"周环四十里"的北海之外，还有四处大的水面。

西苑的水系比较复杂，有东、西、南、北、中**五湖**，"每湖方四十里"，其后是水面广阔"周环四十里"的**北海**。在湖与湖、湖与海之间，均有沟渠相通，渠可通行龙凤舸。此渠应是《大业杂记》中"渠面宽二十步"，"曲折周绕十六院入海"的**龙鳞渠**。西苑的理水，是汇为巨浸而成海，积流渠为五湖，龙鳞渠萦纡回环，周绕十六院，贯穿于五湖北海之间。海上有三山，均为"积土石为山"，构亭殿广袤数千间。《大业杂记》中对十六院有较具体的记述，为省笔墨，在下面西苑的总体规划中收入，综合阐述之：

西苑概貌　西苑建于大业元年 (605)，位于洛阳城西，临近都城，与皇宫有**御道**相通。苑周回 100 公里，地形南北长于东西。苑的总体布局，大致分三大部分：

苑的前部景区，由五湖十六院组成，以嫔妃居住的**宫院**为主。凿有迎阳、翠光、金明、洁水、广明**五湖**，位置分布南、北、东、西、中五方，每湖面积方圆 20 公里左右。有**龙鳞渠**萦纡环曲，贯穿于五湖之间，并注入其后的**北海**，构成往复回环的水系。龙鳞渠宽二十步 (合 32 米余)，可行龙凤舸。在五湖沟渠的水纲中间建有十六座宫院，皆选宫中嫔丽美人居此。这应是淫乐无度的隋炀帝，建西苑的主要内容。

十六座**宫院**，各自独立，渠水周绕，星罗棋布，穷极华丽。每院开东、西、南三门，门前隔水架以飞梁。过桥百步，茂林修竹，将宫院围抱在绿荫之中，环境十分清幽。院内，奇花异草，隐映轩陛。精舍而外，有亭翼然，名为逍遥。亭为方形，四角攒尖，"结构之丽，冠于古今"。院北，置一屯，种植瓜果菜蔬，备养家畜家禽，以供宫院食用。嫔妃宫女，或泛轻舟于流渠，或乘画舸于海湖；习采菱之歌，"或升飞桥阁道，奏游春之曲"。

中部景区，以**北海**为中心，海周 20 公里，水面辽阔，烟波浩淼，效秦汉神仙故事，海上筑蓬莱、方丈、瀛洲三座神山。山高百余尺，土石兼用，虽沿袭秦汉象征式海上神山之意，已非山形如壶，而具模拟山水之形。五湖之山，上构亭殿，曲屈盘旋；海上神山，皆台榭回廊，穷极人间华丽。

后部景区，有如自然**山林**，林深草茂，鸟兽繁息，金猿青鹿，悠游成群，虽无人工雕饰，颇具自然山林的野趣。

西苑的特点，可以说"水景"占主导地位，是主要生活区和游娱区，水面所占比例很大，且有聚有散，聚则为湖为海，散则为溪为渠，溪渠蜿蜒萦回于湖海之间，构成一个复杂而完整的水系。在建筑布局上，不论是围绕在曲溪中十六院，还是湖海山上的台观亭殿，虽然都是相对独立的组群建筑，已不同于秦汉的苑中之宫和苑中之苑，体现出建筑与山水景境结合的思想，如十六院与龙鳞渠，竹树围合，水绕宫院，开门临水，架桥飞渡的意匠，就使建筑构成水景的有机部分了。

从"水景园"的要求看，西苑初创，造园的意匠经营，不够丰富和成熟。虽然十六院的居住对象相同，也就是说宫院的内容是一样的，本可不必采取"十六院例相仿效"的做法，利用各个宫院周围环境的不同，因形就势、因地制宜地发挥中国建筑庭院空间组合的灵活性，创造出各具特色的宫院，从而大大地丰富园苑的景观和娱游之境。

第二节　唐代社会与造园概述

唐朝（618～907）的建立，揭开了中国古代最为灿烂辉煌的历史篇章。继隋朝的统一，结束了数百年的分裂局面。由于隋炀帝的荒淫无道，招致了农民大起义的风暴。公元 618 年，时任太原留守的李渊（566～635），趁机起兵，攻陷长安，灭隋称帝。李渊原是北周、隋朝的大贵族，隋文帝独孤皇后的姨侄，7 岁即袭封唐国公，也是以封号称国，故称唐。

李唐王朝，在全国施行均田制，逐渐解除了南北朝时农奴式的人身依附关系，社会经济日趋繁荣，在政治、经济、军事上，成为中国历史上最强盛的王朝。盛唐时的疆域，也是中国历史上最大的，东、南到东海、南海，西北曾到达里海，东北到达日本海，北部曾包括贝加尔湖和叶尼塞河上游。

唐初，开疆拓土，东征西讨，大破突厥，战败吐蕃，招安回纥，军威远震。在"重冠冕"的政策下，当时著名的诗人很少没有亲历过大漠苦寒的戎马生涯，以军功获得官阶爵禄视为最高荣誉。特别是唐代实行科举制，使大批非门阀世族的世俗地主阶级的知识分子，可以通过考试而做官，参与和掌握各级政权。这就从现实秩序中打破了门阀世胄的垄断，唐王朝的政权也比南北朝具有更为广泛的社会基础。"唐代科举之盛，肇于高宗之时，成于玄宗之代，而极于德宗之世。"⑨ "自大中皇帝（唐宣宗）好儒术，特重科第，故进士自此尤盛，旷古无俦。舆马豪华，宴游崇侈。"⑩但到中唐时，已没有高、玄之间盛唐时那种突破传统的豪气和对边塞军功的向往。随着社会经济的发展，统治阶级日益沉湎于繁华都市的声色犬马和舞文弄墨的生活中。正是在这一时期，出现了文坛艺苑的百花齐放。

唐代社会的安定统一，南北文化的交流融合，对外贸易的发达，由"丝绸之路"源源流入异国的文化，诸如胡乐、胡舞、胡酒、胡服等等，是盛极一时的长安风尚。唐代可说是古今中外大交流大融合的时代，是思想比较活跃自由、勇于突破传统束缚、富于革新精神和创造活力的伟大时代。

在书法艺术上，既有被誉为"草圣"的张旭，大笔挥毫，龙飞凤舞，无可仿效的天才抒发的狂草。也有均齐和谐、元气浑然、刚健方正的颜真卿的楷书。史学家范文澜（1893～1969）说："宋人之师真卿，如同唐人之师王羲之。杜甫诗'书贵瘦硬方通神'，这是颜书行世之前的旧标准；苏轼诗'杜陵评书贵瘦硬，此论未公吾不凭'，这是颜书风行之后的新标准。"⑪随着艺术上的不断创新，人们的审美趣味和艺术标准也在改变。

诗歌艺术，在唐代以繁荣鼎盛著称。唐代诗歌可谓备极绚烂，如奇花异葩、毕罗瑶圃，蔚为大观。而李白、杜甫成就卓越，两者的风格又是那么不同。李白"放浪纵恣，摆去拘束"，达到古代浪漫文学交响乐诗的高峰，而杜甫"铺陈终始，排比声韵"，在形式与内容的严格统一，为后世树立典范。正如颜真卿的楷书，由于它"稳实而利民用"，成为宋代印刷体的张本，直到今天仿宋字仍然是工程制图的标准字体。正因为从杜诗颜字的规矩方圆中，人人可学，从这些形式的规范中寻追到美，创造出美，成为后人学习、模拟、仿效所遵循的楷模。

绘画艺术，唐代亦呈现出百花齐放、争奇竞妍的昌盛局面。唐初的山水画，"尚犹状石，则务于雕透，如冰澌斧刃；绘树则刷脉镂叶，多栖结菀柳，功倍愈拙，不胜其色"。⑫到中唐前后发生了重大变化，当时作家厌前朝细润之习，而创雄健之风，名家吴道子与李思训同时并起，唐玄宗曾命他二人同作蜀道图于殿壁，吴道子绘嘉陵江山水三百里，一日而就，李思训则累月方毕。玄宗叹曰，李思训数月之功，吴道子一日之迹，皆极其妙。故张彦远在《论画》中说："由是山水画之变，始于吴，成于二李（李思训父子）。"⑬到王维创造水墨渲淡之法，他在《山水诀》中，开宗明义地说："夫画道之中，水墨最为上，肇自然之性，成造化之功。或咫尺之图，写百千里之景。"⑭充分发挥了中国笔墨纸质之长，形成变化无穷的笔墨趣味，成为中国独具特色的绘画技巧和不可或缺的重要审美标准。

山水画要取得"质"的飞跃和发展，不仅在对山水自然美的深刻认识，对画家来说自然美学思想的提高，还在于对自然山水体势和形质的长期深入的观察、概括和提炼，只有通过大量的写生才能把握。自唐到宋元，是画家们对生活处的自然山水进行大量写生的探索和把握的历史过程。如明代画家董其昌 (1555~1636)《画禅室随笔》云：

> 李思训写海外山，董源写江南山，米元晖写南徐山，李唐写中州山，马远、夏珪写钱塘山，赵吴兴写苕霅山，黄子久写海虞山，若夫方壶蓬阆，必有羽人传照。⑮

明画家沈颢 (1586~?) 在《画尘》曾说："黄公望 (子久) 隐虞山，即写虞山，皴色俱肖，且日囊笔研，遇云姿树态临勒不舍。"⑯黄公望 (1269~1355)，字子久，常熟人，隐居常熟虞山，囊中装着纸墨笔砚，整天的写生虞山，连云姿树态可取者亦不放过，如此勤奋和执著，被人喻为黄"**痴**"，是元末四大家之一。五代梁朝的荆浩，隐居太行山洪谷，在太行山写生"**数万本**"，才达到"**方如其真**"，而"**气质俱盛**"的境界。他把山水画提高到绘画题材的首位，提出"**意在笔先，远则取其势，近则取其质**"的精辟之论。山水画到唐末，对自然山水的观赏方式，不仅以高远视点，注重视察自然山川的**体势**，而且要在可望、可游、可居的山水中，近观细赏山水树石的**形质**，即合乎自然规律的审美特征和从其形式美中体现的"**质有而趋灵**"的审美价值。

人与自然山水的审美关系，反映在不同艺术形式之间是不同的。如山水画的历史发展进程，比山水诗要晚得多。山水诗在魏晋南北朝时代已盛兴，并达到很高的水平，而山水画到中唐前后才取得独立的地位，到宋代才成熟。从社会经济角度说：**山水诗盛行于开发自然山林的自给自足的庄园经济时代，山水画却兴起和成熟于商业经济繁荣的城市生活之中。**

宋代画家郭熙 (1023~约1085) 在《林泉高致·山水训》中开宗明义的一段话，对上述现象是很好的解释：

> 君子之所以爱夫山水者，其旨安在？丘园养素，所常处也；泉石啸傲，所常乐也；渔樵隐逸，所常适也；猿鹤飞鸣，所常观也；尘嚣缰锁，此人情所常厌也；烟霞仙圣，此人情所常愿而不得见也。……然则林泉之志，

烟霞之侣，梦寐在焉，耳目断绝。今得妙手，郁然出之，不下堂筵，坐穷泉壑，猿声鸟啼，依约在耳，山光水色，滉漾夺目，此岂不快人意，实获我心哉！此世之所以贵夫画山水之本意也。[16]

　　这段话深刻地反映了唐宋时的社会现实，自唐高宗时开科取士，一批批由科举出身的士大夫，或由"丘园养素"的乡村，或由"泉石啸傲"的山林，或由"渔樵隐逸"的江湖，为了功名利禄，集中到"尘嚣缰锁"的城市，别墅山居就成了他们荣华富贵生活的一种心理上的补充和感情上的向往。这正是山水画之所以不发展于庄园经济的六朝时期，反而在城市经济发达的唐宋时期得到发展并成熟的一个重要原因。

　　造园的情况更是如此，在社会动乱的魏晋南北朝，世家大族作为庄园主，他们已**嘉遁**在自然山水之中，即使做官去城市其山庄仍在，且宦海沉浮，城市非定居之地，没有必要去造园。都城之地，皇室宗亲虽家家有园，从《洛阳伽蓝记·王子坊》对**园宅**景物的描写，是"崇门丰室，洞户连房，飞馆生风，高台芳榭，花林曲池"。园林造景还处于以建筑为主，重在物质环境的享受和娱乐。在造园思想中，山水还没成为景境创作的对象，更没有成为园林创作的主题。

　　张伦在京都园宅中，以模拟自然的方式造"**景阳山**"，说明人们已有以山水造园的想法。而张伦的景阳山，在当时只是个突出的个别例子，所以杨衒之在《洛阳伽蓝记》中，不仅作了较详细的记载，并且全文抄录了天水人姜质为之所写的《**亭山赋**》（元《河南志》作《庭山赋》）。

　　事实上，模拟山水，对城市宅园无论在空间和时间上都是不相适应的。从姜质的《亭山赋》（亦作《庭山赋》）所说，张伦的景阳山，是"尔乃决石通泉，拨岭檐前，斜与危云等曲，危与曲栋相连"。绝岭悬坡，造在空间有限的庭园里，迫塞于户牖檐宇之前，如此环境，也根本不适于家庭的园居生活要求。

　　唐宋太平盛世，生活安定，京师除皇室宗亲而外，公卿大臣，皆有园池。造园虽仍集中于京畿之地，而园主的队伍扩大了，私家园林的数量增多了。但由唐至宋，这五六百年间，凡有私家园林文字者，均无造山的记载，更无叠石为山之说。这就足以说明，模拟自然的造山，不适用因而也不可能在私家园林中发展。

　　园林历史发展本身说明，中国园林，特别是发展到以自然山水为创作主题，只有在园林的造山艺术，由对山水的模拟**写实**升华为象征的**写意**，也就是从创作思想方法由**再现**转变为**表现**才能完成。园林，首先作为物质生活资料的生产，靠造园实践本身绝无这种可能，这就要靠纯意识形态性艺术写意表现的形成与影响。如果说，中国的绘画尤其是后来写意山水画的盛行，对造园的影响很大，这主要表现在山水的形象创作方面；从创作思想方法方面，唐代的文学尤其是风景小品，对后来园林写意山水的创作产生了非常深刻的影响。

唐代的文学与造园

唐代大量由科举而蛰居城市的士大夫们，不得志于山水，常从有限的空间中体验无限，从局部的水石景境中而生涉身岩壑之想，形成重**意趣**的审美感受，这种情况集中反映在小品文中。典型的作品，如元结的《右溪记》、柳宗元的《永州八记》等等。元结（719～772），字次山，唐代文学家，他的《右溪记》云：

> 道州城西百余步，有小溪。南流数十步，合营溪。水抵两岸，悉皆怪石，敧嵌盘屈，不可名状。清流触石，回悬激注。佳木异竹，垂阴相荫。此溪若在山野，则宜逸民退士之所游处；在人间，可为都邑之胜境，静者之林亭。而置州已来，无人赏爱。徘徊溪上，为之怅然！乃疏凿芜秽，俾为亭宇；植松与桂，兼之香草，以裨形胜。为溪在州右，遂命之曰"右溪"。刻铭石上，彰示来者。⑰

道州，今湖南道县，唐高祖武德四年（621）置营州。贞观八年（634）改为道州。这是元结于唐代宗广德元年（763），任道州刺史时，描写道州城西一条向南流入营水的小溪风景。

这条小溪两岸怪石"敧嵌盘屈"，树竹密茂"垂阴相荫"，水流石间"回悬激注"，景境非常清幽悄邃。元结赞叹这条小溪如在山野，可为隐逸之士的遨游之处；如在都市则是幽胜之地，造园林的好地方。可惜尚无人开发欣赏，于是他就"疏凿芜秽"，栽松植桂，铺以香草，造了亭子，供人休憩。

柳宗元（773～819），字子厚，唐代文学家，《至小丘西小石潭记》，是他《永州八记》中的第四篇游记，《小石潭记》曰：

> 从小丘西行百二十步，隔篁竹，闻水声，如鸣珮环，心乐之。伐竹取道，下见小潭，水尤清冽。全石以为底，近岸卷石底以出，为坻为屿，为嵁为岩。青树翠蔓，蒙络摇缀，参差披拂。潭中鱼可百许头，皆若空游无所依。日光下澈，影布石上，怡然不动；俶尔远逝；往来翕忽，似与游者相乐。

潭西南而望，斗折蛇行，明灭可见。其岸势犬牙差互，不可知其源。坐潭上，四面竹树环合，寂寥无人，凄神寒骨，悄怆幽邃。以其境过清，不可久居，乃记之而去。⑱

辞释：篁（huáng 皇）：竹林。珮环：古时人身上佩戴的饰物，走动时发出的声音。冽（liè）：寒冷。坻（chí）：水中的小洲或高地。屿（yǔ）：小岛。嵁（kān）：峭壁。岩（yán）：山崖。怡（yǐ）：痴貌；怡然：静止貌。俶（chù）尔：动貌。翕忽：忽然动作。斗折：像北斗星那样曲折。

元结是唐代古文运动的先驱者之一，他描写景物清新俊秀、纯真自然。柳宗元文思深刻寄托深远，而富诗情画意。清代古文家吴汝纶（1840～1903）曾评元结说："次山（元结）放恣山水，实开子厚（柳宗元）先声；文字幽渺芳洁，亦能自成境趣。"⑲二人文章虽各有特色，但有共同之处，所写的都是空间非常有限，而景境十分幽邃的小景。因为空间较小，作者以微观方式，观察到的是近景和特写，如《小石潭记》中对鱼的生动细致的描写，可谓洞察幽微。这里没有高山，也没有大壑，从景象的描绘中，使人仿佛有涉身岩壑的感受。作者以洞察景物的审美能力，用虚实相生、以少总多的笔法，把握了"象外之象"、"景外之景"，即在有限的景象中所包含的无限空间的意境。而这"象外之象"、"景外之景"，不是作者的主观想像，而是客观地存在于景境的虚实关系之中，并以人的视觉心理活动为依据。

小石潭之所以令人"悄怆幽邃"，因素很多，如"其岸势犬牙差互"，水边石块崚嶒，则打破边岸的视界局限；溪水"斗折蛇行"，如论画者云："以活动之意取其变化，由曲折之意取其幽深固也。"若溪流绳直，驳岸齐整，则一望而尽，也就无深邃之感了。小潭"四面竹树环合"，远处"明灭可见"，因而具有"合景色于草昧之中，味之无尽；擅风光于掩映之际，览而愈新"⑳的意境。

从视觉心理活动特点，与人的审美经验而言，这些因素归纳为一点，就是视觉无尽。正因其不能一览而尽，小小溪潭才会令人有涉身岩壑之感。

唐代文学中，这种小中见大，从有限的景象感知无限的审美经验，在造园学上的意义，就在于作家把自然景境中的"虚与实"、"少与多"、"有限与无限"，按照人的视觉心理活动特点，形象地加以揭示并表现出来，这对后世造园，小空间里写意山水的创作，从思想方法上奠定了基础。

中唐时，社会发展已有许多变化，主要反映在：均田制已不再实行，租庸调制的废止，代之以缴纳货币。货币地租的实行，说明社会经济的发展已达一定高度。而商业的繁荣，是古代城市发展的条件，由于城市的繁荣，都城已成达官显贵们追求欢乐、享受的奢侈消费的地方，城市宅园也兴盛起来。据宋·张舜民《画墁录》记载：

> 唐京省入伏，假三日一开印。公卿近郭，皆有园池，以至樊杜数十里间，泉石占胜，布满川陆，至今基地尚在。省寺皆有山池，曲江各置船舫，以拟岁时游赏。㉑

说明当时长安造园情况，公卿园林多建在近郊，城内多半还是皇室宗亲们的园林。北宋李格非《洛阳名园记》中说：

> 唐贞观、开元之间，公卿贵戚开馆列第于东都者，号千有余邸。及其乱离，继以五季之酷，其池塘竹树，兵车蹂践，废而为丘墟；高亭大榭，烟火焚燎，化为灰烬，与唐共灭而亡者，无余处矣。㉒

贞观：唐太宗年号 (627～649)。开元：唐玄宗年号 (713～741)。洛阳在唐代是东都。五季：指后梁、后唐、后晋、后汉、后周五代。

在贞观、开元两朝百余年间，洛阳的公卿贵戚园宅有千余座，在城市的园宅已不止是皇室宗亲、王侯公主，也有公卿大臣所筑。如《洛阳名园记》所记宋代的 19 座名园，其中就有几座是唐代的遗存，如：唐代白居易在履道坊的宅园、唐代宰相裴度在集贤里的宅园、唐代宰相牛僧孺在归仁坊的宅园等等。唐代的这百余年间，应是私家园林的兴起时期。

第三节　唐代帝王的园苑

李唐王朝的近三百年间，到安史之乱前，社会的政治、经济、文化都有长足的发展，随之宫殿园苑也很兴盛，如唐代诗人骆宾王《帝京篇》所说："山河千里国，城阙几重门，不睹皇居壮，安知天子尊。"

唐初太宗李世民吸取隋朝覆灭的教训，常告诫太子说："舟所以比人君，水所以比黎庶，水能载舟，亦能覆舟。尔方为人主，可不畏惧。"㉓他有个很深刻的比喻，认为荒淫无道的暴君，"犹如馋人自食其肉，肉尽必死"。所以说："故人君之患，不自外来，常由身出。夫欲盛则费广，费广则赋重，赋重则民愁，民愁则国危，国危则君丧矣！朕常以此思之，故不敢纵欲也。"㉔李世民极力提倡俭朴，起初也能以身作则，欲造一殿，木料已备，而未建。同一个李世民，当政权稳定、经济繁荣时，思想也就发生了变化，有人向他谏止厚敛赋税，强征劳役时，他大发雷霆，甚至要治谏者以"谤讪之罪"㉕。他也日益恣情纵欲起来，甚至甘蹈秦皇、汉武的覆辙，迷信方士之术，服药以求长生，结果服了胡僧的"长生药"中毒而亡，成了唐代服药中毒而送命的五个皇帝（宪宗李纯、穆宗李恒、文宗李昂、武宗李炎、宣宗李忱）中的第一个。这种服药妄图长生不死之风，自秦汉而盛于唐，延续到明清，贯穿在整个封建社会，是人极端的贪婪情欲，在封建统治者身上的集中表现。

唐代园苑与秦汉苑囿具有不同的性质，像秦汉时代那样炫耀帝王功业的苑囿文学已几乎消失。但史书所载唐代的园苑，多从地理位置的沿革，记其地、列其名，缺少详细的记载。唐代的文学作品，也不同于秦汉时皇皇大赋，着重于物质环境的整体性描述，园苑多作为人的生活环境和故事发生场所的背景，或能引起作者感情抒发的某些景物而已。因此，要从这些资料中了解园的总体规划特点，建筑和景境意匠及其位置经营等等，就比较困难，我们仅就资料所

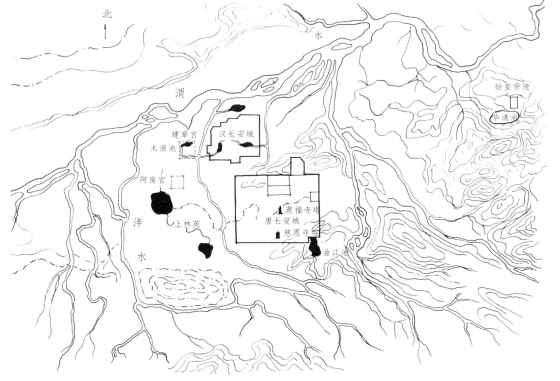

图 4-1　汉唐长安与苑囿位置示意图

中国造园艺术史

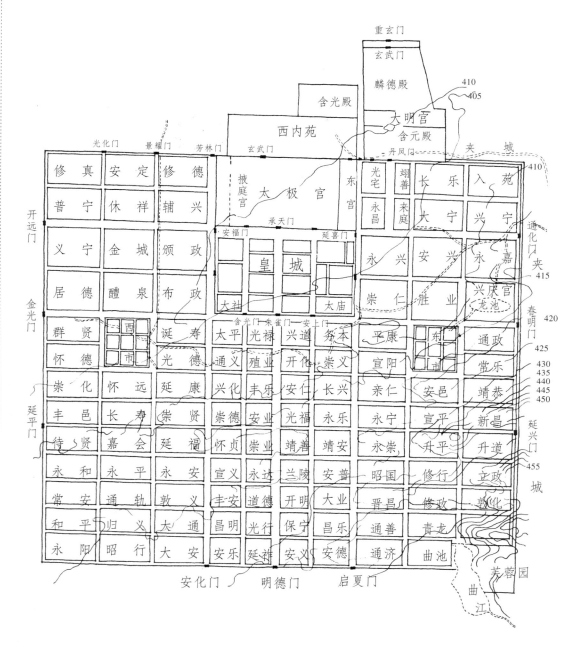

图 4-2 唐代长安城及宫苑平面示意图

及，结合今天的考古研究进行综合的概述（参见图 4-1）。

　　唐代的长安城，是沿用隋代大兴城的旧制，不断修建增华，而更加宏伟壮丽。根据考古工作者初步实测，长安外郭城东西宽 9500 米，南北长 8470 米，周长 35.5 公里，是世界上最大的城垣之一。宫城在皇城之后而等宽，位于长安城的中轴线上，不在中心，而靠北墉。城的东西南每面三门，北面为宫城和大明宫所占，且城外是禁苑，所以在西面一段城墉上开了三门，以备十二门之数。

长安城内有三组宫殿，在宫城内的主体建筑太极宫，位置在西称"西内"；在长安城东北隅龙首原上的大明宫，在宫城之东称"东内"；城东春明门内的兴庆宫，在宫城东南称"南内"，三大内皆有宫苑。此外，在长安城东南角外有"曲江池"和"芙蓉园"，在宫城北有"禁苑"。唐代称皇宫为"大内"，如白居易诗："傍闻大内笙歌近，下视诸司屋舍低。"因长安城内有三组宫殿，故有西大内、东大内、南大内之称。西大内实际居城之中，因东有大明宫（东大内），故称"西大内"。分别阐述之（参见图 4－2）。

一、三大内宫苑

据《旧唐书·地理志》曰：

> 宫城在西北隅，谓之西内。正门曰承天，正殿曰太极。太极之后殿曰两仪，内别殿、亭、观三十五所。京师东有大明、兴庆二宫，谓之三内。㉖

西内太极宫　太极宫原是隋代的大兴宫，正殿即太极殿，隋称大兴殿。是长安宫城内的主要宫殿。唐高祖李渊和唐太宗李世民时期的 30 多年，是唐代的政治中心，"贞观之治"的确定和推行之处。据《长安志》载：

> 宫城东西四里，南北二里二百七十步，周一十三里一百八十步。南即皇城，北抵（禁）苑，东即东宫，西有掖庭宫。㉗

宫城经实测，东西为 2820 米，南北 1492 米。太极宫有十六座大殿，自宫城南的承天门，至宫城北的玄武门之间，以太极、两仪、甘露、延嘉等四大殿，构成太极宫的主轴线。太极殿是皇帝"朔望视朝则登此"的大殿，俗称"金銮殿"。太极殿后的两仪殿，是"日常听政视事则临此殿"。东边为太子居住的东宫，西边为嫔妃居住的掖庭宫。东宫、掖庭宫与太极宫之间，都筑有高墙隔开。太极宫北门，名玄武门，驻有保卫皇宫的重兵。玄武门外，即西内苑。

西内苑　据《长安志》中列名的景物有：景福台、望云亭、紫云阁、凝阴殿、球场亭子，以及北海池、南海池、东海池、西海池等。

有关西内苑的资料甚少，无法对总体布局及景境作具体描述。就从所列资料可以说明几点：从景境的创作，多池沼而无山。从列名中值得注意的是：**球**

中国造园艺术史

145

场亭子，这建在球场边的亭子，显然是为观球戏或打球戏者休息之处，唐代从波斯传入一种在马上击球的游戏，用月形长杖打木球，原名波罗球，唐称打球戏。这"球场亭子"就不单是园林建筑，而具有体育设施的性质，并反映出帝王造园在内容上的变化，由皇帝在台观之上，高瞻远瞩的观赏方式和娱乐活动内容，改变为由皇帝自己投入游戏之中的娱乐方式了。

东内大明宫　长安城原只有宫城内的太极宫一处，贞观八年（634），唐太宗李世民在宫城外东北角禁苑内，龙首原上修永安宫，为其父高祖李渊的"清暑"之处，次年改名大明宫。后经唐高宗李治大加修建扩建，龙朔三年（663）他由太极宫搬到大明宫来居住和处理朝政。从此之后，唐朝的历代皇帝都住在大明宫了。正因为大明宫后来成为主要宫殿，在原大内之东，故称东内，而原大内太极宫就称西内了。对大明宫，《长安志》有较详的记载，摘其要录之如下：

> 东内大明宫，在禁苑之东南，南接京城之北面，西接宫城之东北隅。南北五里，东西三里。贞观八年置为永安宫，明年改曰大明宫，以备太上皇清暑。百官献赀财以助役。龙朔三年（663），大加兴造，号曰蓬莱宫。咸亨元年（670），改曰含元宫，寻复建大明宫，北据高原，南望爽垲。每天晴日朗，南望终南山如指掌，京城坊市街陌俯视如在槛内，盖其高爽也。㉘

> 丹凤门内当中正殿，曰含元殿。武太后改曰大明殿，即龙首山之东麓也。阶基高出平地四十余尺，南去丹凤门四十余步，中无间隔，左右宽平，东西广五百步。龙朔二年（662），造蓬莱宫含元殿；又造宣政、紫宸、蓬莱三殿，殿东南有翔鸾阁，西南有栖凤阁，与殿飞廊相接；又有钟楼、鼓楼；殿左右有砌道盘上，谓之龙尾道。㉙

> 蓬莱（殿）后有含凉殿，殿后有太液池，池内有太液亭子……㉚

大明宫建在龙首原上，平面略呈楔形，按实测宫城西墙长2256米，东墙长2614米。宫城的南墙就是京城的北墉，有五门当中的丹凤门是大明宫正门，与西内承天门相似，凡改元、大赦等，皇帝都在丹凤门宣布。在门内中轴线上，前后排列含元、宣政、紫宸三大殿，含元殿是大明宫的前殿，性质同太极殿，是当时唐长安城内最宏伟的建筑。

含元殿　据考古发掘与外观复原研究，殿东西面阔十一间，进深四间，重檐庑殿顶。殿前东西对称分列"翔鸾"、"栖凤"二阁，阁有飞廊与含元殿相接，曲尺环绕成院。殿、阁均建在高出地面13余米的台基上。从实测资料，含元殿

唐代大明宫含元殿复原图

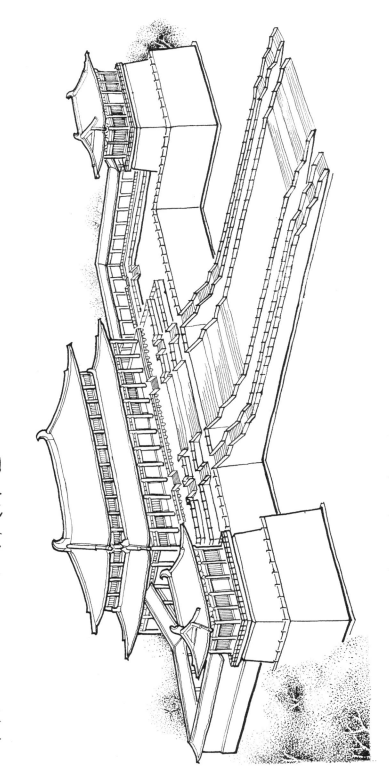

图 4-3　唐大明宫含元殿复原顶示意图(据《考古》1963 年第 10 期摹写)

夯土台基高 3 米多，东西长 75.9 米，南北宽 42.3 米。所谓**龙尾道**，是含元殿前登上台基的三条平行的坡道，均长 70 余米，中间一条宽 25.5 米，两旁的两条各宽 4.5 米，三道相距为 8 米。是阶级与坡道相结合的形式，屈折平斜而下，宛如龙尾下垂于地故名[31]（参见图 4-3）。

大明宫北部为太液池，池西的高地上，建有型体组合式的**麟德殿**，大概建于唐高宗麟德年间（664~665），而以"麟德"题名。这是由三座殿堂相连，并有东西亭、郁仪楼、结邻楼组成的一幢整体建筑物。造在一个很大的夯土平台上，周匝绕以回廊，四角有亭，四面有门楼。据考古发掘，殿基南北长 130 米，东西宽近 80 米，建筑绮丽而宏伟。[32]

麟德殿东临太液池景区，西近大明宫西墙的九仙门，便于大臣出入，因而成为皇帝召见亲信、接见外国使臣、举行盛大宴会的寻欢作乐之处。公元 703 年，武则天曾在此接见并宴请日本执节大使粟田真人。

东内苑　从资料知道，在大明宫北部有**太液池**，池中有土筑的小岛，仿海上神山的故事，名蓬莱山。从山上建有太液亭来看，山上的建筑非殿阁，仅是一只亭子，可想见山之小，池的水面亦不会太大，据遗址实测约为 320×500 平方米。其景观，据唐代诗人李绅（772~846）《忆春日太液池亭候对》诗所描写：

> 宫莺报晓瑞烟开，
> 三岛灵禽拂水回。
> 桥转彩虹当绮殿，
> 舰浮花鹢近蓬莱。

可见池上有彩虹似的拱桥对着绮丽的宫殿，这绮丽的宫殿，似应为麟德殿。若如此，蓬莱山在池中的西部，桥东西架水于堤岛之间。池中养有水鸟，有彩画着鹢（yì 益）首的大船。从白居易《长恨歌》中的"太液芙蓉未央柳"和王维《秋思》"一夜轻风萍未起，露球翻尽满池荷"诗句，说明太液池中植有大量的莲荷。但未见有其他景物的记载。

南内兴庆宫　据《旧唐书·地理志》记载："南内曰兴庆宫，在东内之南兴庆坊，本玄宗在藩时宅也。自东内达南内，有夹城复道，经通化门达南内。人主往来两宫，人莫知之。宫之西南隅，有花萼相辉，勤政务本之楼。"[33]兴庆宫在长安城内兴庆坊，是唐玄宗李隆基未做皇帝时的旧居，开元二年（714）兴建。东西宽1080米，南北长1250米，在大明宫之南，紧靠东城墙。整个宫殿规划，分南北两部分，北部是宫殿区，南部是宫苑区，正因为**宫在苑后**，宫殿区的正门，在西向太极宫方向。这种布局与一般宫殿不同，反映了兴庆宫对太极宫的从属关系。兴庆宫经几度修建，成为皇帝起居听政的正式宫殿，也有其特殊的有利条件，前距东南城角的曲江池不远，后与东北的大明宫也较近，便于构筑"**夹城复道**"，有通前达后之便，往来东内和曲江之间，人莫知之，秘密而安全。

兴庆宫 宫中主要的建筑有兴庆殿、大同殿、南薰殿、长庆殿、龙堂、沉香亭、勤政务本楼和花萼相辉楼等。从《宋刻兴庆宫图》（见图4-4 宋刻唐代兴庆宫图）可见兴庆宫总体布局情况：平面近方形，四围宫墙，墙外为城市街道。宫内中间用墙隔成南北两大部分，北面是宫殿区，宫门兴庆门在西，正殿兴庆殿，不在中轴线上，而在宫门内北院，中央则是南薰殿。贯通东西的中间宫墙设三门，为宫殿区与宫内苑之间的通道和门户。

南内苑 全苑以龙池为主体和中心，水面之大，几乎占苑的一半，呈半月形。除池的东北隅有著名的**沉香亭**以外，其他建筑物布置在池南，沿宫南垣一带。南临春明门大街，设二门，中间的通阳门，进门为一过渡前院，再进明光门，即背池的主体建筑"**龙堂**"；东面的明义门，门内为"长庆殿"。苑的西南角，建二楼，曲尺相连，均临街，即南向的**勤政务本楼**和西向的**花萼相辉楼**。题"花萼相辉者"，因兴庆宫西面，隔街的胜业坊和安兴坊，是玄宗兄弟居处，以标榜其兄弟"友爱"之意。

乐史《李翰林别集序》："天宝中，李白供奉翰林。时禁中初种木芍药，移植兴庆池沉香亭前。会花开，上赏之，太真妃从。上曰：'赏名花，对妃子，焉用旧乐词为？'命李龟年持金花笺，宣赐白，为《清平乐词》三章。"李白《清平调词》之一：

> 一枝红艳露凝香，云雨巫山枉断肠。
>
> 借问汉宫谁得似？可怜飞燕倚新妆。

木芍药指牡丹，原为野生植物，据说可能是唐代初年移植庭园，并由单层花瓣培养成为多层，被誉为"国色天香"。

在唐代诗歌中，写龙池的不少，集录之以见龙池景物和当时娱游活动情况：

> 碧水澄潭映远空，
>
> 秦地山川倒镜中。（沈佺期）
>
> 山光积翠遥疑逼，

水态含青近若空。(苏颋)

冒水新荷卷复披。(刘光)

风送荷香逐酒来。(武平一)

中流箫鼓振楼船。(韦元旦)

中国造园艺术史

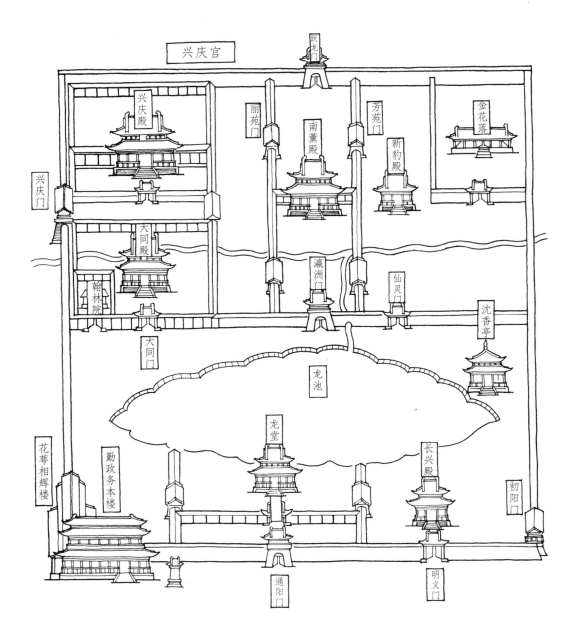

图4-4 宋刻唐代兴庆宫图

从诗可想见，池水澄碧，浮空泛影，远处青山，近处楼台，倒映水中，而具幽明之境。芙蓉满池，泛舟歌舞，"轻帆截浦触荷来"的节日景象。

勤政务本楼，于开元八年（720）建造。玄宗时凡改元、大赦、受降，以及赐宴与民同乐等活动，都在此楼观赏或举行。楼前大街上，有各种精湛的技艺表演。如王大娘顶竿，刘晏诗有"楼前百戏竞争新，惟有长竿妙入神"之句。著名的公孙大娘舞剑，曾给书法家张旭草书以启发。杜甫《观公孙大娘弟子舞剑器行》诗云：

> 昔有佳人公孙氏，
> 一舞剑器动四方。
> 观者如山色沮丧，
> 天地为之久低昂。
> ……

兴庆宫是唐玄宗与杨贵妃长期居住的地方，宫殿规模比大明宫小，建筑也少，但多为楼殿而高大雄伟。由于玄宗李隆基的荒淫酒色、统治阶级的腐败，于天宝十四年（755）冬，范阳（河北涿县）节度使安禄山叛乱，李隆基逃往四川。至德二年（757）九月，郭子仪收复长安，次年李隆基返京仍住兴庆宫，但不久就被他的儿子唐肃宗李亨强迫移住太极宫的甘露殿，直到死去。唐王朝也由盛极而衰，兴庆宫也不再是政治中心的所在了。

二、禁　苑

唐代的禁苑，原是隋代的大兴苑，隋文帝杨坚于开皇元年（581）建。对禁苑，《类编长安志》所录较详：

> 在宫城之北，本隋之大兴苑。东西二十七里，南北三十三里，东接灞水，西接长安故城，南连京城，北枕渭水。苑西即太仓，又北距中渭桥，与长安故城相接。故城东西十三里，南北十三里，亦隶苑中。其苑中有四监，南面为长乐监，北面以领汉故城，谓之旧宅监，东西面各以本方为名，分掌宫中种植及修葺园苑等事，又置苑总监都统之，皆隶司农寺。苑中宫亭凡二十四所。[34]

禁苑四周筑有城墙，南墉即长安城北墉，有三门即宫城西面的景耀（中）、芳林（东）、光化（西）三门（见图4-2）。东西两面各二门，北面三门。禁苑中包括汉代的长安故城，据《长安志》记载，到唐武宗会昌元年 (841)，长安故城中"尚有殿舍二百四十九间"，并加以修葺。禁苑中的情况，《长安志》记录稍详，也多列名而已，如：

> 苑内有南望春亭、北望春亭、坡头亭、柳园亭、月坡球场亭子；有青城、龙鳞、栖云、凝碧、上阳五桥；广运潭、九曲宫，去宫城十二里，在左右神策军后宫中，有殿舍、山池。贞元十二年 (796)，设浚鱼藻池，深一丈。至穆宗 (821~824) 又发神策六军二千人浚之。蚕坛亭、正兴亭、元沼宫、神皋亭、七架亭、青门亭去宫城十三里，在长安故城之东。桃园亭去宫城四里，临渭亭。咸宜宫、未央宫二所，皆汉之旧宫也，去宫城二十一里。㉟

上述景物，在《类编长安志》有些资料可作补充：**唐望春亭**，"去京城一十一里，据苑之东南高原之上，东临浐水西岸。《两京道里记》曰：'隋文帝初置，以作送客亭。炀帝改为长乐宫。……'"（按《长安图》及杂记多云望春宫。㊱）**五桥**，"《唐地理记》：'唐禁苑内，有青城、龙鳞、栖云、凝碧、上阳等五桥。'每日各着卫士五人守把，见《开元格式律令事类》。"㊲**广运潭**，"天宝元年 (742)，韦坚为陕郡太守水陆运使。……雍渭为堰，绝霸、浐，而东注永丰仓下，与渭合。初，浐水苑左有望春楼，坚于楼下凿为潭而运漕，一年而成。明皇昇楼，诏群臣临观，名潭曰广运"。㊳**蚕坛亭**，在苑之东，皇后祀先蚕之亭。（《长安志》）**鱼藻宫**，"《会要》曰：'鱼藻宫，去宫城十三里，在禁苑神策军后。宫中有九曲山池。贞元十三年 (797)，诏鱼藻池先深一丈，更淘四尺。穆宗初，又发神策六军二千人浚之。又观竞渡。'"㊴

《类编长安志》记载浚鱼藻池一事，与《长安志》差一年。但从补充材料分析，《长安志》所说："在左右神策军后宫中，有殿舍、山池。"神策军是唐代的禁军之名，保卫皇宫的军队，其驻军处称"宫"，是极大的谬误。而殿舍、山池造在驻军之处，也根本不可能。《类编长安志》则交代得很清楚，山池之类的景物，是在神策军后面的"鱼藻宫"里，池可能就是"鱼藻池"也。唐以乐府见长的王建《宫词》曰：

> 鱼藻池边射鸭，
> 芙蓉园里看花，
> 日色赭黄相似，
> 不著红鸾扇遮。

唐代的园苑称之为**禁苑**，如同宫中称为**禁中**的意思相同。《汉宫殿疏》云："汉宫中谓之禁中，谓宫中门门有禁，非侍卫通籍之臣，不得妄入。通籍，谓出入禁门。籍者，为二尺竹牒，记其年纪、名字、物色悬宫门，相应乃得入。"[40]禁苑，也就是指非侍卫通籍之臣，是不得妄入的园苑。不仅禁苑每边的城门有神策守卫，就是苑中的五座桥上，也有卫士把守。

唐代禁苑的重要作用，就是对宫城的保卫。因唐代的宫城，只东西南三面有城廓卫护，北面的宫城也就是直接对外的城墉，尤其是大明宫三面凸出在城外，如果不将城外汉代长安故城和高高突起的龙首原划为禁区，显然对太极和大明宫构成很大的威胁。把这些制高点划入禁苑，禁苑的苑墙就起了外廓城墙的作用。神策军驻防在苑中，也说明护卫宫城的重要。

禁苑的性质在护卫宫城，而不在游憩，且地势高亢，既无须造山，亦难以蓄水，设有打马球的球场，为娱乐而建的宫殿不多。从《长安志》记载的禁苑建筑中，就列名建筑言，"亭"包括在长安故城中所建的诏芳亭、凝思亭、西北角亭、南昌国亭、北昌国亭、流杯亭等等，就有 18 座之多，占全苑列名建筑的 85%。可以说，**唐代的禁苑，是中国造园史上大量以"亭"入园之始**。正因为禁苑要在防护，而非皇家苑居生活的处所，以亭替代宫殿，既发挥了"亭"的艺术形象在景境中的点染魅力，更发挥了"亭"的空间制控点作用。

三、曲江芙蓉园

曲江池和芙蓉园，是唐代长安城东南隅的一处风景名胜之处。据《类编长安志》记载：

> 乐游苑。宣帝神爵三年春起，在长安东南杜陵之西北，本秦之宜春苑也。宣帝起乐游庙，因苑为名，在唐京城内高处。每正月晦日、上巳、重九，京城士女咸以此登赏祓禊。[41]

秦时在此建有"宜春苑"，汉宣帝刘询于神爵三年 (前 59)，建乐游庙，庙在京城内高处，因而将曲江池东北，秦宜春苑更名为"乐游苑"或"乐游园"、"乐游原"。北方将古渭河带来泥沙冲积而成的高而平的地叫做"**原**"，大概虽庙在城内，苑在城外曲江池东北，都以"乐游"为名，显然都是在这一带高地的**乐游原**上。正月晦日 (月底)、上巳 (三月初三)、重九 (九月初九，重阳)，登高禊饮的风俗，由来已很悠久了。《后汉书·礼仪志上》："是月上巳，官民皆絜 (洁) 于东流水上，曰洗濯祓除，去宿垢疢（chèn 趁。病）。"⑫

隋时更名乐游原为"芙蓉苑"，唐沿用未改，仍称"芙蓉苑"或"芙蓉园"。唐人文字中"园"与"苑"不分，通称之为"园苑"而不用"苑囿"，反映了以豢养禽兽为重要内容的秦汉时代已成历史，唐代帝王造园已纯属为满足一己私欲的娱游需要了。唐玄宗为了游芙蓉园的安全和方便，将北达大明宫的"夹城复道"，向南直通芙蓉园，成为兴庆宫、大明宫、芙蓉园三者之间的秘密通道。皇帝游芙蓉园时，大队人马在夹城中往来，外人只闻其声不见其影，如杜甫所说："白日雷霆夹城仗"，又曰："六龙南下芙蓉苑，十里飘香入夹城。"夹城全长79 750米。

曲江　在秦汉时代，曲江虽已建筑有苑，由于水源不足，虽有水泉还未形成人工湖。且秦都咸阳，汉都长安，均离乐游原较远，景也不如唐代之形胜，尚非都人娱游之处。如唐·康骈《剧谈录》云："曲江，本秦隑（qí）州。其地屈曲，唐开元中，疏凿为池，引黄渠水灌为曲江。池岸有紫云楼、彩霞亭，竹木花卉环绕，都人泛舟游赏，盛于上巳、中和。"⑬韩退之诗曰：

> 漠漠轻阴晓自开，
> 青天白日照楼台，
> 曲江水满花千树，
> 有底忙时不肯来。

唐代的长安城东南角屈折凹进，已把曲江与城墉结合在一起，成为长安的一部分。唐玄宗李隆基于开元中（713～741），开凿黄渠引浐水贯入曲江，汇为巨浸而成风景胜地。曲江再分流引入城内，一渠向西北流入晋昌坊慈恩寺，一渠向东北流入升道坊龙华尼寺，解决了城东南隅地势高亢的坊内用水问题。

据考古实测，曲江池南北长1360米，宽约500多米，面积为0.7平方公里，水面呈南北长、东西狭、屈曲不规则形状，所谓"以水流屈曲，谓之曲江"。在曲江池东北的乐游原上，便是盛唐时建了大量亭台楼阁的**芙蓉园**，芙蓉园的面积为1 441 600平方米。曲江池西是**杏园**。

杏园　据《类编长安志·胜游》云："杏园，与慈恩寺南北直焉。唐新进士放榜，锡宴于此。唐人尤贵进士第，开元、天宝为盛。新进士以泥金帖子附家书中为报喜信，乡里亲戚以声乐相庆。大中元年（847）正月，放进士榜，依旧宴杏园。"⑭**杏园锡宴**，是唐长安的盛景之一。诗人刘沧考中进士后，写了《及第后宴曲江》诗：

> 及第新春选胜游，杏园初宴曲江头。
>
> 紫毫粉笔题仙籍，柳色箫声拂御楼。
>
> 归时不省花间醉，绮陌香车似水流。
>
> ……

按唐时习俗，新进士杏园宴会以后，游览大慈恩寺。《唐会要》："雁塔，乃慈恩寺西浮图院也。沙门玄奘先起五层，永徽中（650～655），天后与王公舍钱，重加营造至七层，四周有缠腰。"⑮新进士同榜，题名于塔上，有行次之列，故名雁塔。**雁塔题名**，也是唐长安盛景之一。如武昌节度程公琳诗曰：

> 轻裘访古出南城，宝刹云烟拂旆旌。
>
> 三十年前前进士，无惭雁塔一题名。

四、曲江的性质

唐代自玄宗朝**安史之乱**以后，也就由盛而衰，曲江亦日渐荒芜，大诗人杜甫（712～770）诗："少陵野老吞声哭，春日潜行曲江曲。江头宫殿锁千门，细柳新蒲为谁绿。"到"文宗时，曲江宫殿十废之九"。唐文宗李昂读杜诗，慨然有意恢复玄宗时的升平景象，于大和九年（835）二月发神策军三千人淘曲江，修建了**紫云楼**和**彩霞亭**，并准许人们愿在曲江创亭馆者，"官给与闲地，任修造"。⑯十月，文宗在曲江大宴群臣，但好景不长，十一月就发生了"**甘露之变**"。他欲铲除专权宦官而事败，被宦官软禁起来，过着囚徒似的生活，曲江的恢复工程就此告终。到唐末时，如豆卢革在《登乐游园怀古》中所说，已是"昔为乐游苑，今为狐兔园"矣！

虽然曲江园苑随李唐王朝的衰落而逐渐颓废，但曲江池却日益成为长安都人节日娱游的胜地。文宗朝之后二三十年，懿宗时诗人许裳的《曲江三月三日》可见曲江的盛况：

> 满园赏芳辰，飞蹄复走轮。
>
> 好花皆折尽，明日恐无春。
>
> 鸟避连云幄，鱼惊远浪尘。
>
> 如何当此节，独自作愁人。

中国造园艺术史

　　从许裳诗的描绘可以想见，每逢三月三日这一天，长安人倾城而出，骑马的、驾车的，飞蹄旋轮，都涌向曲江，禊饮踏青，水嬉娱游。乐游园的鲜花，皆被游人折尽，明天恐怕再也看不到春天的风光了。游人如云的帐幕，吓得鸟儿远远飞避；船桨荡起的浪花，惊得鱼儿潜藏水底。为什么在此佳节，要独自愁苦呢？看着如潮的游人将曲江糟践如此，难怪诗人要发愁了。

　　古代节日，虽多有些迷信色彩，但唐代长安都人对郊游的兴致如此之高，可谓倾城而出"万人空巷"；大量游人集中曲江，以致把乐游园的鲜花采折殆尽，游兴几达疯狂的程度，都人何以如此？令人难以置信。其实这种现象却反映了深刻的社会生活内容，唐代城市尤其是百万人口的京都长安，城市商业十分繁荣，经济的力量，对古代沿袭下来的传统的**坊市制度**，开始有所冲击，由于坊市之中邸店有限，有些店铺已溢出"**市**"外，如东市西邻南面的宣阳坊中，已有"采缬铺"⑰、北面平康坊是妓院集中地，坊中已有卖"草剉姜果之类"⑱的小铺席；西市东邻延寿坊中有"鬻金银珠玉者"⑲；东市西北角，平康坊之北的崇仁坊，"大约造乐器，悉在此坊"⑳；东市南面的升平坊中"门旁有胡人鬻饼之舍"㉑等等。

　　即便如此，仅是开始暴露出坊市制度这种在空间上禁闭、时间上管制的制度，对城市经济的束缚和发展的阻碍，唐代社会经济的力量，还不足以摧毁这种坊市制度。元代骆天骧撰《类编长安志》时已不理解唐代的城市生活，把《长安志》中的诗："**六街鼓歇人绝灭，九衢茫茫空有月**"㉒当做鬼诗，殊不知这是唐代长安夜晚的真实写照。(关于"坊市制"及其崩溃，详见拙著《中国建筑论》)可见长安都人终年禁闭在城市之中，看到的只是坊内房舍，满街皆是坊市的围墙，如此单调的环境，又无娱乐场所的枯燥生活，每到少得可怜的几个节日，可以不受干涉，无拘无束、自由自在的尽情嬉戏，尽兴郊游，以至践踏、破坏了景境，是可以理解的。

　　曲江的环境情况，从杜甫《乐游园歌》："青春波浪芙蓉园，白日雷霆夹城仗。阊阖晴开诀荡荡，曲江翠幕排银榜。"由夹城复道与宫中往来的芙蓉园，显然是峻宇高墙，苑内楼台可赏曲江景色，而苑外游人是不见苑中景色的。从**紫云楼**和**彩霞亭**说在曲江岸边，而未明在园内而言，曲江两岸及附近一定还有景物，因"紫云楼"和"彩霞亭"临江而著名故也。

　　节日曲江两岸分布着一顶顶帐篷（幄），旁边竖着题名身份的银饰匾额。从杜甫写杨国忠与杨贵妃之姊虢国夫人的《丽人行》中"就中云幕椒房亲，赐名大国虢与秦"可知，曲江节日盛况是，皇帝居宫苑，显贵钻帐幕，庶民露天游了。但说明，节日的曲江，上至国戚公卿，下至黎民百姓，都来娱游玩乐，反映唐代在文化思想上是比较开放和自由的。

唐代的曲江，是历史上见诸文字的第一个公共性风景娱游胜地。

园苑之山 唐代的园苑有个显著特点，人工造景很少筑山，多凿池沼。从前所引资料只在西内苑和禁苑的鱼藻宫中提到"山池"，但对山却没有任何描述，说明"山"在唐代造园还没有成为景境创作的题材。唐代是中国古代社会文艺繁荣的时代，何以在帝王园苑中，造山艺术却未能得到发展？要解决这个问题，我认为主要得从造园的空间特点来分析。

唐代的园苑，不仅是在空间范围上缩小了，即使是禁苑也较秦汉苑囿小得多，而且是造在地势高亢、地形起伏的**"原"**上。这同唐、汉长安城的选址有关，汉代长安城建于龙首原的西北麓，直抵渭滨，地形向渭水倾斜，地势低平。而唐代的长安城建于龙首原南麓，向南至曲江，地形起伏，地势愈向东南愈高，主要宫殿均分布在龙首原侧，大明宫就造在龙首原上，占据全城的制高点，有高屋建瓴之势。如《长安志》所说：从大明宫"南望终南山如指掌，京城坊市街陌，俯视如在槛内"。也就是说，唐代长安的宫殿楼台，已具登高眺远之能，极目清秋之美，无须人工筑山。从造山的空间而言，若模写山水，体量有限而难具山林气势。唐代艺术颇重气势宏大的壮丽之美，如音乐、舞蹈、建筑，无不气势宏伟。因此种种而形成**唐代园苑崇建筑、广凿池、少造山的特点**。

治水与造苑 唐代造园多水池，形成这一特点的原因，据今学者研究，这个现象不单是个造园问题，而是同长安的城市供水有相当关系。唐长安是人口近百万的大城市，供水是很重大的问题。隋初兴建大兴城，就开凿了永安渠、清明渠、龙首渠等主要供水渠道。龙首渠从马登空附近引浐水北流，至长乐坡分东西二渠：东渠从通化门 (东墉北门) 附近绕城东北角入禁苑。也可能被引入大明宫，注入太液池；西渠向西流入城，至皇城北折入宫城，汇为山池和东海，是长安城东北隅用水的主要渠道。唐时还从西渠引流至兴庆宫，注入龙池。

清明渠，在今皇子坡引潏 (jué 决) 水西北流，靠安化门 (南墉西门) 西入城，北流至布政坊 (皇城西邻) 东折入皇城，再北折入宫城，注为南海、西海与北海，主要供西城、皇城、宫城的用水。永安渠，在今香积寺西南引洨水西北流，经赤栏桥流向东北，于安化门西入城，北流至景耀门 (北墉中门) 以东出城，经禁苑

而注入渭水。其供水范围同清明渠。㊳

唐代造园，将都城供水与园苑凿池造景有机结合起来，引渠入池以贮水，池水则流而不腐，大片水面，既有利于净化园中的空气，对宫殿建筑的防火，也是非常重要的措施。今天在城市中造园或风景区的开发，不仅要从山水景境的创造，考虑凿池堆山的土方平衡，在无泉水可资利用时，要从城市或整个景区的水网系统规划出发，使之成为净化、美化城市生活环境的一个重要手段。

第四节　唐代城市的私家园林

唐代的私家园林，据宋·张舜民《画墁录》云："公卿近郭皆有园池，以至樊杜数十里间，泉石占胜，布满川陆。"㊴《洛阳名园记》亦云："唐贞观、开元之间，公卿贵戚，开馆列第于东都者，号千有余邸。"㊵这千有余邸之中，不会是皆有园池的。但说明唐代都城私家园林已颇兴盛，而一般城市，则很少见有私家园林的记载。唐代宗时元结《右溪记》、宪宗时柳宗元的《永州八记》，都说明像湖南道州、永州这样州治所在的城市还没有私家园林。城市宅园，多半集中在政治和消费中心的都城。

造园需要相当的人力、物力，园林同住宅都是财富的标志，古代的造园往往与庄园结合在一起，城市经济愈是不发达，造园就愈是直接固着于土地剥削与掠夺的基础上。庄园与宅园在概念上并无严格的界定和区别。在唐代曰"庄"，曰"别业"、"别墅"或"山庄"……都是泛指私人的田地和产业。如《旧唐书·忠义传·李憕传》云：

> 憕丰于产业，伊川膏腴，水陆上田，修竹茂树，自城及阙口，别业相望，与吏部侍郎李彭年，皆有地癖。㊶

李憕的这处产业，有上好的水陆田地，而且"修竹茂树"，有很好的绿化，甚至居住环境也十分幽美。这只是对环境的绿化和美化，并非是造园，这种被绿化和美化的环境也不是园林。有些研究中国园林历史者，正是将古籍和诗词中有关绿化和美化的住处，都当作园林，在这种书里几乎历代到处都有园林。这对两千多年的历史文化传统，在艺术上已有高度成就的中国园林，是**无知的简单化、恣意的庸俗化！**这同今天挖个水塘，建点亭廊，放几块石头，捧之为现代的园林艺术一样的可悲。

固然，精心绿化和美化的环境，会带有某种艺术风味。但作为园林艺术创作，在满足人的园居生活（物质、精神的）的前提下，在总体上要有规划，在景境上要有意匠，创造的是**可望、可游、可居**的**怡情适性的生活环境**。

中国造园作为一个历史的运动过程，唐代的造山艺术还在摸索之中，还未发展到**以自然山水为创作主题**的高度完善的阶段。即使如此，园林也是园主在住宅之外，为了娱游观赏休憩颐养的生活处所。正因唐代造园景境创作的意向，尚未明确以自然山水为主题的思想，所以在记录唐代私家园林的资料中，极少提到造山或根本无造山之说。如唐文宗朝宰相裴度（765～839），"判东都尚书省事"，充东都留守时，曾在洛阳城内集贤里建造园宅，同时在定鼎门建别墅"**午桥庄**"。据《旧唐书》载：

> 东都立第于集贤里，筑山穿池，竹木丛萃，有风亭月榭，梯桥架阁，岛屿回环，极都城之胜概。又于午桥创别墅，花木万株，中起凉台暑馆，名绿野堂。引甘水贯其中，醽（shī 尸。疏导）引脉分，映带左右。度视事之隙，与诗人白居易、刘禹锡酣宴终日，高歌放言，以诗酒琴书自乐，当时名士，皆从之游。[57]

裴度的集贤里宅园，既云"筑山穿池"，说明园中有人工山水的创作。筑山之"**筑**"，《释名·释言语》："筑，坚实称也。"多半是用挖池之土堆筑的土山；穿池之"**穿**"，《诗·召南·行露》："谁谓鼠无牙，何以穿我墉。"引申为挖掘。看来所挖之地，水面较大，池中有岛屿，架拱桥于水上，池边有亭、榭、楼阁等建筑。而裴度的午桥别墅，亦称"午桥庄"。从"花木万株"看，园的范围较大，是以种植树木花卉为主的园林。这种以树木花卉为主的园林，大概是在中国造园的早期较为风行的一种形式，如魏晋南北朝时期的寺庙园林，不少皆以园中果木所产水果之美而著名，树木主要是果木，到宋代《洛阳名园记》中的李氏丰仁园、归仁园、松岛等都是以果木花卉为内容的园林。

唐代以果木花卉造景成境的园林，在洛阳也不止裴度的午桥庄，如同朝稍晚的宰相李德裕（787～850）的"**平泉庄**"。宋·王谠《唐语林》有较详的记载：

> 平泉庄在洛城三十里，卉木台榭甚佳，有虚槛引泉水，萦回穿凿，像巴峡、洞庭十二峰、九派，迄于海。门有巨鱼胁骨一条，长二丈五尺，其上刻云：会昌二年（842）海州送到。……庄周围十余里，台榭百余所，四方奇花异草与松石靡不置。……怪石名品甚众，各为洛阳城族有力者取去，

有礼星石、狮子石，好事者传玩之。⑱

平泉庄周围约5公里，有台榭百余所，是座很大的私家园林了。所谓"有虚槛引泉水"，可能有亭廊架水，横隔溪流之上，或水自舍下流出，而"萦回穿凿"。溪流两岸，也可能有土岗起伏（未言筑山），故令人有巴峡、九派的想像。曲折萦回的溪流，终归之于海，说明园中有大池也。

平泉庄是以花木著名的，李德裕曾著有《平泉花木记》一书，可见园中花木品种之多，据说其中有雁翅桧、珠子柏、莲芳玉蕊等奇花异木，《唐语林》夹注云："雁翅桧，叶婆娑如鸿雁之翅。柏实皆如珠子丛生叶上，香闻数十步。莲芳玉蕊，每跗萼之上，花分五朵，而实同其一房也。"⑲对礼星石、狮子石，夹注云："平泉礼星石，纵广一丈，厚尺余，上有斗极之象。狮子石高三四尺，孔窍千万，递相通贯，如狮子首尾眼鼻皆全。"⑳从描述"狮子石"来看可能是太湖石。平泉庄在距洛阳南15公里的伊阙（龙门）西，据李德裕平泉庄自记云："于龙门之西，得乔处士故居。……又得江南珍木奇石，列于庭际。"狮子石，可能来自江南的太湖石。将石从江南运到洛阳，却非易事，正因为当时太湖石的稀少贵重，所以只陈列在庭院里供人欣赏。

唐穆宗长庆元年（821），诗人白居易（772～846），当杭州刺史任满回洛阳后，于履道里得故散骑常侍杨凭园宅，加以修建即"**白莲庄**"，白居易作《池上篇》记其园：

> 东都（洛阳）风土水木之胜在东南偏，东南之胜在履道里，里之胜在西北隅，西闬（hàn 旱。巷门）北垣第一第，即白氏叟乐天退老之地。地方十七亩，屋室三之一，水五之一，竹九之一，而岛树桥道间之。初乐天既为主，喜且曰："虽有池台，无粟不能守也。"乃作池东粟廪。又曰："虽有子弟，无书不能训也。"乃作池北书库。又曰：虽有宾朋，无琴酒不能娱也。乃作池西琴亭，加石樽焉。
>
> 乐天罢杭州刺史，得天竺石一，华亭鹤二以归。始作西平桥，开环池路。罢苏州刺史时，得太湖石五、白莲、折腰菱、青板舫以归，又作中高桥，通三岛径。罢刑部侍郎时，有粟千斛（hú。十斗），书一车，泊臧获之习管磬弦歌者指百以归。先是颍川陈孝仙与酿酒法，味甚佳；博陵崔晦叔与琴，韵甚清；蜀客姜发授秋思，声甚澹；弘农杨贞一与青石三，方长平滑，可以坐卧。

> 太和三年（829）夏，乐天始得请为太子宾客，分秩洛下，息躬于池上，凡三任所得，四人所与，洎吾不才身，今率为池中物。每至池风春，池月秋，水香莲开之旦，露清鹤唳之夕，拂扬石，举陈酒，援崔琴，弹秋思，颓然自适，不知其他。酒酣琴罢，又命乐童登中岛亭，合奏《霓裳散序》，声随风飘，或凝或散，悠扬于竹烟波月之际者久之。曲未竟，而乐天陶然石上矣。[61]

白居易在洛阳履道里的白莲庄，是在他任杭州刺史和苏州刺史期间，大约经六七年的经营而成。这个园的规模，包括住宅在内一共约1.13公顷，园的净面积约0.7公顷，水面占三分之一，种竹的面积占总面积的五分之一强。水面较大，池中有三岛，岛上建亭，中央岛上之亭名“中岛亭”。环池修路，通岛架桥。从桥名“西平”，可能是从西岸上岛的平板式桥；“中高”桥，可能是连接在岛屿之间高拱桥。围池布置建筑，池西有琴亭，为宾客琴酒娱乐之处；池东有粟廪，为贮藏粮食之仓房；池北有书库，为藏书和课读子弟之家塾。从布局说明**宅在园南**，这种宅与园相对位置关系，是后世城市中大中型园林较典型的模式。

白居易官未至公卿，亦非豪富，他“臧获”（古代对奴婢的称呼）习管磬弦歌的乐童十人。还有“家妓樊素、蛮子者，能歌善舞”，他“每独酌赋咏于舟中，因为《池上篇》”。可见唐时士大夫园林生活的一斑了。

《池上篇》在造园学上有重要意义，白居易通过自己的造园实践，对园林规划的土地分配作了一般性的概括：

> 十亩之宅，五亩之园，有水一池，有竹千竿。勿谓土狭，勿谓地偏，足以容膝，足以息肩。有堂有亭，有桥有船，有书有酒，有歌有弦。……灵鹊怪石，紫菱白莲，皆吾所好，尽在我前。[62]

白居易这一园林规划思想，已成为后世城市一般宅园的普遍模式。《池上篇》中未讲白莲庄中有山，既无以土筑山，更无构石为山之说。但却特别提出他在苏州、杭州刺史任上得到的几块石头，其中有五块是太湖石。在园林中以“石”为欣赏对象，最早见于文字的是南朝齐的“元圃园”已有“多聚奇石”之说，奇石尚非太湖之石。**太湖石的发现，是中国造园史上的一件大事，正是这太湖之“石”，敲开了园林写意式造山艺术的大门，使中国造园艺术以自然山水为创作主题的发展成为可能。**

一、空间与造山艺术

造园空间的大小，是影响园林内容与形式的重要因素，造山与画山不同，在二度空间的山水画里，可以"竖画三寸，当千仞之高；横墨数尺，体百里之远"。[63]在三度空间的园林里，任何景物都是在空间中的实体。其尺度比例一目可尽，而"山水之大，广土千里，结云万里，罗峰列嶂，以一管窥之，即飞仙恐不能周旋也"。[64]私家园林，即使如宰相牛僧孺的归仁园，尽一坊之地，"广轮皆里余"，也不适于"模拟山水"的体量对空间的要求。更不用说，随着社会经济的发展，城市人口的日益集中，造园空间也在不断的缩小，以至小到百余平方米，而景境的创作，依然以自然山水为创作主题，惟一的办法，只有对自然山林进行高度概括、提炼、抽象，用写意的方法才行。

唐代的散文，文学家用高超的虚实结合的笔法，从现实小景中，揭示出"**以少总多**"、"**即小见大**"的美学法则，为园林写意山水的创作，从思想方法上奠定了基础。但园林的写意山水，必须用物质实体的"**石**"去构成，当非一般之石可为，正是这"**丑而雄，丑而秀**"（郑板桥语）的**太湖石**，在自然的鬼斧神工的千奇百怪的形态中，给人以**峰峦崖壑**的审美联想。人们这种审美思想，需要经过长期的艺术实践才能形成。由唐至宋，画家们热衷于自然山水的写生，画山水多重客观整体性的描绘，因而存在着地域性自然景象的差别。这一时期，在造园艺术上，若出现"**一峰则太华千寻**"、立石成峰的园林景观，是难以想像的事。生活中所谓的"超前意识"，只能是在当代的现实基础之上。虽然园林的写意山水创作，可以说太湖石起过决定性的作用，但园林的写意山水，并非只是立石为峰那么简单，而是个系统创作过程。所以，从人们对太湖石审美价值的认识不断深刻，由"列于庭际"当做独立的观赏对象，到运用太湖石进行写意山水的创作，经历了非常漫长的历史发展过程。

二、牛僧孺与太湖石

太湖石奇特之美的发现，唐以前尚未见诸文字记载，何时被发现不得而知，到中唐时虽然能得到太湖石者并非易事，但太湖石已普遍得到公卿士大夫们的青睐。太湖石的特点，据《博物要览》云：

> 太湖石产苏州洞庭湖，石性坚面润，而嵌空穿眼，宛转险怪。有三种：一种色白，一种色青黑，一种微黑黄。其质文理纵横，连联起隐，于石面

遍多坎拗，盖因风浪冲击而成，谓之弹子窝。叩之有声，多峰峦岩壑之致。大者高数丈至丈余止，可以装饰假山，为园林之玩。⑥

《姑苏采风类记》：

> 太湖石出西洞庭，多因波涛激啮而嵌空，浸濯而为光莹。或缜润如珪瓒，廉刿如剑戟，矗如峰峦，列如屏障。或滑如肪，或黝如漆。或如人、如兽、如禽鸟。好事者取以充苑囿庭除之玩，此所谓太湖石也。⑥

辞释：啮（niè）：咬。缜（zhěn）：细致。珪瓒（guī zàn）：玉杓。廉刿（guì）：边棱锋利者。戟（jǐ）：戈、矛合一的兵器。黝（yǒu）：黑色。

太湖石在洞庭湖水下，凿取和运出都很困难，所以太湖石到唐代中后期才问世。如果太湖石不能较多开采上来，它的千姿百态不能充分地得到显示，它的审美价值就不能被人们认识和肯定，后来也就不可能成为中国园林造山独特的素材。太湖石问世之初，牛僧孺促进对太湖的开采和审美价值的宣扬，有不可磨灭之功。

唐敬宗时被封为奇章郡公的宰相牛僧孺（779～847），于大和六年（832）任"淮南节度副大使知节度事"期间，在扬州城东住宅和城南别墅里，收集了不少瑰丽奇特的太湖石。牛僧孺嗜石成痴，扬州离苏州很近，有长江水运之便，他的门下僚吏，投其所好，乃"钩深致远，献瑰纳奇"，数年间收集了不少太湖石，牛僧孺是历史上最早的太湖石收藏家，当时也只有牛僧孺其人才有条件收藏太湖石。白居易撰有《太湖石记》记其事曰：

> 古之达人，皆有所嗜。玄晏先生嗜书，稽中散嗜琴，靖节嗜酒，今丞相奇章公嗜石。石无文、无声、无臭、无味，与三物不同，而公嗜之何也。众皆怪之，吾独知之。昔故友李生名约有言云，苟适吾意，其用则多。诚哉是言，适意而已，公之所嗜可知之矣。公以司徒保厘河雒，治家无珍产，奉身无长物。惟东城置一第，南郭营一墅。精茸宫宇，慎择宾客。性不苟合，居常寡徒，游息之时，与石为伍，石有聚族，太湖为甲，罗浮、天竺之石次焉。今公之所嗜者甲也。先是公之僚吏，多镇守江湖，知公之心，惟石是好，乃钩深致远，献瑰纳奇，四五年间，累累而至。公于此物独不廉让，东第南墅，列而置之。富哉石乎，厥状非一。有盘拗秀出如灵邱鲜云者，有端俨挺立如真官吏人者，有缜润削成如珪瓒者，有廉棱锐刿和剑戟者。又有如虬如凤，若跧若动，将翔将踊；如鬼如兽，若行若骤，将攫

将斗。风烈雨晦之夕，洞穴开眈，若欲云欷雷，嶷嶷然有可望而畏之者；烟消影丽之旦，岩壑霏霭，若拂岚扑黛，蔼蔼然可狎而玩之者。昏晓之交，名状不可。撮而要言，则三山五岳，百洞千壑，觊缕簇缩，尽在其中。百仞一拳，千里一瞬，坐而得之，此所以为公适意之用也。会昌三年（843）五月丁丑记。㊿

这篇短短五百字的文章，将太湖石形态之瑰奇，描写得淋漓尽致。牛僧孺若非以他宰相之尊，有许多镇守江湖的僚吏，为投其所好，钩深致远的广为收罗，加之苏扬的水运之便，否则是很难有收藏太湖石条件的。牛僧孺只是将太湖石作为独立的观赏对象，"列而置之"于庭院，欣赏的还只是太湖石本身具有的自然美。当然，将众多湖石放在一起，必然有个如何陈列布置问题，以适于漫步其间动观近赏，或不下堂筵静观远赏的要求，使之合于某种形式美的规律，而带有一种空间构图上的美。正由于此，白居易才能从整体上有"三山五岳，百洞千壑"的形象感受。

太湖石的审美价值，就在于"三山五岳，百洞千壑，觊缕簇缩，尽在其中"。正因其"百仞一拳，千里一瞬，坐而得之"，给人以峰峦岩壑的精神感受，而不止于其拟人拟兽、似虬似凤的物趣，才为人所好。这就从美学思想上，揭示出古人对太湖石的审美趣味和审美价值。

第五节　唐代的自然山水园

自然山水园与城市宅园，在性质上是不同的，城市园林无庄园经济的意义，是专供休憩游赏的生活需要，但唐代的宅园，还没有同家庭的居住生活结合在一起，园与宅也不一定造在一处。而自然山水园，多指在自然山水中的地主庄园，由于建在山水形胜之处，建筑布局和位置经营往往考虑欣赏自然山水的要求，而具有造园实践的性质。

唐代庄园经济的形成，经过缓慢的发展过程，唐初实行"均田制"，庄园非社会主要的经济形态，"均田制"崩溃以后，庄园经济才发展起来。庄园有官庄、私庄、寺院庄园之分：官庄是官府占有土地的形式，多在京畿附近，"雇民或租庸以耕"。朝廷设有庄宅使、内庄宅使、内宫苑使管理。私庄，是大地主私人的土地占有。如王维的辋川别业、李德裕的平泉庄、司空图的王官谷庄，是唐末有名的大庄园，多称"别业"、"别墅"、"山居"等，庄园中除住宅和耕地，大者还有果园、菜园、茶园、椒园、碾硙以及山泽森林等生产资料。寺院庄园，性质同私庄，只是属寺院僧侣大地主所有。

唐代自代宗租庸调制的废止，实行"量产定赋"、"以亩定税"的办法征收田赋起，到德宗建中元年（780）实行"两税法"以后，庄园经济就愈加兴盛起来。在造园史上，把自然山水中的庄园，一般就都纳入自然山水园一类。在诗歌繁荣的唐代，这类庄园见诸隐逸之士生活的诗文是很多的。如：

许浑《题崔处士山居》：

> 坐穷古今掩书堂，二顷湖田一半荒。

权德舆《送李处士弋阳山居》：

> 暂来城市意如何，却忆菖阳溪上居。
> 不惮薄田输井税，自将佳句著州间。

岑参《寻巩县南李处士别业》：

> 先生近南郭，茅屋临东川。
> 桑叶隐村户，芦花映钓船。
> 有时著书暇，尽日窗中眠。
> 且闻间井近，灌田同一泉。

耿沣《东皋别业》：

> 东皋占薄田，耕种过余年。
> 护药栽山刺，浇蔬引竹泉。
> 晚雷期稔岁，重雾报晴天。
> 若问幽人意，思齐沮溺贤。

长沮、桀溺是古代的两个隐士。这些"山居"、"别业"，也多是高人隐士在自然山水中的小庄园。庄园即使小到如白居易的庐山草堂，只有"三间两柱，二室四牖"，若无田地收入也难以生活。佳山胜水固然"秀色可餐"，但在有精神食粮之前，还得用粮食填饱了肚子，才能不下堂筵而坐穷泉壑。如白居易《香炉峰下新卜山居草堂初成偶题东壁》诗云：

> 长松短下小溪头，

斑鹿胎巾白布裘。

药圃茶园为产业，

野麋林鹤是交游。

他在《香炉峰下新置草堂即事咏怀题于石上》诗中亦有"架岩结茅宇，研壑开茶园"之句，没有点药圃茶园等生产资料，也不可能在庐山中生活下去。

白居易的庐山草堂，是于元和十年 (815) 被贬为江州司马的次年所筑。《旧唐书·白居易传》：

> 尝与人书言之曰：予去秋始游庐山，到东西二林间香炉峰下，见云木泉石，胜绝第一。爱不能舍，因立草堂。前有乔松十数株，修竹千余竿，青萝为墙援，白石为桥道，流水周于舍下，飞泉落于檐间，红榴白莲，罗生池砌。⑱

白居易有《庐山草堂记》记述甚详，草堂在选址、景观的选择，以及白居易在造园上的构想都很有价值，同时也反映出人对自然山水在审美方式和审美思想上的重要变化。

一、庐山草堂

白居易《庐山草堂记》：

> 匡庐奇秀甲天下山，山北峰曰香炉峰，山北寺曰遗爱寺，介峰寺间，其境胜绝，又甲庐山。元和十一年 (816) 秋，太原人白乐天，见而爱之，若远行客过故乡，恋恋不能去，因面峰腋寺，作为草堂。
>
> 明年春，草堂成，三间两柱，二室四牖，广袤丰杀，一称心力。洞北户，来阴风，防徂暑也；敞南甍，纳阳日，虞祁寒也。木，斫而已，不加丹；墙，圬而已，不加白。砌阶用石，幂窗用纸，竹帘纻帏，率称是焉。堂中设木榻四，素屏二，漆琴一张，儒道佛书，各三两卷。
>
> 乐天既来为主，仰观山，俯听泉，旁睨竹树云石，自辰及酉，应接不暇。俄而物诱气随，外适内和，一宿体宁，再宿心恬，三宿后颓然、嗒然，不知其然而然。
>
> 自问其故。答曰：是居也，前有平地，轮广十丈，中有平台，半平地；台南有方池，倍平台。环池多山竹野卉，池中生白莲、白鱼。又南，抵石涧，夹涧有古松、老杉，大仅十人围，高不知几百尺，修柯戛云，低枝拂

潭，如幢竖，如盖张，如龙蛇走。松下多灌丛，萝茑（niǎo鸟）叶蔓，骈织承翳，日月光不到地。盛夏风光如八九月时。下铺白石，为出入道。堂北五步，据层崖积石，嵌空垤峴（dié niè 迭聂），杂木异草，覆盖其上，绿荫蒙蒙，朱实离离，不识其名，四时一色。又有飞泉植茗，就以烹燀（chǎn 产）。好事者见，可以永日。堂东有瀑布，水悬三尺，泻阶隅，落石渠，昏晓如练色，夜中如环佩琴筑声。堂西，倚北崖石趾，以剖竹架空，引崖上泉，脉分线悬，自檐注砌，累累如贯珠，霏微如雨露，滴沥漂洒，随风远去。其四旁耳目仗履可及者：春有锦绣谷花，夏有石门涧云，秋有虎溪月，冬有炉峰雪，阴晴显晦，昏旦含吐，千变万状，不可殚记，猥缕而言，故云：甲庐山者。

噫！凡人丰一屋，华一箦，而起居其间，尚不免有骄稳之态，今我为是物主，物至致知，各以类至，又安得不外适内和，体宁心恬哉？昔永、远、宗、雷辈十八人，同入此山，老死不返，去我千载，我知其心以是哉！矧予自思，从幼迨老，若白屋，若朱门，凡所止，虽一日二日，辄覆篑土为台，聚拳石为山，环斗水为池，其喜山水病痴如此。一旦寒（jiǎn 简）剥（时适不利），来佐江郡，郡守以优容而抚我，庐山以灵胜待我，是天与我时，地与我所，卒获所好，又何以求焉？尚以冗员所羁，余累未尽，或往或来，未遑（huáng 皇）宁处。待予异时，弟妹婚嫁毕，司马岁秩满，出处行止，得以自遂，则必左手引妻子，右手抱琴书，终老于斯，以成就我平生之志。清泉白石，实闻此言。时三月二十七日，始居新堂。四月九日与河南元集虚、范阳张允中、南阳张深之、东西二林寺长老凑公、朗、满、晦、坚等二十有二人具斋，施茶果以乐之，因为《草堂记》。[69]

白居易盖庐山草堂之时，正是在遭贬谪之后，意志逐渐消沉，开始产生避世退隐之想，他在《香炉峰下新置草堂即事咏怀题于石上》诗中说：

何以洗我耳，屋头飞落泉；

何以净我眼，砌下生白莲。

左手携一壶，右手挈五弦，

傲然意自足，箕踞于其间。

兴酣仰天歌，歌中聊寄言，

言我本野夫，误为世网牵。

中国造园艺术史

> 时来昔捧日，老去今归山，
>
> 倦鸟得茂林，涸鱼返清泉。
>
> 舍此欲焉往，人间多险艰！⑦

白居易的消极心境，已不只是一种政治上的退避，而是感到"人间多艰险"，厌倦了世网的牵累，想逃避现实以隐迹山林。白居易所处的时代和他生活的现状，他对"三间两柱，二室四牖"，木不加丹，墙不加白，有"足以容膝，足以息肩"的茅屋可居，能与泉石为伍，极耳目之娱，就知足了。这具林泉之美，"箕踞于其间"的隐逸之处，正为后世不得志于山水者，提供了一个生活空间虽小，而景境胜绝的审美感受和审美经验。

正因为草堂的活动范围小，白居易对环境的描述非常细致，完全不同于南北朝时大土地庄园的**宏观远赏**，而是一种**微观近赏**的审美方式。空间虽然缩小了，中国人历史形成的"登高望远"极目畅怀的审美习惯和传统不会变，这就需要突破视界的局限，借景是"**游目骋怀，极视听之娱**"的惟一手段。白居易的借景与谢灵运不同，不只是将层崖、镜澜收罗于户牖之内，而是更深入细致地注视空间景象在时间中的变化，如"春有锦绣谷花，夏有石门涧云，秋有虎溪月，冬有炉峰雪"四时不同的景色，而且"阴晴显晦，昏旦含吐"，更是变化万千了。

这种观赏方式与审美趣味的变化，反映出不同时代人与自然山水关系的变化。南北朝的"山居"，是门阀世族掠夺性开发的大土地庄园。如谢灵运的**始宁墅**，封山锢水，是对自然山林的占有，重在宏观远赏，是主客观（人与自然）在对立状态中的欣赏。唐代的"山居"，是困顿失意的文人隐迹山林的处所。如白居易的**庐山草堂**，足以容膝，生活在山林之中，重在微观近赏，人与自然是相互交融的，自然山水不仅是人的物质生活环境，也是一种思想感情的寄托。

这种人与自然关系的变化，由相互对立而趋向融合，由疏远而转向亲近，并非是容膝自安、淡泊生活的隐士如此，大的庄园主也一样。这是社会安定，世代相继生活在自然山水之中，长期形成的必然结果。下面用诗人王维著名的"辋川别业"来阐明。

二、辋川别业

诗人王维 (701~761)，字摩诘，精通音律，擅长书画，是山水画水墨淡渲技法的创始者。《旧唐书·文苑下·王维传》载：

> 王维"晚年长斋，不衣文采，得宋之问蓝田别墅，在辋口，辋水周于舍下，别涨竹洲花坞，与道友裴迪，浮舟往来，弹琴赋诗，啸咏终日"。[71]

辋川，即辋谷水。《长安志》载："蓝田辋川，在县南二十里，辋谷水出南山辋谷，北流入霸水。"诸水汇合如车辋环辕，故名辋川。辋川别业原是诗人宋之问（656？～712）的蓝田别墅。宋之问与当时沈佺期齐名，他们的诗被称为"沈宋体"，对唐代律诗的发展有一定影响。

王维"晚年长斋"，可见他信奉佛教之虔诚。从他的名字，足以说明他的宗教思想和人生观了。**维摩诘**，是佛教的菩萨名，梵文 Vimalakirti 的音译，意译"净名"或"无垢称"。和释迦牟尼同时。《维摩诘经》中说，他是毗耶离城中非常富有的居士，佛教称在家修道的人为居士。他锦衣纨裤，饫甘餍肥，妻妾成群，过着花天酒地的生活。他"宣扬达到解脱不一定过严格的出家修行生活，关键在于主观修养，'示有资生而恒观无常，实无所贪；示有妻妾婇女，而常远离五欲淤泥'，据称，此为'通达佛道'，是真正的'菩萨行'"。[72]维摩诘善于应机化导，被尊为深通大乘佛法的菩萨。如此修行，生时可恣情纵欲尽兴享乐，死后又能达到解脱而成佛，这对有权势而富有的人来说，怎么能不万分崇敬维摩诘，将他奉若神明呢？信奉他岂非可心安理得地享受人生，死后也放心地去西方极乐世界了吗？不仅王维用"维摩诘"三个字为名取字，早在佛教兴盛的南北朝时，南朝梁的昭明太子萧统，小字亦用"维摩"二字。而王维晚年在蓝田辋川，过着不同于白居易的、亦官亦隐的优游生活，与好友裴迪等经常诗酒邀游，写了许多体物精细、文字清新的山水诗，汇编成《辋川集》传世，故"辋川别业"闻名遐迩。

辋川别业，从宋之问《蓝田山庄》诗："辋川朝伐木，蓝水暮浇田"，有丰富的水源，山上盛产林木，田地膏腴富饶。辋川别业中的胜景，据《辋川集序》列名的有 20 处。序曰：

> 余别业在辋川山谷，其游止有孟城坳、华子岗、文杏馆、斤竹岭、鹿柴、木兰柴、茱萸沜、宫槐柏、临湖亭、南垞、欹湖、柳浪、栾家濑、金屑泉、白玉滩、北垞、竹里馆、辛夷坞、漆园、椒园等，与裴迪闲暇各赋绝句云耳。[73]

从这一篇序文中，仅能对有关景点有个大略的印象，但我们从宋画家郭忠恕（？～977）《临王维辋川图》的"**辋口庄**"部分，可见：重楼杰阁，栏楯围绕，廊庑连延，十分气势，较之白居易的庐山草堂，有天渊之别了。王维虽非为富不仁的石崇，但从隐居的物质生活条件言，都属于"**肥遁**"一类（参见图4-5）。

现就资料所及，对"辋川别业"的一些景点作简约的描述：

孟城坳 是进山的第一景。坳（ào 凹），是低洼地。因在这洼地上，原有座古城堡而名。从《辋川图》看是在山坳中，四面圈有围墙。从裴迪的"结庐古城下"诗句看，他大概就住在这附近。

华子岗 是背后环山，面临辋水，由几栋悬山顶房屋，用廊垣分隔围合成院的组群建筑，即王维月夜登眺、"辋水沦涟"之处。

文杏馆 在山里，主体为曲尺形布置的两幢歇山顶建筑，前有两座歇山顶的方亭，用篱落围成院子。馆名"文杏"，大概梁是用"材有文彩者"的杏木制成。《昭明文选》汉·司马相如《长门赋》："刻木兰以为榱兮，饰文杏以为梁。"可见辋川别业中建筑是十分考究的。

茱萸沜 茱萸（zhū yú），有浓烈香味的植物。古代风俗，重阳节佩茱萸以辟邪。王维《九月九日忆山东兄弟》诗："遥知兄弟登高处，遍插茱萸少一人。"沜（pàn 判），同"泮"，水崖或半月形水池。此景大概是在水池边种有"结实红且绿，复如花更开"的山茱萸而名。

鹿柴 柴，篱障。通"砦"、"寨"。从诗："不知深林事，但有麕鹿迹"。麕（jiā），是牡鹿，同"麚"。这里是用木栅栏围护起来，放养野鹿的场所。

竹里馆 是在幽篁深处的一栋房舍，王维诗"独坐幽篁里，弹琴复长啸"之处。晋·郭璞《游山诗》"啸傲遗世罗，纵情在独往"的境界。

它如斤竹岭、木兰柴、辛夷坞、漆园、椒园等，大抵都是生长具有经济价值的园地。如辛夷，即"木兰"之别称，落叶灌木，花大外紫而内白，供观赏。干花蕾入药称"辛夷"。坞，是四面高中央低的山地。辛夷坞，即种植辛夷的山坳。

总之，辋川别业是个林木茂盛、土地肥沃、山明水秀、风景十分优美的山庄，并经过人工的美化。如：水边构筑之"临湖亭"；背岭向阳之"文杏馆"；幽篁深处之"竹里馆"；沿堤种植之"柳浪"；道旁树槐之"宫槐陌"等等。

王维的山庄和白居易的草堂，从经济学角度而言，前者是地主的大庄园，后者只能算是一般的农舍而已；从隐居而言，虽是两个不同类型的山居，但有

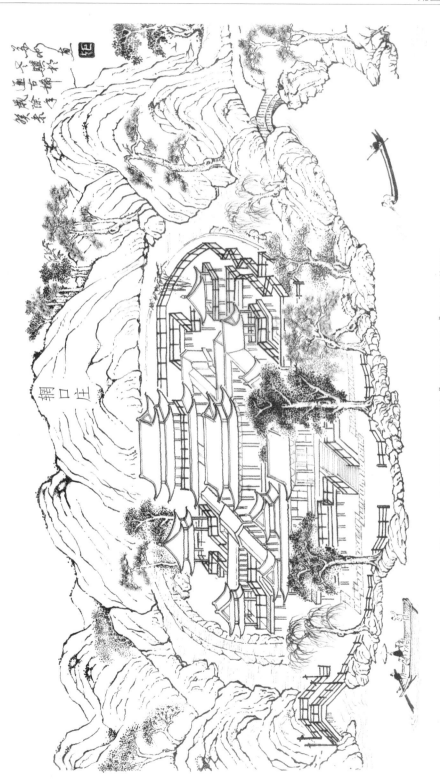

辋
口
庄

图 4 - 5 宋代画家郭忠恕临《王维辋川图》局部（摹写）

其共同的时代特点。为了逃避尘俗，隐迹山林，都是为了从自然山水中，求得精神上的超脱和心灵上的慰藉。自然山水田园，不只是人的物质生活资料，山水本身已成为他们生活和志趣的主要部分。山水不是与人对立的无生命的东西，而是融于诗人的心灵，即思想感情之中了。对人而言，自然山水获得了真正的审美价值和意义。

王维是大诗人、大画家，殷璠说王维的诗，是"在泉为珠，着壁成画"（《河岳英灵集》）；苏轼称赞他"画中有诗"、"诗中有画"（《题蓝田烟雨图》）。如：

《鹿　柴》

空山不见人，但闻人语响。
返景入深林，复照青苔上。

《竹里馆》

独坐幽篁里，弹琴复长啸。
深林人不知，明月来相照。

《山中与裴秀才迪书》（摘景）

北涉玄灞，清月映郭，夜登华子岗，辋水沦涟，与月上下。寒山远火，明灭林外。深巷寒犬，吠声如豹。村墟夜舂，复与疏钟相间。……

当待春中，草木蔓发，春山可望，轻鯈（tiáo 条）出水，白鸥矫翼，露湿青皋（gāo 高，沼泽），麦陇朝雊（gòu 够，雉鸡叫），斯之不远，倘能从我游乎。

王维笔下的辋川景物，不论是诗是文，都非常清幽，而且有恬静空灵的意境。他所描绘的景象，并非是客观景物的再现，而是通过深微的观察在审美经验积累的基础上，精思构想出的图画。但这一幅幅图画，却使人感到如闻其声、如见其形。这种境界，正反映出人与自然山水的亲近、亲和、融合的关系。

在唐代自然山水园的园居生活中，反映出人与自然关系的变化，说明山水草木泉石，已非独立自在，与人无关，而是人生活的组成部分，与人的生活和思想感情融合在一起。庐山草堂是白居易"左手携一壶，右手挈五弦"，或"左手引妻子，右手抱琴书，终老于斯"，而"傲然意自足"的生活场所。辋川别业是王维"独坐幽篁里，弹琴复长啸"、借以抒情、一吐胸中逸气的地方。**这是人在情景之中，景融生活之内的人与自然的关系。这种关系的升华，充分体现了**

中国古老的自然哲学"天人合一"的思想精神。

在建筑的位置经营上，白居易以琴书自娱，容膝自安的生活要求，喜择环境幽僻的地方。王维与道友裴迪，"浮舟往来，弹琴赋诗，啸咏终日"，建馆于竹林深处。生活活动场所，都要求静僻清幽，这同南北朝时谢灵运的"罗曾崖于户内，列镜澜于窗前"的环境，反映出不同时代的审美标准和思想境界。

白居易的草堂，不漆红，不刷白，以材料的本色为美。这绝非因陋就简，而是要求材有优质，建筑有宜人的尺度和恰当的比例。王维的文杏馆，以"文杏裁为梁，香茅结为宇"，质优才可无饰，从而达到一种朴素的自然美。韩非子说得好："夫物之待饰而后行者，其质不美也。"这种美学思想，对后世的文艺有深刻的影响。尤其是对后世造园，以自然山水为创作主题的园林艺术更为重要，造园者如果对造山理水和建筑艺术缺乏修养，胸无丘壑，往往看不到应该减去的多余的东西，反而热衷于添加些无用的东西，着意于表面的粉饰，可说是**"烦琐的装饰，是思想贫乏而无能的表现"**也。中国古代崇尚朴素自然，是优秀的文化传统，所谓**"清水出芙蓉，天然去雕饰"**的艺术思想，对**"虽由人作，宛自天开"**的造园艺术，特别是对园林建筑的意匠经营，是很重要的美学原则之一。

唐代自然山水园中反映人与自然的融合关系，对造园学的意义就在于：园林景境的创造，必须以人的园居生活活动需要为前提，这就意味着不同时代人们的生活方式和审美趣味的不同，对景境有不同的要求，所以每一时代都有适应其时代生活特点的造园形式与内容。任何独立自在与人生活无关的景境，对人是没有意义的。在中国的传统造园思想中，人的活动本身是构成景境的一个重要内容，也就是说，造景必须从人的生活方式和活动需要出发，考虑人在其中的景境之美。

~~~~~~~~~~~~~~~~~~~

注：

①无名氏：《宣和画谱》。

②元·汤垕：《画鉴》。

③④唐·魏徵等：《隋书·炀帝纪上》，卷三。

⑤《隋书·食货志》，卷二十四。

⑥宋·洪迈：《容斋随笔·土木宫室》，卷十一。

⑦《隋书·食货志》，卷二十四。

⑧鲁迅编：《唐宋传奇集·隋炀帝海山记》。

⑨陈寅恪：《元白诗笺证稿》。

⑩唐·孙棨：《北里志》。

⑪范文澜：《中国通史简编》。

⑫⑬唐·张彦远：《论画·画辨》。

⑭唐·王维：《山水诀》。

⑮明·董其昌：《画禅室随笔》。

⑯宋·郭熙：《林泉高致·山水训》。

⑰唐·元结：《右溪记》。

⑱唐·柳宗元：《至小丘西小石潭记》。

⑲清·吴汝纶：《桐城吴先生全书》。

⑳清·笪重光：《画筌》。

㉑宋·张舜民：《画墁录》。

㉒宋·李格非：《洛阳名园记后》。

㉓唐·吴兢：《贞观政要》权戒太子诸王条。

㉔宋·司马光：《资治通鉴·武德九年十一月丙午》。

㉕《资治通鉴·贞观八年十二月》。

㉖后晋·刘昫：《旧唐书·地理志》，卷三十八。

㉗㉘㉙㉚宋·宋敏求：《长安志》。

㉛《文物》1973 年第 7 期，《唐长安大明宫含元殿原状的探讨》。

㉜《考古》1963 年第 7 期，《麟德殿复原的初步研究》。

㉝《旧唐书·地理志》，卷三十八。

㉞元·骆天骧：《类编长安志·苑囿池台》。

㉟《长安志》。

㊱《类编长安志·堂宅亭园》。

㊲《类编长安志·桥渡》。

㊳《类编长安志·古迹》。

㊴《类编长安志·宫殿室庭》。

㊵《类编长安志·宫禁》。

㊶《类编长安志·苑囿台池》。

㊷南朝宋·范晔：《后汉书·礼仪志上》。

㊸唐·康骈：《剧谈录》。

㊹《类编长安志·胜游》。

㊺宋·王溥：《唐会要》。

㊻《类编长安志·苑囿池台》。

㊼㊽唐·孙棨：《北里志》。

㊾五代·高彦休：《唐阙史》。
㊿唐·段安节：《乐府杂录》。
(51)唐·沈既济：《任氏传》（晚唐小说）。
(52)《类编长安志·纪异》。
(53)《地理学报》1958 年载《西安城市发展中的给水问题以及今后水源的利用和开发》。
(54)《画墁录》。
(55)《洛阳名园记》。
(56)《旧唐书·李憕传》，卷一百八十七下。
(57)(58)(59)宋·王谠：《唐语林·补遗》，卷七。
(60)(61)(62)《旧唐书·白居易传》，卷一百六十六。
(63)南朝宋·宗炳：《画山水序》。
(64)清·石涛：《苦瓜和尚画语录·山川章第八》。
(65)(66)转引自童寯：《江南园林志·假山》。
(67)(68)《旧唐书·白居易传》，卷一百六十六。
(69)唐·白居易：《庐山草堂记》。
(70)唐·白居易：《香炉峰下新置草堂即事咏怀题于石上》。
(71)《旧唐书·王维传》，卷一百九十下。
(72)任继愈主编：《宗教词典》。
(73)唐·王维：《辋川集序》。

第五章　宋元时代

第一节　宋元社会与造园概述

唐末农民起义失败之后，自公元 907 年朱温灭唐建后梁，到 960 年后周亡，在黄河流域出现了后梁、后唐、后晋、后汉、后周，五个小朝廷。同时，南北方也先后出现了吴、南唐、吴越、楚、闽、南汉、前蜀、后蜀、荆南 (南平)、北汉共十国，史称五代十国。公元 960 年宋太祖赵匡胤代后周称帝，979 年最后灭北汉，从而结束了封建割据的局面，建立了赵宋王朝 (960～1126)，建都开封，史称北宋。

公元 1126 年金兵攻陷开封，北宋亡，传九世，历时 167 年。宋徽宗、钦宗被金俘北以后，赵构在江南重建宋朝 (1127～1279)，史称南宋。宋高宗赵构于建炎三年 (1129) 二月到杭州，绍兴二年 (1132) 正式定都临安 (杭州)，至公元 1279 年为元所灭，亦传九世，历时 153 年。

元朝 (1271～1368) 的前身是蒙古汗国，蒙族首领铁木真 (成吉思汗) 于 1206 年建立。从成吉思汗到蒙哥，相继消灭了西辽、西夏、金、大理。至元八年 (1271) 成吉思汗之孙忽必烈，即元世祖，定国号为元，至元十六年 (1279) 灭南宋，统一中国，建都大都 (北京)。元代的疆域很广，东南到海，西到新疆，西南包括西藏、云南，北面包括西伯利亚大部分地区，东北到鄂霍次克海。公元 1368 年为明所灭，共传十一世，历时 98 年。

北宋王朝，在古代经济和文化发展史上，是个重要的转折时期。宋太祖赵匡胤建国之后，在经济、文化方面曾采取一系列有益于社会的措施，使经济得到迅速的恢复与发展，尤其在文化上取得了很大成就。

历史上迭相更替的王朝，政权所赖以建立的基础，总是在不断扩大。宋代政权要比唐代的社会基础广泛得多，有人曾统计过，唐朝的宰相绝大多数仍然是出自门阀士族，以炫耀门户为荣，依旧是唐代的风尚，穷愁如杜甫，仍夸"乃祖阀阅"；开明的唐太宗，仍喜"穷人门户"。到宋代不仅"白衣卿相"日益增多，整个地主阶级知识分子的境况，也有了很大的提高，尤其是文人画家取得了前所未有的地位。

宋代城市经济十分繁荣，如北宋都城开封，有水陆都会之称。水运有黄河、

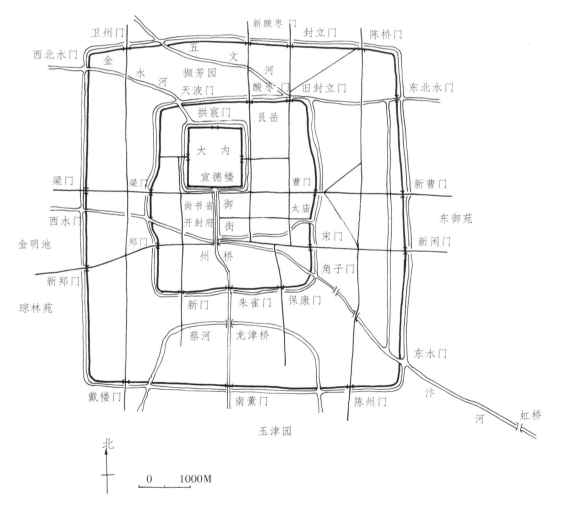

图 5 - 1　北宋东京城平面示意图

汴河、蔡河、五丈河之便，航运发达，商贾辐辏，市场非常活跃，城市商业空前兴盛（参见图 5-1）。自有史以来实行的"坊市制"，在空间和时间上，都严格加以管制的制度，唐代已开始受到城市经济的冲击，到宋仁宗朝终于彻底崩溃。封闭"坊"、"市"的围墙没有了，不仅住宅可以沿街开门，交易不再囿于"市"内，而是大街两边店铺栉比，茶馆酒楼沿街林立。随着坊市的空间突破，时间的管制也随之消失。南宋孟元老在《东京梦华录》中对京都开封的城市生活有详细的记述，如当时著名的酒馆"樊楼"，建筑华丽，上有飞廊阁道，夜晚灯火辉煌，如同白昼〔参见图 5-2《清明上河图》局部 (摹写)〕。有诗云：

> 梁苑歌舞足风流，
> 美酒如刀能断愁。
> 忆得承平多乐事，
> 夜深灯火上樊楼。

南宋时杭州为都会之地，"人烟稠密，户口蕃盛，商贾辐辏，非他郡可比"。

图 5-2《清明上河图》局部 (摹写)

自大街及诸坊巷，"大小铺席，连门俱是"。①铺席，有铺面的买卖，即店铺。茶肆酒楼，已非坊市制崩溃之初，以高楼杰阁招徕顾客。茶肆中用"插四时花，挂名人画"，以"勾引观者，留连茶客"；酒楼则"诸酒店必有厅院，廊庑掩映，排列小阁子，吊窗花竹，各垂帘幕，命妓歌笑，各得稳便"。②著名酒楼"俱用全桌银器皿沽卖"，可以想见，南宋杭州之繁华，餐饮业由华丽而注重环境的庭园化和文化品味。

宋代是以"郁郁乎文哉"著称的，由于宋代统治者重文轻武，大力提倡文化，虽后来屡遭外侮，但在文化上的成就则灿然可观，尤其在书画艺术上胜过以往。北宋开国之初，就设置了翰林图画院，集天下画士，优加禄养，并授画家以待招、祗侯、画学正、学生、供奉等职。

宋真宗景德年间（1004～1007），营建玉清昭应宫，征集全国画家达三千多人。宋代皇帝非常热衷于书画艺术，宋徽宗赵佶，是个穷奢极欲、昏庸无能的皇帝，但在书画艺术上很有造诣，是当时一流的书画家。他命文臣编辑《宣和书谱》、《宣和画谱》、《宣和博古图》等书。并于政和年间（1111～1117）创立画学，把绘画列入科举制度。画院招生考试，很重视画的诗情画意，以前人的诗句为画题。如明代杨慎在《画品》中有记载说：

　　道君（宋徽宗尊信道教，自称道君皇帝）立画苑，每试画士，以诗句分其品第。
"野水无人渡，孤舟尽日横"。多画空舟系岸，或拳鹭于舷间，或栖鸦于篷背。独魁则不然，画一舟人卧于舟尾，横一孤笛，以见非无舟人，但无行人耳，且以见舟子之闲也。
　　又："落花归去马蹄香"。魁则马后扫数蝴蝶，若画马践花，下矣。"绿竹桥边多酒楼"。魁上画丛竹，出一青帘，上写酒字。③

考中第一名的，都是能表现出诗意的作品。上述第一诗句的作者，正因为抓住"非无舟人，但无行人"的题意，准确而含蓄地表现出闲散、宁静、寥落的意境，达到"**状难言之景列于目前，含不尽之意溢于画外**"的诗意而独占鳌头。诗画结合，非始于宋，苏轼评王维诗画，早有"诗中有画，画中有诗"之说。但到宋代才自觉地提倡，有意识地把绘画的艺术思想和美学趣味，提高到"**诗情画意**"的境界。

宋代画坛上占统治地位的，当属帝王直接支持的宫廷画院。任何时代"统治阶级的思想，在每一时代都是占统治地位的思想。这就是说，一个阶级是社会上占统治地位的物质力量，同时也是社会上占统治地位的精神力量"。④宫廷画院的创作，以愉悦皇帝为目的，有极为闲暇和非常优越的条件。宋徽宗不仅提倡以诗情入画，而且重视绘画的细节真实，他曾命学人画孔雀升墩障屏，很多人虽极尽工力都不称旨，最后宋徽宗指出："凡孔雀升墩，必先左脚。卿等所图，俱先右脚。验之信然，群工遂服其格物之精类此。"⑤这是绘画史上有名的故事。讲究细节的真实，自然有助于深入的观察和勤奋的写生；追求画境的诗意，也就会避免自然主义的模拟。

北宋初期绘画，自五代荆浩、关同别创新意，承先启后，开宋元诸家之机运，迨董源、李成、范宽衍其绪而光大。但他们的山水画，无不通过大量的写生，把握他们所熟悉的地域山水风貌，所画非即兴的感受，非某种"可望、可游"的局部景象，而是借特定的自然环境以表达他们的生活理想和情趣的"可居"山林，故所画多重峦叠嶂，气势雄浑，构图丰满而不细致地整体性描绘。

宋南渡以后，绘画讲究细节的真实，而法尚纤细工整；诗意的追求，虽以理法为主，而以神趣为归，重心灵的描写。以简约的构图，在有限的景物描绘里，抒发画家的情趣和感受。如马远、夏圭以及南宋许多小品。夏圭构图多作"半边"之景，有"夏半边"之称；马远只画景于"一角"，而被称为"马一角"，亦称马、夏的画法为"残山剩水"，影响到元代疏秀精简的一派。以苏轼、米芾强调文学和笔墨趣味，开文人寄兴画之端，但"文人画"作为一种潮流和时代精神，则是在社会急剧变动之后的元代，才发展成为一种时代的风尚。

元王朝以蒙古族入主中原，生产遭到严重的破坏，汉族士大夫知识分子受到很大的屈辱，一般气节之士，不甘屈服为异族之奴隶。而"学而优则仕"的道路走不通了，就借笔墨以抒发抑郁之情。他们作画，非以写愁，即以寄恨，绘画不必需要对象，凭意虚构，不重形似，甚至不讲物理，纯从笔墨中求神趣。如画家倪瓒（1301？1306～1374）自云："仆之所画者，不过逸笔草草，不求形似，聊以自娱耳。"⑥他画竹，随意涂抹，人视以为麻为芦，他说："余之竹聊以写胸中逸气耳，岂复较其似与非。"⑦对宋初山水画构图之丰满，到南宋时之简率，明代的沈颢（1586～？）在《画尘》中比喻说："层峦叠嶂，如歌行长篇；远山疏麓，如五七言绝，愈简愈入深永。"⑧明代董其昌（1555～1636）论宋、元画之不同曰：

东坡有诗曰："论画以形似，见与儿童邻。作诗必此诗，定知非诗人。"余曰：此**元画**也。晁以道诗云："画写物外形，要物形不改。诗传画外意，贵有画中态。"余曰：此**宋画**也。⑨

宋画与元画不同，欣赏的方法也不同。论画者云，看宋画"先观其气象，后尽其去就，次根其意，终究其理"。⑩元画则要"先观天真，次观意趣，相对忘笔墨之迹，方为得之"。⑪**元末四大家**的黄公望（1269～1355），字子久，号大痴；王蒙（? ～1385），字叔明，号黄鹤山樵；倪瓒（1301? 1306～1374），字元镇，号云林；吴镇（1280～1354），字仲圭，号梅花道人，他们的画虽各有其特点，但都萧疏淡雅，讲究笔墨和意趣。如清画家张庚在《浦山论画》中，提及"元末四大家"时，将画家的为人品行与其作品联系的评论，是很有意义的，他说：

> 书心画也，心画形而人之邪正分焉。画与书一源，亦心画也，握管者可不念乎。……大痴为人坦易而洒落，故其画平淡而冲濡，在诸家最醇。梅道人孤高而清介，故其画危耸而英俊。倪云林则一味绝俗，故其画萧远峭逸，刊尽雕华。若王叔明，未免贪荣附热，故其画近于躁。……⑫

古人很重艺术家的人格修养，认为作品是艺术家人格、人品的表现。上面张庚对"元末四大家"的评论，"不管这些评论是否那么准确，但却说明画家的思想、品德和人格同他的艺术创作之间，是有内在联系的。现代有的理论宣扬艺术家的人格与他的创作没有必然联系，这正反映出商品经济的观念。不能想像，一个利欲熏心、品质卑劣的灵魂，会创造出圣洁伟大的艺术品来。尽管艺术创作有其特殊的复杂性，但一切被历史所肯定的伟大作品，无不是同艺术家的高尚情操和人格的伟大连在一起"。⑬

元代写意画的另一重要特征，是在画面中题字作诗，以诗文点出画意，将诗与画结合，开创了中国画与诗词、书法、篆刻艺术有机结合的独特形式，在世界绘画艺术中独树一帜。如清代画家王槩，世传《芥子园画传》是其手笔，在《学画浅说》中对"落款"有段话曰：

> 元以前多不用款，或隐之石隙，恐书不精，有伤画局耳。至倪云林字法遒逸，或诗尾用跋，或跋后系诗。文衡山行款清整，沈石田笔法洒落，徐文长诗歌奇横，陈白阳题志精卓，每侵画位，翻多奇趣。近日俚鄙匠习，宜学没字碑为是。⑭

落款文字既是画面的组成部分，就有位置经营问题，所谓"意在笔先"，不仅在画，亦在书。要求诗、画、书、篆刻都要有一定的功力，才能相辅相成，相得益彰。若画者既不善书，又乏文才，还是不题为妙。

在这"郁郁乎文哉"的宋代，绘画艺术的文学化，可谓群山夺秀，万壑争流，洋洋大观。造园艺术的模写山水也达到最高的水平，宋徽宗时的"**艮岳**"，是著称史册的以大规模人工造山为主的园苑。艮，八卦之一，象征山，也指东北方。《易·说卦传》："艮，东北之卦也。"[⑮]岳，高峻的大山。《诗·大雅·崧高》："崧高维岳，骏极于天。"[⑯]艮岳，就是造在都城东北隅的以山为景境的园苑。

宋徽宗赵佶，不仅是书画家，而且是个"颇留意苑囿"的皇帝，他讲究细节的真实和诗意的追求，也体现在艮岳的造山艺术上，造山不仅讲究山的造型要远观其势，近赏其质，而且要仿自然山林的蓊郁气象，制造人为的云雾。据周密《癸辛杂识》中云：

> 万岁山大洞数十，其洞中皆筑以雄黄及卢甘石。雄黄则辟蛇虺，卢甘石则天阴能致云雾，瀚郁如深山穷谷。后因经官拆卖，有回回者知之，因请买之，凡得雄黄数千斤，卢甘石数万斤。[⑯]

雄黄，也称"鸡冠石"，矿物，成分是硫化砷，色橘黄，有光泽，可入药，能解毒。卢甘石，即石灰石，主要成分是氧化钙，易吸收潮湿空气中水分，放出大量的热气如烟雾。这是建艮岳之后不足十年，"金人再至，围城日久，钦宗命取山禽水鸟十余万，尽投之汴河，听其所之；拆屋为薪，凿石为炮，伐竹为笓（pí）篱；又取大鹿数百千头杀之，以啗卫士云"。[⑰]台榭宫室为之一空。后官府将山洞拆卖，雄黄有数千斤，卢甘石数万斤，这种自然主义的制造云雾的做法，实是暴殄天物，毫无意义，更不足为法。

中国的各门类艺术之间，是互相渗透，相互补充，而融会贯通的。以形象表现思想感情的艺术，艺术思想的深化往往借思维工具的语言文字以增辉。这就是画上题款，即绘画艺术的文学化。艺术的文学化，可以说是中国艺术民族特色之一。园林的文学化，宋代也正在开始发展之中。

将书法与建筑结合，已是非常古老的传统，起初用于为建筑题名，书之匾额，悬于明间额枋之上。宫殿匾额，往往由皇帝亲自书写，如唐代兴庆宫苑内之"勤政务本楼"和"花萼相辉楼"，就是唐玄宗李隆基所写。匾额主要作用在标名，题义多为颂德、表彰，虽讲究书法，但很少文学趣味。到南宋，在园林建筑中追求文学趣味的倾向日益显著，从吴自牧的《梦粱录》中摘录数例，以见一般情况：

德寿宫，"其官宫有森然楼阁，匾曰聚远。屏风大书苏东坡诗：'赖有高楼能聚远，一时收拾付闲人'之句。其宫御四面游玩庭馆，皆有名匾"。

西太乙宫，"宫中旧有陈朝桧，……侧有小亭，孝庙（孝宗赵昚）宸翰，其诗石刻于亭下。"

御圃中有香月亭，"亭侧山椒，环植梅花，亭中大书'疏影横斜水清浅，暗香浮动月黄昏'之句，于照屏上。"

佑圣观，"理庙（理宗赵昀）又书（杜诗）全篇，锓（qǐn寝。刻）于东宫厅屏风上曰：'碧山学士焚银鱼，白马却走深岩居。古人已用三冬足，年少今开万卷余。晴云满户团倾盖，秋水浮堦溜决渠。富贵必从勤苦得，男儿须读五车书'。"

秘书省，"后圃有群玉堂，以东坡画竹真迹为屏。"⑱

……不一而足。

凡宫殿、庙宇建筑"皆有名匾"，匾可不论，题匾之外，用诗画装饰建筑，多半用诗，而且喜用整首诗，用诗句的较少。因文字较多，主要是书写在室内的屏风上，个别的刻石置于亭旁。由此可证，直到南宋时还没有**楹联**。清代的李渔所说："匾取其横，联妙在直"，"大书于木，悬之中堂"。匾联配合运用于建筑的情况，可能到清代才盛行起来。明末造园学家计成，在其名著《园冶》一书中，对造园作了全面的阐述，细处谈到栏杆、铺地的样式，却无一字谈到匾额和楹联。匾额古已有之，楹联的出现，至少在明代园林中还不普遍，更没有成为园林建筑意匠的一种必要手段。清代乾隆年间，李斗在《扬州画舫录》中记载，凡园林建筑没有无匾额楹联的，往往一幢建筑不止一副楹联，楹联意在点景述境，并开创集唐人诗句为联之风，"集句始于卢雅雨转运见曾，徵金棕亭博士兆燕集唐人句为对联，亦间用晋宋人句"。⑲从而完成园林的文学化。

宋元期间的**私家园林**，宋仁宗朝"**坊市制**"的崩溃，在中国城市发展史上是空前绝后的"**质**"变，从此解除了城市在空间和时间上的管制，贸易的开放和自由，大大地促进了城市间的商品交流和商业经济的繁荣，除京都之外，兴起了许多具水陆交通之便的繁华城市。社会经济的发展也反映在造园方面，改变了私家园林主要集中在都城的局面，扩展到诸多经济繁荣的城市，这一时期是私家园林兴盛时期，有关园林的记载也较多。

北宋**汴京**，据宋·袁褧（jiǒng）《枫窗小牍》卷上记载：

汴中园囿亦以名胜当时，聊记于此：州南则玉津园，西去一丈佛园子、王太尉园、景初园。陈州门外园馆最多，著称者奉灵园、灵嬉园，州东宋门外麦家园、虹桥王家园，州北李驸马园，西郑门外下松园、王大宰园、蔡太师园，西水门外养种园，州西北有庶人园，城内有芳林园、同乐园、马季良园，其它不以名著约百十，不能悉记也。[20]

东都**洛阳**，有李格非《洛阳名园记》："记洛阳名园凡十有九处。"如李氏所说："洛阳园池，多因隋唐之旧"，其中"归仁园"原为唐宰相牛僧孺园；"松岛"，"在唐为袁象先园"；"大字寺园"，"唐白乐天（居易）园也"；"湖园"，"在唐为裴晋公（裴度）宅园"。但唐末社会战乱，"继之以五季之酷，其池塘竹树，兵车蹂践，废而为丘墟；高亭大榭，烟火焚燎，化而为灰烬，与唐共灭而俱亡者，无余处矣。"[21]因此北宋洛阳园林，虽说因隋唐之旧，也都非唐时旧貌。李格非的《洛阳名园记》，是专记园林之作，非一般笔记类著作，仅列名而已，所记虽简略，但可见园之概貌，在本章第三节再专作阐述。

南宋**临安**，如吴自牧《梦粱录·园囿》所说："杭州苑囿，俯瞰西湖，高抱两峰，亭馆台榭，藏歌贮舞，四时之景不同，而乐亦无穷矣。然历年既多，间有废兴，今详述之，以为好事者之鉴。"[22]其所记甚杂，有皇家园林，有私家园林，既有名胜古迹，也有佛寺道观，只按序罗列其名而已（参见图5-3）。杭州的西湖"自古迄今，号为绝景"。围绕西湖的园林情况：

> 日湖边园囿，如钱塘玉壶、丰豫渔庄、清波聚景、长桥庆乐、大佛、雷峰塔下小湖斋宫、甘园、南山、南屏，皆台榭亭阁，花木奇石，影映湖山，兼之贵宅宦舍，列亭馆于水堤，梵刹琳宫，布殿阁于湖山，周围胜景，言之难尽。

> 西泠桥即里湖内，俱是贵官园囿，凉堂画角，高台危榭，花木奇秀，灿然可观。[23]

南宋杭州园林，除帝王园苑，如聚景、富景、玉津等而外，私家园林很多，除不计以园主姓氏为园名者外，如秀芳、聚秀、五柳、隐秀、挹秀、真珠、环碧、瑶池、云洞、养乐等，不胜枚举。据周密《武林旧事·湖山胜概》所记，亦不下四十余所。

南宋移都杭州后，已成为经济中心的江南地区，出现了不少经济繁荣的城市，私家园林也随之日渐增多，童寯先生（1900～1983）在他的早期著作《江南园

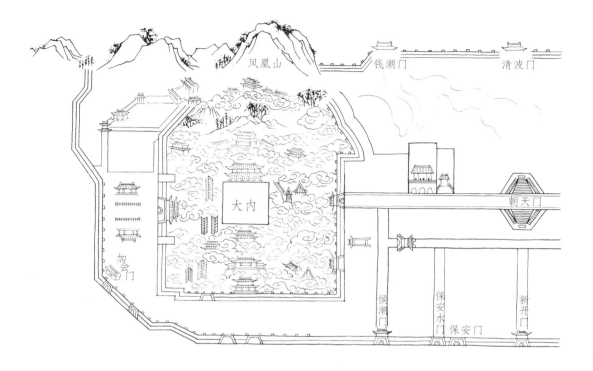

图 5-3　南宋临安示意图

林志》中，有精要的概括：

　　宋时江南园林，萃于吴兴。叶氏石林，其尤著也。真州东园、海陵南园，欧阳修皆有记。东园广百亩，为稀有巨构。后百余年，陆游过其地，已半荒废（见陆游《入蜀记》）。苏子美沧浪亭在苏州城南，为吴越孙承祐旧圃。梅圣俞晚年更造园邻右。苏子美、归有光皆有《沧浪记》，其地至今勿废。苏州又有五代广陵郡王金谷园故址，入宋为朱伯原乐圃，即今环秀山庄。朱勔绿水园，今余遗址。宋南渡后，湖山歌舞，粉饰太平，三秋桂子，十里荷花，杭州蔚为园林中心。……

　　嘉兴有岳珂倦圃，入清归曹氏，嘉庆时荒废，改属陈氏，重葺而后，竟毁于兵火。昆山有盛德辉倚绿园，已不复存。孝宗时，范成大归隐石湖，并作《初归五湖诗》志之。《齐东野语》：“范公成大晚年卜筑于吴江盘门外十里，盖因阖闾所筑越来溪故城之基，因地势高下为亭榭。”绍兴沈园，本放翁旧游，遗迹尚在。理宗时，贾似道有“再造”功，赐杭州御园酬之。似道得园，改名后乐。……

元初归安有赵孟𫍣莲庄。元末，无锡倪瓒筑清闷阁、云林堂。常熟有曹氏陆庄。苏州有狮子林。狮子林叠石，历兵火而犹存。㉔

总之，宋代私家园林已很兴盛，数量也较多，记载园林的资料虽不少，但多阔略而无征，散漫而难究。李格非《洛阳名园记》所记稍详，从中亦不难看出，宋代的私家园林，不仅形式较多，在内容上也有所丰富和发展。

元代的私家园林，见诸文字的资料甚少，即使有所记也非常简约，如元末明初文学家陶宗仪 (1316~?) 的札记《辍耕录》中"浙西园苑"记有：松江下砂瞿氏、平江福山之曹、横泽之顾几家园林，记时久已堙没。元代在绘画思想上的巨大变革，写意式的山水画的创新和杰出成就，不可能不对造园艺术产生影响，特别是元末四大家之一的倪瓒，自建有清闷阁、云林堂，并参与苏州狮子林的设计，他那逸笔草草、不求形似的画风，借笔墨来写出胸中逸气的创作思想，毋庸置疑不会去追求客观对象的真实，叠石模仿如鬼似兽的**物趣**。狮子林中的所谓"狮子峰"、"含辉峰"、"吐月峰"者，所谓"**峰**"，非形似自然的山峰，而是石的飞舞欲举的形态，体现出高耸峻立的峰的精神，或者说，给人以"高山仰止"的审美感兴，即"**一峰则太华千寻**"之峰石。正是从写意的艺术创作思想出发，才会将一定形态的**太湖石**称之为峰。

元代狮子林中的石，较之唐代牛僧孺"置之阶庭"作为独立的欣赏对象而言，将石散立于土阜之上而称之为峰，跃进了一大步。虽然尚未土石结合，成为造山艺术的表现手段，但这种枕石如峰的写意式审美观念，无疑为园林写意山水的创作，开拓了思路。**元代狮子林以石为峰的意匠，为明清以自然山水为主题的园林创作，开辟了道路，奠定了发展基础。**

第二节　北宋名苑"艮岳"

在中国造园史上，"艮岳"是以造山为主体的大型人工山水苑。在造山艺术上，可以说是将**模写山水**发展到顶峰的典范。艮岳始建于北宋政和七年 (1117)，建成于宣和四年 (1122)。据宋徽宗《艮岳记》记载："以为山在国之艮 (即在都城的东北)，故名**艮岳**"。"宣和六年 (1124)，诏以金芝产于艮岳之万寿峰，又名**寿岳**"，"岳之正门名阳华，故亦号**阳华宫**"。㉕有关艮岳的史料，除宋徽宗赵佶自为之记，史称《御制艮岳记》外，《宋史·地理志·京城》万岁山艮岳注；宋·张淏撰《艮岳记》，主要抄摘自《御制艮岳记》；蜀僧祖秀作《阳华宫记》；南宋·袁褧

《枫窗小牍》万寿艮岳条等。袁褧所记甚为简略，但主要景物记述还较明确。祖秀是记其游后所见，虽缺乏总体概括，但景境记述稍详，可补徽宗记之不足。为便于分析研究，现将《御制艮岳记》摘其要者抄录如下：

《御制艮岳记》："帝王所都，仙圣所宅，非形胜不居也。传（《书·旅獒》）曰：'为山九仞，功亏一篑。'是山可为，功不可书。于是太尉梁师成董其事，师成博雅忠荩，思精志巧，多才可属。乃分官列职，曰'雍'、曰'琮'、曰'琳'，各任其事。遂以图材付之，按图度地，庀（pǐ）徒僝（zhuàn）工，累土积石，畚插之役不劳，斧斤之声不鸣。设洞庭、湖口、丝溪、仇池之深渊，与泗滨、林虑、灵璧、芙蓉之诸山，取瑰奇特异瑶琨之石，即姑苏、武林、明、越之壤，荆楚、江湘、南粤之野，移枇杷、橙、柚、橘、柑、椰、栝、荔枝之木，金蛾、玉羞、虎耳、凤毛、素馨、渠那、末利、含笑之草，不以土地之殊、风气之异，悉生成长养于雕栏曲槛。而穿石出罅，冈连阜属，东西相望，前后相续，左山而右水，后溪而旁陇，连绵弥满，吞山怀谷。

"其东则高峰峙立，其下则植梅以万数。绿萼承趺，芬芳馥郁，结构山根，号'绿萼华堂'。又旁有'承岚'、'昆云'之亭。有屋外方内圆，如半月，是名'书馆'。又有'八仙馆'，屋圆如规。又有'紫石'之崖，'祈真'之磴，'揽秀'之轩，'龙吟'之堂，清林修出。

"其南则'寿山'嵯峨，两峰并峙，列嶂如屏，瀑布下入'雁池'。池水清泚涟漪，凫雁浮泳水面，栖息石间，不可胜计。其上，亭曰'噰噰'，北直'绛霄楼'。峰峦崛起，千叠万复，不知其几千里，而方广无数十里。

"其西则参、术、杞、菊、黄精、芎䓖，被山弥坞，中号'药寮'。又禾、麻、菽、麦、黍、豆、粳、秫，筑室若农家，故名'西庄'。上有亭，曰'巢云'，高出峰岫，下视群岭，若在掌上。自南徂北，行冈脊两石间，绵亘数里，与东山相望。水出石口，喷薄飞注，如兽面，名之曰'白龙沂'、'濯龙峡'、'蟠秀'、'练光'、'跨云'亭，'罗汉崖'。

"又西，半山间，楼曰'倚翠'。青松蔽密，布于前后，号'万松岭'。上下设两关，出关下平地，有大方沼，中有两洲，东为'芦渚'，亭曰'浮阳'；西为'梅渚'，亭曰'云浪'。沼水西流为'凤池'，东出为'研池'。中分二馆，东曰'流碧'，西曰'环山'。馆有阁，曰'巢凤'，堂曰'三秀'，以奉九华玉真安妃圣像（徽宗宠妃刘氏）。东池后，结栋山下，曰'挥云厅'。复由蹬道盘行紫曲，扪石而上，既而山绝路隔，继之以木栈，木倚石排空，周环曲折，有蜀道之难。跻攀至'介亭'最高诸山。前列巨石凡三丈许，号'排衙'，巧怪崭岩，藤萝蔓衍，若龙若凤，不可殚穷。'麓云'、'半山'居右，'极目'、'萧森'居左。北俯'景龙江'，长波远岸，弥十余里。其上流注山涧，而行潺湲，为'漱玉轩'。又行石涧，为'炼丹'、'凝观'、'圆山'亭，下视水际，见'高阳酒肆'、'清斯阁'。北岸，万竹苍翠蓊郁，仰不见明，有'胜云庵'、'蹑云台'、'萧闲馆'、'飞岑亭'。无杂花异木，四面皆竹也。又支流，为'山庄'，为'回溪'。

"自山溪石罅搴条下平陆，中立而四顾，则崖峡洞穴，亭阁楼观，乔木茂草，或高或下，或远或近，一出一入，一荣一凋，四面周匝，徘徊而仰顾，若在重山大壑、幽谷深崖之底，而不知京邑空旷坦荡而平夷也，又不知郛郭寰会纷华而填委也。真山造地设，神谋化力，非人所能为者！此举其梗概焉。"[26]

据上所录之《御制艮岳记》，佐之以古籍中有关"艮岳"的资料，对艮岳的造园思想、总体规划及景境创作特点，分别概述之。

一、艮岳的创作思想

艮岳建造的起因，据宋·张淏《艮岳记》云："徽宗登极之初，皇嗣未广，有方士言：'京城东北隅，地协堪舆，但形势稍下，倘少增高之，则皇嗣繁衍矣。'上遂命土培其冈阜，使稍加于旧矣，而果有多男之应。"[27]这种风水迷信之说，可置之不谈，但可说明，开封城的东北隅，原先地势比较低洼，建苑以前，已用土培成冈阜。艮岳是在宋徽宗登上皇帝的宝座之后，时隔十五年，即"政和七年（1117），始于上清宝箓宫之东作万岁山。"[28]到宣和四年（1122）竣工，建成后仅四年时间，于靖康二年他和钦宗赵恒为金兵所俘，北宋灭亡。后死于五国城，即今黑龙江省依兰。

宋徽宗是书画兼长的艺术家，他造园何以要大体量的人工造山为主呢？从他的《艮岳记》中可以看到，《艮岳记》开宗明义说："京师天下之本，昔之王者，申画畿疆，相方视址，考山川之所会，占阴阳之和，据天下之上游，以会同六合，临观八极。故周人胥宇于岐山之阳，而又卜涧水之西；秦临函谷二殽之关，有百二之险。汉人因之，又表以太华、终南之山，带以黄河清渭之川，宰制四海。"[29]意思是用历史说明，历来帝王所都，**非形胜不居也**。所以他指出开封的形势说：

> 故今都邑，广野平陆，当八达之冲，无崇山峻岭，襟带于左右。又无洪流巨浸，浩荡汹涌，经纬于四疆。[30]

于是乎，宋徽宗就为大造艮岳找到个冠冕堂皇的理由，即为补开封形胜之不足也。按此思路，苑中山水造景，山宜大不宜小。虽不能与自然相比，至少人在苑内，山高必须仰视，山大不能尽览，可跋涉，可攀登。显然，造这样的山，不可能写意，只有去模写自然。如宋徽宗对艮岳的描述：

> 东南万里，天台、雁荡、凤凰、庐阜之奇伟，二川、三峡、云梦之旷荡，四方之远且异，徒名擅其一美，未若此山并包罗列，又兼其绝胜。飒爽溟涬（mǐng xìng，混茫貌），参诸造化，若开辟之素有，虽人为之山，顾岂小哉。山在国之艮，故名之曰艮岳。[31]

可见艮岳之山，是"并包罗列"了我国东南名山大川之美，而"又兼其绝胜"的作品，也说明艮岳的造山是"模写"式的山。

在中国造园史上，艮岳是人工造山体量最大者，是模写式造山艺术发展到顶峰的标志。从园林的创作思想方法上，模写式的山水从此宣告终结，开始了写意式山水的创作时代。

二、艮岳的总体布局

艮岳的全苑，是个体量很大的人工山系，在都城的东北隅，准确地说，是在宫城之外，皇城的东北隅。按《宋史·地理志·京城》载：

> 东京，汴之开封也。梁为东都，后唐罢，晋复为东京，宋因周之旧为都。建隆三年（962），广皇城东北隅，命有司画洛阳宫殿，按图修之，皇居始壮丽矣。雍熙三年（986），欲广宫城，诏殿前指挥使刘延翰等经度之，以居民多不欲徙，遂罢。宫城周回五里。[32]

京城开封的前身，原是唐代汴州州治所在，位于黄河中游大平原上，大运河的中枢，有水陆交通之便。后周在此建都时（951），因汴州城小，"屋宇交连，街衢狭隘"，加筑了外城，即东京的皇城。宋太祖赵匡胤在开封建都后的第三年，即建隆三年（962），就向东扩大了皇城，本来也打算扩大宫殿，因为居民多不愿拆迁而作罢。这一扩大，形成宫城在皇城中央稍偏西北的格局，看起来皇城的东北隅扩大了，故云："广皇城东北隅。"（参见图 5-4《事林广记》中的北宋汴京城图）。

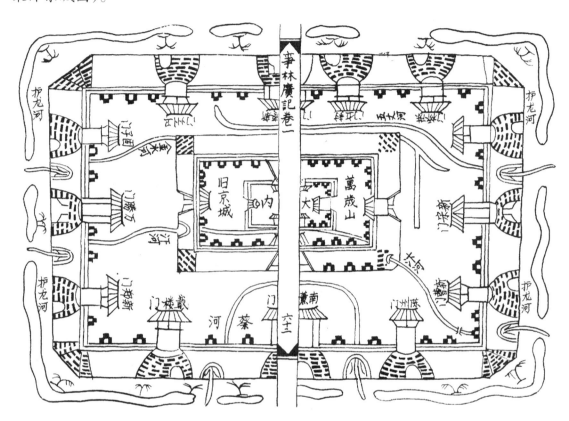

图 5-4《事林广记》中的北宋汴京城图

宋太祖建国之初，为扩大汴州城以适应都城的需要，结果只扩大了皇城，未能扩大宫城，形成宫城偏向皇城西北，"广皇城东北隅"的现象。从造园史角度看，这种状况是不应忽视的，因为皇城东北隅的扩大，无形中为 150 年以后，宋徽宗造艮岳提供了空间上的条件。换句话说，正由于皇城东北隅空间范围较大，宋徽宗才会产生建造以大体量山林为主的艮岳。

《宋史·徽宗纪》载：政和七年十二月，"命户部侍郎孟揆作万岁山"。[33]但宋徽宗在《御制艮岳记》中却说，造艮岳是由"太尉梁师成董其事"的。所以，研究者谈到艮岳，皆说是政和七年（1117）宋徽宗命宦官梁师成营造，而《宋史·徽宗纪》是正式史书，且按年月记事，命孟揆作万岁山事，绝不会虚构。从造园学言，谁负责艮岳的营建，并不重要，弄清这一史实，只是有助于了解，艮岳是在什么样情况下建造的？如何得以建造的？因为从艮岳建成(1122)，到北宋灭亡(1126)，仅仅三四年时间，北宋正处于国力艰难、行将覆灭之时。宋徽宗再昏聩无能，也不会在这种时期提出大造园林。为了给营建艮岳制造舆论，以"皇嗣未广"为由，借方士风水之说，皇城东北隅须筑土增高，于政和七年先命孟揆作万岁山，以掩人耳目。于是"舟以载石，舆以辇土，驱散军万人筑冈阜，高十余仞。"[34]这就为艮岳山的主体塑造打下基础，实际上，也就为营建艮岳造成既成事实。其实，封建专制的帝王作为，根本不需要谁的同意，之所以要找个冠冕堂皇的借口，目的是为反对者制定出犯罪的依据，有史以来，概莫能外。

宋徽宗不仅书画兼长，也很会做文章，他在《艮岳记》中，首先列举古来帝都"非形胜不居"的例子，为造艮岳提出依据。然后引圣贤之言，"为山九仞，功亏一篑"的话[35]。就是说不能让孟揆所筑之土，有未能成山之憾，"于是(命)太尉梁师成董其事"，"乃分官列职"，"各任其事"。"遂以图材付之，按图度地，庀徒僝工。"[36]庀(pǐ)，具备。僝(zhuàn)，显现。即按图纸，征调工匠丁夫，备料进行全面施工。这就很明确了，梁师成是在孟揆堆筑万岁山的基础上，正式负责艮岳营建工程的。

从《御制艮岳记》说明，艮岳既有规划，也绘有图纸，而且有可估算工料的详细施工图。宋代建筑制图，宋《营造法式》已证明，在当时是世界上水平最高者。

《宋史·地理志》万岁山注："山周十余里，其最高一峰九十步，上有亭曰介，分东西二岭，直接南山。"[37]峰高九十步，按旧营造尺步五尺计，为450尺，每尺折合公制0.309~0.329米，取平均值0.319米，山峰高144米。仅地处京城一隅的艮岳，其主峰竟高达140多米，可能吗？所云"山周十余里"，据《宋史·地理志》说："宫城周回五里"，皇城也只"周回二十里一百五十五步"，也放不下周十余里的万岁山。古人著文，所记尺寸，皆凭感性直观，多溢辞也，仅可作相对关系比较之用。

由万岁山向南，分东西二岭，直接与南山相连。南山，亦名"寿山"，与万岁山南北对峙，两山之间，是"冈连阜属，东西相望，前后相续，左山而右水，后溪而旁陇，连绵弥满，吞山怀谷"。山的整体结构，是万岁山与寿山相峙，两山之间，南北向的冈阜，前后相续并形成狭谷，构成艮岳的主要山系。从山下平陆有大量景点的情况看，这山系是沿皇城东墉一带。山系之外，"又于南山之外为小山，横亘二里，曰'芙蓉城'，穷极巧妙。"[38]

说明寿山之南，有横亘东西的小山，两山间名"芙蓉城"。如《御制艮岳记》云："其南则'寿山'嵯峨，两峰并峙，列嶂如屏，瀑布下入'雁池'。池水清泚（ci）涟漪，凫雁浮泳水面，栖息石间，不可胜计。"[39]寿山，实际上是南北两条并列岗阜的终点，相连则"列嶂如屏，加高而"两峰并峙"。说明寿山的东西向较万岁山短得多，而寿山的瀑布，显然是在两峰之间注入雁池，形成一处"穷极巧妙"的山水佳境，美其名曰"芙蓉城"。

苏轼《芙蓉城》诗："芙蓉城中花冥冥，谁其主者石与丁。"石与丁，指石曼卿和丁度，均宋时人，是两个传说中神话故事的主人公。石曼卿死后，有人见者，恍惚如梦云："我今为鬼仙，主芙蓉城。"庆历中（1041～1048），有朝士将晓赴朝，见美女三十余人，两两并马行，丁度于后，迎丁为芙蓉城主。芙蓉城就成为仙境的代称了。

关于艮岳的布局，蜀僧祖秀在《阳华宫记》中，有个非常粗略的概括说：艮岳"大抵众山环列，于其中得平芜数十顷，以治园圃，以辟宫门于西，入径广于驰道，左右大石皆林立。"[40]大体上艮岳山系偏于苑的东部，空间上是实于东而虚于西，东部众山环列，西部一片平芜，欧阳修《踏莎行》词："平芜尽处是春山，行人更在春山外。"苑中大量景物，围绕艮岳，采取因形就势的自由布置方式，或上列峰顶，或下临水际，或浮伐于池中，或藏于溪谷之内，形式亦十分丰富；平芜之上，进门驰道两旁，布湖石而成林。或种五谷，筑室若农家；或植百草，构药寮于林麓；……如《宋史·地理志》所说："自政和讫靖康，积累十余年，四方花竹奇石，悉聚于斯，楼合亭馆，虽略如前所记，而月增日益，殆不可以数计。"[41]

三、艮岳景境的意匠

万 岁 山

万岁山是艮岳山系的主体，东西横亘于苑的北部，主峰高达九十步，是非常巍峨的。主峰建有亭，名介。介者，大也。《诗·小雅·楚茨》："报以介福，万寿无疆。"以介亭为中心，左右各有两座亭子。《宋史·地理志》云："（介）亭左复有亭，曰极目、曰萧森；右复有亭，曰麓云、半山。"[42]五亭以介亭最高为中心，说明万岁山的体型是对称的。从今北京景山上的五亭格局，大致可以想像出艮岳万岁山的形象，以主峰介亭为中心，五亭并列，左右对称，高低叠落，空间构图严谨而端庄。

万岁山不是孤峙独立的山峰，其前有东西二岭，向南绵延伸展，至南端与寿山连成一体，构成"东西相望，前后相续"的山系。介亭两侧亭名极目、麓云，可见其地势之高峻；而萧森、半山，既明其所处位置，也点出林木翳郁的环境。登介亭纵览，南可眺望"列嶂如屏，两峰并峙"的寿山，北则可俯瞰"长波远岸，弥十余里"的景龙江。

万岁山不仅体量大，而且"雄拔峭峙"，山西麓下有"挥云厅"，《宋史·地理志》名"挥雪厅"，袁褧《枫窗小牍》作"挥雪亭"。设有上山的磴道，"由磴道盘行萦曲，扪石而上，既而山绝路隔，继之以木栈，木倚石排空，周环曲折，有蜀道之难。跻攀至'介亭'，最高诸山。"[43]如《华阳宫记》所说，艮岳是"斩石开径，凭险则设磴道，飞空则架栈阁。"景境十分险峻峭拔。

寿　　山

寿山，即南山。从万岁山南望，"寿山嵯峨，两峰并峙，列嶂如屏"。如前所述，寿山实是东西二岭的端头，相连堆筑而成，就势增高成双峰对峙之势。双峰并列的寿山，与中峰高耸的万岁山，南北相对，形成虚实相对的对景。在空间上，寿山不仅如屏如嶂，亦如阙如门。寿山之上筑亭，名"噰噰"。《尔雅·释诂》："关关噰噰，声音和也。"鸟鸣相和之意。噰噰亭可能建于山上丛林之中。

寿山的两峰向北，东西二岭"峰峦崛起，千叠万覆"，虽然占地并不很大，却使人有不知几千里范围之感，所以宋徽宗说："自山溪石罅寨条下平陆，中立而四顾，则崖峡洞穴，亭阁楼观，乔木茂草，或高或下，或远或近，一出一入，一荣一凋，四面周匝，徘徊而仰顾，若在重山大壑、幽谷深崖之底，而不知京邑空旷坦荡而平夷也，又不知郛（fú，外城）郭寰会纷华而填委也。"[44]郛郭，外城。寰会，即阛阓，环绕市区的墙，指市区。这是指东西岭之间的景境意匠，使人感到如处"重山大壑，幽谷深崖之底"，可见艮岳的"模写"山水已达到很高的艺术水平。

寿山造景还有人工瀑布的创作，据《华阳宫记》载：是在"山阳置木柜，绝顶开深池，车驾（皇帝）临幸，则驱水工登其顶，开闸注水，而为瀑布"[45]，下注入雁池。从工程施工和形象构图的合宜而言，所谓"绝顶开深池"，绝非双峰之巅，而是在双峰之间，即从寿山的中间注入山前的雁池。山背后大木柜里的水，是靠人工背负上去的，这种自然主义的做法，与人工云雾一样，耗费大量的人力物力，对造园而言，是不足为训的。

艮岳的景区规划，除以万岁山与寿山构成的山系景区外，因地处皇城的东北隅，山系大致呈 L 形，基本上沿城墉东北走向，东部近墉，空间余地甚少，景物多沿山上下分布，西部空间甚广，地势平坦，设有内容不同、相对独立的景区。大致情况，分别略述之。

山 之 东

在山系之东，如祖秀《阳华宫记》所说：有"山骨暴露，峰棱如削，飘然有云姿鹤态，曰飞来峰"的造景。而整个东岭"高于雉堞，翻若长鲸，腰径百尺，植梅万本，曰'梅岭'。"⑤ 在岭下山根处，"绿萼承跌，芳芬馥郁"的环境中，建有"绿萼华堂"，堂旁有亭，名"承岚"、"昆云"。上山有"祈真"嶝，沿山上下，有外方内圆、形如半月的"书馆"，有屋圆如规的"八仙馆"，以及"揽秀"之轩，"龙吟"之堂等。

从东岭"高于雉堞，翻若长鲸"的描写可知，东岭高出城墙之上，山为土筑，形体浑然，土中载石，以石造景，如"飞来"之峰、"祈真"之嶝、"紫石"之崖等。由梅岭向南，据《阳华宫记》云：

> 接其余冈，种丹杏、鸭脚（银杏）曰"杏岫"。又增土叠石，间留隙穴，以栽黄杨，曰"黄杨嶵"。筑修岗以植丁香，积石其间，从而设险，曰"丁嶂"。又得赪（chēng，赤色）石，任其自然，增而成山，以椒兰杂植于其下，曰"椒崖"。接水之末，增土为大陂，从东南侧，柏枝干柔密，揉之不断，叶叶为幢盖鸾鹤蛟龙之状，动以万数，曰"龙柏坡"。⑥

龙柏坡已是寿山的东南侧，再向南就与寿山前的雁池邻近了。从上述文字可见艮岳东部造山的意匠，是在累土成山的基础上，或筑土为岗阜为山穴，陶潜《归去来辞》："云无心以出岫"；或"增土叠石"为嶵，大山上累小山，土山上累石山也，为嶂为崖，或峭或悬，创造出不同的地貌和形象，并种植以不同的树木，构成不同的景境。如高岭种梅，低岗植杏，或叠石留隙以栽黄杨，或植椒与兰在石峰之下。古代造园在种植设计方面，也有不少值得研究的东西。

山 之 西

艮岳的西部，是主要入口，空间开阔，景物也多。但景区布局与具体经营，各书所记，视角不同，繁简不一，从任一记艮岳的文字，都很难获得比较完整明晰的概念，现互相参照阐述之。《宋史·地理志》载：

> 山之西有药寮，有西庄，有巢云亭，有白龙沜，濯龙峡，蟠秀、练光、跨云亭，罗汉岩。又西有万松岭，半岭有楼曰倚翠，上下设两关，关下有平地，凿大方沼，中作两洲：东为芦渚，亭曰浮阳；西为梅渚，亭曰雪浪。西流为凤池，东出为雁池，中分两馆，东曰流碧，西曰环山，有阁曰巢凤，堂曰三秀，东池后有挥雪厅。㊼

上面这段文字与《御制艮岳记》，有明显不同的地方，如"东出为雁池"，《御制艮岳记》为"研池"，"挥雪厅"为"挥云厅"。记述的顺序也大不相同，《宋史·地理志》是从万岁山一头，即苑的北端开始向南到雁池，然后又跳回到万岁山下的"挥云厅"，再由嶝道至万岁山中峰顶上的"介亭"。而《御制艮岳记》则是从寿山一头，即南端开始记西部景物。《阳华宫记》的顺序较乱，可作补充。主要可分如下几个景区：

药寮　位置大约在寿山之西，是种植药用植物的园圃，据《艮岳记》云种有参、术、杞、菊、黄精、芎䓖等药材，"被山弥坞，中号药寮"。坞，是四面高中间低凹的谷地，如山坳叫山坞，唐代羊士谔有"山坞春浑日又迟"的诗句。寮，小屋，这里是指药圃中普通的房舍。结合《阳华宫记》"寿山之西，别治园圃，曰药寮"和下列所记：

> 循寿山而西，移竹成林，复开小径至数百步。竹有同本而异干者，不可纪极，皆四方珍贡，又杂以对青竹，十居八九，曰斑竹麓。㊽（麓 lù，是山脚。）

据此推究，在寿山脚下向西，是一片植有各种珍贵品种的竹林，称"斑竹麓"。而"被山弥坞"的"药寮"，既在寿山之西，又在山坳（āo）之中，显然是在西岭与寿山连接而形成的回抱的山坞里，位置与"斑竹麓"都在寿山的西部，"斑竹麓"则就在寿山脚下。

西庄　这是以种植禾（粟）、麻、菽（shū，大豆）、麦、黍（shǔ，糜子）、豆、粳、秫（shú，黏高粱）等农作物的乡村景区，所以"筑室若农家"，因在山系之西，故名"西庄"。这是自苑囿已不具有帝室物质生活资料生产基地性质的秦汉之后，皇家园林以乡村为造景题材的首例，这种景境创作思想以致影响到后世的造园。直到数百年后的清代，伟大的小说家曹雪芹（1715～1763 或 1764）在《红楼梦》的大观园里，就写有以农村为题材的景点"稻香村"。

西庄的具体位置，需稍加考证，因《宋史·地理志》和《御制艮岳记》，皆以万岁山和寿山形成的山系为主体和中心，按不同方位和朝向写景，如山之东、山之南、山之西等，因只罗列景名，所以无法了解各个景点的位置与相互关系。如药寮和西庄，都在"山之西"，即在苑的西半部。药寮，已知在寿山之西，斑竹麓的西面。西庄的具体位置，从《阳华宫记》的一段文字，既可了解艮岳北面的景物，也可推测西庄大致的位置。记曰：

> 导景江，东出安远门，以备龙舟行幸西东撷景二园；西则溯舟造景龙门，以幸曲江池亭；复自潇湘江亭，开闸通天波门，北幸撷芳苑，堤外筑垒卫之，濒水莳绛桃、海棠、芙蓉、垂杨，略无隙地。又于旧地作野店麓，治农圃，开东西二关；夹悬岩磴道隘迫，石多峰棱，过者胆战股栗。凡自苑中登群峰，所出入者，此二关而已。又为胜游六七，曰跃龙涧、漾春波、桃花闸、雁池、迷真洞，其余胜迹，不可殚记。⑲

上文中的三座门，都是宫城北墙的三门，中间是景龙门；东侧安远门，也就是旧封丘门；西侧天波门，亦称金水门。宋代汴京的城门名称较多，因宋初沿用旧名，后又多次更名，园记中往往按习惯新旧城名同时并用，所以也较乱。将上面这段文字结合《宋史·地理志》"延福宫"注，可以知道，宫城的北面，皇城与都城之间，是人工开凿的水道，东至封丘门，西抵天波门的景龙江为主所建的"撷芳园"。实际上，北宋都城开封，是历来帝王造园最多的一座城池，除都城西门外建有"金明池"和"琼林苑"，宫城东有艮岳，西、北两面在皇城与都城之间，都建了苑园，即东西"撷景园"和"撷芳苑"。

祖秀的《阳华宫记》的上段文字，在写了"撷芳苑"之后，紧接着说："又于旧地作野店麓，治农圃，开东西二关。"就是《御制艮岳记》中"万松岭"，"上下设两关，出关下平地"的二关，是在万岁山与寿山之间，东岭中间惟一可上山的道路。由此可以推断西庄的位置，是在苑的北部，万岁山西岭之下，依山傍水，峰高岭峻，山上**"巢云亭"**屹立，山麓野店从林中探出一角，田畴庄舍浮现在麦浪之中，可想见其江南水乡农家的风光。西庄的意匠，在宋徽宗大力提倡以诗情入画和追求细节真实的艺术风尚之时，不难从"绿竹桥边多酒楼"、"野水无人渡，孤舟尽日横"，这些诗情画意中，领略出"西庄"的意境来。

万松岭 是艮岳山体西面主要景区，由寿山始，自南往北，山脊上叠石成夹道，绵延数里，与东山相望。沿线景点，据记有引水出石口，"喷薄飞注如兽面"的白龙沜、濯龙峡。沿山上下，建有蟠秀、练光、跨云三亭，和形象生动的罗汉岩等。向前西北行，遍山"青松蔽密于前后"，故名**"万松岭"**。半山建有倚翠楼，上山筑有嶝道，这是攀登艮岳诸峰的主要道路。在这崎岖陡峭的嶝道上，设有上下两座城关，十分雄险。

《阳华宫记》云："凡自苑中登群峰，所出入者，此二关而已。"[50]由嶝道如此重要可想像，万松岭似应对着阳华宫的宫门方向，人们进苑以后，面对陡峭的崇山峻岭，才不至令人有高山仰止、欲登无路之叹。而嶝道迫隘异常惊险，使登者有"胆战股栗"之感。雄峙于嶝道的城关，闉阇上楼宇雄飞，不仅增加了山的气势，也起着标志和引人入胜的作用。

大方沼 在万松岭下，出关下至平地，有个很大的方形池沼，池中有东西两个洲渚，东面的名"芦渚"，上建有亭，名"浮阳"；西面的名"梅渚"，上亦建亭，名"云浪"。渚者，如《尔雅·释水》："水中可居者曰洲，小洲曰渚。"水中的小块陆地也。池中东西两头有小块陆地，上各建有一亭，未言亭的大小和形状，按一般行文习惯，两亭的大小和形状应完全相同。说明"大方沼"的平面是长方形，池与亭的布局是对称的。

据《御制艮岳记》，大方沼"水西流为'凤池'，东出为'研池'。中分两馆，东曰'流碧'，西曰'还山'。馆有阁，曰'巢凤'，堂曰'三秀'，以奉九华玉真安妃圣像。东池后，结栋山下，曰'挥云厅'。"[51]文中"九华玉真安妃"是指宋徽宗所宠幸的贵妃刘氏，《宋史·后妃传》："妃天资警悟"，"雅善涂饰，每制一服，外间即效之。林灵素以技进，目为九华玉真安妃，肖其像于神霄帝君之左。宣和三年 (1121) 薨，年三十四。"[52]宋徽宗崇信道教，道士林灵素，遂以方术取幸，赐号"通真达灵先生"、"玄妙先生"。刘妃的这个非人非神的称号，就是林灵素所加。宋徽宗将她的遗容供在艮岳的"三秀"堂里。仅时隔五年，宋徽宗被金人所俘，囚死于五国头城 (今黑龙江省伊兰)，成了异乡的孤鬼寡魂。

大方沼的均衡格局，决定了东面的"研池"和西面的"凤池"，是以大方沼为中心，左辅右弼的对称布置方式。从平面构图而言，二池的形状应近方形，而面积较大方沼要小。三池均为几何式的矩形，池的水面规整，池的边岸绳直，只宜用文石驳岸，绕以雕栏。而**凿方池，筑洲渚，池中亭阁崔嵬，池边栏楯缭**

绕，是宋代皇家园苑理水的特征。"金明池"就是个非常典型的例子。

金明池　《东京梦华录》："池在顺天门外街北，周围约九里三十步。池西直径七里许。入池门内南岸西去百余步，有面北临水殿，车驾临幸观争标，赐宴于此。""又西去数百步乃仙桥，南北约数百步。桥面三虹，朱漆栋楯，下排雁柱，中央隆起，谓之骆驼虹，若飞虹之状。桥尽处，五殿正在池之中心，四岸石甃向背。""桥之南立棂星门，门里对立采楼。……门相对池南有砖石甃砌高台，上有楼观，广百丈许，曰宝津楼。前至苑门，阔百余丈，下阚 (kàn，看，望) 仙桥水殿，车驾临幸观骑射百戏于此。池之东岸，临水近墙，皆垂杨。""北去直至池后门，乃汴河西水门也。其池之西岸，亦无屋宇，但垂杨蘸水，烟草铺堤，游人稀少。……池岸正北对五殿起大屋，盛大龙船，谓之奥屋。"㊽

金明池原为后周世宗显德四年 (957)，欲伐南唐，为习水战而凿。宋初沿用，宋太宗太平兴国七年 (982)，尝幸此阅习水战。后来就成为皇帝观赏龙舟竞技的地方，而且不禁游人，廊中桥上，"皆关扑钱物、饮食、伎艺人作场勾肆。"㊾热闹非凡。金明池的这种开放性，也就成了都人的一处游娱场所。

金明池的总体布局，从《东京梦华录》所记很清楚，园以池为主体，池4500 米×3500 米近方形，以池中五殿为中心。园林建筑很少，集中在进苑南门的池南岸，与五殿隔桥相对，为"砖石甃砌高台"上的"宝津楼"，西侧为凸在池中的"水殿"。在苑门，宝津楼、五殿这一南北轴线上，池北筑有船坞。池的东西两面是苑墙，"垂杨蘸水，烟草铺堤"而已。

《中国古代建筑史》说："据宋画《金明池夺标图》，池岸建有临水殿阁、船坞、码头等；池的中央有岛，上建圆形回廊及殿阁，以桥与岸相连。由于池中举行赛船游戏，供皇帝观览，所以金明池的布局和一般自然风景式园林有很大的差别。"㊿

问题是，是否由于金明池不同于一般园林的性质，才采用方池柳步，周以雕栏的形式呢?

我们查了一些资料说明，事实并非如此。如宋代袁褧《枫窗小牍》的"汴京故宫"条中，记"延福宫"中有**"凿圆池为海，跨海为亭"**㊶之说，池子是圆形的。周城《宋东京考》："玉津园在南薰门外，内有**方池圆池**，为车驾临幸游赏之所。"㊷孟元老《东京梦华录》"驾幸琼林苑"条中有**"宝砌池塘，柳锁虹桥"**句，"宝砌"大概是指池岸砌筑的用料和做工都很讲究，但不论怎么说，边岸砌筑的池，显然是规整的几何形状。

上述几条资料说明，延福宫池亭，是在大内的宫苑；玉津园在都城南门外，是皇家园苑之一；琼林苑在新郑门外 (即顺天门)，与金明池南北相对，为宴进士之所，再加上金明池。这几座园苑，虽地位与性质不尽相同，凿池或方或圆，但毫无例外的都是规整的几何形。这就足以证明，宋代造园理水，不论苑中水面的大小和多少，均喜用规整的几何形状，方池或圆池。足证**"圆池方沼"**是宋代园苑理水特征之说，是合乎历史事实的。

据此可以肯定，艮岳万松岭下的"大方沼"为长方形，"凤池"和"研池"为方形，而且皆用文石驳岸，围以雕栏，十分齐整而华丽。《艮岳记》所云："中分二馆，东曰流碧，西曰环山。"中分二馆的意思，似指东西两池与大方沼之间，分别建有两组建筑。"东曰流碧"者，是在大方沼东与研池之间；"西曰环山"者，是在大方沼之西与凤池之间。两者均称为"馆"，似为单体建筑。有阁曰"巢凤"，可能是在靠凤池一侧的"环山馆"楼上，若如此，"三秀堂"，就在靠研池一侧的"流碧馆"楼下了。

从记"艮岳"的几篇文字之间既有矛盾，亦有共同处。如《御制艮岳记》："东池后，结栋山下，曰'挥云厅'。"《宋史·地理志》："东池后有挥雪厅。"《枫窗小牍》则云："东池后有挥雪亭"。三者的建筑名称稍有不同，但都说在东池的后面，由此上嶝道可至万岁山主峰上的"介亭"。这就有个很大的矛盾，因为按艮岳地形，凤池、大方沼、研池三池并列，应与万岁山、西岭、寿山构成的山体平行，不可能互相垂直。如果"东池"是指大方沼东出的"研池"，研池在南靠近寿山而不是万岁山，应该在西流的凤池之后，才能由嶝道上至"介亭"。

文中最大的矛盾，就是池的相对位置问题。自大方沼中有东西二洲，到大方沼西流为凤池，东出为研池，都以东西方向名之，这显然与苑的总体规划是矛盾的。这个问题不解决，对艮岳的总体布局，就不可能有明确的了解。

著者究诸书文字分析，试述如下：

据《阳华宫记》云："然阳华大抵众山环列，于其中得平芜数十顷，以治园圃，以辟宫门于西。"苑中的"药寮"、"西庄"和大方沼一组池塘、宫门区，都在众山环抱的平芜里。也就是说进阳华宫门以后，看艮岳山景，不是列嶂如屏，而是"众山环列"，峰峦蜿蜒环抱着一片平芜，西岭山势的走向，并非直南直北。

艮岳是在大内的宫城与皇城之间的东北隅，在北部的万岁山，东端受皇城东墉的限制，西端则大有扩展的空间，从《御制艮岳记》云：在万岁山顶，可

"北俯'景龙江'，长波远岸，弥十余里。"⑱分析，"景龙江"是宋徽宗政和三年(1113) 开凿的一条人工河，西自天波门，东至封丘门，为皇城北墉之长，说明万岁山向西可延伸到宫城北面。而南面的寿山在宫城东与皇城之间，且寿山之南还有"芙蓉城"山水景区，所以寿山的东西之长较短，大致在东西岭之间，故云"寿山嵯峨，两峰并峙，列嶂如屏"。

设想西岭与万岁山向西伸延的山端结合为起点，由西沿皇城北墉向东，经万岁山逐渐转向东南，过万松岭以后，再向南抵寿山终止，形成半环式走势。位于中部的万松岭，就成东南、西北向，即向东偏南，向西偏北。而万松岭脚下的大方沼，方位与山的走向一致，池中的二洲，就可称之为东洲、西洲。大方沼西流为凤池，凤池在其西北也；东出为研池，研池在其东南也。《宋史·地理志》和《枫窗小牍》中"研池"均为"雁池"，显然是讹误，雁池在寿山之南，是"芙蓉城"景区的主要水面，不可能在寿山之西与大方沼联列。经过如上分析，弄清楚艮岳山之西景物的相对位置，就可以想像出以大方沼为主的景区概貌了。

大方沼景区，以大方沼为中心，凤池与研池左右对称联列，间以亭馆等建筑，构成地面的景境；大方沼景境以万松岭为背景，山半的倚翠楼、上下二关、大方沼、阳华宫门内驰道，形成进苑的一条中轴线，大方沼是苑内的中心，也是艮岳的一个主要景区。

宫门石林

艮岳，亦称阳华宫，宫门在西，"入门广于驰道，左右大石，皆林立。"⑲"驰道，天子道也。"秦代的驰道，据说宽五十步，约合 57 米，可见其宽广。进门以后，步坦荡的大道，抬头便见艮岳，峰峦叠障，众山环列，可谓开门见山。这种布局手法，正昭示艮岳的主要景观在"山"。宫门区的景物则主要在"石"，大道两旁，奇石林立，有百余枚之多，是人工布列的"石林"也。据《阳华宫记》云，这许多奇石：

> 以神运、昭功、敷庆、万寿峰而名之。独神运峰广百围，高六仞，锡爵盘固侯，居道之中，束石为亭以庇之，高五十尺，御制记文，亲书，建三丈碑，附于石之东南陬 (zōu，隅)。其余石，或若群臣，入侍帷幄，正容凛若不可犯；或战栗若敬天威，或奋然而趋，又若伛偻 (yǔ，曲背) 趋进，其状余态，娱人者多矣！上既悦之，悉与赐号，守吏以奎章画刻于石之阳。

其它轩榭庭径，各有巨石，棋列星布，并与赐名。惟神运峰巨石，以金饰其字，余者青黛而已，此所以第其甲乙者。⑩

辞释：百围，《释文》引李（颐）云："径尺为围。"一说五寸为围，合抱为围，其说不一。按最小"五寸为围"，百围五十尺，宋每尺折合公制 0.3 米，则神运峰广 15 米。高六仞，据陶方琦《说文仞字八尺考》，谓周制为八尺，汉制为七尺，东汉末为五尺六寸。以最小尺寸计，六仞高约 10 米。亭高五十尺，合 15 米。奎章，皇帝的手笔。

石林　位置经营，虽云"棋列星布"，但却主次分明，中心突出。按石的体量大小，姿态以及形象性，分别等第而安排其位置。在这一片石林中，以高达六仞、广百围的"神运峰"石为主，置驰道当中，并以五十尺高的亭子加以庇护，四周众石拱卫，在空间上成为石林景区的中心，也起着进入宫门后的屏蔽作用，使人不能一览而尽。道路两边"又有大石二枚，配神运峰，异其居以压众石，以亭庇之。"⑪显然，这两枚大石，较神运峰要小，亭亦稍低，犹如两个卫士，侍立于神运峰左右，三石似应呈品字形，鼎足而立。这种布置方式，充分反映出封建意识的主导思想，封建统治者将石拟人化，从石的相互位置与形态中，体现出王侯与臣仆间封建等级关系。

统治者为加强显示这种封建等级关系，突出巨石的尊贵，皇帝不仅亲自给这些石头题名刻字，并且封神运峰为"盘固侯"，寓意统治地位固若磐石，金饰其字，庇之以大亭，突出其无比尊荣的地位，使人有"正容凛若不可犯"的威严感。其余诸石，"或战栗若敬天威，或奋然而趋，又若伛偻趋进"，成为现实中君臣生活关系的忠实写照。宋徽宗把他的生活趣味和意愿，寄托在一堆无生命的石头中。南宋刘子翚（1101～1147）《汴京纪事》二十首之十六云⑫：

> 磐石曾闻受国封，
> 承恩不与幸臣同。
> 时危运作高城炮，
> 犹解捐躯立战功。

艮岳中收罗的奇石之多，可以说是对太湖石空前绝后的大开发，也是向人们充分展示太湖石审美价值的时代。太湖石不仅只作为独立的观赏对象，并且还用于艮岳的造山艺术，为后世写意山水的创作奠定了基础。

四、艮岳的 "石" 与造山艺术

太湖石作为天然的艺术品，其审美价值早在唐代已被发现，当时还是稀有的珍贵之物，人们视为瑰宝。太湖石之所以珍贵，如清代谷应泰（1620～1690）在《博物要览》所云：

> 太湖石产苏州府洞庭湖，石性坚面润，而嵌空穿眼，宛转险怪。有三种：一种色白；一种色青黑；一种微黑黄。其质文理纵横，连联起隐，于石面遍多坎坳，盖因风浪冲击而成，谓之弹子窝。叩之有声，多峰峦岩壑之致。大者高数丈至丈余止，可以装饰假山，为园林之玩。㊿

真的太湖石，是很难得的，如李斗在《扬州画舫录》所说："太湖石乃太湖中石骨，浪激波涤，年久孔穴自生，因在水中，殊难运致。……若郡城所来太湖石，多取之镇江竹林寺、莲花洞、龙喷水诸地所产。其孔穴似太湖石，皆非太湖岛屿中石骨。"㊽正因如此，非一般人力所能及，唐代宰相牛僧孺，靠他镇守江湖的门生故吏 "献瑰纳奇"，数年积累，可算是历史上第一个嗜石而富有石的人，白居易为之作《太湖石记》传世。由唐至宋的数百年间，太湖石只是少数人列于庭际的观赏品，还未能成为园林造山的重要材料。

宋徽宗为造艮岳，不惜殚尽国力，搜岩剔薮，"劚（zhú，斫）山辇石，程督峭惨，虽在江湖不测之渊，百计取之，必出乃止。"㊾采集的太湖石，难以计数，是中国造园史上一次大规模的开采。南宋·周密《癸辛杂识》：

> 前世叠石为山，未见显著者。至宣和，艮岳始兴大役，连舻辇致，不遗余力。其大峰特秀者，不特封侯，或赐金带，且各图为谱。㊿

艮岳之石，从其位置经营来看，大致可分为两类，在形象上具有拟态之奇者，多采取散列的方式，点缀在不同的景境里；更主要的是土石兼用，模拟自然山林。

列石为峰　这类具有独立观赏价值的太湖石，祖秀在《阳华宫记》里有一段文字概括说：

> 其略曰：朝日升龙、望云坐龙、矫首玉龙、万寿老松、栖霞扪参、衔日吐月、排云冲斗、雷门月窟、蟠螭坐狮、堆青凝碧、金鳌玉兔、叠翠独秀、栖烟嚲（duǒ，下垂）云、风门雷穴、玉秀、玉窦、锐云巢凤、雕琢混成、

登封日观、蓬瀛须弥、老人寿星、卿云瑞霭、溜玉、喷玉、蕴玉、琢玉、积玉、叠玉、丛秀；而在于渚者，日翔鳞；立于涘（sì，水边）者，日舞仙；独踞洲中者，日玉麒麟；冠于寿山者，日南屏小峰；而附于池上者，日伏犀、怒猊、仪凤、乌龙；立于沃泉者，日留云、宿雾。又为藏烟谷、滴翠岩、搏云屏、积雪岭。其间黄石仆于亭际者，日抱犊天门。又有大石二枚，配神运峰，异其居以压众石，以亭庇之。置于寰春堂者，日玉京独秀太平岩；置于绿萼华堂者，日卿云万态奇峰。括天下之美，藏古今之胜，于斯尽矣！⑥⑦

"括天下之美，藏古今之胜"，绝非溢美之词。艮岳之石不仅量多，且形态奇特，似人似兽，似禽似鳞，似龙似凤，似烟似云，殚奇尽怪，真是丰富多彩，美不胜收。

石的布置则以"形"与"境"相宜为原则，如"翔鳞"在于渚；"舞仙"立于涘；"留云、宿雾"依于沃泉；"伏犀、怒猊、仪凤、乌龙"附于池上；"抱犊"黄石仆于亭际。……石形拟态与境的情景结合，使景境更加生动，也就增加了人们的游兴。

神运峰的位置与众石的关系，在宫门的景区规划中已阐明，不再重复。而冠于寿山之巅的"南屏小峰"，已不是独立观赏之石，而是塑造寿山形象的一个组成部分了。那些置于堂前庭除之石，如"卿云万态奇峰"、"玉京独秀太平岩"，则与那些布置在室外的不同，不是从石的拟态中得到**物趣**，而是从石的形象和神韵中，领略到自然山峰的**天趣**。这种**峰石**要比那些拟态的奇石，倍加受到人们的珍视，这是一种美学思想和艺术境界的升华，列石为峰，实质上，已近于写意山水的概念，不过艮岳的峰石，还只作为景境的点缀，尚未成为景境的主体。到明清写意山水园盛行，峰石既保持了其独立的观赏价值，同时也是构成庭园景境的主体。苏州留园"冠云峰"庭园就是很典型的实例。

掇石为山　艮岳的石，大量地还是用于塑造山林，其意匠和手法，《阳华宫记》有一段概括，可窥得端倪：

　　舟以载石，舆与辇土，驱散军万人筑岗阜，高十余仞，增以太湖、灵璧之石，雄拔峭峙，功夺天造。石皆激怒觝触，若踶（dì，踢）若啮（niè，咬），牙角口鼻，首尾爪距，千态万状，殚奇尽怪。辅以蟠（pán，曲伏）木、瘿（yǐng，赘生瘤）藤，杂以黄杨与青竹荫其上。又随其干旋之势，斩石开径，凭险则设嶝道，飞空则架栈阁，仍于绝顶，增高树以冠之。拶远方珍材，尽天下蠹工绝技，而经始焉。⑱

概言之，艮岳造山，是以土载石，土石兼用，以土为体，以石为骨，以草木为毛发。岩崖洞窟，藤萝漫衍，得烟云而秀媚；山头山坡，层荫叠翠，自有山林情趣。创造出不同的山林形质特征和意境。现从《阳华宫记》中分别集录如下：

　　凿池为溪涧，叠石为堤岸，任其石之怪，不加斧凿。因其余土，积而为山，山骨暴露，峰棱如削；

　　又增土叠石，间留隙穴，以栽黄杨；

　　筑修冈以植丁香，积石其间，从而设险；

　　又得赭石，任其自然，增而成山，以椒兰杂植于其下；

　　又得紫石，滑净如削，面径数仞，因而成山；

　　夹悬岩，嶝道隘迫，石多峰棱；

　　造碧虚洞天，万山环之，开三洞，为品字门，以通前后苑；

　　自南徂北，行冈脊两石间，绵亘数里，与东山相望；

　　冠于寿山者，曰南屏小峰；

　　至介亭，此最高于诸山，前列巨石，凡三丈许，号排衙。巧怪巉岩，藤萝蔓衍，若凤若龙，不可殚穷。⑲

从上述可见，大体分两种手法，即以土载石和以石载土之法：

以土载石　石多置于峰岭冈脊之上。冈阜连续之山，叠石为夹道，随势高下曲折。峰岭之巅，则置大石以增其势。如寿山顶上的"南屏小峰"、万岁山最高峰前列之"排衙"巨石。从名石为"排衙"之意，古时长官升堂，陈设仪仗，属吏分立两旁，依次参谒谓之"排衙"。这里很形象地说出万岁山主峰的对称形态，"排衙"巨石，在最高峰居中，如受左右山峰参谒的长官。"排衙"的位置，不说立于峰顶，而说"前列"，是很有道理的，因巨石再大，也较峰顶要小，若置之极顶，石则独立孤峙，只能是山自为山，石自为石。万岁山主要是土筑之山，巨石凭空立于山顶，不合自然规律。置峰顶之前，其后与土结合，在草木掩映之下，峰前石骨裸露，如风化雨蚀之自然。这就是论画者所云的"**石无全角，以土藏其角**"的道理了。它如"赭石"、"紫石"等，可能都是列于山上大而雄秀的峰石。

以石载土　多用于悬崖峭壁、岩涧洞壑的造型，如万松岭上下二关间的嶝道、万岁山的嶝道与栈阁、池沼溪涘的堤岸、碧虚洞天等景境的创造，均属以石载土一类：或外石内土，或石上载土再"辅以蟠木瘿藤，杂以黄杨青竹荫其上"，或层叠而秀润，或崔嵬而巅险，而有功夺造化之妙矣。

艮岳的造山艺术，是对南北朝以来，模拟山林的继承和发展。在艺术上达到很高的水平，不仅是因为其体量之大是空前的，更非是那些自然主义的人工瀑布和洞壑烟云，而是从艮岳山的体势和形质特征的创作和手法，都说明设计者和叠山师对自然山林广博、深刻细致的观察，和加以高度提炼、概括的功夫。艮岳的土石兼用，如后世清代画家龚贤在《画诀》中所说：

> 山头宜分土石，或石载土，或土载石，所以欲分者，办深浅耳。深山大壑纯用石山不妨，若浅水沙滩，须用土山耳。土山下可用小石为脚，大山内亦宜用土为肉，纯用石恐无烟云缥缈之态耳。⑦

绘画与造园之理相通，而表现的空间不同。三度空间的造园艺术，用土石创造山林意境，立意是灵魂，而土与石则是骨与肉的关系。叠石造景，外石内土，石有依附，方能成壁立陡崖之境；筑土为山，无石则风骨不存，难以形成峰峦岩壑的形象。土与石，是模拟之山的两个基本要素，也始终是掇山的两个必要手段，缺一不可。须知"土载石宜审重轻，石垒石而应相表里"⑦也。

艮岳造山，在中国造园史上，是十分庞大的工程，在技术上也有许多创举，如周密在《癸辛杂识》中记有：

> 艮岳之取石也，其大而穿透者，致远必有损折之虑。近闻汴京父老云："其法乃先以胶泥实填众窍，其外复以麻筋、杂泥固济之，令圆混。日晒，极坚实，始用大木为车，致放舟中。直挨抵京，然后浸之水中，旋去泥土，则省人力而无他虑。"此法甚奇，前所未闻也。⑦

用胶泥先将太湖石的孔窍填实，在外面再用麻筋杂泥裹成混圆形状，不仅无损折之虑，且可滚动便于装卸运输，是非常巧妙的方法。从《宋史·朱勔传》还可以了解巨石的运输情况：

> 尝得太湖石，高四丈，载以巨舰，役夫数千人，所经州县，有拆水门、桥梁，凿城垣以过者。既至，赐名"神运昭功石"。截诸道粮饷纲，旁罗商船，揭所贡暴其上，篙工、柁师倚势贪横，陵轹州县，道路相视以目。⑦

仅此一则，足见艮岳的营造，对民间的祸害。北宋人称六贼之一的朱勔 (1075~1126)，就是因媚事蔡京而得官，投徽宗花石之好，借"花石纲"而得势，鱼肉人民，肆虐东南百姓 20 年，靖康之变后，不久被杀。

按《宋史·地理志》所载，艮岳的花木奇石，楼堂亭馆，是"自政和迄靖康"，经十余年的不断经营才最后完成。也就是说，艮岳建成之日，就是北宋王朝覆灭之时。艮岳模拟自然之山，在造园艺术上发展至顶峰。艮岳的存在虽如昙花一现，但它在中国造园史上，永远写下一页光辉的篇章。

五、艮岳的山水意匠

艮岳的营建，与宋徽宗 (1082~1135)，即赵佶的花石之好有直接关系。艮岳的创作思想，无疑地要受宋徽宗本人审美观的影响。赵佶是皇帝，也是艺术家。作为艺术家，他书画兼长，书法自称"瘦金书"，有《千字文卷》书迹传世；绘画工花鸟，重写生，以精工逼真著称。倡导以诗意作画和细节的真实。艮岳造山极尽模拟之能事，而且达到很高的艺术水平。这种模仿对象，不是对某地某山，而是对东南的名山大川，"并包罗列"，"又兼其绝胜"，而达到山势飞扬 (飒爽)，混然 (溟滓) 一体，"若开辟之素有"。质言之，就是**"虽由人作，宛自天开"**。

《御制艮岳记》中由寿山向北，"峰峦崛起，千叠万复，不知其几千里，而方广无数十里"。这是在寿山顶向北望东西岭的观感，整个艮岳方圆也没有数十里，而层峦叠嶂的东西岭，却给人以不知几千里的审美感受。可见艮岳造山已突破了有限空间的局限，而有空间无限之感。从有限达于无限的**空间感**，是以自然山水为创作主题的中国园林，在景境创造中的最主要的矛盾。如果山的形质特征塑造得十分逼真，而山体势无空间感，即使不是小得如模型似的假，也不可能表现出自然山林广博和崇高的精神。当然也不排除徽宗所说的"不知其几千里"有文字上的夸饰成分，但不能否认当时的造园者，在美学思想上已深得造园学**"以少总多"、"即小见大"**之三味。

艮岳之山，不仅得**"势"**，在模拟自然方面也极臻能事。人在谷底，中立四顾，"若在重山大壑幽谷深岩之底"；腾山赴壑，穷深探险，使人"遂忘尘俗之缤纷"，不知都市之繁华喧嚣，而有物外之兴。为追求细节之真实，人工制造瀑布和烟云。造山之外的景境意匠，如"芙蓉园"的仙女神话、用乡野村店的"西庄"造景，都是富于诗情画意的。可以说，宋徽宗的艺术思想，在艮岳的造园实践中得到了充分的体现。

宋徽宗赵佶作为皇帝，他昏庸无道，任用蔡京、朱勔、王黼及宦官童贯、梁师成六人主持朝政，贪赃枉法，横征暴敛，人称六贼。宋徽宗尊信道教，自称教主道君皇帝，穷奢极欲，不顾国运衰微，从江南大肆搜集花木奇石，"舳舻相衔于淮汴，号**花石纲**。置应奉局于苏，取内帑如囊中物，每取以数十百万计"。而"民予是役者，中家悉破产，或鬻卖子女以供其需。"[74]实是在自掘坟墓，加速北宋的灭亡。

在北宋王朝大厦摇摇欲坠之时，作为皇帝的宋徽宗，他不信也不会自甘灭亡。据《宋史·地理志》载："徽宗晚岁，患苑囿之众，国力不能支，数有厌恶语，由是得稍止。"[75]可见，他并非不知其王朝已危如累卵，但已无力回天，艮岳的营造只是稍止，并未停建。他在思想精神上就会更加寄希望于纲常的维护和皇位的巩固。在艮岳的景物创作中，这种精神寄托所表达的心态，比比皆是：

如进阳华宫门以后，借人工石林的安排，就摆开了封建纲纪的阵势，以最高大的太湖巨石，"神运峰"象征统治者，龙蟠于驰道当中，以金饰字，庇以大亭，封**盘固侯**。以两枚次大之石，如侍卫，分列左右，以青黛饰字，庇亭以别于众石。其余众石之形态，或正容侍立，或俯首贴耳，或战栗，或奋进，或伛偻，或匍伏，皆若敬天威之臣民。这幅石林图，可谓淋漓尽致地反映了徽宗的心态。

艮岳之山整体上就是按封建礼仪要求塑造的，山的主体"万岁山"在北，朝南为尊，山列五峰，上建五亭，中峰为艮岳之最高点，左右各二峰，依次迭落如侍卫。中峰上之亭，**名介亭**。介者，既形容"孑不群而介立"，耸立于群峰之上，更喻帝王洪福，取《诗·小雅·楚茨》中**"报以介福，万寿无疆"**之意。南面与万岁山遥遥相对的"寿山"，双峰对峙，有如皇居之双阙。而万岁山与寿山之间的"东、西岭"，重岩叠嶂的群峰，就如觐见皇上的臣工了。为了怕人们不能理解艮岳这种苦心孤诣的布置，特地在中峰"前列巨石，凡三丈许，号**排衙**"，明示山的布局所含的礼制之深意。

宋徽宗的思想和心态，对造园影响最显著的是理水，如万松岭下的"大方沼"景区，大方沼左有"凤池"，右有"研池"；大方沼中东西各有一小渚，上建亭。皆以大方沼为中心，呈左右对称的格局。池塘虚其中，显然是为了突出山的主体，同时也显示出上山的惟一磴道。三池皆文石驳岸，栏楯周绕池塘，端庄而典丽。

由此说明，北宋园苑，造山虽极尽模拟自然山林之能事，理水则完全按人的意志，形状规整，或方或圆。概言之，是**模拟自然造山，人工规划理水**。从造园的历史发展过程来看，几何形的池，并非始于北宋，如曹魏时西游园中的"灵芝台"，台在"灵芝池"中央，四边有"连楼飞观"与岸上的殿堂相通连。这个"灵芝池"就是方形的，至于池的四周是否用文石砌筑并围以雕栏？因无文字记载，所以在第三章"魏晋南北朝时代"中，讲到池时就没有涉及。从北宋园苑的池的做法，即使像操练水军的金明池之大，也是用石砌池岸，四周绕以雕栏。再如历经数朝的北魏"华林园"，园中大海名"天渊池"，池中筑"九华台"和"蓬莱山"。在海的西南后来筑有"景阳山"，山与池的关系，缺乏有机的联系，见第三章"洛阳华林园"一节的分析。

华林园的池与山，并非同时建造，天渊池及池中的九华台，是曹魏时文帝曹丕所建，而景阳山则是十多年以后，魏明帝曹叡所筑。是否可以说明，魏文帝曹丕建华林时，就是以天渊池为中心，也是园的主体，并没有考虑要筑山的话，加之池与园外活水相通，采用地下石窦的情况，可以肯定天渊池为规整的矩形，文石为岸，围以雕刻精美的栏楯。

如按上述分析推论，这是合乎造园历史发展事实的话，为什么自魏晋南北朝以来直到唐宋，这千余年间，皇家园林中理水，多采用**方塘石洫，栏楯雕饰**的凿池方式呢？

我认为，这个问题不难理解，我们可以将魏晋至唐宋的千余年间，看做中国造园史上的**模写山水时期**，实际上模写的只有山没有水，而且是名胜之山。所谓"名山大川"，名胜之山无不伴以江河等大川。山，是静态的，岩崖涧壑等形态，不论如何复杂奇绝，都可以模写；水，是动态的，且水无定形，一泻千里的江河，烟波浩淼的湖泊，不能模写使其再现于园林之中。正由于水无定形，造园者就可按照人的意愿规划其形，通过水面形状、大小、位置、经营，表示一定的意思。

所谓"模写"，即绘画六法中的**"传移模写"**也。三度空间的造园与两度空间的绘画不同，对自然山水的模写，要受造园空间的限制，园林造景，只能模写自然之山，而不能模写自然之水。由此我们可以总结出，中国造园史上的一个重要现象，即：**自魏晋至唐宋，皇家园林采用"模写自然造山，人工规划理水"，是漫长历史时期造园的重要特征。**

换言之，这种山与水的不统一，正因采用模写式的造园方法，形成在园林空间制约下的必然结果。这就是说，园林山水的创造，不再受造园空间的限制了，如论画者云：**"山得水而活"，"水得山而媚"**，山与水有机地结合在一起，才能构成一个统一的、和谐完美的整体。这就需要在造园的创作思想方法上进行变革，由**模写转化为写意**才能完成。

模写与写意

这里所说的"模写"和"写意"，是借用中国绘画艺术的概念。"模写"即南朝齐谢赫《古画品录》中提出的绘画六法之六"传移模写是也"。也就是今天所说的临摹、写生。"写意"的概念，往往有不尽相同的认识，不能用"以意写之"简单化。清初画家恽寿平（1633～1690）在《南田论画》中曾提出：

> 宋人谓能到古人不用心处，又曰写意画，两语最微，而又最能误人。不知如何用心，方到古人不用心处；不知如何用意，乃为写意。⑦⑥

恽南田虽没有正面回答何谓写意，但却说明到清代对"写意"还有不同的理解。所谓写意与模写的不同，概言之，就在于写意不是客观具体事物的**再现**，而是借笔墨以**表现**画家的思想感情，在形象创作上求**神似**，而不求**形似**。所谓不求形似，并非任意涂抹，而是画家在深刻观察、把握对象的基础上进行高度的提炼和概括。同时还要有精湛的笔墨技巧，才能在神似中见形似，"一勺水亦有曲处，一片石亦有深处。"表现出画家的品格、情操和精神。

现将清代画家有关写意画的见解摘其要者录之如下：

> 写意画落笔须简净，布局布景，务须笔有尽而意无穷。⑦⑦
>
> 画以简为贵，简之入微，则洗尽沉滓，独存孤回，烟鬟翠黛，敛容而退矣。⑦⑧
>
> 妙在平淡，而奇不能过也；妙在浅近，而远不能过也；妙在一水一石，而千崖万壑不能过也；妙在一笔，而众家服习不能过也。⑦⑨

写意画讲究以简练的构图，取得丰富的意境；以精炼的笔墨，获得无穷的意趣。是以少总多，寓全于不全之中，寓无限于有限之内，画中有诗的一种创作。

园林山水景境的创作，与画理是相通的，如后世写意之山，将山的整体寓于山麓的局部形象之中；使广阔无限之水，寓于有限的池沼之内。若能如此，当然需要有相应的技巧和手法才行。既然是写意，像艮岳那样重岩叠嶂的景象是不可能了，山的典型形象像"峰"，则是充分发挥太湖石的审美价值，取上大下小具飞舞欲举之势者，给人以**"一峰（石）则太华千寻"**之感，体现山峰的崇高精神。

第三节　北宋的私家园林

在"重文轻武"的宋代，文化的氛围很浓，宋徽宗政治上昏庸无能，艺术上的造诣颇深，他书画兼长，元代汤垕评论云："徽宗性嗜画，作花鸟、山石、人物入妙品，作墨花墨石间有入神品者。历代帝王能画者，至徽宗可谓尽意。"[30]在皇帝的倡导和鼓励下，皇室宗亲中不少人"皆得丹青之妙"。而宋代绘画艺术对细节的忠实和诗意的追求，反映了统治阶级在宴平耽乐、闲情逸致的生活中培养发展起来的审美思想和趣味。追求诗意的美学思想，对审美对象细致入微的观察方式，必然引起人们对审美对象更高的审美要求，从而促进了对观赏性动植物的培育的发展。如我国珍贵的特产金鱼，宋代在嘉兴已饲养观赏用金色鲫鱼的记载，经九百余年的家化和人工选育，已培育出世界上最美丽的金鱼。

宋代也是历史上园艺兴旺发达的时代，不仅在民间已有莳花为业者，寺庙中的僧人，这些游离于社会生产之外者，也非常热衷于奇花异卉的栽培。李格非《洛阳名园记》云："僧坊以清净，化度群品，而乃斥余事，种植灌溉，夺造化之工，与王公大姓相轧。"[31]

宋时洛阳牡丹已名冠天下，据欧阳修《洛阳牡丹品序》中说，洛阳牡丹名凡九十余种。到南宋诗人陆游的《天彭牡丹花品序》，记牡丹花品已近百品。不止花卉如此，果木品种的培养也很发达，蔡襄于宋仁宗嘉祐四年（1059）著有《蔡襄荔枝谱》；同时期，有王观《芍药谱》、陈思《海棠谱》。南宋吴仁杰著有《离骚草木疏》、范成大著有《菊谱》、《梅谱》等等，可见宋代园艺之发达了。

园林与园艺，在造园艺术中是相互促进而相得益彰的。花木与之园林，犹如毛发之与人体，园林无草木不成为景，更不能造成有益于身心的环境。造园艺术的发展，是同文化艺术所赖以发展的社会条件有密切的联系，如张琰在《洛阳名园记·序》中所说：

> 夫洛阳帝王东西宅，为天下之中土。圭日影得阴阳之和，嵩少瀍间钟山水之秀，名公大人为冠冕之望，天匠地孕为花卉之奇。加以富贵利达，优游闲暇之士，配造物而相妩媚，争妍竞巧于鼎新革故之际，馆榭池台，

风俗之习，岁时嬉游，声诗之播扬，图画之传写，古今华夏莫比。[32]

宋代花卉园艺兴盛，出现了专业种植各种观赏植物的园圃。据《洛阳名园记》所载，属于这一类的园子，就有天王院花园子、李氏仁丰园、归仁园等。以下各园文字中凡引《洛阳名园记》中者，均不再一一注出。

天王院花园子

这是洛阳花农们专业生产牡丹的花圃，园中"盖无它池亭，独有牡丹数十万本，凡城中赖花以生者，毕家于此"。这是面积很大的园圃，李格非把它列入洛阳名园之一，因为它不仅是花卉的商品生产基地，还具有一定的娱游性质。"至花时，张幙幄、列布肆、管弦其中，城中士女，绝烟火游之。"这种景象，有如唐代修禊日，男女倾城而出，到曲江春游的盛况。对花农而言，是牡丹花的现场展销会，游人嬉集，十分热闹。其中名贵品种，如姚黄、魏紫一枝价值千钱，甚至姚黄有价无售。牡丹的品名很多，"姚黄"者"花千叶，出民间姚氏家，一岁不过数朵"；"魏紫"，"千叶肉红，略有粉梢，出（宋初）魏丞相仁溥之家，树高不过四尺，花高五六寸、阔三四寸，叶至七百余"[33]。魏紫一名"宝楼台"。苏轼《牡丹记序》云："盖此花见重于世三百余年，**穷妖极丽**，以擅天下之观美。而近岁尤复变态百出，务为新奇以追逐时好者，不可胜纪。"可见宋代培植牡丹之盛，故"洛中花甚多种，而独牡丹曰花王"。

但"过花时，则复为丘墟，破垣遗灶相望矣"。说明"天王院花园子"只是莳花的园圃，没有任何娱游设施，而称为**"花园"**。在中国造园学中，"花园"与"园林"有本质的不同，花园，就是指专门种植花卉的园圃，与"果园"、"菜园"等生产园地是同一概念。

李氏仁丰园

这是一所私人的花园，格非对此园记述十分简略，只说在仁丰园中，"洛中花木无不有，有四并、迎翠、濯缨、观德、超然五亭。"并把当时的园艺与唐代的作了比较：

> 李卫公有《平泉花木记》，百余种耳。今洛阳良工巧匠，批红判白，接以它木，与造化争妙，故岁岁益奇且广。桃李梅杏莲菊，各数十种；牡丹芍药，至百余种。而又远方奇卉，如紫兰茉莉琼花山茶之俦，号为难种，

独植之洛阳，辄与其土产无异。故洛中园圃，花木有至千种者。

李卫公，是唐朝的宰相李德裕，他在洛阳伊阙南置有"平泉别墅"，著有《平泉山居草木记》，记别墅中的花木有百余种。而宋代洛阳的园圃中已有花木千余种了。李氏仁丰园，既言其"洛中花木无不有"，园中还建有五座观赏休憩的亭子，看来是座面积很大的花园。

归　仁　园

园在归仁坊，是以坊为园名。"园尽此一坊，广轮皆里余"。在洛阳外城河南诸大园池中之最大者。归仁园，在唐代原是宰相牛僧孺的宅园，建于开成二年 (837)，他任东都尚书省事和东都留守期间。当时情况是："嘉木怪石，置之阶庭，馆宇清华，竹木幽邃，常与诗人白居易吟咏其间。"[84]时隔二百年以后，李格非记此园，名虽依旧，已面目全非，园中除有亭以外，都是种植的花木。如"北有牡丹芍药千株，中有竹百亩，南有桃李弥望"。而旧时的楼馆亭宇，早已荡然不存。唐时的繁华盛况，已是荆棘铜驼，腥膻伊洛，宫室苑囿，园池亭榭，"化而为灰烬，与唐共灭而俱亡者，无余处矣！"所谓"洛阳园池，多因隋唐之旧"，多是在废园的旧址上重建，《洛阳名园记》所记，令人有"问姓惊初见，称名忆旧容"之感，已不见唐时园林旧貌了。

归仁园和李氏仁丰园，可以说是私人的花园，天王院花园子，是花卉的生产园地，在花期时有临时性供人观赏娱游的性质。这种园圃，到南宋时，在都城杭州的近郊很多，如《梦粱录》云："钱塘门外溜水桥东西马塍诸圃，皆植怪松异桧，四时奇花，精巧窠儿，多为龙蟠凤舞飞禽走兽之状，每日市于都城，好事者多买之，以备观赏也。"[85]

吴自牧《梦粱录》所记与《洛阳名园记》有两点值得注意，一、不是一个大的花卉生产园地，而云："诸圃"，说明城市经济的南宋杭州较北宋的洛阳有了进一步发展。人口的增加，花农们已不可能集中一处，取得成片的土地，花农们各自分散经营花卉的生产。二、不止是花卉品种培植，而是向盆栽艺术发展。

盆栽艺术　盆栽，据云是唐人开其端，"王维以黄瓷斗贮兰蕙，养以绮石，累年弥盛。"[86]宋代的品类就更多了，宋孝宗赵昚喜用瓦盆栽荷；苏轼、苏辙、陆游则赏心于菖蒲，并配以绮石。树石盆景则喜雕塑其形态，既有花农们龙蟠凤舞的加工，亦有文人取自天然的树桩，南宋王十朋记其事。[87]元代高僧韫上人，提倡取法自然而具画意，称"些子景"，使盆景艺术进入更高的美学境界。尤其是山水树石盆景，正因其小，只能是写意式，显然对后世写意山水园的发展带来有益的影响。

除上述以观赏植物为主的三个园子外，《洛阳名园记》还记有名园 17 座，可以代表宋代私家园林的状况，下面先分别简述，然后再综合加以分析。

松　岛

是以古松著名的园，所谓"松岛"者，"数百年松也"。在园的东南隅"双松尤奇"，故李格非云："在他郡尚无有，而洛阳独以其松名"。松岛原为唐代袁象先园，这些古松多半为唐代遗存。此园除以松为景，"茸亭榭池沼，植竹木其旁"外，大体布局：

> 南筑台，北构堂，东北曰道院，又东有池，池前后为亭临之。自东大渠引水注园中，清泉细流，涓涓无不通处。

园分两区，东以池为主体，临池前后建亭。西部可能古松荟翠，以松为胜，"茸亭榭池沼，植竹木其旁"，所以只说"南筑台，北构堂"，并非无建筑和景物也。

苗　帅　园

是节度使苗侯的宅园，原是宋初开宝年间 (968~975) 宰相王溥故园，已有百年以上历史。园中原有竹木尚存，故李格非说此园"景色皆苍老"。"园故有七叶二树，对峙高百尺，春夏望之如山然"，有堂建其北。有"竹万余竿，皆大满二三围，疏筠琅玕，如碧玉椽"，其南则构有亭。树与竹在园中的位置，可从下面一段文字见其大概：

> 东有水，自伊水派来，可浮十石舟，今创亭压其溪。有大松七，今引水绕之。有池宜莲荇，今创水轩，板出水上。对轩有桥亭，制度甚雄侈。然此犹未尽得王丞相故园。

此园大体上也是分东西两部分，东部以水为脉，引伊水成溪，溪面宽阔，可行十石舟 (60公斤为一石)，有亭枕溪。溪流曲折，绕七株古松而过，复汇为池。临池筑水轩，挑出水面之上。对轩有桥，桥上构亭，虹桥翼亭，檐宇雄飞，十分华丽。西部以竹林为主，竹大二三围，按两手拇指食指合拢成圆为"围"，竹相当粗大了，竹杪排虚，竹林之南建亭。有七叶树二株，七叶树是落叶乔木，高百尺，故云：春夏望之如山，树北有堂可赏其胜。

苗帅园占地较广，植物所占的地面较大，整个空间布局，是东面池水，西面竹林。如清代陈淏子在《花镜》中所说："设若左有茂林，右必留旷野以疏之。"⑧园中建筑不多，而颇有创新，如桥与亭的结合，"桥亭"这一特殊形式，是我所见最早的文字记录了。在造园手法上，临池水轩，"板出水上"，水如出轩下的做法，也是前所未见的。

丛 春 园

是以乔木成林的一座园林，其特点是："乔木森然，桐、梓、桧、柏，皆就行列。"值得注意的是"皆就行列"四个字，中国园林绿化，力求自然，独此园采取行列整齐的种植，在《洛阳名园记》中也仅此一例。有人据记中"今门下侍郎安公买于尹氏"这句话推测，丛春园原先可能是苗圃，因久未移植，长成高大的乔木林，归安公后改建成园。此说很有道理。从园内丛春亭，"北可望洛水"，说明园在洛水之南，洛阳的南郊。据记：

> 丛春园中，"其大亭有丛春亭，高亭有先春亭。丛春亭出荼蘼架上，北可望洛水，盖洛水自西汹涌奔激而东，天津桥者，叠石为之，直力潏其怒，而纳之于洪下。洪下皆大石，底于水争，喷薄成霜雪，声闻数十里。"

全园只一大亭一高亭，先春亭既称高亭，当然是建在高处之亭。丛春亭不仅称其大，而且高出荼蘼架之上，登亭北望，可见汹涌奔腾的洛水，此亭也应建在高处。但未说园中有山，那么，亭是建在什么上面的呢？从《宋史·地理志》所载后宫苑有"筑土植杏，名杏岗，覆茅为亭，修竹万竿，引流其下"的造景，可以想见，丛春园也多半是筑土成岗，岗前有荼蘼架，故云："丛春亭出荼蘼架上"。因土筑之岗，而不称之为山。

丛春园只有两个亭子，别无其他建筑，可见园主对多年大树不忍砍伐，如明代造园家计成所说：**"雕栋飞楹易构，荫槐挺玉成难"**，何况苍松翠柏，成材不易。森然乔林，本有幽境，多建堂馆，势必大量砍伐，非因地制宜之法。满园林木，则幽邃荫郁有余，而疏空阳和不足，林中辟地加以疏通，筑土建亭出水末之上，供休憩，可登眺，可扩展视野，借园外景色。利用高差，潏水喷薄有声，有**水鸣林更幽**的意境。

董氏西园

《洛阳名园记》开头就说："董氏西园，亭台花木不为行列。"对此园的评价是："此山林之乐，而洛阳城中遂得之于此。"说明李氏和时人，并不赞赏"丛春园"林木"皆就行列"的形式，崇尚自然的传统造园思想。西园的概况：

> 自南门入，有堂相望者三。稍西一堂，在大地间。逾小桥，有高台一，又西一堂，竹环之，中有石芙蓉，水自其花间涌出，开轩窗四面甚敞，盛夏燠暑，不见畏日；清风忽来，留而不去；幽禽静鸣，各夸得意。此山林之景，而洛阳城中遂得之于此。小路抵池，池南有堂，面高亭，堂虽不宏大，而屈曲甚邃，游者至此，往往相失，岂前世所谓迷楼者类也。

这段文字简略而少逻辑性，且有讹误，不加分析，很难读懂，如进门后，"稍西一堂"，"又西一堂"看，只有园门在东南角，即园的景物都在园门的西边才能如此。在"稍西一堂"后的"在大地间"，大地，是指整个地面，用"大地"一词不通。地，显然是"池"之误。实际上是"稍西一堂"在池之东，可称东堂，"又西一堂"在池之西，可称西堂，加之"池南有堂"，才符合开头"有堂相望者三"的说法。

如"在大池间"，是池在东、西堂之间的话，则句中的"逾小桥，有高台一"，仍然不好理解。这小桥不可能跨越在池上，在什么地方呢？从规划设想，比较合理的方案，是在东堂之后，池水向东引流成溪，在水口处架小桥，"逾小桥"后，临池有座高台。因池西是大片竹林，池东只有一座厅堂也太单调，堂后水边高台耸立，台上是否有楼观则不得而知，景观要丰富得多。池北，未说有任何景物，看来已靠园墙，"但垂杨蘸水，烟草铺堤"了。

池西是大片竹林，堂在幽篁深处，并有石雕芙蓉涌泉等小品，景色清幽，故云："开轩窗四面甚敞，盛夏燠暑，不见畏日；清风忽来，留而不去；幽禽静鸣，各夸得意。"而具山林之胜。

池之南云："池南有堂，面高亭"，所谓"面高亭"，是说堂与亭相对，且距离较近。在无叠石为山的宋代，多半是沿园的南墙，筑土为岗，岗的高处建亭了。池南之堂，"虽不宏大，而屈曲甚邃"。说明堂非轩昂宏敞的厅堂，而是多间连续，平面较复杂，迷楼似的建筑，虽称之为"堂"，不是园的主体建筑。

据文字和设想，大致可勾画出园的布局概况。董氏西园，其地形可能为东西长，而南北短的矩形。园以池为中心，因园门在东南角，池偏东靠北，池东之堂为园的主体建筑，有台临水；池西是大片竹林，有堂建于修篁之中；池南有迷楼式建筑，面对岗上之亭；池北无屋宇，沿岸植柳，绿草如茵而已。

董氏东园

东、西二园均为洛阳富民董氏所有，东园原园主宴游之所，醉不能归，"有堂可居"。李格非记此园时，董氏已败，园已"芜坏不治"，园的南部都是些毁坏房屋的遗址了。东园是以水著称者，据记：

> 西有大池，中为堂，榜之曰含碧。水四面喷泻池中，而阴出之，故朝夕如飞瀑，而池不溢。洛人盛醉者，走登其堂辄醒，故俗目曰醒酒池。

东园在水景的意匠上，确有独到之处，大池中建有含碧堂，有"水四面喷泻池中"，水应是从高出池面的堂基四面喷泻池中，喷泻池中而能"朝夕如飞瀑"，水需要很大的压力，园已荒废，而喷水如故，显然水有很大的自然压差。从丛春园的记述："盖洛水自西汹涌奔激而东"，"力潴其怒"，水能喷薄如霜雪。可能东园在洛水下游，地势低洼，如力潴其怒，逼导于含碧堂下，水从四面喷泻而出如飞瀑，是很有可能的。若如此，这种利用自然，少费人工的水景设计，是足资借鉴的。

东园除池、堂而外，还存"流杯、寸碧二亭尚好"，但未明其位置。北向的园门之内，"有栝可十围，实小如松实，而甘香过之"。按《广群芳谱》云："栝子松俗名剔牙松，岁久亦生实。"亦说松叶"三针者为栝子松，七针者为果松"⑧。

环　溪

王开府宅园，园之所以名"环溪"者，如《记》云："洁华亭者，南临也，池左右翼而北过凉榭，复汇为大池，周围如环，故云然也。"此园是以水的规划特点为名的，南有池，北有大池，两池间左右通连，形成环状水系，洁华亭在池南，而凉榭则在两池之间。据云："凉榭、锦厅，其下可坐数百人，宏大壮丽，洛中无逾者。"环溪园不仅有宏大的厅堂，而且有高耸的楼台，据记：

> 榭南有多景楼，以南望，则嵩高、少室、龙门、大谷，层峰翠巘，毕效奇于前。榭北有风月台，以北望，则隋唐宫阙楼殿，千门万户，岩峣璀璨，延亘十余里。凡左太冲十余年极力而赋者，可瞥目而尽也。

左太冲极力而赋者，是指西晋文学家左思（约250～约305），构思十年写成的《三都赋》。是说台上借景，可尽览洛阳城内的宫殿。园内景物位置，只有南北，而未见东西有何景物，园的地形可能为南北长轴的矩形，由于园占地很广，园中植有"松、桧、花木千株，皆品别种列，除其中为岛坞，使可张幄次，各待其盛而赏之"。花木都是按品种分别集中种植，并在花木丛林中辟出空地，也就是"岛坞"，用作张幄幄，供观赏的地方。这种野游式的观赏方式，在唐代的曲江已很风行，宋代的私家园林中仍保持了这种风俗习惯，这对探讨宋代园林的性质来说是值得重视的资料。

东　园

是宋太师文彦博园，园在住宅的东面，相距约0.5公里路，是个水景园。据记：

> 园"地薄城东，水渺弥甚广，泛舟游者，如在江湖间也。渊映、瀍水二堂，宛宛在水中。湘肤、药圃二堂，间列水石。"

从这简短记述说明，此园主要是利用自然的水面，稍加建筑而成。堂名"药圃"，不一定园中有药用植物园圃。"药"，楚辞中指香草"芷"，清幽高洁，表示人格之雅洁，避世脱俗之意。堂前"间列水石"，石，多半是作为独立观赏的湖石之类。

水北、胡氏园

水北、胡氏是两个园，仅"相距十许步"，在洛阳城外北邙山脚下，临瀍水。该园利用沿河堤岸，掘两个土室，"深百余尺"，"开轩窗以临水上，水清浅则鸣潄，湍瀑则奔驰，皆可喜也"。实际上，这是以窑洞建筑入园，虽可作赏河流之境，它本身不能成景。园的景区都在这两个土室的东面，且"林木荟蔚"，亭台楼榭颇多，规模也很大。大概难以记述，所以李格非只作了概括性的描述说：

> 有亭榭花木，率在二室之东，凡登览徜徉，俯瞰而峭绝，天授地设，不待人力而巧者，洛阳独有此园耳。但其亭台之名，皆不足载，载之且乱。

这两个园，是利用北邙山麓的自然地形地势修建的园林。从记中所举的例子说："有庵在松桧藤葛之中，辟旁牖，则台之所见，亦毕陈于前。避松桧，搴藤葛，的然与人目相会，而名之曰学古庵。"说明造园者很重视户牖的视学景观，并在建筑位置经营上，下过一翻"屏俗收嘉"的功夫。

湖　园

原是唐代宰相裴度在集贤里所建，是李格非在《洛阳名园记》中，最为推崇的园林。《旧唐书·裴度传》记到此园十分简约，录之以作对比：

> 东都立第于集贤里，筑山穿池，竹木丛萃，有风亭水榭，梯桥架阁，岛屿回环，极都城之胜概。⑨

《洛阳名园记》云：

> 园中有湖，湖中有堂，曰百花洲，名盖旧堂盖新也。湖之大堂，曰四并堂，名盖不足胜盖有余也。其四达而当东西之蹊者，桂堂也。截然出于湖之右也，迎晖亭也。过横池，披林莽，循曲径，而后得者，梅台、知止庵也。自竹径，望之超然，登之修然者，环翠亭也。眇眇重邃，犹擅花卉之盛，而前据池亭之胜者，翠樾轩也。其大略如此。

园中的山水树石，唐时旧貌尚存，建筑名虽旧有，均为宋代新构。湖园，在"极都城之胜概"的唐人园林基础上修建，湖水、林莽、修竹若尚存，无需更多人力，自然古木繁花。湖园之胜，李格非在《洛阳名园记》开头有指出：

> 洛人云，园圃之胜，不能相兼者六：**务宏大者少幽邃，人力胜者少苍古，多水泉者难眺望，**兼此六者惟湖园而已。余尝游之，信然。

从湖园的总体布局看，基本上也是由两大景区组成，即以湖为主体的爽朗而开阔的景区，和竹树密茂而幽邃的景区。水景区，湖是构图中心，水面较大，采用了传统的水中筑岛屿，其上建厅堂的手法。水中的这一块陆地，可能种有各种花卉，故名堂为百花洲。湖的北面，面湖南向，最大的建筑"四并堂"，当是园中的主体建筑。所谓"其四达而当东西之蹊"的桂堂，也就是四并堂前沿湖东西横道一端的对景建筑。迎晖亭"截然出于湖之右"，与百花洲、四并堂，三者鼎足而列，隔水相望。远眺近览，天光水色，浮空泛影，空间开朗而不寥旷。

竹林区。知止庵，若是单体建筑，而名之为"庵"，多半是圆形的茅舍，隐于密林深处，"过横池、披林莽、循曲折"，方能到此幽境。循竹林曲径途中，抬头可见有亭翼然，独出幽篁之上者，立于高岗之环翠亭也，"望之超然，登之修然"也。翠樾轩，建于花圃之中，故云"犹擅花卉之盛"。翠樾轩离湖较远，极目远眺，眇眇重邃，湖光亭影，隐约可见，地虽幽僻，却不隔于景区之外，这种手法颇能引人入胜。湖园如记所赞，是既宏大而又幽邃，人力虽工而林木苍古，水面广阔而擅于眺望。

富郑公园

是宋仁宗朝宰相富弼的宅园，"洛阳园池，多因隋唐之旧，独富郑公园，最为近辟，而景物最胜。"正由于非因唐之旧，更具有宋代造园的特点。《洛阳名园记》对此园的记述也较详，记云：

> 游者自其第，东出探春亭，登四景堂，则一园之景胜，可顾览而得。南渡通津桥，上方流亭，望紫筠堂，而还。右旋，花木中有百余步，走荫樾亭，赏幽谷，抵重波轩而止。直北走土筠洞，自此入大竹中。……稍南有梅台，又南有天光台，台出竹木之杪。遵洞之南，而东还，有卧云堂，堂与四景堂并南北，右左二山，背压通流，凡坐此则一园之胜，可拥而有也。

从游者自其第东出，园是在宅的东面。入园须从探春亭出来，显然探春亭是建在园门上的亭，或者是半亭。进园后的第一个景点，是四景堂，登堂"可顾览而得"一园之胜，应是园的主体建筑。四景堂的位置，从"顾览"的回头观望，然后一直向北到卧云堂，"堂与四景堂并南北"，说明四景堂在南，靠近园门，卧云堂在北，而且两堂"并"立，即在一条轴线上，南北对位；也有卧云堂与四景堂体量相等，同样重要之意。

由四景堂"南渡通津桥，上方流亭"，亭既云上，亭当建于高处。从亭名"方流"，可能是建在拱桥顶上的方亭也。就是说，登上通津桥顶的方流亭，可以看到紫筠堂。堂名"紫筠"，堂在紫竹的环境中。紫竹，据《广群芳谱》："紫竹，其茎如染，出青城峨眉山，可作笙竽箫管。然生二年色乃变，三年而紫。"[91]这是南部景区的大致情况。

下方流亭，再返回到四景堂，"右旋"，面南而右旋，向西沿探春亭一侧，行百余步，花木中有荫樾亭、赏幽台，而抵重波轩。重波轩大概是临水建筑，这是园的西部景物。由此往北直走，经过土筠洞，就进入一片高大的竹林了。

所谓"土筠洞"，并非土石构筑之洞，"凡谓之洞者，皆斩竹丈许，引流穿之，而径其上"。这引入竹林的溪上之径，如何构筑，语焉不详。但从洞名曰土筊、水筊、石筊、榭筊的字意，形式不一。设想：有可能架水覆土，或构石为窦，或编竹其上而见水流，或结竹梢如宇于径上，总之是个独出心裁的设计。斫竹为洞，非始于宋，早在二百多年前唐代文学家韩愈 (768~824) 就有《竹洞》诗曰：

> 竹洞何年有，
> 公初斫竹开。
> 洞门无锁钥，
> 俗客不曾来。

看来唐宋时人喜大片种竹，故有斫竹为洞之作。竹林中共有四个竹洞："横为洞一，曰土筊"。这是横跨南北流径上的竹洞，是入竹林的门户；纵为三洞，南北向跨干流径上的三个洞，说明洞穿的流径，是向北而东，可见这一片竹林的位置，在园的西北部。清代陈淏子《花镜》中说："其（竹）性喜向东南，移植须向西北角，方能满林。"[92]可证。

穿过四个竹洞之后，北面"有五亭，错列竹中，曰丛玉、曰披风、曰漪岚、曰夹竹、曰兼山"在四洞之北，这已是园的北部了。在五亭稍南有梅台，又南有天光台，"台出竹木之杪"。从"遵洞之南，而东还，有卧云堂"分析，不论是亭是洞，向南都是由北向南，到南面的梅台、天光台后，再从东面回到卧云堂，说明梅台、天光台已是在园的东部。在卧云堂与四景堂相望，"右左二山，背压通流"，一园之胜可尽收眼底，至此不禁令人豁然、恍然，在卧云堂与四景堂之间者，洋洋乎一池清水也。而高出竹木之杪的天光台，显然是在左边临水的山上了。

据记，此园的亭台花木，均出自园主富弼的"目营心匠，故逶迤衡直，闿爽深密，皆曲有奥思"。富弼于宋仁宗至和初 (1054) 与文彦博同时称相，后因反对王安石变法，还政归第，"燕息此园几二十年"。宋代的公卿显贵们，虽有较高的文化修养，但政治上大多庸禄无为。故李格非记后，搁笔长叹："呜呼！公卿大夫方进于朝，放乎一己之私自为，而忘天下之治忽，欲退享此乐，得乎？唐之末路是矣！"可谓知言哉。

赵韩王园、紫金台张氏园、大字寺园、吕文穆园，《洛阳名园记》中记述非常简略，只知有其园而已。如：

赵韩王园

赵韩王园，是宋初宰相赵普的宅园，韩王是赵普死后宋真宗咸平初所追封，此园是皇帝于"国初诏将作营治"。赵普死后，他的子孙都住在京师开封，"故园池亦以扃钥为常"。大概李格非当时不得其门而入，所以园的情况也就无法记述了。

紫金台张氏园

张氏园"自东园并城而北"，东园是指文潞公（文彦博）园，即同东园近城墉而北。《洛阳名园记》只说："张氏园亦绕水而富竹木，有亭四。"是以水为主的园，园内建筑有四座亭子。

大字寺园

原为唐诗人白居易在履道坊的宅园，即乐天所说："五亩之宅，十亩之园，有水一池，有竹千竿是也。今张氏得其半，名会隐园，水竹尚甲洛阳。"虽水竹依旧，但建筑全非了。所谓"其水其木，至今犹存，而曰堂曰亭者，无仿佛矣"。

吕文穆园

吕文穆是宋宰相吕蒙正，自淳化至咸平年间（990～1003），即宋太宗至真宗朝三次入相。富弼少年时曾得到他的赏识和培养。此园是吕蒙正在洛阳的宅园，位于城南伊水上游，"木茂而竹盛，有亭三，一在池中，二在池外，桥跨池上相属也"。《宋史·吕蒙正传》亦云："蒙正至洛，有园亭花木，日与亲旧宴会，子孙环列，迭奉寿觞，怡然自得。"[33]

《洛阳名园记》记名园共20座，水北、胡氏园是两座，为便于比较，以上18座园林，从内容与所记的繁简，大体上做了归纳介绍。其余刘氏园和独乐园，均有与前诸园不同的特点，可从中窥得宋代私家园林的变化与发展情况，故置篇末稍作讨论。

刘　氏　园

刘氏园，是《洛阳名园记》中惟一以建筑著称的园林。刘氏园建筑尺度宜人，"凉堂高卑，制度适惬可人意。有知木经者见之，且云：近世建筑率务峻立，故居者不便而易坏，惟此堂正与法合"。说明李格非作《洛阳名园记》时，李诚的《营造法式》尚未问世。唐代建筑崇尚宏大壮丽之风，在宋初的私家园林中还很盛行。如赵韩王园的"高亭大榭"、环溪的"凉榭锦厅"，"其下可坐数百人，宏大壮丽，洛中无逾者"，就是苗帅园里的桥亭，也是"制度甚雄侈"。

洛阳名园中的建筑类型，用得多的除亭子以外，就是大体量的厅堂。堂是园林中的主体建筑，刘氏园的凉堂，能不务宏大竣立，尺度高卑宜人，因而为人所称道，也反映出当时的造园思想，已不崇尚宏大壮丽的厅堂，而趋向于合乎法度，高卑适惬宜人的做法。

刘氏园最大特点，是在建筑的空间意匠方面，打破了以往用单体建筑散点式布置方式，采用楼、堂、廊庑等多种建筑形式组合成庭院的空间模式，如《记》云："西南有台一区，尤工致，方十许丈，而楼横堂列，廊庑回缭，栏楯周接。"而被洛阳人誉为刘氏园特有的景观。可见，在此之前庭院式建筑还未用于私家园林中。

独 乐 园

是北宋著名史学家司马光 (1019～1086) 的园林，"司马温公 (谥号) 在洛自号迂叟，谓其园曰独乐园"。李格非在《洛阳名园记》中，对独乐园的特点，用一个"小"字来概括说：

> 其曰读书堂者，数十椽屋。浇花亭者益小，弄水、种竹轩者犹小，曰见山台者，高不逾寻丈，曰钓鱼庵、曰采药圃者，又特结竹杪落蕃蔓草为之尔。

明代计成在其造园学名著《园冶》中，提到独乐园时说："五亩何拘，且效温公之独乐。"将其作为小空间造园的典范，可见独乐园对后世造园艺术的影响。李格非则认为独乐园之"所以为人欣慕者，不在于园耳"，而是由于"温公自为之序，诸亭台诗颇行于世"的缘故。这是表象，并非事实，园林创造的景境，与人的观赏方式、造园空间的大小，在意匠和手法上是不同的。独乐园不同时尚的做法，正反映了园林发展的趋向。好在《独乐园序》文字不多，全文录之以便分析研究。序曰：

> 孟子曰："独乐乐，不如与人乐乐；与少乐乐，不如与众乐乐。"此王公大人之乐，非贫贱者所及也。孔子曰："饭蔬食饮水，曲肱而枕之，乐在

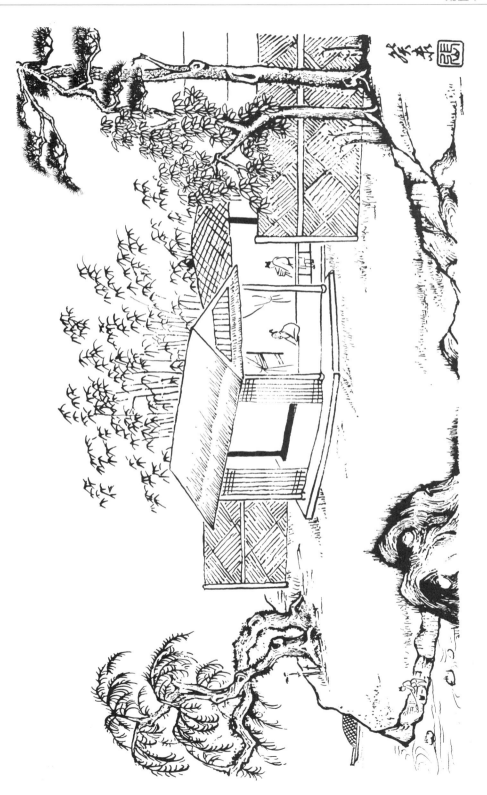

图5-5 明代文徵明画《司马光独乐园图》局部（摹写）

其中"；颜子"一箪食，一瓢饮，不改其乐"。此圣贤之乐，非愚者所及也。若夫鹪鹩巢林，不过一枝，鼹鼠饮河，不过满腹，各尽其分而安之，此乃迂叟之所乐也。

熙宁四年(1071)，迂叟始家洛，六年(1073)，买田二十亩于尊贤坊北阙，以为园。其中为堂，聚书五十卷，命之曰"读书堂"。堂南有屋一区，引水北流，贯宇下。中央为沼，方深各三尺，疏水为五派，注沼中，状若虎爪。自沼北伏流出北阶，悬注庭下，若象鼻。自是分而为二渠，绕庭四隅，会于西北而出，命之曰"弄水轩"。堂北为沼，中央有岛，岛上植竹，圆周三丈，状若玉玦，揽结其杪，如渔人之庐，命之曰"钓鱼庵"。沼北横屋六楹，厚其墉茨，以御烈日；开户东出，南北列轩牖，以延凉飔；前后多植美竹，为清暑之所，命之曰"种竹斋"。沼东治地为百有二十畦，杂莳草药，办其各物而揭之；畦北植竹，方经丈，状若棋局，屈其杪，交相掩以为屋。植竹于其前，夹道如步廊，皆以蔓药覆之。四周植木药为藩援，命之曰"采药圃"。圃南为六栏，芍药、牡丹、杂花，各居其二。每种只植两本，识其名状而已，不求多也。栏北为亭，命之曰"浇花亭"。洛城距山不远，而林深茂密，常若不得见，乃于园中筑台，作屋其上，以望万安、辗转，至于太室，命之曰"见山台"。

迂叟平日多处堂中读书，上师圣人，下友群贤，窥仁义之原，探礼乐之绪。自未始有形之前，暨四达无穷之外，事物之理，举集目前，所病者学之未至，夫又何求于人，何待于外哉？意倦体疲，则投竿取鱼，执衽采药，决渠灌花，操斧剖竹，灌热盥手，临高纵目，逍遥徜徉，唯意所适，明月时至，清风自来，行无所牵，止无所柅，耳目肺肠，悉为己有。踽踽焉，洋洋焉，不知天壤之间，复有何乐可以代此也。因合而命之，曰"独乐园"。

或咎迂叟曰："吾闻君子所乐，必与人共之。今吾子独取足于己，不以及人，其可乎？"迂叟谢曰："叟愚，何得比君子？自乐恐不足，安能及人？况叟之所乐者，薄陋鄙野，皆世之所弃也，虽推以与人，人且不取，岂得强之乎？必也有人肯同此乐，则再拜而献之矣，安敢专之哉？"[94]

独乐园，是司马光于宋神宗熙宁六年(1073)所建，园在洛阳尊贤坊北，占地1.33公顷(20亩)，规模并不算小，比当时的会隐园要大一倍，李格非不以会隐园小，而独言司马温公之园小，显然不是指造园空间的大小，而是指园中建筑和景物了。

从园的总体布局，独乐园并未超脱白居易的基本规划模式，以堂为主，定一园之体势;以池为中心,绕池布置景物。独乐园的主体建筑是**"读书堂"**,位在池南,可能在南面设园门。堂南,有屋一区,似为庭院组合建筑,以**"弄水轩"**为主。据司马光《张明叔兄弟雨中见过弄水轩投壶赌酒》诗:"轩前红薇开,壶下鸣泉落。"自注:"虎爪泉,上覆之以板。"这就是文中所说,中有三尺见方的小池,疏水为五派,注入池中状若虎爪的虎爪泉,泉在弄水轩前的庭院中。

堂北有沼,而沼中有岛,岛上种竹若玦,将竹梢结缚一起的庐棚,名**"钓鱼庵"**。说明这沼,即园的中心大池。池的北面,有"横屋六楹"的**"种竹斋"**。池的东面,建有**"采药圃"**、**"浇花亭"**,是种植草药和花卉的地方。采药圃也种竹方经丈,屈其杪覆以蔓药为屋的棚子。池西景物未加描写,可能空间有限。为借园外山景,筑有**"见山台"**,是否在池西不详。从见山台望见之山:万安,在寿安县,又称万寿山;辗转,即轩辕山,在永安县;太室,即嵩山,在登封县。此三山均在洛阳的东南。(见图5-5 明·文徵明画《司马光独乐园图》。)

独乐园的建筑小而且简陋,利用自然却别具匠心:利用竹的坚韧性,按需要位置种植,既作建筑的骨架,也是建筑的围护结构,然后揽结竹梢成顶,构成不同型式的建筑。如圆形"钓鱼庵",方形的"采药圃"。既无基础的土功之劳,亦无构架制作之费,很富有山林的野趣。

独乐园的建筑和景物,只看到其"小",是表象,殊不知这"小"之中,却反映了园居生活的深刻变化。单从司马光的独乐园言,在当时是个别的、偶然的例子,它完全不同于王公大人,以**"宴集"**为主要活动内容的"与众乐乐"的园林,而是作为园主个人怡养隐退"独乐乐"的居所,这同司马光的为人和经济条件有关。司马光为人"孝友忠信,恭俭正直,居处有法,动作有礼"[95]。据《宋史·司马光传》记载:

> 光于物澹然无所好,于学无所不通,惟不喜释、老,曰:"其微言不能出吾书,其诞吾不信也。"洛中有田三顷,丧妻,卖田以葬,恶衣菲食以终其身。[96]

司马光虽官至宰相,在王公大人中生活确是清贫的,所以他对"宴集"式的与众之乐,云:"非贫贱者所及也"。独乐园的建筑和景物,在公卿显贵们看来,自是"薄陋鄙野",为人所不取了。从司马光的为人禀性和生活方式看,他舍弃"宴集"式园林的时尚,而将园林作为个人"惟意所适"的生活活动环境,又具有其必然性。

司马光《独乐园七题》诗称，园中七景都是以一古人事迹命名，可见其生活的态度与向往。如：

读书堂　取西汉董仲舒"下帷讲诵"，专心好学事。"下帷"后来成了闭门读书的代辞。

钓鱼庵　取东汉初，浙江余姚人严光，字子陵，曾与刘秀同学，刘秀（光武帝）即位后，他改名隐居，后被诏至洛阳，任为谏议大夫，不受，归隐富春江渔钓。

采药圃　取自东汉韩康，字伯休，常采药名山，到长安市上出卖，三十余年口不二价。桓帝派人请他做官，遂逃入霸陵山中隐居。

见山台　取东晋大诗人陶渊明隐居《饮酒》诗句："采菊东篱下，悠然见南山"之意；亦有虽居闹市，"心远地自偏"的境界。

弄水轩　取唐文学家杜牧，字牧之，所建池州"弄水亭"名。

种竹斋　取东晋"书圣"王羲之子王徽之，字子猷，性爱竹，常说"何可一日无此君"之好。

浇花亭　则取唐白居易爱花之事。

这些古人生活，概言之，就是隐居闲逸的生活，也是后世士大夫们所向往的城市生活。质言之：

古代的私家园林，由与众乐的宴集场所，转变为独乐的闲逸生活环境，是发展方向，也是历史发展的必然。

司马光的独乐园，是一人独乐，随着社会的发展，园林成为家庭生活的有机组成部分，就由一人的独乐，发展为一家独乐了。宋代的园林包括"独乐园"在内，严格地说，只能称之谓**私人园林**。到明清时代，园林已成住宅的一部分，称为**私家园林**才比较恰当。

第四节　《洛阳名园记》的作者与北宋园林特点

一、《洛阳名园记》的作者

《洛阳名园记》一书出自何人之手？这本不应是个问题，因著者数十年来手头所用的一本《洛阳名园记》，是商务印书馆 1936 年出版，王云五主编《丛书集成》中《洛阳名园记》分册，称名园记的作者是李廌，字文叔。这是个很大的错误，有必要加以澄清。首先李廌与文叔并非同一人，文叔也不是李廌的字，李廌的字是方叔。文叔是《洛阳名园记》的作者李格非的字，《丛书集成》的编者搞混了。李方叔与李文叔是同时人，《宋史》中都有传，现摘要录之如下：

> 李廌字方叔，其先自郓徒华。……以学问称乡里。谒苏轼于黄州，贽文求知。轼谓其笔墨澜翻，有飞沙走石之势，……轼亡，廌哭之恸……中年绝进取意，谓颍为人物渊薮，始定居长社，县令李佐及里人买宅处之。卒，年五十一。
>
> 廌喜论古今治乱，条畅曲折，辩而中理。⑰
>
> 李格非字文叔，济南人。……有司方以诗赋取士，格非独用意经学，著《礼记说》至数十万言，遂登进士第。……以文章受知于苏轼。尝著《洛阳名园记》，谓"洛阳之盛衰，天下治乱之候也"。其后洛阳陷于金，人以为知言。……召为校书郎，迁著作佐郎、礼部员外郎，提点京东刑狱，以党籍罢。卒，年六十一。⑱

由上引史料可知，李廌 (1059～1109) 和李格非 (约1047～约1107) 确有相似之处，两人的家境都很贫寒，李廌"家素贫，三世未葬"。李格非"为郓州教授，郡守以其贫，欲使兼他官，谢不可"⑲。两人都以文章受知于苏东坡，也都喜论天下治乱。但李廌是华州人，字方叔，他既没有应科举入仕途，终身也没有做过官，他虽"喜论古今治乱"，并非《洛阳名园记》的作者，是可以肯定的。

文叔，是李格非的字，是山东济南人，曾累官至礼部员外郎。张琰在《洛阳名园记·序》中说："文叔在元祐官太学"，符合《宋史·李格非传》的记载，并言其"女适赵相挺之子"，赵挺之是徽宗朝宰相，他的儿子赵明诚，是著名的金石收藏家和考据家，著有《金石录》一书。赵明诚是文学史上著名的南宋女词人李清照 (1084～约1151) 的丈夫，李清照是李格非的女儿。《宋史·李格非传》很明确《洛阳名园记》为李格非所著，足证《洛阳名园记》作者为李廌的谬误。

《洛阳名园记》的成书时间问题，李格非未与注明。但从序言中，张琰曾说，李格非在记文潞公的东园时，有"今潞公官太师，年九十尚时杖屦游之"的话。据此推知，文彦博 (文潞公) 生于丙午，即宋真宗景德三年 (1006)，90岁是绍圣乙亥，即宋哲宗绍圣二年 (1095)，周岁89，虚年90岁。可知《洛阳名园记》的成书时间是1095年，距今已经908年，近千年了。

《洛阳名园记》一书，在中国造园史上，是有关北宋私家园林的重要史料，所记虽只洛阳一地名园，因多属当时公卿显贵、富贾豪商的园林，很有代表性，基本上能反映出北宋园林艺术面貌及当时园林的性质、特点和时代风尚。

二、园林的性质

在《洛阳名园记》的 20 座园林里，除天王院花园子，是花农们生产花卉的园圃，不属于私家园林外，其余的园林，绝大多数在功能上与明清的 **"宅园"**，在性质上有很大的区别，这是非常重要的一点，研究中国古代造园者却忽略了。也就是说，宋代以至宋以前的私家园林，有不同于后世园林的特殊性。这一点可以从当时园林的活动内容和形式来分析：

富郑公园：

> 郑公自还政事归第，一切谢宾客，燕息此园几二十年；

董氏西园：

> 堂虽高大，而屈曲甚邃，游者至此，往往相失，岂前世所谓迷楼者类也。元祐中有留守喜**宴集**于此；

董氏东园：

> 洛人盛醉者，走登其堂（含碧堂）辄醒，故俗目曰醒酒池；

环溪园：

> 园中树，松桧花木千株，皆品别种列，除其中为岛坞，使可张幄次，各待其盛而赏之；

东园：

> 园西去其第里余，今潞公官太师，年九十尚时杖屦游之。

李格非在记最后一座园林"吕文穆园"之后，还提到一些园时说：

> 舍此又有嘉猷、会节、恭安、溪园等，皆隋唐官园，虽已犁为良田，树为桑麻矣，然宫殿池沼，与夫一时**会集**之盛，今遗俗故老，犹有识其所在，而道废兴之端者。[100]

以上是《洛阳名园记》中所提到的材料，富弼在园中几燕息 20 年，是如何

"燕息"的呢？文潞公90岁尚杖屦游之，这"游"的内容是什么？《洛阳名园记》中未道其详，可据《宋史》以补之。《宋史·吕蒙正传》：

> 蒙正至洛，有园亭花木，日与亲旧宴会，子孙环列，迭奉寿觞，怡然自得。⑩

> 彦博虽穷贵极富，而平居接物谦下，尊德乐善，如恐不及。其在洛也，洛人邵雍、程颢兄弟皆以道自重，宾接之如布衣交。与富弼、司马光等十三人，用白居易九老会故事，置酒赋诗相乐，序齿不序官，为堂，绘像其中，谓之"洛阳耆英会"，好事者莫不慕之。⑫

从这两条资料，大致可想见当时园林的娱乐内容与活动方式，所谓王公大人"与众乐乐"者，如吕蒙正"日与亲旧宴会"，文彦博、富弼、司马光、程颢兄弟等人的"洛阳耆英会"，洛阳留守之喜于**宴集**，都离不开酒筵集会活动，园林的主要功能，是为公卿显贵们饮酒赋诗、宴平享乐的集会提供一个赏心悦目的环境和场所。

这就不难理解，何以宋代园林建筑中多喜用堂的形式，而且率务峻立宏大了。从环溪园的"凉榭、锦厅，其下可坐数百人"，并在林中辟出空地为岛坞，"使之可张幄次"的情况看，这种宴集活动的规模，有时可能很大，所以要求园林有较大的活动空间，故云"河南城方五十余里，中多大园池"了。

这种"宴集"式娱游内容和活动方式，并非始于宋代，如唐裴晋公筑绿野堂于定鼎门内，日与白居易、刘禹锡觞咏其间。文彦博的"洛阳耆英会"，是仿之"白居易九老会故事"。所以，司马光说，这种与众之乐，是王公大人之乐，是沿袭唐人园林生活的风尚。

这种以"宴集"为主要活动内容的园林，也多具有一定的开放性，如李格非在描写人们对园中景物的感受时，常用"游者"、"洛人"，这就不是指受到园主邀请的客人，一般人也有进园游赏的可能。"洛阳耆英会"的成员之一邵雍(1011~1077)，北宋哲学家，《宋史·邵雍传》曰：

> （雍）初至洛，蓬荜环堵，不芘风雨，躬樵爨以事父母，虽平居屡空，而怡然有所甚乐，人莫能窥也。……富弼、司马光、吕公著诸贤退居洛中，雅敬雍，恒相从游，为市园宅。⑬

邵雍曾有《咏洛下园》诗："洛下园池不闭门，……遍入何尝问主人"？政治家范仲淹(989~1052)亦曾说："西都士大夫园林相望，为主人者，莫得常游，而谁得障吾游者？岂必有诸己而后为乐耶？"范仲淹何以说，"为主人者，莫得常游"呢？

上节讲"赵韩王园"，园主赵普死后，因为他的子孙都住在京都开封，不可能常来洛阳，"故园池亦以扃钥为常"。邵雍去游园，就无主人可问了。其他园林的主人虽在，但园林多不与住宅造在一起。就小如司马光的"独乐园"，从其《独乐园诗》："暂来还是客，归去不成家"来看，园与宅也是分开的。即使筑于宅旁之园，如环溪、富郑公园等，园林既为"宴集"而建，在功能上同园主家人的居住生活并无联系，而这种宴集式的"与众乐乐"，不可能天天进行，这就是"为主人者"之所以"莫得常游"的缘故了。《江南园林志·杂识》中有条资料云："司马公独乐园，新创井亭，乃园丁积茶资十千所建。"[104]可见，园主经常不在，游人给园丁一些茶资，就可进园尽情游赏了。由此可证唐宋园林不同于后世"宅园"的特殊性：

唐宋城市园林，内容上以"宴集"活动为主，从而采取池沼竹树、凉榭锦厅的形式，与家庭居住生活无直接联系。实际上只是王公大人个人的游乐场所，可称之为宴集式园林。

三、园林的规划

洛阳名园之盛，同洛阳长期处于"陪都"的地位有关，唐都长安，洛阳为东都，宋都开封，洛阳则为西都，故云洛阳是"帝王东西宅"。位同都城而非政治中心，就成为失势的官僚权贵被闲置或退避的处所。20座名园的主人，做过宰相，位至公侯者就有六七人，正因此他们才能占有较多的土地，建造规模较大的园林。从洛阳园池"多因隋唐之旧"来看，唐代遗存的园林，虽水木犹在，建筑多已荡然不存，入宋以后并未皆于恢复，已成草木繁茂的地方。看完《洛阳名园记》所写的20座名园林，总体上会给人这样一个较深的印象，即园中皆有水一池，木茂而竹盛，景境较疏朗，景物也很少，有些园中仅有几个亭子而已。这种情况正反映了**"宴集式"**园林的特点，因为园林只是为王公大人"与众乐乐"，置酒赋诗、投壶赌酒等"宴集"活动提供一个清净的娱游环境。园主平日在家，宴集时来园，作为一种游娱环境，人在景境之外，不是生活在景境之中，景境本身不是审美的对象，只是娱游（宴集）活动的陪衬和环境。所以园林建筑很少，景观简率而疏旷。

造园的进一步发展，园林要求：**可望、可游、可居**。而唐宋的私人园林，只是可望、可游，而不可居。造成这一特殊现象的原因，正是在洛阳"**帝王东西宅**"的特殊城市环境下，洛阳对王公大人来说，仅是**寓居**之所，而非**归隐终养**之地的缘故。由此，也不难理解，洛阳园林皆比较疏旷，大有造山之地，却无叠石为山之说。这大概就是北宋园林以**池沼竹树**为胜的道理。故时人在文字中，称私家园林为园池或池园，这同称秦汉"苑囿"为"台苑"一样，**池园，充分反映出唐宋园林在形式上的主要特征。**

洛阳园林，从总体可以概括为：一池净碧，茂林幽篁，厅堂宏敞，散点虚亭。园中除原有高林古树者外，多喜大片种竹，白居易曾提出的："五亩之宅，十亩之园，有水一池，有竹千竿"之说，可谓概括出唐宋私家园林，更确切地说是唐宋洛阳园林的基本模式。

造园与种竹　新建园林，树木成阴，多年难成；花草枯荣，亦难成境；惟竹"似木非木，似草非草"，系一种多年生的禾木科常绿植物，繁殖栽培极易，而为用亦至广。如陈淏子在《花镜》中所说：

> 按竹之妙，虚心密节，性体坚刚，值霜雪而不凋，历四时而常茂，颇无夭艳，雅俗共赏。[105]

在中国古老的美学思想中，**竹**也是用以"**比德**"的植物之一，所谓"根生大地，吸吮甘泉，未出土时便有节；枝横云梦，柏叶苍天，及凌云处尚虚心"，就是用竹来比拟人的节操和虚怀若谷的品德。种竹的历史也很悠久，晋代的戴凯之著有《竹谱》，记竹之品类有 61 种。中国古人好竹者多，最著名的是晋大书法家王羲之的儿子王徽之。《世说新语·任诞》："王子猷（徽之）尝暂寄人空宅住，便令种竹。或问：'暂住，何烦尔？'王啸咏良久，直指竹曰：'何可一日无此君？'"[106] 后因以**此君**为**竹**的代称。宋·叶梦得《避暑录话》说：

> 山林园圃，但多种竹，不问其它景物，望之自使人意潇然！[107]

对竹的这种审美感受具有普遍性，在李格非所记的 20 座园林中，差不多一半以上是以水竹为造景的主要手段。正因为如此，竹的种植要求，往往影响园林的总体布局。如《花镜》中说：

> 其性喜向东南，移种须向西北角，方能满林。语云："种竹无时，遇雨便移；多留宿土，记取南枝。"[108]

如园中地广，多植果木松篁，地隘只宜花草药苗。设若左有茂林，右必留旷野以疏之；前有芳塘，后须筑台榭以实之；外有曲径，内当垒奇石以邃之。⑩

在园林总体规划中，种植设计是必须考虑的因素之一。从《洛阳名园记》中园林的布局看，无不合上述种植之法，大片竹林多在园的西北，竹林东南多空间开旷的水池，如富郑公园、董氏西园、苗帅园、湖园等等，都是较典型的例子。由此亦可说明，园林造景虽极臻变化，无一定成法可循，实际上在不同时代的社会条件下，仍然具有一定的客观规律。

四、园林的建筑

北宋的洛阳园林，如果占地较多空间较广，是由当时人"宴集"活动的需要。反之，也可说历史遗留的园林条件，影响人们的娱游活动方式，因为环境虽是由人创造的，但已被创造出来的环境，又影响和制约人的生活方式，这是合乎唯物辩证法的。北宋园林的性质，不在于"可居"，而在"可望"、"可游"。反映在园林建筑上，一是量少，一是散列，要求空间轩敞，视野清旷，故称之为"凉堂"、"水榭"，除刘给事园和独乐园外，都没有用建筑组合成庭院的做法，因此作为围合与分隔空间的建筑形式**"廊"**，在园记等文字中尚未出现。

北宋园林，在建筑形式上，已有楼、台、亭、榭、轩、堂等建筑形式，大多数园林，以亭、台、堂、榭为主，较之唐代亦有所发展，如苗帅园的**"桥亭"**和板出水上的**"水轩"**，就丰富了后世的园林建筑形式和设计手法。

李格非在"吕文穆园"记后，曾提到"洛阳又有园池中，有一物特可称者"，其中有"杨侍郎园流杯"，并言"流杯水虽急，不旁触为异"。但未明流杯渠上是否构有建筑？流杯渠上的建筑是亭还是堂？董氏东园明确建有流杯亭。

"流杯"亦称**"流觞"**。觞，是古代一种有耳的酒杯。流觞，是古人饮酒取乐的一种活动，杯中盛酒，放入曲折的水流中，水载杯流动，若旁触或稍停，靠近杯子的人就要饮酒赋诗。这种习俗由来甚久，据北宋黄朝英《靖康缃素杂记》记载：

> 晋武帝尝问三日曲水之义，束晳进曰："昔周公城洛邑，因水流以泛酒，故《逸诗》云:羽觞随波流。"……《韩诗》曰:"郑国之俗，三月上巳之日，于溱、洧二水之上，招魂续魄，执兰草被除不祥"，上巳即三日也。曲水者，引水环曲为渠以酒杯而行焉。《汉书》八月被霸水亦斯义也。⑩

图 5－6A 明·曹羲《兰亭修禊图》局部（摹写）

图 5－6B 明·曹羲《兰亭修禊图》局部（摹写）

王羲之《兰亭序》: "清流激湍，映带左右，引以为流觞曲水。"如《西京杂记》云: "三月上巳，九月重阳，士女游戏，就此祓禊登高。"⑩所谓"祓禊"，"祓"，是除灾求福的意思; "禊"，"三月上巳临水祓除谓之禊"。携饮食在野宴饮，称为禊饮。随历史的发展，人人往往把春游和祓禊联系起来，将流觞饮酒和赋诗结合在一起。

曲水流觞 曹魏时代规定在三月三日举行，在郊外溪水洗濯，尽游宴之乐。隋炀帝建造流杯殿，唐因之，帝王就在宫殿里流觞了。后来在官僚士大夫间流行，成为园林中一种特殊的娱乐性建筑。流杯亭出现于何时？唐代有关园林文字尚未见有记载，李格非记杨侍郎园，因有"流杯"而"特可称者"，说明北宋时流杯亭还是新奇少见的事物。欧阳修诗有"共喜流觞修故事，自怜霜鬓惜年华"之句。

曲水流觞的活动，是可多人参与的一种娱乐方式。从明代画家曹羲所绘东晋王羲之与其子及文友等41人，于山阴兰亭(今绍兴城外兰渚)曲水流觞的《兰亭修禊》图，〔见图5-6 明·曹羲《兰亭修禊图》(部分)〕。可以窥见在松柳竹林之间，曲水蜿蜒，多位名士岸边盘坐，或捧觞，或观书画，或相与交谈的情景。对喜"宴集"的宋代，在园林中建造流杯亭、堂之类的建筑，是很自然的事。北宋帝王宫殿，亦"建流杯殿于后苑"(《宋史·地理志》)。迄今在北京尚有清代遗存的流杯亭建筑，如故宫乾隆花园中的**"禊赏亭"**、潭柘寺的**"流杯亭"**、中南海的**"流水音"**等。曲水的流槽，均似二龙蟠卧地上，九经曲折流出亭外。(见图5-7)

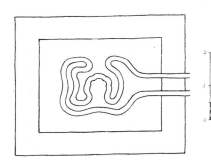

图5-7 宋《营造法式》中的流杯渠图

清人严绳孙《柳枝词》:

两滋烟敛缘成行，
小小红亭曲曲塘，
应待相公修禊饮，
拂开萍叶送流觞。

五、洛阳园林"无叠山"论

明代文学家王世贞(1526～1590)在《游金陵诸园记》的"序"中曾指出:

"盖洛中有水、有竹、有桧柏，而无石，文叔《记》中不称有叠石为峰岭者可推已。"[112]先辈学者童寯先生（1900～1983）亦曾说：

> 吾国园林，无论大小，几莫不有石。李格非记洛阳名园，独未言石，似足为洛阳在北宋无叠山之征。[113]

这确是值得探讨的问题。王世贞所指的洛阳无石，童先生所说《记》中"独未言石"，这"石"，显然非指一般的石，而是指"丑而雄，丑而秀"的太湖石。李格非在《洛阳名园记》中，虽极少言石，但绝非无石。如在"丛春园"中就曾提到：

> 天津桥者，叠石为之，直力湍其怒，而纳之于洪下，洪下皆大石，底与水争，喷薄成霜雪，声闻数十里。

在一部名园记中，只有此园"叠石为桥"的记载，除此再无"叠石"二字，更无"叠石为山"之说。不仅如此，《洛阳名园记》中只有一个"山"字，就是富郑公园里的"左右二山，背压通流"句中的一个"山"字了。正如童寯先生的疑问："然据《洛阳伽蓝记》，洛在北魏，已有具叠山规模矣！"[114]帝王苑园不说，司农张伦造景阳山，早为史所著称，何以到北宋，反倒废而不兴了呢？

北宋洛阳园林中无"叠石为山"的现象，作为中国造园的一个历史发展阶段，从园林实践本身，是难以找出答案的，这需要研究北宋洛阳的社会情况，必须把它放在历史发展的过程中考察。

洛阳园池，既然"多因隋唐之旧"，就应从唐代洛阳园林中造山情况来分析。

湖园，在唐为裴晋公园，据《旧唐书·裴度传》云，他有两座园林，一是在集贤建的宅园，园中"筑山穿池"，"岛屿回环，极都城之胜概"。筑山与穿池并用，山为土筑。一是在午桥庄别墅，只说以花木池沼为胜，未言有山。

归仁园，在唐是牛僧孺的宅园，牛僧孺就是白居易为之写《太湖石记》的嗜石的奇章公，他曾收罗了大量的湖石，只"置之阶庭"，尚未用以叠山。李德裕在洛阳城南的平泉庄，也是把从江南得来的奇石，作为独立的观赏的对象，"列于庭际"。大字寺园原是白居易在履道里的宅园，有《池上篇》记其园，亦未言其园中有山，他从天竺、太湖只得了五块石，这区区数石，更谈不上去叠山了。

事实上，太湖石被发现之初，钩深致远，是难得的稀有奇珍之物，从太湖将石采出，人们重在其形态之奇特，对那些不具独立审美价值或破损的湖石，在当时模写山水的创作思想下，也不会想用这些石头去叠山的。

问题是：人们对太湖石的珍赏，并非是其形态"如人似兽"的**"物趣"**。对酷爱自然山水的中国士大夫来说，欣赏的是太湖石如"三山五岳，百洞千壑"的**"天趣"**。这就不可能不引发人用太湖石的峰峦形态，去创造山水景境的想法。这就是宋末元初学者周密（1232～1298），在《癸辛杂识·假山》中所说的俞子清园。

俞子清园　据《癸辛杂识·假山》云：

> 余平生所见秀拔有趣者，皆莫如俞子清侍郎家为奇绝。盖子清胸中自有邱壑，又善画，故能出心匠之巧。峰之大小凡百余，高者至二三丈，皆不事饾饤，而犀株玉树，森列旁午，俨如群玉之圃，奇奇怪怪，不可名状。大率如昌黎《南山》诗中，特未知视牛奇章为何如耳？乃于众峰之间，萦以曲涧，甃以五色小石，旁引清流，激石高下，使之有声，淙淙然下注大石潭。上荫巨竹、寿藤，苍寒茂密，不见天日。旁植名药，奇草，薜荔、女萝、菟丝，花红叶碧。潭旁横石作杠，下为西渠，潭水溢，自此出焉。潭中多文龟、斑鱼，夜月下照，光景零乱，如穷山绝谷间也。[⑮]

这条资料也曾为研究者引用过，但却忽略了一个重要事实，俞子清园中之山，不是用太湖石"叠石成山"，而是用太湖石罗列布置成涧壑。周密在此交代得很清楚，园中峰石，"皆不事饾饤"，**饾饤**，亦作"斗钉"，是食品在盘中堆叠的样子。不事饾饤，也就是不加堆叠。但对整体景观，却说："大率如昌黎《南山》诗中，特未知视牛奇章为何如耳？"意思是说，俞子清园的假山，大体上如昌黎《南山》诗所描写，昌黎是唐文学家韩愈（768～824），字退之，因郡望昌黎，世称韩昌黎。他的《南山》诗有"或如临食案，肴核纷饤饾"之句，这里的"饤饾"，不是指峰石，因峰石皆是自然形态，所指似为峰石的整体，就如大盘小盘的食品堆满在餐桌上，他不知道唐代牛僧孺那许多太湖石"置于阶庭"是什么样的了。

俞园之山，既然如人在餐桌前，看到满桌菜肴一样，可见其低小，显然是**"可望，不可游，更不可居"**之山。事实如何？按峰大小而言，"高者至二三丈"，也就是5～7米，这在湖石中是极为少见的了，如遗存至今的苏州留园三峰，最高的主峰**"冠云峰"**为6.5米，两块配峰，左面的**"瑞云峰"**为4.5米，

中国造园艺术史

右面的**"岫云峰"**为 5.5 米。这是苏州古典园林中仅见的三峰巨石了。俞子清园的百余块峰石，高大者仅是极少数的几块，绝大多数是 1～2 米的石块，要造成"穷山绝谷"的形象，峰石之间的距离则不能大，再"萦以曲涧，甃以五色小石，旁引清流⋯⋯"再以藤竹荫翳掩映，创造出"穷山绝谷"的艺术形象，而人却不能在这曲涧中游赏，只能在众峰之外纵观俯览。

这种可望而不可游的情况，周密在文中虽没有直白其不可游，但他在描述中已多处表露出这层意思。周密对这个具有"穷山绝谷"形象的峰石园，他开宗明义地评价说是**"秀拔有趣"**，这四个字完全可以用来评价山水盆景。在众峰石的周围，"森列旁午"，"旁午"是交错纷繁之意，即种了许多植物，周密形容**"俨如群玉之圃"**，将这些太湖石比喻为"玉"而不是"峰"。就是那"如穷山绝谷间"的形象，也是在"夜月下照，光景零乱"的迷蒙景象中，给人的一种审美联想而已。

俞子清园之山，造成可望而不可游的矛盾，如果说是受其物质表现手段太湖石的局限，不如说：**造成俞园之山可望而不可游的矛盾，实质上是由于采取"模写"式创作思想方法的必然结果。**

俞之清园中的太湖石，有百余块之多，绝非易事，要花费相当大的财力，而这种可望而不可游的山，对寓居洛阳的王公显贵们来说，造园不过是为"宴集"提供一个清净的场所，是毫无必要的。即使园林已发展成为家庭生活的一个有机组成部分，景境创造也必须与人的活动及思想感情相结合，这种可望不可游的山，根本不合**园居生活**的要求。

俞子清园，很可能是造园史上的孤例，但有其存在的价值。其价值不在造园艺术与技术上，而是在：自太湖石审美价值之发现，成为独立观赏的对象，到明清园林**"写意"**式造山，太湖石成为**"未山先麓"**的重要表现手段，俞子清园用湖石本身创造山水形象，**是中国园林用湖石造山的历史发展过程中，必要的中间过渡环节。**

再回到洛阳园林，除富郑公园中提到有山，其宅园皆未言有山，但多有"台"的记载。不言而喻，私家园林中的台，是土筑而成。从《洛阳名园记》所记，如富郑公园中"上方流亭，望紫筠堂"；董氏西园的"池南有堂，面高亭"；丛春园的"高亭有先春亭，丛春亭出荼蘼架上，北可望洛水"；湖园中"自竹径望之超然，登之悠然者，环翠亭也"等等。不仅"筑土坚高"为台，如环溪园之风月台，"以北望，则隋唐宫阙楼殿"，可瞥目而尽。而且台上大多建亭，使人登而徜徉，瞰而旷眇。这种土筑之台，显然体量不大，从模写自然山水的创作观点来看，是难以称之为山的。这点从北宋宫苑景观的描述可证，《宋史·地理志》："会宁（殿）北，叠石为山，山上有殿曰翠微，旁二亭，曰云岿，曰层巘。"⑪⑦ "筑土植杏，名杏岗，覆茅为亭，修竹万竿，引流其下。"⑪⑧ 就称石构而高大者为山，土筑而低小者为岗。其实这"杏岗"较私家园林中的山，体量要大得多矣。

由此可见，"构石为山"，自唐到宋，仅在帝王苑园中采用并得到发展，私家园林自北魏张伦的景阳山以后，早已不兴。白居易在《庐山草堂记》中所说，他不论住何处，住几日**"辄覆篑土为台，聚拳石为山，环斗水为池"**，说是他个人的想法，实际上可以说是，当时私家园林造园的基本手法。

这就是说，北宋的私家园林，并非无石，只是"聚拳石为山"，石作为独立的观赏对象；也非无山，只是山为土筑，体量较小。大概对少数具有山的高峻之势，体量较大者，才称之为山；平缓而绵延者，称之为岗；更小而孤峙者，则名其上建筑，曰台、曰亭矣。

唐宋是封建社会的中期，是上升的盛兴时代，中央集权政治制度已臻完善而巩固，但统治阶级上层集团之间的权势之争，与党锢之祸共生，始终存在。洛阳这个帝王东西宅的陪都，有经济文化生活发达的都会文明，并非政治斗争的中心，自然就成为被闲置的王公显贵和政治上困顿失意的士大夫们寓居退避之所，园林则成为王公大人与志同道合者的**"宴集"**聚会娱乐的地方。这就说明，社会的生活环境和园主的生活方式，是决定园林的内容与形式的内在因素。

白居易的"十亩之宅，五亩之园，有水一池，有竹千竿"。可以说，反映了唐宋时代士大夫们的园居生活思想，出发点是"识分知足，外无求焉"。故云："勿为土狭，勿谓地偏"，"足以容膝，足以息肩"；园居生活要求"有书有酒，有歌有弦"，为"优哉游哉"的生活提供一个消闲的场所。基于这种生活态度和审美要求，显然同北魏张伦所处时代已全然不同，为炫耀权势与财富，不惜劳民伤财摹写自然山水与造化争工。园林的发展，由王公大人**"与众乐乐"**的**"宴集"**式园林，转向司马光**"独乐乐"**的**"田园"**式园林，造成"行无所牵，止无所柅"的自由自在生活环境。从而为园林向更高、更完善的阶段发展奠定了思想基础，即后世的**"与家人乐"**的**"市隐"**式园林，以**"写意"**的创作思想方法，将人们的园居生活活动融于山水的意境之中。

~~~~~~~~~~~~~~~~~~~~~~

注：

①南宋·吴自牧：《梦粱录·铺席》，卷十三。

②南宋·孟元老：《东京梦华录·饮食果子》，卷二。

③明·杨慎：《画品·试题》。

④马克思、恩格斯：《德意志意识形态》。

⑤元·汤垕：《画鉴·宋画》。

⑥⑦元·倪瓒：《论画》。

⑧明·沈颢：《画尘·定格》。

⑨明·董其昌：《画禅室随笔》。

⑩北宋·刘道醇：《圣朝名画评》。

⑪元·汤垕：《画鉴·杂论》。

⑫清·张庚：《浦山论画·论性情》。

⑬张家骥：《中国造园论》第 371 页，山西人民出版社，2003 年第 2 版。

⑭清·王槩：《学画浅说·落款》。

⑮《易传·说卦》。

⑯宋·周密：《癸辛杂识·艮岳》。

⑰元·脱脱等：《宋史·地理志·京城》，卷八十五。

⑱《梦粱录·大内》，卷八。

⑲清·李斗：《扬州画舫录·草河录上》，卷一。

⑳宋·袁褧：《枫窗小牍》，卷上。

㉑宋·李格非：《洛阳名园记》。

㉒《梦粱录·园圃》，卷十九。

㉓《梦粱录·西湖》，卷十二。

㉔童寯：《江南园林志·沿革》。

㉕《宋史·地理志·京城》，卷八十五。

㉖宋徽宗赵佶：《艮岳记》。

㉗宋·张淏：《艮岳记》。

㉘《宋史·地理志·京城》，卷八十五。

㉙㉚㉛宋徽宗赵佶：《艮岳记》。

㉜《宋史·地理志·京城》，卷八十五。

㉝《宋史·徽宗纪》三，卷二十一。

㉞张淏：《艮岳记》。

㉟《尚书·旅獒》。

㊱宋徽宗：《艮岳记》。

㊲㊳《宋史·地理志·京城》，卷八十五。

㊴宋徽宗：《艮岳记》。

㊵宋·祖秀：《阳华宫记》。

㊶㊷《宋史·地理志·京城》，卷八十五。

㊸㊹宋徽宗：《艮岳记》。

㊺㊻宋·祖秀：《阳华宫记》。

㊼《宋史·地理志·京城》，卷八十五。

㊽㊾㊿宋·祖秀：《阳华宫记》。

51宋徽宗：《艮岳记》。

52《宋史·后妃传》。

53 54宋·孟元老：《东京梦华录》，卷七。

55刘敦桢主编：《中国古代建筑史》，第180页。中国建工出版社，1984年第2版。

56《枫窗小牍》上。

57转引自邓之诚注《东京梦华录注》"金明池"注。

58《御制艮岳记》。

59 60 61宋·祖秀：《阳华宫记》。

62清·吴之振、吴自牧、吕留良编选：《宋诗钞》。

63清·谷应泰：《博物要览》。

64清·李斗：《扬州画舫录·城南录》。

65《宋史·佞幸列传·朱勔传》。

66《癸辛杂识·假山》。

67 68 69《阳华宫记》。

70清·龚贤：《画诀》。

71清·笪重光：《画筌》。

72《癸辛杂志·艮岳》。

73 74《宋史·佞幸列传·朱勔传》，卷四百七十。

75《宋史·地理志·京东路》，卷八十五。

76清·恽寿平：《南田论画》。

77清·王昱：《东庄论画》。

78 79《南田论画》。

80元·汤垕：《画鉴》。

81北宋·李格非：《洛阳名园记》。

82宋·张琰：《洛阳名园记·序》。

83清·汪灏等：《广群芳谱·花谱·牡丹》，卷三十二。

84后晋·刘昫：《旧唐书·牛僧孺传》，卷一百七十二。

85《梦粱录·园囿》，卷十九。

86唐·冯贽：《记事珠》。

(87)南宋·王十朋：《岩松记》。
(88)清·陈淏子：《花镜·钟植位置法》，卷二。
(89)清·王灏等：《广群芳谱·松一》，卷六十八。
(90)《旧唐书·裴度传》，卷一百七十。
(91)《广群芳谱·竹一》，卷八十二。
(92)《花镜·竹》，卷五。
(93)《宋史·吕蒙正传》，卷二百六十五。
(94)《司马文正公集》。
(95)(96)《宋史·司马光传》，卷三百三十六。
(97)《宋史·文苑六·李廌传》，卷四百四十四。
(98)(99)《宋史·文苑六·李格非传》，卷四百四十四。
(100)《洛阳名园记》。
(101)《宋史·吕蒙正传》，卷二百六十五。
(102)《宋史·文彦博传》，卷三百一十三。
(103)《宋史·邵雍传》，卷四百二十七。
(104)《江南园林志·杂识》。
(105)《花镜·藤蔓类考·竹》，卷五。
(106)南朝·刘义庆：《世说新语·任诞》。
(107)宋·叶梦得：《避暑录话》。
(108)《花镜·藤蔓类考·竹》，卷五。
(109)《花镜·种植位置法》，卷二。
(110)北宋·黄朝英：《靖康缃素杂记》。
(111)汉·刘歆：《西京杂记》。
(112)明·王世贞：《游金陵诸园记》。
(113)(114)童寯：《江南园林志·造园》。
(115)宋·周密：《癸辛杂识·假山》。
(116)明·文震亨：《长物志》。
(117)(118)《宋史·地理志·京城》，卷八十五。

第六章　明清时代（上）

第一节　明清社会与造园概述

　　明清两代是中国封建社会的后期，经历了五个多世纪的漫长岁月。朱元璋于 1368 年称帝，建立明朝，史称明太祖，定都江南应天府，改年号为洪武，是为洪武元年。同年攻克元大都，改大都为北平府。燕王朱棣于建文四年 (1402) 称帝，史称明成祖。翌年 (1403)，改为永乐元年，并改北平府为顺天府，重建北京。朱棣称帝后，自永乐四年 (1406) 开始修建宫殿，到永乐十八年 (1420) 宫殿建成 (即今北京故宫)，迁都北京，应天府就改称南京，南京之名一直沿用至今。崇祯十七年 (1644)，李自成率领农民起义军攻入北京，末代皇帝明思宗朱由检自缢于万岁山东麓的古槐，明王朝覆灭。自明成祖迁都北京到明亡的二百多年间，北京已成为全国的政治、经济、文化中心。明朝历时 277 年 (1368～1644)。

　　清朝 (1644～1911) 自清世祖爱新觉罗·福临率清兵入关以前，还是地处东北边陲非常落后的女真族，1616 年女真族首领努尔哈赤，在不断征服东北部落的胜利基础上，以赫图阿拉城 (今辽宁新宾县) 为都，自称金国汗，史称后金，才开始创立文字，1621 年迁都辽阳，1625 年又迁都沈阳，今天遗存的东北沈阳故宫，就是努尔哈赤开始营建的。1626 年努尔哈赤进攻宁远城战死，他的儿子皇太极继承汗位。1636 年改国号为清，去汗号称皇帝，并完成了东北地区的统一，为满清入关奠定了基础。自清兵入关，福临继皇帝位，定都北京，到 1911 年被资产阶级领导的辛亥革命所推翻，清代共传 10 世，统治达 267 年之久。从此才结束了二千多年封建社会的历史。

明代中叶以后，随着社会经济的发展，资本主义萌芽，特别是在意识形态各个领域里表现得已很明显。自明代的嘉靖到清代乾隆，由于商业繁荣而兴盛起来的城市，已星罗棋布于各地。这个时期也是我国造园艺术发展到顶峰的时代，不仅分布广、数量众多，而且在造园艺术上也达到很高的水平。

我国封建社会后期，政治中心北移，北京因据"北枕居庸，西恃太行，东连山海，南俯中原，沃土千里，山川形胜"的地利，自金、元在此建都，经明、清两代540多年的建设，成为一座典型的封建王朝都城，明、清的帝王苑园多集中于此，北京可以说是我国各族人民共同创造的著称于世界的历史文化名城。

今天所见的北京故宫和皇家园林，是经长期的历史演变发展而来的。最早可上溯到金代，金天德二年 (1150)，海陵王完颜亮在辽代南京的旧址，营建新都。贞元元年 (1153)，由上京会宁府 (今黑龙江省阿城县南)，迁都至此，改称中都，亦称燕京，城址在今北京城的西南，约以广安门附近为中心，略当今宣武区西部的大半，有大城、皇城和宫城。大城周15余公里，并将城西的古西湖，亦称莲花池的一条河圈入城内，与大城的护城河相连，同时引入皇城西南的宫苑，苑中建有瑶池、蓬瀛、柳庄、杏村等景点，称同乐园。

金大定十九年 (1179)，在都城东北建离宫，名大宁宫，几经更名，后名万宁宫。利用原有水面加以疏浚建设，时人有"曲江两岸尽楼台"之喻。湖中筑岛，名**"琼华岛"**，岛上假山，传说是金灭宋后，将汴梁的艮岳万寿山拆运来堆筑的。山上有殿，名广寒。这是北京宫苑的最初基础。

元代燕京屡遭战火，已残破不堪。元初因琼华岛在湖中，虽未遭兵燹之劫，却遭人为的破坏，元好问在诗《出都》的自注中说："万宁宫有琼华岛，绝顶广寒殿，近为黄冠辈所撤"。黄冠辈是指全真教道士，因1224至1225年间，蒙古政权曾将琼华岛施舍给全真教领袖邱处机作道宫。十余年后，蒙古乃马真后二年 (1243)，元好问来京，登琼华岛，见广寒殿被毁感慨而作。又过了十年，1253年郝经于5月间"由万宁故宫登琼华岛"，写了《琼华岛赋》，其中说："悲风射关，枯木荒残，琼华树死，太液池干。游子目之而兴叹，故老思之而泪潸。"[①]已是一幅荒凉图景了。忽必烈于至元元年 (1264) 开始"修琼华岛"[②]，到至元三年 (1266) 还在继续修建。

元大都的兴建，"岁在丁卯，以正月丁未之吉，始城大都。"[③]丁卯是元世祖至元四年 (1267)，正月丁未是黄道吉日，破土动工。至元十三年 (1276) 大都城建成。至元二十年（1283），城内的修建基本完成。大都城在燕京的东北，以琼华岛为新城宫殿的基础。这是因为燕京城过于残破，原宫殿已荡然无存，燕京城水源依靠的是城西莲花池水系，水量不足，"土泉疏恶"，不能满足新建都城的需要。而琼华岛周围的湖沼，上接高粱河，水源充足之故。皇城在大都城的南部稍偏西，皇城的城墙，称为萧墙，也叫阑马墙，周回约10公里，城门为红色，故称红门。皇城内以**太液池**为中心，宫城在太液池东，即今故宫紫禁城前身。太液池西部，南面建有隆福宫，是太子的住所，北面建有兴圣宫，是皇太后的寝宫。宫城北为御园，西御园太液池，包括今北海、中海部分，中有两岛，南面的小岛名**"瀛洲"**，即今之团城，岛上建有圆殿，名"仪天殿"。北岛即著名的**"琼华岛"，**至元八年（1271），改名"万寿山"，又称"万岁山"。有诗云："广寒宫殿近瑶池，千树长杨绿影齐"。可见当时琼华岛植有大量的杨柳。在万寿山和瀛洲之间，有长达66米多的汉白玉石桥。瀛洲的东西两侧都有长桥，西边是木吊桥，东边是木桥，与两岸陆地相通。这是元代大都和皇城宫苑的大致情况，是明、清都城和宫苑的基础。

明、清时代的皇家园林，除皇城内的宫苑以外，多集中在西郊一带，且规模宏大。北京的西郊，山峦绵延，"争奇拥翠，云从星拱于皇都之右"。且地下泉源丰富，是自然山水绝胜之地，历代在北京建都的王朝，都在这一带建有离宫别苑，也是公卿显贵们园林荟萃之处。早在辽圣宗开泰二年（1013），在玉泉山就建过行宫。金章宗时期（1190~1208），在玉泉山建有芙蓉殿，明人曾有"殿隐芙蓉外，亭开薜荔中。山光寒带雨，湖色净连宫"的描写。

北京西山一带，因地近都城，山水佳丽，寺庙也非常兴盛。据明代蒋一葵《长安客话》的记述，当时寺庙是"精兰棋置"，"诸兰若内，尖塔如笔，无虑数十。塔色正白，与山隈青霭相间，旭光薄薄，晶明可爱"。"香山、碧云（寺名）皆居山之层，擅泉之胜"。每年佛会时，"幡幢饶吹，蔽空震野，百戏毕集，四方来观，肩摩毂击，浃旬乃已。"④可见西山一带已是离宫别馆名胜古刹荟集的风景胜地了。清代盛期在前代基础上进行了大规模的园林建设，建成了著名的"三山五园"即香山静宜园，玉泉山静明园，万寿山清漪园及畅春园、圆明园，并以圆明园为中心，园林荟萃如"众星拱月"，成为规模宏大壮丽的园林风景区，其数量之多、规模之大、成就之高，都标志着我国造园艺术的发展达到历史上的最高峰。

明清的私家园林　明嘉靖到清乾隆年间，是我国造园史上的鼎盛时代，在商业繁荣的城市到处兴建，私家园林已不再集中于都城为极少数显贵所有。各地下野的官僚、富贾豪商们造园之风盛行，尤其是江南一带，蔚为园林之薮。据《江南园林志》20 世纪 40 年代所记，明清江南园林情况：

> 明正德间 (1506 ~ 1521)，无锡秦氏筑凤谷行窝 (今寄畅园)；嘉靖时，苏州有徐氏东园 (今留园)、王氏拙政园，上海有潘氏豫园。四园屡经重修，今仍存。他如苏州徐参议园、王文恪园，上海顾氏露香园、陈氏日涉园，今均湮没。惟明季苏州天平山范文正墓旁构园，清高宗赐名高义庄，今犹未废。光福之东崦草堂，本明季徐镜湖别业，今归吴氏，称为华园。金陵明初有徐达园邸，入清改称瞻园，属藩署。又有明初沐氏西园，清划归两江督署。王世贞《游金陵诸园记》，列举三十有五，实江南巨观。其所述西园，改建后为今之愚园。太仓园林亦多至十余，而以王世贞弇园为最著，今改为汪氏半园。他若离蓁乐郊，早已不考。南翔宋时曾有怡园。迄于明末，则有闵氏猗园、李氏檀园及李氏三老园，时称"三园"。李宜之有《三园记》。檀园李流芳所构，清初已失所在；惟猗园迄今尚存。南浔为吴兴巨镇，旧有晓山园等数家，亦已早圮。绍兴青藤书屋为徐文长故宅，内有八景，数经易主，现犹未废。华亭林氏素园，清初归周氏，今已不存。崇祯间 (1628 ~ 1644)，计成擅造园之艺，游于士夫之门，晋陵吴氏、銮江汪氏、广陵郑氏，皆有其所为园，惜乎遗迹至今不留也。⑤

晚明散文家张岱 (1597 ~ 1679)，在《陶庵梦忆》中曾说，浙江宁波城南门内日月湖一带，"湖中栉比皆士夫园亭，台榭倾圮，而松石苍老"。⑥可见在前亦有不少园林，至晚明多已荒废矣。海宁陈氏隅园，亦名"安澜园"，因康熙南巡时，曾驻跸此园而著名，乾隆仿此园，建于万春园，即四宜书屋，咸丰时毁于兵燹。杭州汪之萼别业小有天园，旧名墅庵，乾隆亦仿其制，建于长春园内，亦毁于英法联军之役。

> 杭州私园别业，自清以来，数至七十。然现存者多咸、同以后所构。近且杂以西式，又半为商贾所栖，多未能免俗，而无一巨制。俞曲园 (樾) 主持风雅数十年，惜其湖上三楹，不出凡响。苏、杭并以风景名世，惟杭之园林，固远逊于苏矣。⑦

俞樾 (1821 ~ 1907) 是清代的学者，字荫甫，号曲园，浙江德清人。学问渊博，对群经、诸子、语言、训诂，以及小说、笔记，皆有著作。力倡通经致用，晚年讲学杭州诂经精舍。能诗词，重视小说戏曲，强调其教化作用。其所撰各书，总称《春在堂全书》共二百五十卷。俞曲园是大学问家，著作很多，可见他能诗，而非诗人，他博学多闻，对绘画和造园艺术不一定也有兴趣，所以是"其湖上三楹，不出凡响"的缘故罢。

清代的私家园林，不仅荟萃江南，而且遍及江北，乾隆时扬州园林之盛，超过苏杭。当时扬州富渔盐之利，地处大江南北要冲，是中部各省食盐的供应基地。当时清代盐业，由巨商引领承销，垄断两淮盐业的八大商总，集居扬州，因城市经济十分繁荣，"四方豪商大贾，鳞集麇至，侨寄户居者，不下数十万"。盐商的生活极为豪奢，"衣服屋宇，穷极华靡，饮食器具，备求工巧；俳优伎乐，恒歌酣舞，宴会嬉游，殆无虚日。金银珠贝，视为泥沙"。所居也无不筑园。清初时的扬州，还只以王洗马园、卞园、员园、贺园、冶春园、南园、影园、筱园，这八大名园著称。乾隆年间，由于高宗弘历数次南巡，盐商们为逢迎皇帝，大造园林，从天宁门外直到平山堂，"两堤花柳全依水，一路楼台直到山"。园林之多，仅据李斗《扬州画舫录》中所记，不下三四十处，真是蔚为大观，盛况空前。时人刘大观曰：**"杭州以湖山胜，苏州以市肆胜，扬州以园亭胜，三者鼎峙，不可轩轾。"**李斗认为此说"洵至论也"。但为时不过数十年，随盐商的衰败大多倾圮残破，逐渐湮没不存了。

江北园林，清金匮（今属无锡）人钱泳（1759～1844），于道光年间所著《履园丛话》，记扬州园林有：小玲珑山馆，左卫街的双桐书屋，阙口的江园，齐宁门内的静修俭养之轩，花园巷的片石山房，园中假山甚奇峭，相传为著名画家石涛（苦瓜和尚）手笔。钱泳于乾隆五十二年（1787），首次到扬州平山堂，"其时九峰园、倚虹园、筱园、西园曲水、小金山、尺五楼诸处，自天宁门外起，直到淮南第一观，楼台掩映，朱碧鲜新，宛入赵千里仙山楼阁。今隔三十余年，几成瓦砾场，非复旧时光景矣。"⑧难怪他发出"《画舫录》中人半死，倚虹园外柳如烟"之叹了。除扬州外，该书还记有瓜州的锦春园，乾隆六次南巡，皆驻跸于此；仪征的朴园，钱泳誉之为"淮南第一名园"；如皋的文园；清河（淮阴）的澹园等。张岱的《陶庵梦忆》亦曾记述，明末瓜州五里铺有于园，"奇在礌石"，并言当时"瓜州诸园亭，俱以假山显"。⑨可见明末江北园林中，叠山已有很高的艺术水平。可惜这些园林早已毁坏殆尽。

北方的私家园林，自宋南渡以后，无可称述者。元建大都，士大夫稍治园林，如廉希宪的万柳堂、赵禹卿的鲍瓜亭、栗院使的玩芳亭，三园到明末时，

"无址无基，莫明其处"了。

明成祖迁都北京后，私家园林日兴，如米万锺 (1570~1628)，米芾后裔，善书画，好奇石，在北京就有三座园林，湛园在苑西，漫园在德胜门，勺园在北淀。勺园与李戚畹的清华园相邻，时人有"李园壮丽，米园曲折；李园不酸，米园不俗"的口碑。北京是元明清三代建都之地，私家园林甚多，但多毁于兵燹，或长期失于维修，遗存者甚少。咸丰时的恭亲王府，是遗存下来最完整的一座王府园林。它的前身是乾隆时大学士和珅的第宅，嘉庆时为乾隆十七子僖亲王永璘府，咸丰时文宗奕詝又转赐给其弟恭亲王奕䜣，园在府后，名"萃锦园"。北方如兖州、保定等地也都见有记载。

古之园林借文字而流传者，如清代学者钱大昕 (1728~1804) 在《网师园记》中所说："然亭台树石之胜，必待名流宴赏，诗文唱酬以传。"⑩终属少数，无文字者更多。仅以苏北扬州一地而言，据近年调查颇具规模的园林就数以百计(见扬州市编《扬州的历史和文化》)。明清园林的兴盛情况，不仅见诸笔记之类的著作，在文艺作品中也都有反映，这种社会现象，同明中叶以来，商品经济的进一步发展、资本主义因素的萌芽、城市生活的丰富与世俗化的发展，有着密切的关系。

社会意识形态方面，在传统的文艺领域中形成一种反伪古典主义思潮，具有代表性的如袁中郎的文学、汤显祖的戏曲、冯梦龙的小说等等。反对装模作样的假道学，提倡"不效颦于汉魏，不学步于盛唐，任性而发，尚能通于人之喜怒哀乐嗜好情欲，是可喜也"。⑪他们所写的社会生活题材，多是普通人的平常生活，描写得平易近人，抒情性很浓，而这种生活描写，多离不开园林生活环境的背景，如词话《金瓶梅》、传奇《牡丹亭》、戏曲《游园惊梦》等等，特别是明代后期的白话长篇小说《金瓶梅》，鸿篇巨著，以其艺术结构的完整，对社会现实生活的反映，不仅对后来中国小说发展影响巨大，对世界文学的影响也颇为深远。如日本约有 30 种以上的大型辞书，载入著名汉学家撰写的《金瓶梅》专题辞条。在西方，20 世纪 50 年代以前，研究《金瓶梅》者多为英、德的汉学家；20 世纪 50 年代以后，研究者多集中于美国，其中属于比较分析研究的，如著名汉学家史梅蕊所著《〈金瓶梅〉与〈红楼梦〉中的花园意象》⑫。可见中国古典文学，对传统园林文化的传播作用。

明清时代的园林，已非园主个人的娱乐场所，而是家庭生活空间的一个有机组成部分。但随着城市经济的繁荣，人口向城市集中，园林随生活空间的不断减少而日趋缩小，**模写山水**的创作，已不适于日益缩小的园林空间要求，不

能 **"形似"**，只有向 **"神似"** 的方向发展，因此 **"以少总多"**，**"即小见大"**，追求意趣的**写意山水**创作，就得到不断完善和发展。到明代末，以计成的《园冶》问世为标志，中国的造园艺术，在实践和理论上都已成熟，在艺术上取得了举世瞩目的高度成就。

明清时居住生活的园林化，已不限于有一定规模的园林，或在住宅中空间上相对独立的园林，而是在庭院组合的基础上，将院落加以**庭园化**。传统住宅的"庭园化"，不能简单地理解为对庭院的绿化和美化，而是上升到艺术创作和美学思想的高度，创造出**意境**。下面举两个例子来说明。张岱《陶庵梦忆·不二斋》：

> 不二斋，梧高三丈，翠樾千重，墙西稍空，腊梅补之，但有绿天，暑气不到。后窗墙高于槛，方竹数竿，潇潇洒洒，郑子昭"满耳秋声"横披一幅。天光下射，望空视之，晶沁如玻璃、云母，坐者恒在清凉世界。图书四壁，充栋连床，鼎彝尊罍，不移而具。余于左设石床竹几，帷之纱幕，以障蚊虻，绿暗侵纱，照面成碧。夏日建兰、茉莉芗泽浸入，沁人衣裾。重阳前后，移菊北窗下，菊盆五层，高下列之，颜色空明，天光晶映，如枕秋水。冬则梧叶落，腊梅开，暖日晒窗，红炉毹毺 (tà dēng，毛毯)。以崑山石种水仙列阶趾。春时，四壁下皆山兰，槛前芍药半亩，多有异本。余解衣盘礴，寒暑未曾轻出，思之如在隔世。[13]

文字不足三百，空间上由内至外，从天井到室内的陈设布置；时间上由夏至秋，由冬到春。莳花植木，因时而异，景观亦不同。尤其是后窗的意匠，窗形如横披，窗外虽只数竿修篁，天光下射，竹影零乱，确是一幅生动的图画。这种视窗如画的妙想，显然给后来李渔创 **"尺幅牖"**、**"无心画"** 之说以启迪。而 **"绿暗侵纱，照面成碧"** 的室内，空间不大，但小斋卧听萧萧竹的境界，难怪使张岱有如在隔世之想了。

清代著名的书画家郑燮 (板桥。1693～1765)，在他所写的一个小院中，通过小院的庭园化，充分体现出中国古代传统的空间意识和艺术思想。他说：

> 十笏茅斋，一方天井，修竹数竿，石笋数尺，其地无多，其费亦无多也。而风中雨中有声，日中月中有影，诗中酒中有情，闲中闷中有伴，非唯我爱竹石，即竹石亦爱我也。彼千金万金造园亭，或游宦四方，终其身不能归享。而吾辈欲游名山大川，又一时不得即往，何如一室小景，有情

有味，历久弥新乎！对此画，构此境，何难敛之退藏于密，亦复放之可弥六合也。⑭

小小天井景物之少，仅几竿修竹、数尺石笋而已。但按画构境，境构如画，构成一幅有声有色、有情有趣的意境。空间随心境而敛放，敛则可退藏于容膝之斗室，放之则可达于无穷的天地之外。这种意趣无尽的庭园创作，反映了我国古代"无往不复，天地际也"的空间意识，这种空间意识体现在明清古典园林中，就是"循环往复，往复无尽"的空间意匠和方法。

明清是中国园林发展的鼎盛时期，不仅有关园林的文字较多，而且遗存的实物也不少，尤其到清代，皇家园林不断地大量兴建，规模大，类型多，艺术也达到很高水平。正因明清时期有关园林的资料丰富，本书将皇家园林和私家园林分两章阐述。

第二节　明清的皇家园林

一、景　山

（一）景山的由来

在北京故宫神武门对面，故宫中轴线之北，有座位置非常显要的孤峙小山，所谓"宫殿屏宸则曰景山"⑮者也。

景山出现于何时？有关文字资料都说是在明代。如"元代本为大都城内的一座土丘，名青山。明永乐十四年（1416）为营建宫殿，将拆除元代旧城和挖掘紫禁城护城河的渣土加堆其上，取名万岁山。相传皇宫曾在山下堆存煤炭，俗称煤山"⑯此说是在元大都城内的一个土丘上堆筑而成。另一说法为："试看明统治不也是在元延春阁旧址上堆土成山，搞了座镇山，即后来的景山吗！"⑰

两种说法都肯定景山是在明代由人工堆筑而成，在何处堆筑却有很大差异。按前说，是在大都城内，一座名青山的土丘上堆成。但未明土丘在何处？也就不能证明，这青山就是后来的景山！按后一说法，景山是在延春阁旧址上堆筑的，而延春阁是元大都宫城内两座主体建筑之一，南为大明殿，北即延春殿，楼上为延春阁，两殿后面均有寝殿，中用廊连接成工字形殿，四面用百余间廊屋围成长方形殿庭。两组殿庭间形成东西宫中街道，每到正月十五，街上"结绮为山，树灯其上，盛陈百戏，以为娱乐"。⑱

　　在延春阁殿庭之后，还有清宁宫，其后就是宫城的北门厚载门，门上有楼，楼前有舞台。出厚载门，北面是后苑。从大明殿前的大明门，到延春阁后的厚载门，形成宫城的一条主要轴线，基本上也就是今天故宫的中轴线。

　　元代大都宫城内，即大内情况，以明初萧洵所撰《故宫遗录》较详。《故宫遗录》是明初"洪武元年（1368）灭元，命大臣毁元氏宫殿。庐陵工部郎萧洵实从事焉，因而纪录成帙"。⑲一般记都城的书，由于作者不能进入皇宫游历，也就无法记述。萧洵则不同，他是洪武元年奉朝廷之命，随大臣到北平去毁掉元代的宫殿，因为有此难得机遇，而"得编阅经历"，如《故宫遗录·序》说："凡门阙楼台殿宇之美丽深邃，阑槛琐窗屏障金碧之流辉，园苑奇花异卉峰石之罗列，高下曲折，以至广寒秘密之所，莫不详具赅载。"⑳

　　萧洵的这次机会，是百年难遇的，这种"毁旧国，建新朝"的破坏行为，是中国封建宗法社会，在改朝换姓时所特有的一个历史传统（详见拙著《中国建筑论》）。即使能适逢其时，而能参与其事者，也只是个别的官员，真可谓机会难得了。如《日下旧闻考》所说："明初萧洵以毁元宫室，遍阅内禁，为《故宫遗录》一卷，较为赅备。然其地分方位多与诸书不合。《大都宫殿考》本萧洵之说而推广之，万难藉据。"㉑

　　萧洵的《故宫遗录》，是从元大都的都城南门丽正门始，沿大都的中轴线，从南至北记录，经丽正门内的千步廊、皇城的灵星门，门建萧城，即皇城墙，俗呼红门阑马墙，宫城南正门崇天门、午门、大明门，绕长庑为殿庭，中为大明殿，殿后主廊，连后宫寝殿，俗呼为弩头殿，两殿连成工字形也。这一组宫殿整体呈囙形，即大明宫。

　　大明宫后是延春宫，殿堂组合形式与大明殿相同，只是前殿为楼阁建筑，楼下为延春堂，其上为延春阁，两组殿庭间形成横街。延春阁之后为清宁宫，"宫制大略亦如前，宫后引抱长庑，远连延春宫"。㉒

　　清宁宫之后，就是宫城的北门厚载门了。厚载门是上建高阁，前有舞台。台西为内浴室，前有小殿。萧洵正是写到这里，"由浴室西出内城"写西苑的太液池、琼华岛，隆福宫、兴圣宫等建筑。宫城外西部的情况，与我们要讨论的问题关系不大，但从萧洵所写的宫城，由南直北，从崇天门到厚载门，未提到有名叫"青山"的土丘，至于说景山是在延春阁遗址上堆筑的，只要大致对比一下，元大都与明清北京城平面可知，此说纯属无稽之谈〔见图6-1 元大都平面复原想像图和图6-2 清代北京城平面图（乾隆时期）〕。

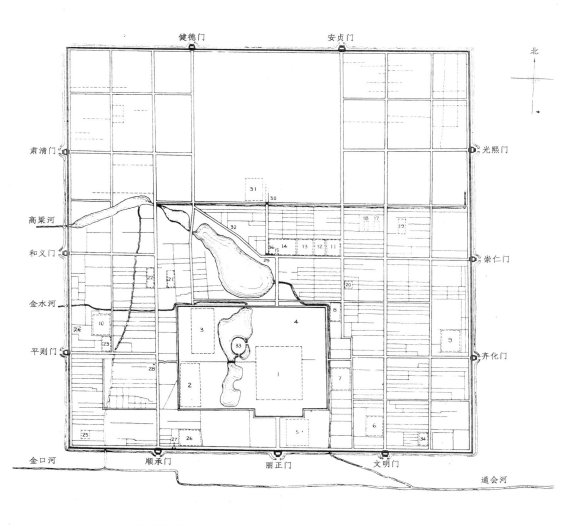

1. 大内　　 2. 隆福宫　　 3. 兴圣宫　　 4. 御苑　　 5. 南中书省　　 6. 御史台　　 7. 枢密院
8. 崇真万寿宫（天师宫）　 9. 太庙　　 10. 社稷　　 11. 大都路德管府　　 12. 巡警二院　 13. 倒钞库
14. 大天寿万宁寺　 15. 中心阁　 16. 中心台　 17. 文宣王庙　　 18. 国子监学　 19. 柏林寺
20. 太和宫　　 21. 大崇国寺　 22. 大承华普庆寺　　　　　　　 23. 大圣寿万安寺
24. 大永福寺（青塔寺）　 25. 都城隍庙　 26. 大庆寺　 27. 海云可奄双塔　 28. 万松老人塔
29. 鼓楼　　 30. 钟楼　　 31. 北中书省　 32. 斜街　　 33. 琼华岛　　 34. 太史院

图 6-1 元大都平面复原想像图

中
国
造
园
艺
术
史

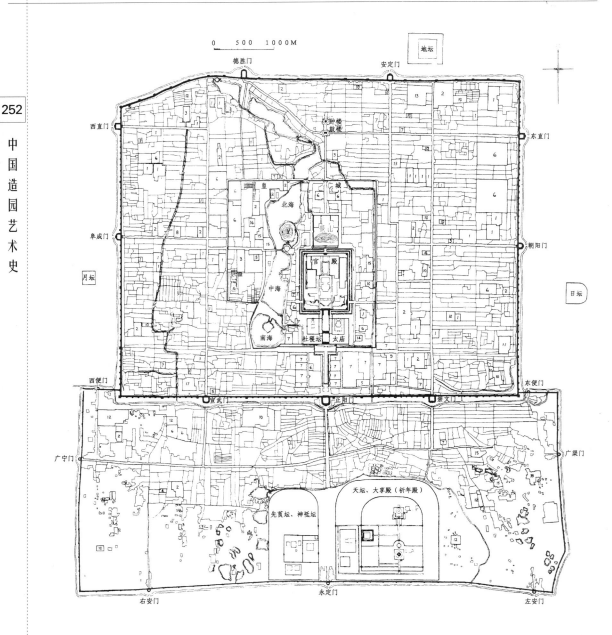

1. 亲王府　2. 佛寺　3. 道观　4. 清真寺　5. 天主教堂　6. 仓库　7. 衙署　8. 历代帝王庙

9. 满洲堂子　10. 官手工业局及作坊　11. 贡院　12. 八旗营房　13. 文庙、学校

14. 皇史宬(档案库)　15. 马圈　16. 牛圈　17. 驯象所　18. 义地、养育堂

图6-2 清代北京城平面图（乾隆时期）

这两幅城市平面图，虽然不能用尺寸数字来比较，但是我们可以元、明、清三代位置不变的"琼华岛"为准，比较琼华岛与景山的相对位置和关系，从图 6-2 乾隆时清代北京城平面图看，两者东西并立，而景山稍前，其位置似应在宫城内北部，背面紧靠"厚载门"。简单地说：**元代的万岁山是在厚载门内**。

厚载门到延春阁，只就宫殿而言，中间还隔着延春宫的后宫寝殿，和清宁宫一组殿庭建筑。景山如是在延春阁遗址上堆筑的，那么，这山的位置，就在现故宫的内廷后三宫前后。可见此说之谬了。

如果说，元代宫城中，在清宁宫之后，有宫内苑（后苑），确有名"青山"的土丘在厚载门内，为什么《故宫遗录》中没有记载呢？我认为：萧洵作遗录的目的，仅是他参与将要毁掉的元代宫室，随遍阅踏看，实录下来作为史料。所以，他只记建筑物的大小，殿堂内的家具陈设和装饰，既未从规划和建筑学角度，反映出宫殿总体规划、宫殿在空间组合上的特点，建筑结构技术上是否有所变化等；也未能从造园学角度，记述园苑的总体规划和具体景境的特点。如记"琼华岛"，只是由山下到山上，按其所见将建筑物逐一记录下来而已。

"青山"，称之为土丘，也就是小土山。显然元时这小土山，较之后来的"景山"，要小得多，上既无建筑，下亦无水池，作为景物，也毫无引人注目之处，更无名迹典故可言。我想，如元代在厚载门内后苑中确有"青山"的土丘存在的话，萧洵之所以未予记录下来，这是合乎情理的解释。

（二）元代的"万寿山"与"万岁山"辨

清代研究元大都者，认为《元史》所载"万寿山"和"万岁山"，二者是一回事，都是指今北海的琼华岛。如《日下旧闻考·宫室元三》中的按语："元万寿山，即金之琼华岛，陶宗仪《辍耕录》及《元史》或称万岁山，盖当日相沿互称。"㉓此说如果是史实，那么，元代根本就不存在有任何与景山形成相关的东西，景山是明代在平地上堆凿而成，就是不刊之论了。事实并不如此简单。

《日下旧闻考》是乾隆三十九年（1774），根据文学家朱彝尊（1629～1709），于康熙二十五年（1686）编辑的《日下旧闻》加以增补、考证而成。是过去有关北京历史最大最全的资料选辑，可以说代表了清代学者在这方面的成就，是研究北京城市史，尤其是研究清代皇家园林的重要史籍。这部乾隆帝集中大量人力编成的钦定官书《日下旧闻考》，仍然难免失之于疏漏，书中引文多为摘录，与原文常有差异；考订亦有删减引文以适主观认定的情况。如：在上面所载《日下旧闻考》的按语之后，该书的第七条云：**"按史自泰定以后作万岁山，疑无两地**《北平古今记》**。"**⑭

　　这条资料的出处，注明是《北平古今记》。而我们却从《北平考》一书元代宫室部分的"万寿山殿"条下，原按语看到同样的话，只一字之差，且被删刈了。《北平考·元》"万寿山殿"条：

　　　　案：史以泰定以后皆作万岁山，疑无两地。今厚载门内有万岁山。⑮

　　《日下旧闻考》引文中，前一句改"以"为"自"，去掉一个"皆"字，意思未变。后一句被删掉了，显然是为了坚持其"相沿互称"之说。其实如"万寿山"和"万岁山"，是同一地方的不同名称，所谓"疑无两地"就成了多余的话。

　　《北平考》，不著撰者姓名，也无目录和序跋。书的内容，是从历代正史中辑录的，有关北京地方和宫殿的沿革，远溯尧舜，近至元末，按朝代以建筑名称分条记载有关史实，是一本有关北京地方沿革的简明资料书。

　　从书名用"北平"看，撰者可能是明代初期人，因历史上北京称为北平的，只明洪武元年到建文四年（1368～1402），共35年称为北平府。自永乐元年，一直到整个清朝，就都称为北京顺天府了。显然，《日下旧闻考》所说的《北平古今记》与《北平考》多半是同一本书。两书的记述方式不同，《日下旧闻考》是按事分条，一事一条，条之间的时序也不很严格；《北平考》是按建筑分条，条下基本按时序集录有关之事。如：《北平考·元》卷四，在"宫城"条之后的四十多条中，分别列有"万寿山殿"和"万岁山殿"两条。为省篇幅，不详加考证，仅对"万岁山"是否就是"万寿山"作些分析。

　　上述"……今厚载门内有万岁山"的按语，是在"万寿山殿"条的记事之后。下一条就是"万岁山殿"，再将开头两条记事录之如下：

　　　　泰定帝纪：泰定二年（1325）六月己卯朔，葺万岁山殿。四年（1327）十二月乙卯，植万岁山花木八百七十本。⑯

　　泰定是元泰定帝（也孙铁木儿）的年号，可以肯定这所葺之殿与"万寿山殿"，不是同一建筑，也不可能在同一地方。因为就在这"万岁山殿"条之后有注云：

　　　　《大明一统志》：西苑东北有万岁山，高耸明秀，蜿蜒旁薄，上插霄汉，隐映宫阙，今俗呼为煤山。[27]

《大明一统志》，是明代官修，书成于明英宗天顺五年 (1461)。除此条外在"广寒殿"条下，也引用了《大明一统志》的太液池"琼华岛"。虽然这两条是后人的添注，但却说明，明代研究元大都的学者，没有人认为"万寿山"与"万岁山"，是同一山的不同称谓，而是力证"万岁山"不是指琼华岛的"万寿山"，而是厚载门内的小山。正因山在主要宫殿的后苑里，即大内之中，故名万岁山。

万岁山，在明代北京皇城内的位置已很重要，如是在明代才堆筑起来的，史书绝不可能毫无记载，而史籍中记述明代宫室者，万岁山都是已存在的客观的东西了。这也有力地证明，万岁山绝非明代所筑，元建大都时已经存在了。

万岁山，不论是座小山，还是堆土丘，不会是自然生成的。那么，万岁山是何人在何时筑成的呢？我们从明末清初人孙承泽 (1592~1676) 80 岁时所著《天府广记》中找到了答案，据《天府广记·诗三》卷之四十四，明代马汝骥《西苑诗·万岁山》序云：

　　在子城东北玄武门外，更比北上中门为大内之镇山高百余丈，周回二里许，金人积土所成。旧在元大内，今林木茂密，其巅有石刻御座，两松覆之。山下有亭，林木藏翳，周回多植奇果，名百果园。[28]

有人说这"金人积土所成"之山，就是"青山"，姑妄存之，以备一说。

（三）明代的万岁山

明代的万岁山，在宫城北玄武门外，玄武门内是坤宁宫后苑。《日下旧闻考·宫室》的明代部分有多条记载万岁山，摘其要者分析之。如崇祯癸未十六年 (1643) 九月召对万岁山观德殿条：

　　观德殿在北安门内，玄武门外，万岁山东麓也。山上有土成磴道，每重九日驾登山觞焉。山北有寿皇殿、北果园。山南有匾曰万岁门，再南曰北上门，再南曰玄武门，入门即紫禁城大内也。山左 (东) 宽旷，为射箭所，故名观德。山左里门之东即御马监，两门相对，一带有桿子房、北膳房、暖阁厂，皆西向也。永寿殿在观德殿东南相近，内多牡丹芍药，旁有大石壁立，色甚古。[29]

上述文字虽然简略，大体可知万岁山的总体布局概况。苑以万岁山为中心，山北以寿皇殿为主，周回多植奇果，名百果园。山东面宽旷，为骑射之所，有观德殿、御马监；观德殿东南有永寿殿，殿庭内植有大量的牡丹芍药，旁有大石，壁立苍古。山的西面没有记述，从其他条中可知，还有万福阁、嘉禾馆、兴庆阁、景明馆，以及玩芳、长春、永安、集芳、会景亭等建筑。

明代的**万岁山**，是林木荫翳的一座小小的青山，上山有石级，山顶无建筑，只在两松覆盖下，有一个石刻的御座，显然是为皇帝重九登高休憩之用。有研究者却说："明代在山上有六个亭子，清初毁去。"可能是由下面这条资料引起的臆断。《春明梦余录》："万岁山高一十四丈，树木翳郁，有毓秀、寿春、长春、玩景、集芳、会景诸亭。"只列亭名，未明亭在何处。前引《天府广记》马汝骥《万岁山诗序》中，很明确地说"**山下有亭**"。《日下旧闻考》也同样引有这条资料。不仅山上无亭，而且也没有六个亭名。

《日下旧闻考·宫室》卷三十五，"崇祯七年九月"条下有："万岁山左门，有玩芳亭，万历二十八年（1600）更玩景亭。二十九年（1601）再更毓秀亭。"㉚这就是说"玩景"与"毓秀"是一个亭子，原名叫"玩芳"。其他亭如"长春"亭在长春门，"集芳、会景"在永寿殿，"万福阁西曰永安亭"等。

《日下旧闻考·宫室》卷三十五："今京师厚载门南逼紫禁城，俗所谓**煤山**者，本万岁山。其高数十仞，众木森然，相传其下皆聚石炭以备闭城不虞之用者。"㉛明代曾在万岁山下堆煤，由此说明明代的万岁山，还不是神圣不可侵犯的地方，同清代的**景山**性质是完全不同的（见清代的景山）。但这条资料也可证，元代在厚载门内有万岁山，明代的皇城北门，"曰北安门，俗呼曰厚载门，仍元旧也。"㉜如《北平考》明初人注："今厚载门内有万岁山"是史实的话。那么，说万岁山是明代堆筑的"大内之镇山"，岂非成了耳食之谈。

古形容事物之高，皆凭感性直观多溢美之词，如云万岁山，"其高数十仞"，或云"高百余丈"。百余丈，就是千余尺，按明代每尺折合公制 0.320 米计，有300 多米高，真可谓夸诞大言矣。明末曾对万岁山进行过实地丈量，据《日下旧闻考·宫室·明三》载："崇祯七年（1634）九月，量万岁山，自山顶至山根，斜量二十一丈，折高一十四丈七尺。"㉝十四丈七尺为一百四十七尺，合 47 米，约 50米左右。

明代的万岁山作为园苑，有百果园、牡丹芍药花圃，建筑除殿堂外，楼阁亭子较多，有的与景境内容结合，如看骑射的观德殿、赏花的观花殿，以及聚仙室、玩春楼、嘉禾馆……因紧靠皇宫，是皇帝平时游幸之所。万岁山只是作为一个已存在的景物，尚未重视其制空作用，从空间构图上成为宫城以至都城规划的构成要素。

（四）清代的景山

清代定都北京，是历史上惟一没有实行"**毁旧国，建新朝**"的朝代，沿用了明代原有的城市和宫殿，只因紫禁城内部分建筑为农民起义军焚毁，是在旧址上重建的，其他基本维持原状。

万岁山在清初顺治十二年（1655）改名为"**景山**"，是取其祥瑞之义。据云："天启甲子六月，山椒有五色云，灵台占曰，景云将降。"③④天启甲子是明熹宗天启四年（1624），按《瑞应图》说："景云者，太平之应也。"古有云："德至山陵则景云出，德至深泉则黄龙见。"是祥瑞之征兆。景云亦作庆云。景山的含义颇多，后面结合清代对万岁山的改造再说。

从乾隆皇帝弘历的文章中可知，自清初到康熙朝，康熙帝玄烨还经常到景山"视射较士"。建筑名有不少仍沿用明代旧名，如寿皇殿、兴庆阁、观德殿等。说明清代初叶的百年间，景山从形式到内容，基本上没有多少变化。至乾隆朝，由于功能的改变，对景山原状进行了改造，景山较前就具有了不同的地位与作用。景山改造的缘由，据乾隆帝在《御制重建寿皇殿碑文》云：

> 予小子既敬循寿皇殿之例，建安佑宫于圆明园，以奉皇祖、皇考神御。重垣广墀，戟门九室，规模略备。而岁时朔望来礼寿皇，聿瞻殿宇，岁久丹臒弗焕，且为室仅三，较安佑翻逊巨丽，予心歉焉。盖寿皇在景山东北，本明季游幸之地，皇祖常视射较士于此。我皇考因以奉神御，初未择山向之正偏，合閟宫之法度也。乃命奉宸发内帑，鸠工庀材，中峰正午，砖城戟门，明堂九室，一仿太庙而约之。盖安佑视寿皇之义，寿皇视安佑之制。于是宫中苑中皆有献新追永之地，可以抒忱，可以观德，传不云乎！歌于斯，哭于斯。则寿皇实近法宫，律安佑为尤重。若夫敬奉神御之义，则见于安佑宫碑记，兹不复述。惟述重建本意及兴工始末岁月，盖经营于己巳孟春，而落成于季冬上浣之吉日云。⑤

辞释：皇祖，乾隆称其祖父康熙帝玄烨；皇考，乾隆称其父雍正帝胤禛；神御，据乾隆《御制安佑宫碑文》："至宗之时乃有**神御**之名，盖奉安列朝**御容**

所也。"御容就是遗像。聿，语气助词，无义。丹臒（huò），红色的油漆。閟宫，閟（bì），是关闭。閟宫，"先姚姜嫄之庙，在周常闭而无事。"后世泛指宗庙祠堂。奉宸，指奉宸苑，清内务府所属三院之一，掌皇室苑园事务。其职官有兼管事务内大臣者。鸠，通"勾"，聚集。庀（pǐ），备具。戟门，古代宫门立戟，故称戟门。敬奉神御的意义，据乾隆帝在《安佑宫碑文》中解释，宗庙是"继人之志、述人之事者"。敬奉神御，则"朔有酌而望有献，尽事亲之礼，抒不匮之思者"。己巳，乾隆十四年（1749）。孟，四季的第一个月。季，一个季节的末了。浣（huàn），唐代制度，官吏每十天休息洗沐一次，后因称每月上、中、下旬为上、中、下浣。

景山的寿皇殿，本来在明代是游幸之地，康熙生前常到此"视射较士"，康熙帝死后，雍正帝胤禛效法宋代之神御，将康熙帝的御容供奉在原寿皇殿里。乾隆时，弘历循寿皇殿神御之例，在圆明园里建了安佑宫，即四十景之一的**"鸿慈永祜"**（见图6-3 圆明园鸿慈永祜胜概图）。

帝王敬奉父祖御容（遗像）的神御之处，是非常神圣和隆重的场所。雍正帝利用原寿皇殿，作奉康熙皇帝神御之所，只能理解为暂时性措施，虽不合**閟宫**法度，但由此却改变了景山的性质。乾隆皇帝视寿皇之义，在圆明园建造了安佑宫，相形之下，寿皇殿无论是个体，其建筑形制与规模；还是环境规划，地处景山东北，未择山向之正偏，都不合閟宫法度的要求。如乾隆帝所说："则寿皇实近法宫，律安佑为尤重。"**法宫**，是皇帝处理政务的主要宫殿，景山离皇宫很近，"而岁时朔望来礼寿皇"很方便。所以说比安佑宫更重要。因此，乾隆年间对景山进行了两项重要的改造：一是重建寿皇殿；二是改造景山的形象。分别阐述之：

寿皇殿移位重建

寿皇殿旧在景山东北，乾隆十四年（1749）上命移建。南临景山中峰，殿门外正中南向宝坊一，左右宝坊各一（坊牌题字略），北为砖城门三，门前石狮二，门内戟门五楹。大殿九室，规制仿太庙，左右山殿各三楹，东西配殿各五楹，碑亭、井亭各二，神厨、神库各五。殿内敬奉圣祖仁皇帝、世宗宪皇帝御容，皇上岁时瞻礼于此。并自体仁阁恭迎太祖高皇帝、太宗仁皇帝、世祖章皇帝暨列后圣容谨尊藏殿内，岁朝则展奉合祀，肃将祼献，以昭诚悫云。㊟

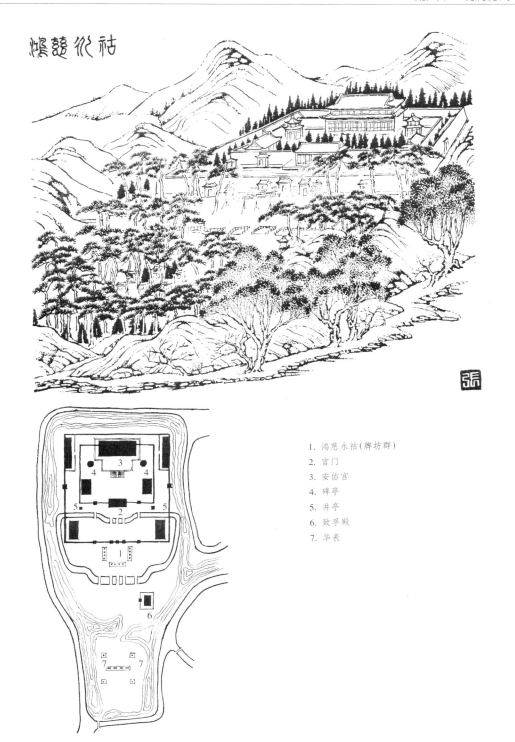

1. 鸿慈永祜（牌坊群）
2. 宫门
3. 安佑宫
4. 碑亭
5. 井亭
6. 致孚殿
7. 华表

图6-3 北京圆明园鸿慈永祜平面及胜概图

文中的圣祖仁皇帝，是康熙帝爱新觉罗·玄烨；世宗宪皇帝，是雍正帝爱新觉罗·胤禛；太祖高皇帝，是爱新觉罗·努尔哈赤；太宗文皇帝，是爱新觉罗·皇太极；世祖章皇帝，是顺治帝爱新觉罗·福临。裸（guàn）古代帝王以酒祭奠祖先之礼，因奠而不饮，谓之裸。悫（què），谨敬也。

重建的寿皇殿，建筑等级很高，如大殿用九间，左右还有山殿各三间，是仿太庙之制，只是规模略小。寿皇宫这一组殿庭，作为闷宫，其位置移向"南临景山中峰"者，必须当正在景山的轴线上，成为景山的主体建筑。除移位重建的寿皇殿之外，其他宫殿建筑仍利用原明代遗存，有的从闷宫的性质出发，改用适合的题名，如景山内的**永思门**、**永思殿**，是原明万岁山中的"永寿门、永寿殿"。有的名称依旧，功能已改变了，如原来观看骑射的**观德殿**，从楹联："琴韵声清，松窗滴露依虫响；书帷夜永，萝壁含风动月华"看显然较射活动，不适于闷宫的严肃静穆氛围，已改作弹琴、读书的斋馆了。为加强祠庙的性质，在观德殿东建了**护国忠义庙**，庙内塑关圣立马像，并悬康熙帝御书额曰"忠义"。景山环境性质已改变，景山自身的作用和意义，自然与神御之前完全不同了。

景山的改造

《日下旧闻考·国朝宫室》："北上门左右向北长庑各五十楹，其西为教习内务府子弟读书处。景山五峰上各有亭，中峰亭曰万春，左曰观妙，又左曰周赏，右曰辑芳，又右曰富览，俱乾隆十六年（1751）建。"[37]（参见图6-4 北京景山平面图）

景山改造成五峰，山体呈中高左右对称平衡的形态，显然起了突出宫城中轴线的作用。五峰建五亭，则山不高借亭以增其势，亭不大借山而培加翼然。亭的形制：

万春亭 立中峰之上，下有基

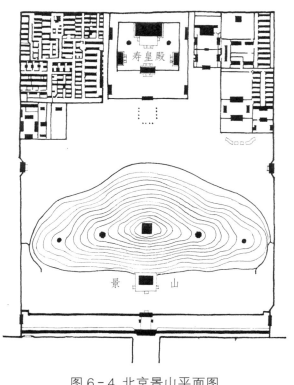

图6-4 北京景山平面图

台，平面呈正方形，三重檐黄琉璃

瓦四角攒尖顶。

周赏亭、富览亭 在万春亭的东西两侧，平面呈八边形，重檐绿琉璃瓦八角攒尖顶。

观妙亭、辑芳亭 在景山东西两端边峰上，平面为圆形，重檐蓝琉璃瓦圆攒尖顶。

原五亭内都供有铜佛像，1900 年八国联军入侵，万春亭中的毗卢遮那佛被毁，其余四亭中的铜佛被劫走。

清代景山和五亭的意匠，堪称理极精微。中峰当空兀立，两旁侧峰，依次跌落，形成由两端向中央高聚之势。五亭的位置，当中高而两旁渐低，体量是当中大而两旁渐小，体形是当中方而两旁渐圆，檐宇是当中三重两旁递减，颜色是当中明亮而黄，两旁渐暗而蓝。严格的对称均衡格局，却不觉其呆板；极臻变化之亭，多样统一而浑然一体。山上列亭而具飞动之势，亭踞山巅显示着民族文化的精神。

景山的这种改造，实际上与闵宫的功能是名实相副的，前面我们曾说过，"景山"之景有多种含义，不单是作"景云"或"庆云"有祥瑞之义，还有如《诗·鄘风·定之方中》："望楚与堂，景山与京。"[38]定之方中，是古代建城立国的方法。景山之"景"，读做"影"，是测影以正方位，决定城市的四至和规划；景，是高的土山。景山的另一含义是高坟，如：《文选》南朝梁·任昉《为范始兴作求立太宰碑表》："瞻彼景山，徒然望慕。"[39]就是指高大的坟墓。景作庆云，则喻父母。《文选》晋·潘岳《寡妇赋》："承庆云之光覆兮"[40]中的庆云，是用以比喻父母的荫庇，以代父母。

从景山的几种含义看，景山在故宫之中起标志作用，合乎测景以正方位之古义；从景山的高坟之义，也暗合乾隆帝将景山改造为闵宫的性质；景山作为乾隆敬奉皇祖皇考神御之所，也契合喻尊显上代父母之义。可以说，**清代的景山作为祥瑞之物，是乾隆皇帝借以纪念父祖的精神象征**。

清乾隆帝弘历，将明季游幸之所的万岁山，改造为神御之所的闵宫，是非常神圣严肃的事，从寿皇殿的组群建筑，到景山形体及环境的改造，不仅惨淡经营，而且考虑到与都城的内在联系，成为京都城市规划的一个有机的、生动的组成部分。如梁思成先生所说：

> 故宫是内城的核心，也是全城布局中心。全城就是围绕这中心而部署

的。但贯穿这全部部署的是一根直线，一根长达 8 公里、全世界最长，也是最伟大的南北中轴线穿过了全城。北京的独有的壮美秩序由这条中轴的建立而产生，前后起伏左右对称的形体或空间分配都是以这条中轴线为依据，气派之雄伟就在这南北引伸，一贯到底的规模。⑪

景山正是这根中轴上前后起伏的最高峰和制高点。登山南望，宫阙楼台，千门万户，奕奕煌煌；北瞰，市井街衢，鳞次栉比，熙熙攘攘。景山以俨然典丽的形象，将轴线显示得更加辉煌。

二、明清的北京三海

明清北京三海，是在元代西苑太液池基础上扩展形成的。元代的太液池只有三海中的中海和北海部分，从明初工部郎中萧洵的《故宫遗录》记载，当时情况是：

> 出内城，临海子。海广可五六里，驾飞桥于海中，西渡半起瀛洲圆殿，绕为石城圈门，以便龙舟往来。由瀛洲殿后北引长桥，上万岁山，高可数十丈，皆崇奇石，因形势为岩岳。⑫

明代在太液池的南端，又开凿了一个小湖，将瀛洲仪天殿的木吊桥，改建为九孔的大石桥，桥东西两头建华丽的牌楼，名"金鳌玉蝀"，即今见之北海大石桥。太液池被大石桥一截为二，加南端新凿小湖，从此形成为人称道的北、中、南三海。

明宣宗朱瞻基在宣德年间 (1426~1435)，对琼华岛作了修缮，新建了迟山台圆殿，改仪天殿为清暑殿等。英宗天顺年间 (1457~1464)，又进行了大量修建，主要以琼华岛为中心，沿湖三面建了许多殿亭轩馆。英宗朱祁镇曾召大臣从游，杨士奇、李贤、韩雍等有《赐游西苑记》之作。从李贤的游记可以比较清楚地了解明代三海情况：

> 初入苑，即临太液池，蒲苇盈水际，如敛戟丛立，芰荷翠洁，清目可爱。循池东岸北行，榆柳杏桃，草色铺岸如茵，花香袭人。行百步许，至**椒园** (蕉园)，松桧苍翠，果树分罗。中有圆殿，金碧掩映，四面豁敞，曰**崇智**。南有小池，金鱼作阵，游戏其中。西有小亭临水，芳木匝之，曰**翫芳**。⑬

李贤的游园路线，是从太液池中部，东岸北行，靠宫殿一侧，建筑不多。椒园，一名蕉园即芭蕉园，中有圆形建筑名"崇智殿"。在殿南有小池，西岸临水有"酣芳"亭。蕉园中除苍松翠柏，还有不少果木，沿太液池岸，"榆柳杏桃"，草坪如茵，景色疏朗而清幽。接着他写道：

> 又北行至圆城，自两腋洞门而升，上有古松三株，枝干槎枒，形状偃蹇，如龙奋爪拏空，突兀天表。中有圆殿，巍然高耸，曰**承光**。北望山峰，嶙峋崒崔，俯瞰池波，荡漾澄澈，而山川之间千姿万态，莫不呈奇献秀于几窗之前。西有长桥，跨池下。过石桥而北，山曰**万岁**，怪石参差，为门三，自东西而入，有殿倚山左右，立石为峰，以次对峙。四围皆石，赑屃龈腭，薛莴蔓络，佳木异草，上偃旁缀，樛葛荟翳，两腋叠石为磴，崎岖折转而上，岩洞非一。山畔并列三殿，中曰**仁智**，左曰**介福**，右曰**延和**。至其顶，有殿当中，栋宇宏伟，檐楹翚飞，高插于层霄之上。殿内清虚，寒气逼人，虽盛夏亭午，暑气不到，殊觉旷荡潇爽，与人境隔异，曰**广寒**。左右四亭，在各峰之顶，曰**方壶**、**瀛洲**、**玉虹**、**金露**。其中可趺而息，前崖后壁，夹道而入，壁间四孔以纵观览，而宫阙峥嵘，风景佳丽，宛如图画。⑭

辞释：嶙峋（línxún），山崖突兀貌。崒崔（zúlù），山高峻貌。赑屃（bìxì），蟕（xī）龟的别名，代表有力貌，多作碑趺（碑座）。龈腭（yínè），牙龈上腭。赑屃龈腭，形容平地四围石头堆叠的样子。薛（xiǎn），苔薛。莴（fēng），即芜菁。薛莴蔓络：形容石上苔薛和缠绕的植物。偃（yǎn），仰卧。樛（jiu），树木向下变曲。缠结也。荟（huì），草木繁盛貌。翳（yì），遮蔽。翚（huī），鼓翼疾飞。潇（xiāo），水清深貌。潇爽，清凉舒畅。趺（qí），垂足而坐。峥嵘（zhēng róng），高远、深邃貌。

以上一段文字，是李贤由中海北行，至团城和琼华岛的情况。由两腋洞门上圆城，团城原"金鳌玉蛛"大石桥东的崇台，即台址为圆城。台上"承光殿"俗名"团殿"，是元时"仪天殿"旧址。由团城北过石桥即琼华岛，从李贤对万寿山的描写可知，建筑不多且散立布置，山麓"有殿倚山左右"，山畔建有三座并列的殿堂，中名仁智殿，左名介福殿，右名延和殿。山以叠石为胜，磴道崎岖，四围皆石，且薛莴蔓络，樛葛桧翳，景象幽邃。山顶是檐宇翚飞，高插层霄之上的"广寒殿"。以广寒为中心，对称布置方壶、瀛洲、玉虹、金露四座亭子，前临悬崖，后依石壁，整个山顶建筑，是对称布置的格局。山上花草密茂，树木荫翳，给人以旷荡潇爽之感，故名殿为"广寒"。

下过东桥，转峰而北，有殿临池曰**凝和**，二亭临水，曰**拥翠、飞香**。北至艮（东北方）隅，见池之源，云是西山玉泉逶迤而来，流入宫墙，分派入池。西至乾（西北方）隅，有殿用草，曰**太素**，殿后草亭画松竹梅于其上，曰**岁寒**，门左有轩临水曰**趣远轩**，前草亭曰**会景**。⑤

下万岁山，过琼华岛东面石桥，沿池向北行，至东北角太液池的水源进口，沿池东岸，临水建有"凝和殿"和"拥翠、飞香"二亭。由东北角西行，至西北角，建筑较少，只有二三座殿亭，皆茅亭草舍，十分简朴。

循池西岸南行，有屋数连，池水通焉，以育禽兽。有亭临水曰**映辉**。又南行数弓许，有殿临池曰**迎翠**，有亭临水曰**澄波**。东望山亭，倒蘸于太液波光之中，黛色岚光，可掬可把，烟霭云涛，朝暮万状。又西南有小山子，远望郁然，日光横照，紫翠重叠。至则有殿倚山，山下有洞，洞上石岩横列，密孔泉出，迸流而下，曰**水帘**。其淙散激射，最为可玩，水声泠泠然，潜入石池，龙昂其首，口中喷出，复潜绕殿前，为流觞曲水。左右危石盘折为径，山畔有殿翼然。至其顶，一室正中，四面帘枕，栏槛之外，奇峰回互，茂树环拥，异花瑶草，莫可名状。下转山前，一殿深静高爽，殿前石桥隐若虹起，极其精巧。左右有沼，沼中有台，台外古木耸高，百鸟翔集，鸣声上下，至于**南台**，林木隐森。过桥而南，有殿面水，曰**昭和**，门外有亭，临岸沙鸥水禽，如在镜中，游览至此而止。⑥

太液池的东北角，是水源入口，《日下旧闻考·国朝宫室·西苑一》："西苑太液池，源出玉泉山，从德胜门水关流入，汇为巨池，周广数里。自金盛时，即有西苑太液池之称。"⑦沿太液西岸，有一组豢养禽兽的房舍，南行临水有"映辉亭"，"迎翠殿"、"澄波亭"。澄波亭是向东眺望万岁山的最佳观赏点。在李贤游记中，当时西南角，还有以石山为主的精致的景点。文中"至于南台"，南台，即清之"瀛台"，按《日下旧闻考·宫室·明四》，昭和殿就在南台上，"南台在太液池之南，上有昭和殿，北向，踞地颇高，俯眺桥南一带景物"。门外有一亭，极其精丽，北悬额"趯台陂"三字，故明时南台一曰**趯台陂**。这已是南海的情况了。

明代三海已经形成，建筑较之清代要少得多，而且多采取单幢散点布置方式。总的说，明代三海是旷荡潇爽有余，而整体的气势不足。

清代的三海　　清王朝在明代三海的基础上进行了大量的扩建和改建，如明代的南台，岛上只有一座"昭和殿"，殿前有一小亭名"澄渊"，水面宽阔，林木深茂，颇有水乡野趣。

瀛台　　清顺治年间，在明时南台旧址上重建。据乾隆《御制瀛台记》云：

> 入西苑门有巨池，相传曰太液。循东岸南行，折而西，过木桥，邃宇五间为**勤政殿**。自勤政殿南行，石堤可数十步，阶而升，有楼门向北，扁曰**瀛台**。门内有殿五间，为**香扆殿**。殿南飞阁环拱，自殿至阁如履平地，忽缘梯而降，方知为上下楼。楼前有亭临水曰**迎熏亭**。东西奇石古木，森列如屏。自亭东行过石洞，奇峰峭壁，轇轕（jiāo gé，交错貌）蓊蔚，有天然山林之致。盖瀛台惟北通一堤，其三面皆临太液。故自下视之，宫室殿宇杂于山林之间，如图画所谓海中蓬莱者。名曰瀛台，岂其意乎！⑱

悬匾"瀛台"之楼，原名**蓬莱阁**，文中的殿南飞阁，**名翔鸾阁**。正殿"香扆殿"，乾隆六年 (1734) 改题**涵元殿**。《记》中所讲的是主要建筑，还有配殿等辅助建筑，是组合成殿庭的建筑组群。瀛台是一组具有特殊竖向设计的宫殿，"涵元殿"是坐落在高出瀛台地面一层楼高的平台上，四面的建筑都是二层楼阁，如北面进口的"蓬莱阁"，南面的"翔鸾阁"，东面为"藻韵楼"，西面为"绮思楼"，在下望上，四围皆楼，在上"涵元殿"四望，皆一层殿堂也。到"涵元殿"必须登数十步石堤的阶级，由"蓬莱阁"楼门而入。所以，如扼守石堤，四面环水的瀛台，就成了与世隔绝的孤岛。光绪帝爱新觉罗·载湉 (tián 甜)于光绪二十四年 (1898) 戊戌变法失败后，慈禧太后就将他长期囚禁于瀛台，直到 1908 年死在瀛台的涵元殿。中海与北海一桥相隔，水面狭长，两岸树木蓊蔚，以蕉园为主，殿亭建筑从略。

北海　　是三海中之最大者，水面开阔，总面积近 70 万平方米，其中水面占一半以上。北海的历史悠久，自金盛时，即有西苑太液池之称，琼华岛广寒殿之胜。辽时名"瑶屿"，元至元年间改为万岁山，或万寿山。明宣宗时大加修建。北海以琼华岛为中心，环海布置建筑的格局，在明代已经形成，经清代数十年的不断增华改造以臻完善。如琼华岛上的广寒殿，明万历年间已倒塌荒废，一直未予修复。清顺治八年 (1651)，在广寒殿旧址改建了喇嘛塔，万寿山更名**白塔山**。拆除了山前原散列的殿堂，改建为组群建筑的寺庙——**永安寺**，有山门，钟、鼓楼，法轮殿，龙光紫照牌坊，引胜、涤霭二亭，亭为乾隆十六年 (1751)

建，亭内石碑上分别刻有御制《白塔山总记》和《塔山四面记》。拾级而上，有正觉殿、普安殿，再上就是善因殿和白塔山巅。

　　白塔和永安寺的建造，使北海的景观起了巨大的变化，永安寺依山构筑，院落层层，殿宇重重，使不大之山气势非凡。耸然屹立在山顶的白塔，成为苑内的制高点，更加突出琼华岛的中心构图作用。白塔简洁而特有的造型，与金碧辉煌的木构殿堂形成对比，在树木的掩映衬托之中，赋予北海以独特的风貌，万岁山由此就以"白塔山"而著名了（参见图6-5）。

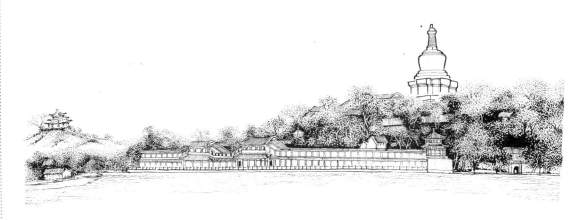

图6-5 北京北海琼华岛胜概图

　　乾隆朝以三四十年的时间，对北海作了很大的增华，除琼华岛南面的永安寺外，在白塔山的西面建了悦心殿、庆霄楼、琳光殿以及存放乾隆时模刻珍品《三希堂法帖》的阅古楼。白塔的东面，林木密茂，建筑不多，景色幽静，乾隆十六年 **(1751)**，乾隆帝弘历亲笔书写**"琼岛春阴"**四字，立碑于绿荫深处，为"燕京八景"之一。白塔山北面，以漪澜堂、道宁斋为主室，"而围堂与斋北临太液，延楼六十楹，东尽倚晴楼，西尽分凉阁，有碧照楼、远帆阁分峙其间，各对堂与斋之中。南瞻窣堵，北颎（同俯）沧波，颇具金山江天之概。"⑭乾隆皇帝将琼华岛之胜，视如镇江金山寺一般。

　　沿北海东岸，建造了濠濮间、画舫斋、蚕坛等建筑。北岸建筑有静心斋、小西天、彩色琉璃镶砌的九龙壁、澂观堂、阐福寺、极乐世界、大西天等等，多属斋堂梵宇的宗教性建筑。而濠濮间、画舫斋、静心斋，是三组相对独立的景境，是北海的苑中之园，但集中在西北隅的几座寺庙建筑的密度大，从造园角度看，与苑的景境创造并无关系，难以成为可供欣赏的景观，而游人却不会在意者，由于其前水边有五龙亭之故。

五龙亭　建于明代，"嘉靖二十二年 (1543) 三月，更五龙亭。五亭中曰龙潭，左曰澄祥，曰滋香，右曰涌瑞，曰浮翠。二坊南曰福渚，北曰寿岳。"⑤⁰亭建水中，面临北海，五亭成人字形排列，中亭较大，两边四亭较小，平面均为正方形，四角攒尖顶，两端用桥与岸相连。清代仍旧，名亦未改。五亭后则为乾隆十一年 (1746) 所建的"阐福寺"，故亭后的二座石坊题额改为，"南向额曰性海，北向额曰福田"。

五亭呈人字形有规则的排列，相互联络形成一体，从视觉审美上，对那些琳宫梵宇有退后和淡化的作用，北岸就为人们呈现出由五龙亭构成的优美图画。

清代的宫苑，这种大量增加建筑的现象，反映了帝室生活园林化的需要，不仅地近皇宫的三海，就是在远郊的苑园，清代是作为"避喧听政"之处，不仅是帝王游憩之所，也是处理政务、召见大臣、接见外藩、宴会王侯、祭祀礼佛等活动的地方。帝王生活的园林化，是清代皇家园林建筑比重增多的原因。

清代苑中建筑的大量增加，反映在景境创造上，引起造山艺术的变化。我们从北海琼华岛，在元、明、清三代景象之间的差异进行分析：

元代的万岁山　据元末明初文学家陶宗仪 (1316～?) 《辍耕录·万岁山》载："万岁山在大内西北太液池之阳，金人名琼花岛，中统三年 (1262) 修缮之。其山皆以玲珑石叠垒，峰峦隐映，松桧隆郁，秀若天成。……山上有**广寒殿**七间，**仁智殿**则在山半，为屋三间。山前白玉石桥，长二百尺，直仪天殿后殿，在太液池中圆坻 (chí，水中小洲) 上，十一楹，正对万岁山。"⑤¹陶宗仪只记了当时万岁山上的主要建筑"广寒殿"和"仁智殿"，还有些亭子和个别殿堂，略而未记，说明在景观上不占主要地位。山的艺术形象，据明宣宗朱瞻基《御制广寒殿记》中说，万岁山之石，是由艮岳拆运而来。由于山的体量较小，以叠石而具自然峰峦的**意象**，已非北宋模写山水的艮岳，峰峦崛起，千叠万覆，那种崖壑特征的山林气势；而是"松桧隆郁"，"峰峦隐映"，给人以"秀若天成"的审美感受。这是随空间与山的体量缩小，造山艺术由模写向写意发展的必然趋势。

明代的万岁山　基本上保持元代情况，除修复了广寒殿，还增加了不少建筑。从李贤《赐游西苑记》的描述可知，增加的亭殿楼阁，多是采取单幢散点式的布置，琼华岛的石构形象未变，但建筑已占有重要地位。

清代的万岁山　由于增加了大量建筑，无论从主观还是客观，都不会采取单幢分列的布置方式，而是以整体的建筑组群，自下而上沿山势层叠组合庭院。显然这样的建筑环境，虽有情有趣，但只可游而不适于常居，所以只宜于建造寺庙。

中
国
造
园
艺
术
史

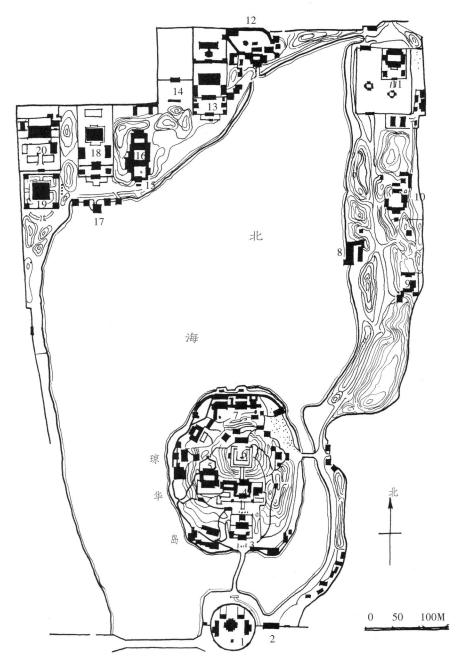

1. 团城　2. 苑门　3. 永安寺　4. 正觉殿　5. 悦心殿　6. 白塔　7. 漪澜堂　8. 船坞
9. 濠濮间　10. 画舫斋　11. 蚕坛　12. 静心斋　13. 小西天　14. 九龙壁
15. 铁影壁　16. 濠观堂　17. 五龙亭　18. 阐福寺　19. 极乐世界　20. 大西天

图6-6 北京北海琼华岛平面图

正如乾隆皇帝在《圆明园四十景图咏》中"月地云居"诗所说，对宗教建筑"何分西土东天，倩他装点名园"而已，琼华岛的永安寺即如此。颐和园前山的"大报恩延寿寺"，自山麓直到山顶，殿宇庭院，层层叠叠，气势非常宏伟（参见图6-6）。乾隆皇帝在《塔山西面记》中，精辟地论述了建筑对造山的意义与作用。他说：

> 室之有高下，犹山之有曲折，水之有波澜。故水无波澜不致清，山无曲折不致灵，室无高下不致情。然室不能自为高下，故因山构室者，其趣恒佳。②

"因山构室"，是利用筑山的体势、地形的高差，使平面空间结构的梁架建筑，在空间上立体化，建筑依山上下

图6-7　现江苏镇江金山寺

而耸立，山借层叠檐宇而雄飞。因山构室，其趣恒佳，成为清代造山艺术的美学思想和审美趣味。这种审美思想和趣味，也反映在绘画中，如郑绩纪《梦幻居画学简明》："凡一画之中，楼阁亭宇乃山水之眉目，当在开面处安置。"开面，是指山的向阳面。北海白塔山的**永安寺**、颐和园万寿山**大报恩延寿寺**，都是建在山的开面处，也是山的主立面。

以寺庙建筑群构成山的主立面，即为**寺包山**的形式。江苏镇江金山寺，是自然山水中"寺包山"的典型例子（参见图6-7）。

乾隆帝弘历总结了金山寺的"寺包山"经验，提出"因山构室"之说。从此"因山构室"就成为清代大体量人工造山艺术重要的创作思想方法和理论依据。

三、清代的颐和园

颐和园，原名清漪园。在北京西北郊，距城约15公里，这里原先就是山湖风景优美的地方。金代皇帝完颜亮于贞元元年(1153)，就曾建过行宫，今之万寿

中国造园艺术史

图 6 - 8 清·《南巡盛典》中的金山寺（摹写）

1. 慈寿塔 2. 别有轩 3. 操江楼 4. 七峰阁 5. 天王殿 6. 大殿 7. 行宫 8. 浮玉亭

山，当时名**金山**。元代时传说曾有老人在山上凿得石瓮，因名**瓮山**，山前的湖就名**瓮山泊**。元代至元二十九年（1292），为接济漕运用水需要，元代天文学、水利学家郭守敬（1231～1316）督开通惠河，将昌平一带泉水引入瓮山泊，流入城内的积水潭，瓮山泊遂成元大都城内宫廷用水的蓄水库。元文宗天历二年（1329），在瓮山泊西北岸建"大承天护圣寺"，规模颇为巨丽，在寺前临湖筑驻跸、看花、钓鱼三座台阁，元朝皇帝常来此游幸，是座兼有行宫性质的寺庙园林。

明代改称瓮山泊为**西湖**，可能是湖在京城之西，寓意杭州的西湖。弘治七年（1494），皇帝的乳娘助圣夫人罗氏，在瓮山前建圆静寺。正德年间，武宗朱厚照，在湖滨筑好山园，一度改瓮山仍名**金山**，湖名**金海**，故好山园亦称"**金山行宫**"。据明人《倪岳记》云：

> 瓮山在都城西三十里，清凉玉泉之东，西湖当其前，金山拱其后。山下有寺曰圆静，寺后绝壁千尺，石磴鳞次而上，寺僧淳之晶庵在焉。然玩无嘉卉异石，而惟松竹之幽，饰无丹漆绮丽，而惟土垩之朴。而又延以崇台，缭以危槛，可登可眺，或近或远，于以东望都城，则宫殿参差，云霞苍苍，鸡犬茫茫，焕乎若是其广也。西望诸山，则崖峭岩窟，隐如芙蓉，泉流波沉，来如白虹，渺乎若是其旷也。至是茂树回环，幽荫蓊蔚，坳洼淳潆，百川所蓄，窅乎若是其深者，又临瞰乎西湖者矣。㉝

从倪岳的描述，可见瓮山处地之胜，前有湖光澄碧，西有玉泉山拱其右。登临其上，东望宫殿参差，檐宇层叠；西眺山峦葱翠，隐若芙蓉。但瓮山自身，体既不伟，形亦不奇，如刘侗在《帝京景物略》中所说，当时的瓮山，只是座"童童无草木的土赤坟"。所以当时人是将西湖与玉泉山并称，瓮山还未成为景区的游览胜地。

瓮山虽具湖山之利、形势之胜，但作为风景旅游资源，还有待于进一步开发。从湖山的关系看，据有关文献记载："瓮山圆静寺，左俯绿畴，右临碧波"，"圆静寺，左田右湖。"㉞可知，明代西湖的范围，东面只到圆静寺，即寺前的右半部，寺左（东）则是一片绿野田畴，山与水的结合还不够自然融合，即尚不具山环水抱之势。西湖的湖面较昆明湖小，景色却十分秀丽，如明万历年间画家李流芳（1575～1629）对西湖的描绘：

> 出西直门，过高梁桥，可十余里，至元君祠折而北，有平堤十里，夹道皆古柳，参差掩映，澄湖百顷，一望渺然。西山匀匀，与波光上下。远

见功德古刹及玉泉亭榭，朱门碧瓦，青林翠嶂，互相缀发。湖中菰蒲零乱，鸡鹭翩翻，如在江南画图中。[55]

文中的"功德寺"，即元代建于西湖西北的"大承天护圣寺"，明宣德二年(1427)重修改名"功德寺"，明中叶以后倾圮(pǐ)。明末环湖建了十座寺院，当时有"环湖十里，为一郡之胜地"之誉，说明明代这里的名胜在湖，而不在山。

清兵入关后，改好山园为**"瓮山行宫"**。乾隆十五年(1750)，弘历为庆祝其母六十诞辰，在圆静寺旧址建**"大报恩延寿寺"**，改瓮山为**"万寿山"**，对山湖进行了大规模的改造与建设。在西北郊进行了大规模的水系改造，首先疏浚开拓了西湖，将水面扩大，东、北两面都直抵瓮山脚下，并在湖东构筑大堤，保留了原湖东岸上的龙王庙，成为湖中的一个岛屿；同时利用浚湖之土堆筑在山上，使万寿山东西两坡舒缓而对称，成为全苑的主体。为加强山湖的整体联系，将湖水沿山西北麓延伸，呈迂回环抱之势，构成"秀水明山抱复回，风流文采胜蓬莱"的胜境。湖山既成，乾隆皇帝赐名**"万寿山昆明湖"**。山湖就成为清漪园的主体，把全苑统一起来，奠定了苑的格局和基调（参见图6-8）。

清漪园自乾隆十五年(1750)始建，经十余年的土木之工，建造了大量殿堂亭馆，直到乾隆二十六年(1761)建成，成为一座大型的经人工改造的自然山水园。咸丰十年(1860)，清漪园被英法侵略军几乎全部焚毁，光绪十年(1884)，慈禧太后那拉氏挪用海军军费三千六百多万两白银重建，供其"颐养太和"，改名**"颐和园"**。但只修复了前山部分，于光绪十四年(1888)完成。慈禧为一己之私以"颐养"，置国防于不顾，大大加快、缩短了满清王朝的"天年"。光绪二十六年(1900)，在义和团反帝斗争中，颐和园又遭英美日法等八国联军的无耻的掠夺和野蛮的破坏，光绪二十九年(1903)，慈禧又下令复修，但后山一直未能恢复。

1. 知春亭
2. 龙王庙
3. 凤凰墩
4. 藻鉴堂
5. 冶镜阁
6. 水暗堂

图6-9 北京颐和园山湖布局示意图

颐和园按其规划布局和使用性质，大致可分朝廷宫室、万寿山和昆明湖三大部分（参见图6-9 北京颐和园山湖布局示意图）。

（一）朝廷宫室

皇家园林不单是只供帝王娱游休憩的地方，往往包含日常生活活动的各个方面，如起居娱游、礼佛祀祖等。尤其是到了清代，往往处理朝政、召见大臣等政务活动，也在苑中进行。所以清朝的皇帝，每年几乎有三分之二以上的时间住在苑里，只在举行重大典礼时才回皇宫，苑就成为清帝主要生活的地方。

清代满族的统治者，由于来自关外的东北，起初不习惯北京的气候，感到"溽暑难堪"，摄政王多尔衮就想仿效"前代建山城一座，以便往来避暑"。这种想法在开国之初还难以实现，到康熙二十九年(1690)，在清华园旧址上建成清代第一座皇家园林——**畅春园**，作"避喧听政"之所。就如《日下旧闻考·国朝苑囿》所说："畅春园创自圣祖，圆明园启自世宗，实为勤政敕几劝农观稼之所。"㉟大臣们为皇帝建造苑园的巨大耗费，美其名曰是为了勤于政事和劝农观稼之用。

宫廷建筑，是清代皇家园林的一个重要组成部分。从政务活动的要求出发，宫廷建筑布置在苑的正门之内，仍然采取严格对称的殿庭组合方式，与宫殿没有什么质的不同，仅规模相对较小、建筑型制等级稍低。在装饰上与宫殿最大的区别，是所有殿堂均不筑正脊，一律用灰瓦卷棚屋顶，如"避暑山庄"亦不用彩画装修，次要庭院稍加花草木石点缀而已。

宫廷位置 决定于苑正门的位置。从总体规划，颐和园的构成是湖山，在空间构图上，山不仅是主体，而且是景点集中的景区，从园与城市的交通关系，园门应设在湖山之东，万寿山的东麓。从园门到万寿山东麓，为宫廷建筑区。

在园的正门**东宫门**内，是由主要殿堂组成的殿庭，乾隆时期"清漪园"，主殿东向七楹，乾隆十五年(1750)建，名**勤政殿**。光绪时重建，扩大为九楹，改名**仁寿殿**。殿前为仁寿门，门外有南北九卿房，门内为南北配殿，是颐和园内的政治活动区。是慈禧太后、光绪皇帝坐朝听政的大殿，光绪二十九年(1903)后，在此曾多次接见外国使节。

仁寿殿西邻至昆明湖东岸间，乾隆十五年(1750)建的一组殿堂，正殿名**玉澜堂**，坐北朝南，东西有配殿，是光绪帝载湉的寝宫。玉澜堂后，是光绪皇后隆裕居住的**宜芸馆**。西北靠近慈禧太后居住的"乐寿堂"。

乐寿堂 是南北两进，东西有跨院的大型四合院建筑。在万寿山的东南麓，南面临昆明湖，在昆明湖的东北隅，**长廊**的东头，是慈禧太后居住的地方，门厅匾额书"水木自亲"，门前设有御码头，为慈禧太后乘船处。乐寿堂院内有一巨石，据乾隆十六年 (1751)《御制青芝岫诗·序》云：

> 米万钟大石记云：房山有石，长三丈，广七尺，色青而润，欲致之勺园，仅达良乡，工力竭而止。今其石仍在，命移置万寿山之乐寿堂，名曰青芝岫。㊲

米万钟 (1570～1628) 明万历年间人，累官江西按察使，主管一省的司法，因触犯奸宦魏忠贤，被革职。是北宋书画家米芾后裔，善书画，书法与董其昌齐名，号称"南董北米"。生平好藏奇石，故人称**友石先生**。米万钟在北京西南郊大房山发现奇异的巨石，长 8 米，宽 2 米，高 4 米，重约两万多公斤，不惜财力欲运回他在海淀的"勺园"，因丢官家败，财尽力竭，弃于良乡道旁，故人称之为"败家石"。百余年后，被乾隆皇帝发现，运回置清漪园"乐寿堂"的殿庭中，命工匠刻石，题名为**"青芝岫"**，两侧题字，东曰玉英，西曰莲秀。

德和园　在东宫门内，仁寿殿之北，乾隆时的"怡春堂"旧址，光绪十七年 (1891) 改建，由颐乐殿和大戏楼组成殿庭，是专供慈禧太后看戏的地方。

大戏楼　面对颐乐殿，三层重檐，高 21 米，底层舞台宽 17 米。在三层舞台之间，均设有天地井，上下洞通，可表演升仙、下凡、入地等情节的戏剧。在底层台下有水井、水池，可布置水法布景，音响上亦有共鸣作用，是当时国内最大的戏楼，清末京剧鼎盛时期，著名演员如谭鑫培、杨小楼等都曾在此为慈禧太后演戏。

由"仁寿殿"西行，经过重重殿庭，至万寿山南麓，面对昆明湖，碧波千顷，汪洋潒沆，使人胸襟为之一畅。

（二）万　寿　山

万寿山是燕山余脉，清代对山体和环境作了改造。山高 58.59 米，与 200余公顷水面的昆明湖对比，山既不高大也无气势。因此就采取了**"因山构室"**以增其势的**"寺包山"**方式，在万寿山当正向阳"开面"处，以**大报恩延寿寺**一组体量最大的建筑群为中心，从临湖山麓起，由山门、天王殿、排云殿、多宝殿、佛香阁、智慧海，依山重叠，层层而上，形成一条中轴线。在左右的次轴线上，东面"慈福楼"在下，"转轮藏"在上；西面"罗汉堂"在下，"宝云阁"在上。为了加强山与湖的中轴线关系，山门前的堤岸向湖中凸出呈新月状的湑溁，两侧左右对称布置了"对鸥舫"、"鱼藻轩"等临水建筑（参见图 6-10）。

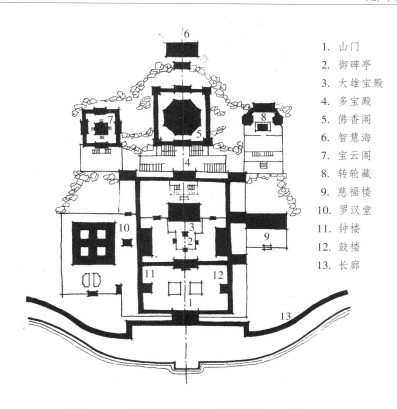

1. 山门
2. 御碑亭
3. 大雄宝殿
4. 多宝殿
5. 佛香阁
6. 智慧海
7. 宝云阁
8. 转轮藏
9. 慈福楼
10. 罗汉堂
11. 钟楼
12. 鼓楼
13. 长廊

图 6-10 北京颐和园万寿山大报恩寺平面图

长廊　在大报恩延寿寺前，傍山临湖，建造了一条长达 **728** 米，**273** 间的长廊，随山形依水势，在湖山间像一条锦带，把山水亭台等建筑连成一体。这条长廊，东起"邀月门"，中经"排云门"即山门，西迄"石丈亭"，构成前山一条主要游览线。并以山门为中点，沿廊东西对称地点缀了留佳、寄澜、秋水、清遥四座重檐八角攒尖顶亭子，成为线上的休憩观赏点。驻足亭中，可静赏湖光山色；漫步长廊，则动观山湖画卷。廊内梁枋上，因绘有八千多幅人物、花鸟、西湖风景的苏式彩画，而有"画廊"之称。长廊在空间上起着组织、构图和引导的作用，本身是景也具有建筑艺术价值。

排云殿　地处万寿山前山建筑组群的中心，原为乾隆年间所建"大报恩延寿寺"的大殿，慈禧太后重修后题名"排云殿"。是慈禧太后每年十月做寿时接受王公大臣们贺拜的地方。

排云殿，是依山构筑的第二层殿庭，前为排云门和二宫门及配殿组成的殿庭，院中有一矩形水池，上架金水桥，标志这一层殿庭，前奏式的过渡空间性质。排云殿面阔五间，进深三间，东西山设耳殿，左右为配殿，折廊连殿，围合成院，中间有复道相连，殿堂皆黄琉璃瓦盖顶，是颐和园内最壮丽的建筑群。

佛香阁　在"多宝殿"后，建在高 20 米的石台基上，阁是八面三层四重檐，高 41 米的宏伟建筑，既是"大报恩延寿寺"组群建筑的重点，也是颐和园湖山景色的构图中心，已成为颐和园的标志。阁的位置不在山顶，但高出山顶上的建筑——**智慧海**，从而加深了山体和建筑的空间层次，佛香阁铃铎半空响，直上凌虚空，使万寿山气势非凡（参见图 6-11）。

图 6-11　北京颐和园湖山胜概图（远眺）

佛香阁的体量和形象，对颐和园的山水具有重要的点睛作用。正确而成功地把握阁与山的比例关系，并非易事。在兴建之初，也确是经过一番周折，乾隆时原在这里建造的是一座九层的"延寿塔"，建到第八层时"奉旨停修"，拆掉重建今天所见的佛香阁。乾隆帝弘历在《新春游万寿山报恩延寿寺诸景即事》诗中，就有"宝塔初修未克终，佛楼改建落成工"之句。为什么不惜把已近竣工的塔拆掉改建呢？据清吴振棫（1792～1871）著《养吉斋丛录》中云："寺后初仿浙之六和塔，建窣堵波。未成而圮。因考《春明梦余录》，谓京师西北隅不宜建塔，遂罢更筑之议。"⑧用一个"圮"字，拆掉的塔，就成了自己坍塌的了。改建为阁，当然就否定了重建塔的议论，所谓京师西北不宜建塔的风水之说，都是为乾隆皇帝拆塔建阁找理由的掩饰之词。

从造园的景观创作言，正因塔已基本建成，才看出塔的细高比例造型，不能与山构成一体。作为艺术家的弘历，不能容此败笔，而不惜拆毁改建成"佛香阁"。近年有的著作亦用此说，可见我的这一看法已为青年学者接受了。对万寿山这种"寺包山"的方式，在形象上论者有稍嫌"浓丽"之说，或认为过于

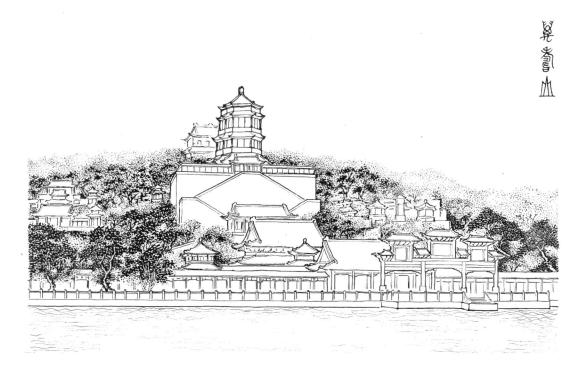

· 图6-12 北京颐和园万寿山南面胜概

"妍俗"。我则认为，这种形象正反映皇家园林发展盛期，乾隆时代的宏大气势和典丽的性格（参见图6-12）。

大报恩延寿寺除上述主体建筑，对其他殿堂稍加简介：

智慧海　位于山巅，是前山中轴线上最后一幢建筑，两层重檐歇山顶，不用木料，全部用砖石砌筑的纵横相间的拱卷构成，因此又称"无梁殿"。建筑通体用五色琉璃砖瓦为饰，色彩绚丽，图案精美。上下层墙面镶嵌有千余琉璃佛像，殿前有琉璃牌坊一座，前后坊牌上题"众香界"、"祇树林"、"智慧海"、"吉祥云"，构成佛家的一首三字偈语。

宝云阁　在万寿山佛香阁西坡，乾隆二十年 (1755) 造，全部用铜铸成，高7.55米，重达20.7万公斤，合二百多吨。仿木构殿堂，重檐歇山顶，坐落在汉白玉的须弥座上，号称"**金殿**"，因其形如亭，故俗称"**铜亭**"。殿内佛像供器，均被1860年英法联军抢掠一空，门窗亦遭破坏。

转轮藏　在万寿山佛香阁东坡，为帝室礼佛诵经之处。正殿为楼阁式建筑，两侧各有一双层的八角配亭，内有木塔贯通上下，塔中有轴，地下有机关，可以转动，为贮藏经书佛像之用，故称"转轮藏"，其作用同藏传佛教徒祈祷用的转经筒。

罗汉堂　罗汉是梵文 Arhat 的音译，"阿罗汉"的略称。小乘佛教修行的最高果位。罗汉堂在宝云阁之前，排云殿西，堂内供奉五百尊罗汉塑像，是佛教禅宗寺院的特点。五百罗汉塑像多大小如人，不分主次，传统建筑要陈列数以百计的罗汉，如用大空间来解决，则受梁架梁的长度限制，何况大空间也不可能陈列如此众多雕像使之有均等的审美效果。古代匠师非常巧妙地以简单的梁架，组合成田字形平面，使殿堂获得最多的展览面，不仅为每躯罗汉提供了展示空间，而且田字殿在空间上的循环往复，为五百躯罗汉创造出空间无尽、罗汉无数的审美效果。**田字殿是中国古代独创的、陈列无主体大量群雕的展览馆，是佛教禅宗寺院罗汉堂的典型形式。**

万寿山后山　由于地位环境条件的不同，与前山的意匠也各异。后山是由北坡和山麓的**后湖**组成，背阴面北，地势狭长，后湖北岸靠园墙，墙外一片田野平畴。后山坡度较缓，建筑亦较疏朗，除正对北宫门轴线上的**须弥灵境**，是仿西藏"三摩耶庙"的形式，建筑宏伟布局对称而严谨，后山其他景点，均采取灵活而自由的手法。如后湖虽是人工开凿的小河，水因山形而曲折，因山势而开合。岸随水转，岗脚交错，石崖对峙，加之杂树荫翳，并以挖河之土，沿河北岸堆筑，岗阜起伏，使人不见园墙，景境十分幽邃，颇具自然山林的野致。

买卖街　在后湖中段两岸，乾隆时建的一条仿苏州市肆的水街，宫内称之为"苏州街"。店铺仿苏州样式，商人、顾客皆由太监扮装，煞有介事地进行交易，以博得帝后的欢心。1860 年为英法联军所毁，今已修复。这种街市形式不止在万寿山后山有，在圆明园、畅春园里都有，这种模仿虽是为帝王游戏取乐，但在皇家园林里，将市肆生活入景，却反映出封建社会后期城市商业经济的繁荣与发展，改变了封建统治阶级历来"重农轻商"的思想。

谐趣园　在万寿山东麓，是颐和园中著名的"园中之园"。乾隆十六年 (1751)，仿江苏无锡惠山脚下的寄畅园而建，原名**惠山园**。据乾隆十九年 (1754)《御题惠山园八景诗·序》云：

> 江南诸名墅，惟惠山秦园最古。我皇祖 (指康熙) 赐题曰寄畅。辛未 (1751) 春南巡，喜其幽致，携图以归，肖其意于万寿山之东麓，名曰惠山园。一亭一径，足谐奇趣。得景凡八，各系以诗。⑤

惠山园的八景是：载时堂、墨妙轩、就云楼、澹碧斋、水乐亭、知鱼桥、寻诗径、涵光洞。这种仿建，乾隆皇帝非常精辟地概括为"**肖其意**"。肖其意就是不模仿其**形式**，而是借其境**立意**，吸取其创造**意境**的特点。惠山园的水面较寄畅园大，沿池建筑亦较多，是肖寄畅园山林清幽之意，借鉴其以大水池为全园的中心，以山林池沼为全园景境主体的特点。建筑环池东、南、西三面布置。池北岸建筑很少，主景是大片湖石叠山，叠山之西利用地势的高差，仿寄畅园的"八音洞"构成水流叠落的"玉琴峡"、"涵光洞"。

惠山园于嘉庆十六年（1811）重修，取"以物外之静趣，谐寸田之中和"之意，而改今名"**谐趣园**"。咸丰十年（1860）被英、法联军焚毁。光绪十八年（1892）重建，为慈禧太后观鱼垂钓之处。

概言之，万寿山的前山，是殿阁嵯峨，宏伟而典丽，对称严谨中有变化，具皇家园林的气势和风格。后山，建筑布置灵活而自由，亭廊堂阁，掩映于林木之中，清幽而深邃，富于山林的风致，两者融于山湖景色之中，构成颐和园的特点和风貌。

（三）昆 明 湖

昆明湖，是乾隆十五年（1750）建"大报恩延寿寺"时，对湖山进行大规模的改造，在明代西湖的基础上将水面扩大了一倍以上形成的，并取汉武帝开凿昆明池教演水军故事，命名为"**昆明湖**"（参见图6-13）。当时将水面开拓如此之大是有争议的，据乾隆撰《御制万寿山昆明湖记》中云：

> 夫河渠，国家之大事也。浮漕利涉灌田，使涨有受而旱无虞，其在导泄有方而潴蓄不匮乎！是不宜听其汙阏泛滥而不治。因命就瓮山前，芟苇荻之丛杂，浚沙泥之隘塞，汇西湖之水，都为一区。经始之时，司事咸以为新湖之廓与深两倍于旧，踟蹰虑水之不足。及湖成而水通，测汪洋漭沆，较旧倍盛，于是又虑夏秋汛涨或有疏虞。甚哉集事之难，可与乐成者以因循为得计，而古人良法美意，利足及民而中止不究者，皆是也。[60]

词释：漕（cáo），水道运粮。浮漕，泛指可运输的水面。潴（zhū），水停留蓄积。匮（kuì），不足。阏（è），阻塞。芟（shān），删除杂草。踟蹰（chí chú），犹豫。漭沆（mǎng hàng），水广大貌。

从《御制万寿山昆明湖记》可知，在开凿之初，因新湖之大与深两倍于原西湖，掌管营造的官吏都很犹豫，"虑水之不足"。当湖成而水通，广阔浩淼，

1. 东官门勤政殿　2. 玉澜堂　　　3. 宜芸馆　4. 乐寿堂
5. 恰春堂　　　　6. 大报恩延寿寺　7. 长廊　　8. 对鸥舫
9. 鱼藻轩　　　　10. 延清赏楼　　11. 旷观斋　12. 水周堂
13. 关帝庙　　　　14. 西官门　　　15. 绮望轩　16. 赅春园
17. 苏州街　　　　18. 北官门
19. 须弥灵境　　　20. 花承阁
21. 霁青轩　　　　22. 惠山园
23. 昙花阁　　　　24. 文昌阁
25. 铜牛　　　　　26. 廊如亭
27. 龙王庙　　　　28. 望蟾阁
29. 凤凰墩　　　　30. 绣绮桥
31. 藻鉴堂　　　　32. 畅观堂
33. 治镜堂　　　　34. 耕织图

中国造园艺术史

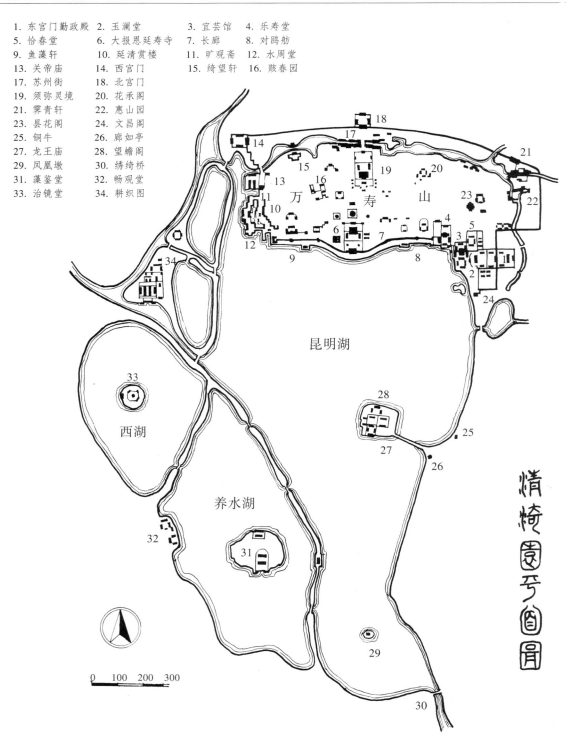

图 6-13 北京清漪园平面图

倍盛于旧时，又顾虑夏秋难于防汛。乾隆皇帝指出，随凿湖而建的闸坝涵洞，不正是调节水位的吗？所以他感慨地说："顾予不能此矜（jīn, 自以为贤能）其能而滋以惧。盖天下事必待一人积思劳虑，亲细务有弗辞，致众议有弗恤（xù, 惊恐），而为之以侥幸有成焉，则其所得者必少而所失者亦多矣。此予所重慨夫集事之难也。"[51]可谓人情通达之文章，至理名言也。

在乾隆皇帝对湖山进行大规模的改造之初，不只在追求水面之大，在昆明湖的景境规划上，也下了一番惨淡经营的工夫。主要是以堤岛划分水面，既增加了水上的景点，同时也是用"隔"的手法，隔出层次，隔出景深，隔出了境界。

在扩大西湖东面，以加强湖山联系的前提下，在万寿山右，筑西堤分湖面为三大部分，西堤之东，万寿山之前，是以**昆明湖**为主体的大湖；西堤之西，

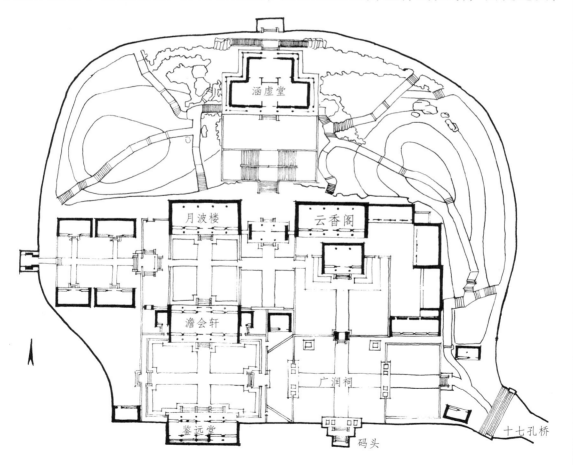

图6-14　北京颐和园广润祠岛平面图

是以**养水湖**和**西湖**为辅的两个小湖。三湖中有个较大岛屿，西湖岛上有**冶镜阁**；养水湖岛上有**藻鉴堂**，而昆明湖上的**神龙祠**，原是明代西湖东岸上庙宇，水面向东开拓保留下来而成岛屿。在整个水面上，三岛呈鼎足势，看来还是受古代苑囿"海上三神山"，即一池三岛的布局影响。

　　广润祠　即神龙祠，乾隆十五年 (1750) "爰新葺之而名之曰广润云"。《日下旧闻考》载："廓如亭西度长桥为广润祠，祠西为鉴远堂，东北为望蟾阁。"⑫言简意赅，可知广润祠岛上有三组建筑，即原有的神龙祠、鉴远堂和望蟾阁，岛用"长桥"与池东岸通连，长桥东头有亭名"廓如"（参见图 6–14）。

　　广润祠岛的构成，在颐和园湖山景观规划中，是非常重要的一笔，可谓匠心独运，昆明湖向东拓展后，广润祠岛正处万寿山与昆明湖中轴线上，是万寿山在湖上的主要对景，所以岛的大小与建筑布局对创造岛的艺术形象很重要。

　　岛的意匠　岛在水中，既可四面眺望，也在四面观望之中，这是岛的规划设计要考虑的特点。全岛分南北两部分，南半部是建筑区，保留的神龙祠在东，近长桥一头，慈禧太后由水路入园时，均先在祠前码头下船，至祠内敬神烧香。鉴远堂一组庭院建筑在西，地较僻静，为帝室避暑读书纳凉之所。北半部用土堆山，岗阜起伏，林木荟蔚，呈半抱之势，既使南部庭院建筑得"背山面水"负阴抱阳之利，又将庭院建筑的背面掩蔽于山林之中。岛北的南北轴线上，依山临水，建三层的高楼——**望蟾阁**。杰阁嵯峨，使岛突立于昆明湖中，亭、桥、岛构成湖上一幅和谐而壮观的图画。登望蟾阁，远揖山峭蒨，近披湖渺茫，是颐和园的最佳观赏点之一。

　　岛、桥、亭的组合　广润祠岛与东岸间，架起一座长 150 米，宽 8 米，由十七孔拱券构成的**长桥**，亦称**十七孔桥**。它不仅是颐和园中最大的桥，在园林景桥建筑中亦堪称世界之最了。实际上决定桥长度的岛与岸距，早在确定神龙祠为万寿山对景时已经确定了。从图 6–15 岛桥亭组合平面图看，长桥斜向与岛堤连接，东南接岸，西北连岛，在广润祠前，显然便于祠庙祭祀。东岸桥头建有八角重檐的**廓如亭**。岛、桥、亭的组合，形成向万寿山方向的环抱之势，使山、湖、岛在空间上呼应起来。连续多孔长桥把昆明湖划分为两个相对独立的，而又连续一体的水面，有隔而不绝、分而不断之妙，既丰富了湖上的景观，又增加了水面的层次和深度，令人有一望无际的意趣。

　　从空间构图上，为了与岛桥取得平衡，桥头的廓如亭，体量之大，堪称亭中之最。建筑面积有 130 多平方米，内外三圈柱子共 40 根，其中圆柱 24 根，

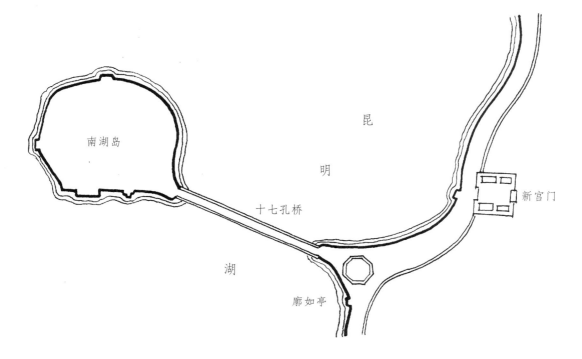

图6-15 北京颐和园昆明湖岛、桥、亭组合示意图

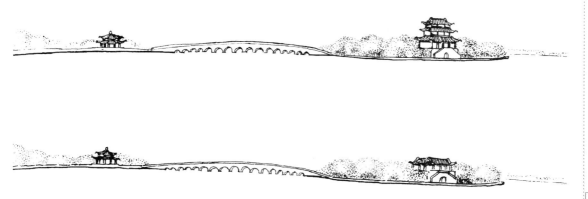

图6-16 望蟾阁与涵虚堂空间构图比较图

方柱 16 根。八角重檐攒尖顶，彩画檩枋，金碧辉煌，颇为壮观。

广润祠岛，于咸丰十年(1860)遭英法联军野蛮的焚毁。光绪年间重建，为一层大殿，名"**涵虚堂**"。由乾隆时三层高楼的"望蟾阁"，重建成单层的涵虚堂，体量大大地缩小了，故相对之下，给人以长桥沉重，亭子笨大之感。从造园也反映出光绪皇帝载湉不仅政治上软弱无能，艺术修养较之其祖乾隆帝弘历也相去甚远，才有此败笔(参见图 6-16)。

凤凰墩　《日下旧闻考·国朝苑囿》："绣漪桥北湖中圆岛，上为凤凰墩。"⑥③乾隆十七年 (1752) 御制凤凰墩诗，有"渚墩学黄埠，上有凤凰楼"句。在"黄埠"下注云："在锡山之阳，四面临水，此墩适相肖。"说凤凰墩很像无锡锡山南面的"皇埠墩"，又名"皇甫墩"。

凤凰墩，是个圆形的小岛，岛上原建有"**会波楼**"及配殿，楼的屋脊上，"建金凤，张翼随风而转，以相风也。"⑥④故称"**凤凰楼**"、"**凤凰墩**"。相传道光帝旻宁有四子九女，公主倍于皇子。相风水言，阴盛而阳衰，凤凰属阴，与凤凰楼有关。道光皇帝迷信风水，一怒之下将"凤凰楼"拆毁了，现基上建了一个亭子。

凤凰墩作为一个景点，对全园无关宏旨，但在视觉空间中恰有其妙用。它基本上处于万寿山、广润祠岛这根中轴上，形成山、岛、墩在尺度上次第缩小的关系，从而加强了透视上的深度感，使南北纵深不足二千米的水面，给人以风水沧涟、空灏际天的审美感受。

清晏舫　是万寿山西麓湖边的"**石舫**"，建于乾隆二十年 (1755)。乾隆帝《御制石舫记》云："余之石舫，盖筑之昆明湖中，不依汀傍岸，虽无九成之规，而有一帆之概。弥近烟云之赏，回远风浪之惊。鸥鹭新波，菰蒲密渚。涌金漪而月洁，凝玉镜而冰寒。四时之景不同，朝暮之观屡易。"⑥⑤文中的"九成"，是指九层极高的台。这句话的意思是说，石舫的构筑，虽无九层高台的宏规，但有船舶的形象，所以如此对比，因石舫是用巨大的青石雕砌而成，船体长 36 米，上用木构两层舱楼。乾隆皇帝建石舫还赋予它政治意义，在《石舫记》文收尾说："若夫凛载舟之戒，奠磐石之安，虚明洞达，职思其居，意在斯乎！意在斯乎！"这是用《孙卿子》"孔子对鲁哀公曰：'君者，舟也；庶人者，水也。水则载舟，水则覆舟，君以此，思危，则不危焉'。"⑥⑥的典故。

咸丰十年 (1860)，英法联军将石舫的两层舱楼焚毁。光绪十九年 (1893) 重建时，竟然舍弃"龙舟凤辇"代表皇室的龙凤标志和传统楼阁形式，却仿外国游轮重建成西式的舱楼，呜呼哀哉！还取"河清海晏"之义，命名为"**清晏**

舫"，真是绝大的讽刺了。

西堤六桥 在颐和园昆明湖西堤上所建的六座桥梁，是乾隆时仿杭州西湖上的苏堤而建。《日下旧闻考》："西堤之北为柳桥，为桑苧桥，中为玉带桥，稍南为镜桥，为练桥，再南为界湖桥，桥之北为景明楼。"⑤ 其中名桑苧（zhù）桥者，因桥西一带原有团团篱落话桑麻的村居之景，后慈禧太后废**桑苧**而改**豳风**，原因据说是"桑苧"发音似"丧主"，加之慈禧太后的丈夫咸丰帝名"奕詝"，"詝"与"苧"同音，为了避讳而更名"**豳风**"。豳（bīn）风，是《诗·国风》之一。其他几座桥名多取之诗意，如"**柳桥**晴有絮"；"两水夹明**镜**，双桥落彩虹"；"澄江静如**练**"等。**玉带桥**，是西堤六桥中惟一的高拱石桥。建于乾隆之时，光绪朝重修，选用青白石和汉白玉雕砌而成，拱高而薄，高出水面十余米，通体洁白如玉，造型挺拔而流畅，形如玉带，形象非常秀美（参见图6-17）。

图6-17 北京颐和园西堤玉带桥

四、清代的圆明园

在中国造园史上，清代康熙、乾隆两朝，是皇家园林的鼎盛时代。康熙二十九年（1690），清圣祖玄烨在明代清华园故址上建**畅春园**，康熙四十二年（1703）始建**避暑山庄**，山庄尚在建设中，康熙四十八年（1709），玄烨将当时四皇子胤禛所建之园，赐名**圆明园**，开始了圆明园的历史。圆明之名，据雍正帝胤禛在《圆明园记》中云：

> 至若嘉名之赐以圆明，意旨深远，殊未易窥。尝稽古籍之言，体认圆明之德。夫圆而入神，君子之时中也。明而普照，达人之睿智也。⑥⑧时中，《礼·中庸》："君子之中庸也，君子而时中。"是儒家指立身行事，合乎时宜，无过与不及为时中。

一般所说的"圆明园"，包括**长春园**和**万春园**两座附园在内，因当时都属圆明园总管大臣管辖，习惯将三园统称圆明园。圆明园占地200余公顷，长春、万春两园约133公顷，三园总面积达334公顷，周围10公里，是以水景为主的园林。园中有景150余处，各种形式的木、石桥梁100多座，楼台殿阁轩馆亭榭等建筑，总面积达16万平方米，比故宫还多出一万平方米，其规模之宏大、景境之丰富、艺术成就之高，可谓举世无双，对当时欧洲的造园有很大的影响，被誉为**"万园之园"**和**"一切造园艺术的典范"**。

圆明园在畅春园以北，清漪园以西，这一带是永定河冲积"洪积扇"边缘，泉水溢出的地区，地下水量丰富，且多承压性，自流泉很多，涌出地面汇成大大小小的水面，明清时称这里为南、北海淀，也称**"丹棱沜"**，"沜之大以百顷"，是具水泉之胜的地方。

明代在这一地区就建有许多私家园林，著名的如米万钟的**勺园**、李戚畹的**清华园**等。清初被收归内府奉宸院，又赏赐给皇室成员和贵族，圆明园就是康熙四十八年，给皇四子胤禛赐园的题名，当时园不算大，占地约20公顷，"林皋清淑，波淀淳泓"，就是以水景为胜的园林。康熙帝玄烨死后，胤禛接帝位，为清世宗，年号雍正。他将圆明园作为"避喧听政"的长居之所，从而大肆兴建，除了在园的南部建造了大量宫廷建筑，并向外扩展，使园的面积扩大十倍达200公顷。经雍正命名题署的有28景，基本上已初具后来的规模。到乾隆时，弘历将畅春园作为皇太后的居处，自己住圆明园，对该园又进行第二次扩建，增加了若干景点，约在乾隆九年（1744），完成圆明园40景。命供奉内廷的画师唐岱、沈源以绢本彩绘圆明园40景，另由善书法的吏部尚书汪由敦用楷书弘历所作的40景题咏，即《圆明园四十景图咏》，一直流传至今，现藏法国巴黎博物馆（参见图6-18）。

弘历于乾隆十四年（1749），动工兴建**长春园**，乾隆十六年（1751）建成，因

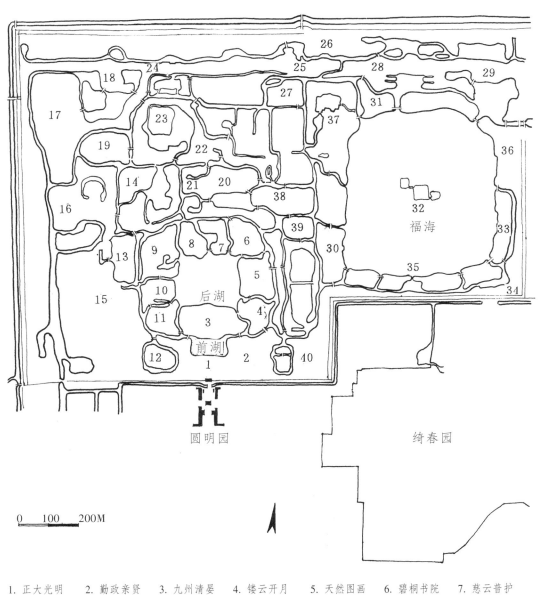

1. 正大光明	2. 勤政亲贤	3. 九州清晏	4. 镂云开月	5. 天然图画	6. 碧桐书院	7. 慈云普护
8. 上下天光	9. 杏花春馆	10. 坦坦荡荡	11. 茹古涵今	12. 长春仙馆	13. 万方安和	14. 武陵春色
15. 山高水长	16. 月地云居	17. 鸿慈永祜	18. 汇芳书院	19. 日天琳宇	20. 澹泊宁静	21. 映水兰香
22. 水木明瑟	23. 濂溪乐处	24. 多稼如云	25. 鱼跃鸢飞	26. 北远山村	27. 西峰秀色	28. 四宜书屋
29. 方壶胜境	30. 澡身浴德	31. 平湖秋月	32. 蓬岛瑶台	33. 接秀山房	34. 别有洞天	35. 夹镜鸣琴
36. 涵虚朗鉴	37. 廓然大公	38. 坐石临流	39. 曲院风荷	40. 洞天深处		

图 6-18 北京圆明园中三园及 40 景位置图

弘历少年时曾在此园的"长春仙馆"住过而名。在长春园北端，单独建造了**"西洋楼"**建筑群，是欧洲建筑和造园艺术于 18 世纪首次引入皇家园林。由当时以画师身份，供职如意馆的天主教传教士意大利人郎世宁（F·Giussepe Castiglione）、法国人蒋友仁（P·Michael Benoisl）、王致诚（J·Dcnis Attiret）等设计监造。这一景区按照西方轴线对称的方式，东西方向主轴长 800 米，与主轴垂直的南北向三条次轴线，有谐奇趣、方外观、海晏堂、远瀛观等建筑，和"迷阵"、"大水法"喷泉等景物。这些欧洲文艺复兴时代的建筑，采用精雕细刻的石工，加上中国特有的琉璃瓦顶，和五彩琉璃花砖镶嵌的墙壁，可谓别具一格了。西洋楼的兴建，对盛世的皇帝弘历而言，是出于猎奇的心理而已。西洋楼地处一隅，自成一区，在全园的规划上无关宏旨。

　　万春园　是由几座小园合并而成的，约建于乾隆三十七年（1772），原名**"绮春园"**。被毁后，同治年间重修时改名"万春园"。绮春园原先只有东路部分，嘉庆时并入大学士傅恒及其子大学士福康安死后缴进的赐园、庄敬和硕公主的赐园"含辉园"，及成亲王的寓园，构成绮春园西路部分，共成绮春园三十景，有嘉庆皇帝御制《绮春园三十景诗》，和道光皇帝所作之"跋"，这个规模一直保持到咸丰年间。

　　圆明园不仅以园林著称于世，而且是清朝几代皇帝"避喧听政"，统治国家的政治活动中心。不但规模宏大，是平地建园，也是世界造园史上罕见的壮举和奇迹。如果从康熙四十八年（1709）赐给胤禛命名圆明园起，到乾隆三十七年（1772）增设绮春园总领，三园基本建成，历时 60 多年，集中了全国的物力、财力，使役无数的能工巧匠，耗费千百万人的智慧和生命力，创造出这座"天宝地灵之区，帝王游豫之地，无以逾此"（乾隆皇帝语）的皇家园林。

　　清代中叶皇家园林之盛，有其特定的社会条件和历史原因，从统治者方面言，满清统治者对高度文明的汉文化的景慕，康熙皇帝两次南巡，乾隆皇帝六次南巡，江南的风光和那许多名胜名园，使他们流连忘返，而生占有之念，如近代文学家王闿运（1832～1916）在《圆明园宫词》中所说："谁道江南风景好，移天缩地在君怀。"**移天缩地**，就是将江南的名园名胜，移植到北方的皇家园林中来，不仅圆明园的景境创作中，有不少是仿建自江南的名园，如承德避暑山庄和清漪园中，都有这种仿建。

　　从客观方面，乾隆朝是我国封建社会最后一个繁荣时期，在经济和技术上，为弘历大造园林提供了条件。在技术上，明清之际私家园林盛行，造园成为一种社会需要，从而出现了计成、李渔等造园家，石涛、张南垣父子、仇好石等一批叠山名家。王士祯 (1634～1711) 《居易录》曾云："南垣死，然继之，今瀛台、玉泉、畅春园，皆其所布置也。"⑥说明清代造皇家园林招用江南匠师的事实。

造园就如明代造园学家计成所说，是"妙在得乎一人，雅从兼于半士"。⑦造园既要有高水平的规划设计者，而园主的雅俗，也会直接影响园林的成败。对皇家园林来说，皇帝的意愿和好恶，更能左右园林的创作了。康熙帝和乾隆帝都是艺术上很有修养的皇帝，又非常好治园林，常常直接参与造园活动，如康熙朝宰相张玉书 (1642～1711) 在《赐游热河后苑记》中说："宇内山林，无此奇丽，宇内亭园，无此宏旷"的避暑山庄，"先后布置，皆由圣心指点而成"。⑦每造一园，康熙帝和乾隆帝都有诗词园记之作，从乾隆帝有关园林文字中，可以看到他在造园艺术上有很高的造诣，而且言简意赅，提出不少精辟之论。

圆明园中有些仿建江南名园名胜之作，这种将它处之景汇集于一园的做法，首先就有个整体布局，和如何"仿"的原则问题，乾隆帝弘历曾多处提出：

略仿其意，就天然之势，不舍己之所长。⑦

尽态极妍而不必师，所可师者其意而已。⑦

这是对园林创作思想方法的不刊之论。"略仿其意"，就是不仿其形，而是从仿建对象的意趣、意匠、意境中，抓住主要的特点，而不是所有的东西。所以弘历文中常说："**略仿之**"、"**肖其意**"，"略仿"之义，在"肖"。肖者，似也。这"似"，就是不求形似，要在似与不似之间，具有仿建对象的主要特征。这种"仿"，非抄袭，而是一种艺术的再创造。对造园而言，还必须"就天然之势，不舍己之所长"。这个创作原则，在清代的皇家园林特别是圆明园的兴建中得到充分的体现。

圆明园是就地势低洼，多水泉的天然之势，充分发挥"**就低凿水**"，宜于以水构境成景之所长。开凿的水面占全园面积一半以上，聚则成湖，为景区的中心和主体。如西部景区的"**后湖**"，宽约 200 米；东部景区的"福海"，宽达 600余米，浩然巨浸。散则为溪为河，聚则回环萦绕，曲折蜿蜒，构成一个完整而复杂的水系。如园中的脉络，将大小不一的洲渚岛屿连成一体，既为景境的创造提供基地，又将所有的景境，融于水网的空间环境之中，造成具有自己特色的山水意境。

凿池堆山，是中国造园不二之法。圆明园是平地造园，范围广阔，不可能去追求悬崖峭壁、高险峻拔的山林气势。而是与水因形就势，相互配合，堆筑成尺度不大、连绵起伏、曲折有致的岗阜，局部叠石造型，而具山崖涧壑之意。山高不过 15 米，一般仅高 10 米左右，作为空间构图的手段，形成山重水复、峰回路转的情趣，可谓"直把江湖与沧海，并教缩入一壶中"（戴启文《圆明园词》）。圆明园充分体现了"就天然之势，不舍己之所长"的原则，在造园史上，为大规模平地造园提供了一个杰出的典范。

圆明园有景一百五十余处，弘历效法其祖玄烨在避暑山庄的做法，将四十处重要的景境，以四字题名，大书于木，用匾额悬于建筑。四十景题名如下：

正大光明	勤政亲贤	九州清晏	镂云开月	天然图画
碧桐书院	慈云普护	上下天光	杏花春馆	坦坦荡荡
茹古涵今	长春仙馆	万方安和	武陵春色	山高水长
月地云居	鸿慈永祜	汇芳书院	日天琳宇	澹泊宁静
映水兰香	水木明瑟	濂溪乐处	多稼如云	鱼跃鸢飞
北远山村	西峰秀色	四宜书屋	方壶胜境	澡身浴德
平湖秋月	蓬岛瑶台	接秀山房	别有洞天	夹镜鸣琴
涵虚朗鉴	廓然大公	坐石临流	曲院风荷	洞天深处

匾额题名 古已有之，如秦汉时，为宫殿苑囿景境题名，都用三个字，诸如建章宫、灵波殿、长杨榭、飞廉观、通天台等等，名只两个字，末一字是说明建筑形式，书之于匾，悬挂在建筑的明间额枋上，故称匾额。虽名某一幢建筑，也代表以这幢建筑为主的组群，还是从区别指认的实用出发。唐玄宗在兴庆宫的建筑题名中，虽用了"勤政务本楼"、"花萼相辉楼"这样五个字的匾额，前四字是名，命名的含义，在颂德、表彰，作用是为建筑标名，不是题景。清代康、乾以四字题名，既名建筑，也名一处景境。四个字有两个词组，能表达更多的意思，适于景境题名的要求，同楹联一样，是古代造园与文学结合的一个发展。[74]

匾额和楹联，是中国造园艺术中的一种特殊文学形式，题四个字以名"景"，只能是高度的抽象概括，用意既广，取材亦丰，从中可以了解古人的造园思想；有的还可名与实对照，从中领略造园的意境和创作方法。

圆明园四十景题名，大致可分三类：一是颂扬、表彰和述古；二是取古人诗情画意；三是仿江南园林风景。这是就其主要方面而言，往往是既有表彰颂德，又有借古喻今之意，各取较典型的数例，作简约的阐述。

（一）表彰颂德或述古

这一类主要用于园中宫廷部分和祭祀礼佛的祠庙。这类之景，仍然保持宫殿庙宇布局严整、轴线对称的建筑组合方式，但与颐和园的宫廷部分不同，颐和园的朝廷宫室部分，是相对独立的，并未融于园内景境之中，只是将殿庭庭园化了。圆明园则不同，是将宫廷的建筑组群与整个园中的山水景境结合在一起，成为一"景"。我们把融于自然山水中的寺庙，称之为**寺庙园林**，圆明园中的宫廷，就可称之为**宫殿园林**。乾隆帝弘历在《方壶胜境》诗序中就曾说：

> 海上三神山，舟到风辄引去，徒妄语耳。要知金银为宫阙，亦何异人寰。即境即仙，自在我室，何事远求，此方壶所为寓名也。[75]

可见乾隆皇帝是不信神话的，传说的"天上神仙府"，同他的"人间帝王家"，并无差别，生活在这样景境中，就是神仙。所以他用仙境"方壶"来名"景"。由此可见，圆明园的造园思想，是把宫殿庙宇作为园景的组成部分来规划设计的。例言之（以下凡引自《圆明园四十景图咏》的诗和诗序不再一一注明）：

正大光明

这一景是以"正大光明"殿为主体的殿庭，题名意在颂扬。正大光明殿，是进园后第一座殿堂，是圆明园的正殿。由宫门"出入贤良"和东西配殿及附属建筑组成，规模不是最大的，因原来的正殿，雍正时是"九州清晏"中的"圆明园殿"（参见图6－19）。据乾隆帝《御制正大光明诗序》云：

> 园南出入贤良门内为正衙，不雕不绘，得松轩茅殿意。屋后峭石壁立，玉笋嶙峋。前庭虚敞，四望墙外，林木阴湛，花时霏红叠紫，层映无际。

殿后有"玉笋嶙峋"假山，叫**寿山**。殿庭东北，以曲尺回廊围蔽，西北隅则豁然开敞，可见殿后岗阜回环，从空间上就同后湖景区联系起来，从而将殿庭融于园景之中。

九州清晏

这是园中规模最大的宫殿组群之一，位于"正大光明"殿直北，在景区中轴线上、前后湖之间。以**圆明园殿、奉三无私、九州清晏**三大殿为主的一组建

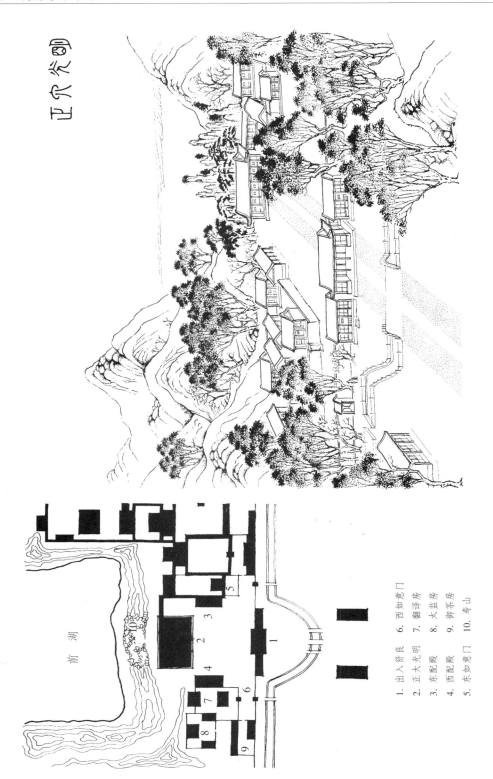

正大光明

1. 出入贤良　6. 西如意门
2. 正大光明　7. 翻译房
3. 东配殿　　8. 大监房
4. 西配殿　　9. 御茶房
5. 东如意门　10. 寿山

前　湖

图 6-19　北京圆明园正大光明平面及胜概图

图6－20　北京圆明园九州清晏平面及胜概图

1. 圆明园殿　6. 承恩堂
2. 奉三无私　7. 架石自娱
3. 九州清晏　8. 鱼跃鸢飞
4. 宫门　9. 清晖阁
5. 天地一家春

筑，前后临湖，"周围支汊，纵横旁达诸胜，仿佛浔阳九派"。是环绕后湖的九个岛屿中，最大的一座。"九州清晏"的命名，不仅借《尚书·禹贡》国分九州的典故，而且按九州之数，环湖四周，分成九个洲渚，以象征国家。九州清晏，意同国泰民安（参见图6-20）。

万方安和

这是按题名，"水心构架，形作卍字"的建筑。这种平面组合形式，是中国古建筑遗存实物中的孤例。弘历自注说，这里冬暖夏凉、四序咸宜，也是雍正皇帝胤禛喜居的地方（参见图6-21）。

卍，古代一种宗教符号或标志，在梵文中作 Srivalsa，意为"吉祥之所集"。

图6-21 北京圆明园万方安和胜概图

佛教认为是释迦牟尼胸部所现的"瑞相"，用作吉祥的标志。唐代武则天长寿二年 (693)，制定此字读为"万"，故题名"万方安和"。

"万方安和"，整个建筑架于水上，在池的东北隅，两面有桥与堤岛相接，岛堤之外，复环以水，"遥望彼岸，奇花缬若绮绣。每秋高月夜，流潋澄空，圆灵在镜"，是个空明清幽的居处。

鸿慈永祜

这是乾隆皇帝奉礼皇祖康熙、皇考雍正的地方，又名**安佑宫**，故用颂扬父祖恩泽的"鸿慈永祜"名景。是一组规模宏大的建筑，主体建筑安佑宫，为九间重檐歇山顶大殿，规格亦高于正殿"正大光明"（参见图 6-22）。由于是宗庙性质，布局严谨，对称均衡，位于园的西北隅，地势高爽，绕以曲水。但地形端整，山的造型亦采取均衡构图，北面两座山峰，卫峙于宫后左右，东西两侧，如山的余脉，由北向南，由高渐低，沿水环抱。无论从建筑布局，地形规划，还是山水的意匠，都力求端庄严肃，加之"周垣乔松偃盖，郁翠云霄"，乾隆皇帝说令人"望之起敬起爱"。所谓的"起敬起爱"，正是帝王利用宗庙的功能所要达到的目的。可见，在圆明园的总体规划中，建筑的性质与使用功能，仍然是很重要的因素。

山高水长

以"山高水长"四字名景，是取之于宋代政治家范仲淹 (989~1052) 的《桐庐郡严先生祠堂记》："云山沧沧，江水泱泱，先生之风，山高水长。"⑯喻人的品德节操高洁，影响深远之意。题名既是颂扬，也是述景，因"山高水长"占地较大，且平坦开阔，南北长近 500 米，东西宽约 200 余米的空场。位于园的西南隅，沿西园墙一带，山峦屏蔽，不见墙垣，山下长河如绳，河东平川即"山高水长"。在空场的东面，造了一排建筑，坐东朝西，以中间的"**山高水长**"楼为主体，楼两层，面阔九间，东西户牖开敞，南北山墙围蔽。如弘历《诗序》云：

> 在园之西南隅，地势平衍，构重楼为数楹。每一临眺，远岫堆鬟，近郊错绣，旷如也。为外藩朝正赐宴，陈鱼龙角觚之所，平时宿卫士于此较射。

这一景的特点，如弘历所说"旷如也"，是内容决定形式，这里是外藩入朝

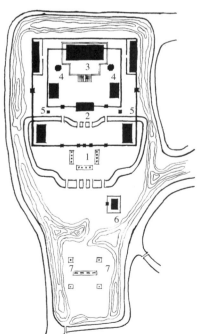

1. 鸿慈永祜(牌坊群)
2. 宫门
3. 安佑宫
4. 碑亭
5. 井亭
6. 致孚殿
7. 华表

图 6 - 22 北京圆明园鸿慈永祜平面及胜概图

图6-23 北京圆明园山高水长胜概图

觐见皇帝后，赐宴和观赏角觝等竞技的地方，山高水长楼的功用等于看台。平日则是禁卫军的驻所，和骑射的操场，故地近园门和宫廷部分。从位置和形式，都决定其使用功能的需要，但在景境上仍有精心经营之处，如在场地南头，平地上堆了一个小土丘，在空间上具有围合之势，从而打破了大片空地的单调。境虽旷如，但不失山野风致（参见图6-23）。

慈云普护

　　这是一组宗教建筑，却完全打破寺院建筑的常规，"慈云普护"地处后湖之北，前临后湖，三面环溪，并将西面溪水伸入岛内，岛的平面呈凸形（参见图6-24）。围绕岛中央池水，三面各筑一堂，南面的称**慈云普护**，供奉的是南海观世音菩萨；东面的是**昭福龙王殿**，供的是东海龙王；北面的是**欢喜佛场**。这种将佛、道、神、仙聚集一寺的做法显然是非宗教化的。观世音，佛教的"西

中国造园艺术史

图 6 - 24　北京圆明园慈云普护平面及胜概图

1. 慈云普护　2. 昭福龙王殿
3. 欢喜善佛场　4. 钟楼

方三圣"之一，是大慈大悲的菩萨，遇难众生只要诵念其名号，"菩萨即时观其声音"，前往拯救解脱，故名（见《法华经·普门品》）。东海龙王，是道教的四海龙王之一，遵元始天尊、太上大道君旨意，领施雨、安坟之事。欢喜佛，是藏传佛教密宗本尊神，即佛教中的"欲天"、"爱神"，作男女二人裸身相抱交媾之形。园中供欢喜佛，有皇室作性教育之意。

慈云普护的布局自由而园林化，南、北、东三座建筑尺度较小，并以曲尺回廊相连，绕池半抱，与其后山势相呼应，构成一处清幽的环境。弘历《慈云普护》调寄菩萨蛮词：

> 偎红倚绿帘栊好，莺声浏栗南塘晓。高阁漏丁丁，春风多少情。幽人醒午梦，树底浓阴重。蒲上便和南，拟拟声色参。

词释：浏栗，是象声词，清凉貌。和南，佛教合掌礼。拟拟（chuāng），象声词，有景物众多之意。

词中用"和南"一词，点出此处非人居之处，作为寺庙，可谓彻底园林化了。

圆明园中不止一处寺庙，将庵观寺院入园为景，并非帝王好佛，历史上的盛世明君，多不迷信宗教，只是利用宗教**"助王政之禁律，益仁智之善性"**的精神统治作用而已。乾隆皇帝在圆明园中以宗教建筑为景，不止一二处，如他在《月地云居》调寄清平乐词所写：

> 大千乾闼，指上无真月。觉海沤中头出没，是即那罗延窟。何分西土东天，倩他装点名园。借使瞿昙重现，未肯参伊死禅。

词释：乾闼，是乾闼婆梵文 Gandharva 的音译。汉译佛经称之为八部众之一的乐神，善变幻。乾闼婆城即所谓海市蜃楼。指月，佛教譬喻，《大智度论》卷九："如人以指指月，以示惑者。惑者视指而不视月，人语之言，我以指指月令汝知之，汝何以看指而不视月？此亦如是：语为义指，语非义也。"是教人着重领悟佛教精神，而不要拘泥于名相言教。后禅宗借此发挥其"不立文字，教外别传"的教义。觉海，佛教语，指领悟佛道所达到的一种境界。沤，久浸，这里指觉悟过程。头出没，指达到"觉海"，有反复进退的过程。那罗延窟，又称金刚窟，在须弥山南，言其不朽也。瞿昙，即乔答摩，梵文 Gautama 的旧译。释迦牟尼的姓氏，亦用于称呼释迦牟尼。禅，佛教名词，梵文 Dhyana 音译，"禅那"之略。谓心注一境，正审思虑。中国习惯把"禅"和"定"并称之为**禅定**，含义较广，多作定慧解释。

可见，乾隆皇帝不过是用这些梵宫琳宇**"倩他装点名园"**罢了。也说明我国自然山水中的寺院，与山水的有机结合的园林化特色，为城市造园提供了题材。皇家园林不仅以寺庙入园为景，规模较大的私家园林也如此，如清代小说家曹雪芹（1715～1763 或 1764）的《红楼梦》，大观园里就有"翠栊庵"，实是当时造园情况的一种反映。

圆明园的寺庙景点有几处，规模布局不同，景观也各具特色。如**"坐石临流"**中的**"舍卫城"**，是取法于印度古代"桥萨罗"（Kosala）国都城，仿建的一座小小的佛城。"坐石临流"除以"舍卫城"为主体，还包括同乐园、买卖街和著名景点**兰亭**。

月地云居　是取唐代牛僧孺《周秦行纪》："香风引到大罗天，月地云阶拜洞仙"的诗意，也有比喻景物美好境界的意思。

日天琳宇　"日天"的出处，可能出自"观世音名宝意，作日天子"（《法华义疏》），这里有神仙宫阙之意。

以上两座庙宇，主要殿堂都采取严谨的对称布局，但建筑的组合完全不同，环境也不一样。**"日天琳宇"**是四面环水，沿水筑山，状若玉玦，地形东西略长于南北。建筑的平面空间组合，随地形横向铺开，东部的三栋殿堂，沿轴线布列，用垣墙围合成三进殿庭，名**"瑞应宫"**。西部的**"极乐世界"**和**"一天喜色"**，则是前后两列，十五间二层楼房，中间用南北向长廊通连，平面呈"开"字形，严整而有变化（参见图 6-25）。

1. 瑞应宫　2. 仁应殿　3. 感和殿　4. 晏安殿
5. 极乐世界　6. 一天喜色　7. 灯亭

图 6-25　北京圆明园日天琳宇平面图

月地云居　三面环水，地形较长。平面布局，虽无异于寺庙规制，殿堂沿中轴线，层层布列，外用垣墙围合成院，甚至按古制，第一座殿堂用方形平面。但却运用建筑形体和造型的变化，打破了寺庙的严肃规整。如平面呈方形的**"月地云居"**殿，体量本应较小，反而将其放大，为 5×5 间，廊庑周匝，四角重

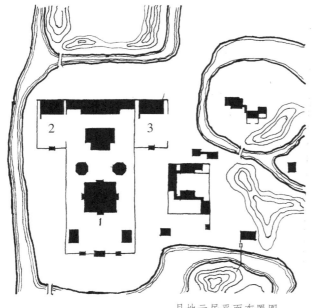

1. 月地云居
2. 戒定慧
3. 开花献佛

月地云居平面布置图

图 6-26 北京圆明园月地云居平面及胜概图

檐攒尖顶，因体量之大，由前列的地位变成寺庙的主体；因造型之美，使严整的环境变得灵活而挺秀。这一切，"月地云居"殿在起着主导作用。这是运用建筑手段，使寺庙园林化的杰出例子（参见图6-26）。

（二）取诗情画意造景

诗情画意，是指山水诗画。文学中描绘的山水形象，对读者来说，有很大的不定性和模糊性，也正因为如此，才给人以丰富的联想和想像的余地。造园中的"摹写"，从取诗情借画意的角度来看，并不确切，因为无具象之本可摹，也无象可写，只能取其大意，凭造园者心领神会，潜心经营，再重新进行创造。

上下天光

是取北宋政治家范仲淹《岳阳楼记》："上下天光，一碧万顷"之意，范仲

图6-27 北京圆明园上下天光胜概图

淹是写 **"洞庭湖"** 之景。唐代诗人孟浩然 (989～1052)《临洞庭湖赠张丞相》诗所写："气蒸云梦泽，波撼岳阳城。"也生动表现了洞庭湖的浩瀚气势。

"上下天光" 在后湖北岸，偏西的小岛。弘历是将不过4公顷的 **"后湖"** 夸张地比喻为洞庭湖，景的立意在观湖。岛的北部，重岩叠翠，南部岗阜连续，环抱中有一组建筑，尺度很小，曲廊相接，名 **"平安院"**。主要的建筑，是临湖半挑水上的二层楼阁 **"上下天光"**。楼的户牖虚棂，四向开敞；底层廊庑周匝，上层平台回绕；左右有曲折长桥，东桥曲折回环至东岸，西桥与隔水 "杏花春馆" 通连。桥的中间均建有亭，楼、亭、桥连成一体，向湖作敞开之状，登楼可广览后湖胜概（参见图6－27）。弘历《上下天光》诗序：

> 垂虹驾湖，蜿蜒百尺，修栏夹翼，中为广亭。縠纹倒影，潢漾楣槛间。凌空俯瞰，一碧万顷，不啻胸吞云梦。

词释：縠（hú），绉纱一类的丝织品；縠纹，绉纹似的波纹。潢漾（huàng yàng），水广大无涯际貌。啻（chì），仅、止。不啻，不仅。云梦，古泽薮名，这里指洞庭湖。

杏花春馆

"杏花春馆" 也称 **"杏花村"**，是取唐代诗人杜牧 (803～852)《清明》诗中"借问酒家何处有，牧童遥指杏花村"诗句之意，后泛指杏花村为卖酒处，故弘历诗中亦有"载酒偏宜小隐亭"之句。弘历《杏花春馆》诗序：

> 由山亭迤逦而入，矮屋疏篱，东西参错，环植文杏，春深花发，烂然如霞。前辟小圃，杂莳蔬蓏，识野田村落景象。

杏花村在后湖的西北隅，是九州中较大的一个洲渚，绕水四面堆筑山岗，中间一片平野。从造山的意匠看，北部峰高，体势高大，山上建有亭榭；向南逐渐低小，岗阜起伏环绕，临湖一面小丘而已，形成空间向湖面开敞。为切杏花村之题，沿山麓岗脚"环植文杏"，建筑则采取"矮屋疏篱，东西参错"，散点式布置，题名者有：**杏花村、春雨轩、翠微堂、抑斋、镜水斋、涧壑余清等景**。南面还辟了一块种植瓜果菜蔬的园圃，造成田野村落的景象（参见图6－28）。

武陵春色

是借东晋诗人陶渊明 (365～427)《桃花源记》的意境所造之景。陶渊明虚构

中
国
造
园
艺
术
史

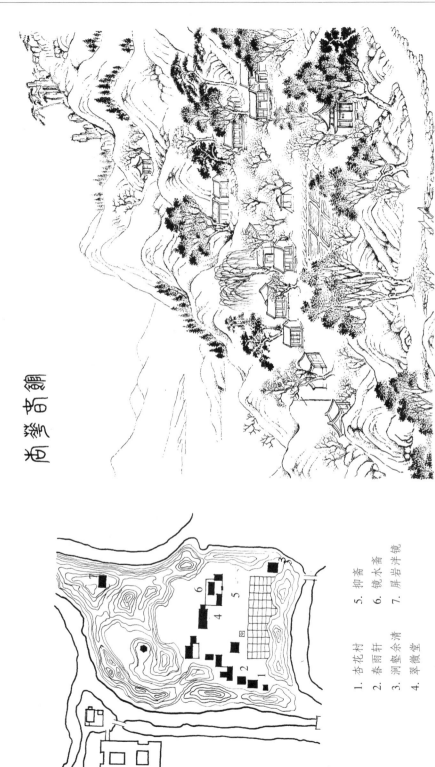

杏花春馆

1. 杏花村　　　5. 抑斋
2. 春雨轩　　　6. 镜木斋
3. 洞壑余清　　7. 屏岩洋镜
4. 翠微堂

图6－28　北京圆明园杏花春馆平面及胜概图

的故事，武陵渔人误入桃花源，所见世外遗民淳朴和真挚的理想乐园，故亦称"**武陵源**"。唐代诗人、画家王维《桃源行》有"居人共住武陵源，还从物外起田园"诗句，"桃花源"成为泛指山林幽邃、避世隐居的佳处。而"世外桃源"一语已成中国人心目中理想王国的代名词。据弘历《武陵春色》诗序：

> 循溪流而北，复谷环抱。山桃万株，参错林麓间。落英缤纷，浮出水面。或朝曦夕阳，光炫绮树，酣雪烘霞，莫可名状。

武陵春色与杏花春馆，虽同属村居之景，景境要求则完全不同，"杏花村"造景，立意在疏朗而有田园风光；"桃花源"造景，立意在幽僻、深邃，而具山林隐逸之境。

圆明园是平地造园，以水为胜，利在水而不在山。"武陵春色"就在此前提

图 6-29　北京圆明园武陵春色胜概图

下，尽量发挥多水泉之长，用水来进一步划分景境，在岛内用溪流和池塘将岛分成大小形状不同的三块，借地形的曲折变化，达到致深的目的；以地块的小而多变，衬托出山的深邃和高峻。是用**化整为零**以"小中见大"的手法，造成"复岫回环一水通"的幽深意境（参见图 6‒29）。

北部"复谷环抱"，中间散点式布置许多小舍，用廊相连并分隔成院，手法灵活，题名颇多，如**清秀亭、品诗堂、桃源深处、清会亭、绾春轩、清水濯缨**等等，形成村落景象。

南部西面的山坳中，有**全碧堂**和**天君泰然**前后两座厅堂，四周用廊房围闭成院，构成一个整体。为切"桃花源"之题，在南部两个小岛的溪流契合处，构石洞横跨在桃花溪上，加之参错于林麓间的"山桃万株"，和深藏在山坳里尺度不大的村落，从造园艺术上再现了桃花源的"武陵春色"。

1. 蓬岛瑶台　　2. 瀛海仙山　　3. 北岛玉宇　　4. 镜中阁　　5. 畅襟楼
6. 神州三岛堂　　7. 随安室　　8. 日日平安报好音　　9. 安养道场极乐世界

图 6‒30 北京圆明园蓬岛瑶台平面及胜概图

蓬岛瑶台

是在"**福海**"中的三个小岛，这种"一池三岛"是古代苑囿的传统建筑方式，但圆明园有其匠心独运之处。据弘历诗序说，三岛的形象是"仿李思训画意，为仙山楼阁之状"。李思训 (651 ~ 716) 是唐宗室，官右武卫大将军，以金碧青绿山水著称，画史上称"大李将军"。

"**蓬岛瑶台**"三岛，一大两小，相距很近，以大岛"**蓬岛瑶台**"为主居中，南岛"**瀛海仙山**"在右，与大岛齐头并列，"**北岛玉宇**"在左，错列大岛之后。三岛平面为方形，中央大岛上建筑为四合院形式，以"**神州三岛**"堂为主体，建筑为七间连二式卷棚厅，前设抱厦，东山接"**随安室**"，西山外是一方小天井，中建有一方亭，西墙上设侧门，步曲桥可至"**北岛玉宇**"。院东面为两层的"**畅襟楼**"，院西为一层平顶式建筑，顶上围有栏杆，北面开了一方小天井，楼下可能是内敞的回廊。院南门屋三间临水，即"**蓬岛瑶台**"，建筑形式很别致，在卷棚顶上，建了一间方形歇山卷棚顶的小楼，名"**镜中阁**"。南岛"**瀛海仙山**"上，只有一亭，亭后为假山。北岛上有三栋很小的建筑，用廊垣围成小院，成不对称布置。岛虽小，楼台殿阁俱全，建筑形式多样；高低大小不同，体量差别较大，使建筑型体极臻变化，却不追求崇楼杰阁的气势。这正是造园者高明之处，岛小才能对比出水面之大，距离之遥。相应的建筑尺度就要小，借型体多样，屋顶的大小和高低错落，在竹树蒙密，潋滟波光之中，"岩岩亭亭，望之若金堂五所，玉楼十二也"（参见图 6 - 30）。弘历在《蓬岛瑶台》诗序中说：

真妄一如，大小一如，能知此是三壶方丈，便可半升铛内煮江山。

此论对造园可谓至理名言！艺术创作，**真**的宫殿楼台与**假**的神话仙境相同，**大**的自然与**小**的人工创造一样，能**知道**欣赏、感受到这方丈的小岛，就是那海上神山，便可用半升的容器，去煮整个的江山了。这就是说，造园艺术可以**做假成真**，能够**小中见大**，从景象中能感受到特定的**意境**之美，便能理解"移天缩地"的道理，把握"寓大于小"的诀窍了。

（三）仿江南名园胜景

乾隆皇帝六次南巡，凡游幸之处，喜爱的风景名胜和私家园林，都命随行画师绘成图画，造园时并不当做临摹的粉本，而是"**略仿其意**"，作为景境创作

中国造园艺术史

307

的题材。这类造景在圆明园中有好多处，如杭州西湖十景中的：苏堤春晓、花港观鱼、三潭印月、雷峰夕照、曲院风荷、平湖秋月等等，不仅"略仿其意"，并且仍用其名。在仿建西湖十景中，只"平湖秋月"、"曲院风荷"二景，是用建筑组合构成相对独立的景境，其他都是景境中的一个景点或景物。

曲院风荷

曲院风荷在后湖与福海两大景区之间，东邻"澡身浴德"，西毗"镂云开月"和"天然图画"二景，地形窄长，中凿大池，除后湖和福海外，是景内水面之大者。池形狭长，池中横贯东西架一座九孔拱券石桥，池外环绕溪流。"曲院风荷"的建筑，集中在池北隔河的小岛上（参见图 6-31 和图 6-32）。这里之所以名为"曲院风荷"者，据弘历《曲院风荷》诗序云：

> 西湖曲院，为宋时酒务地，荷花最多，是有曲院风荷之名。兹处红衣印波，长虹摇影，风景相似，故以其名名之。

杭州的西湖，"曲院风荷"在苏堤跨虹桥西北，南宋时这里有家酿酒的麹院，院中植荷，花开时清香远溢，取名"曲院荷风"，早已湮没。清初构亭于跨虹桥西，平临湖面，环亭植荷。清人许承祖有诗云：

> 绿盖红妆锦绣乡，
> 虚亭面面纳湖光。
> 白云一片忽酿雨，
> 泻入波心水亦香。

康熙皇帝南巡，游幸杭州时，改"曲院荷风"为"曲院风荷"。园中此景与杭州的环境全然不同，只略肖以荷为景、以桥点境之意，并将池西之长堤，亦名之为"苏堤春晓"，而这里的狭长池水，恐难具西湖苏堤在晨雾中，新柳如烟，春风骀荡的意境。

平湖秋月

"平湖秋月"位于"福海"北岸西端，岛的形状很不规整，三面有桥与相邻洲渚连接。岛的布局，北半包括狭长地带，堆土筑山；南部偏西，有房舍数栋，散点分列，用廊相连，成闭合或半敞庭院。"平湖秋月"厅堂面湖，故云具杭州"平湖秋月"的"万顷湖平长似镜，四时月好最宜秋"的景观之胜。

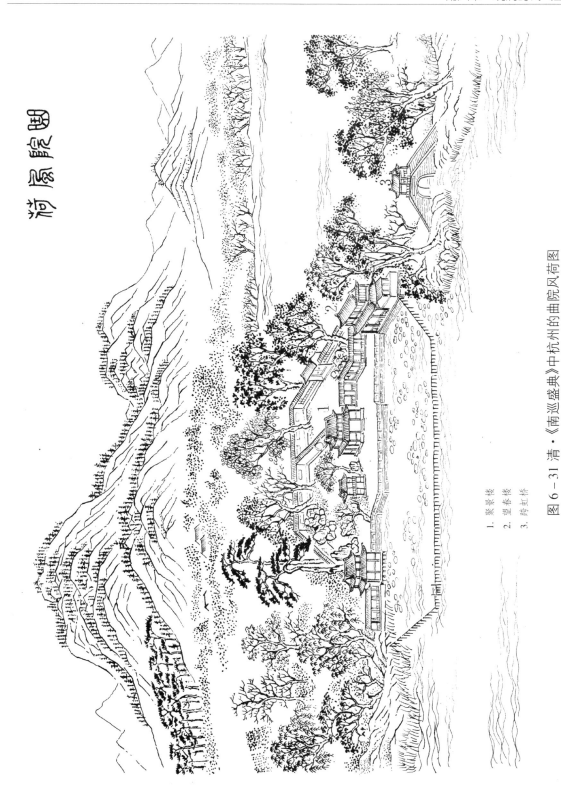

图6-31 清·《南巡盛典》中杭州的曲院风荷图

1. 聚景楼
2. 望春楼
3. 跨虹桥

中国造园艺术史

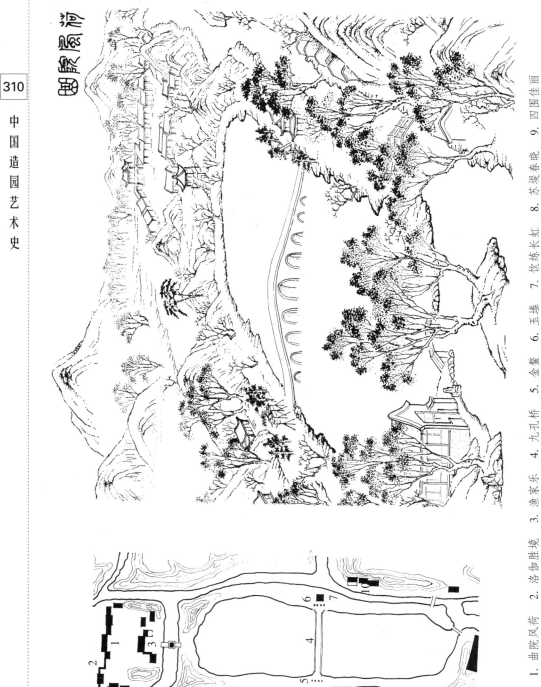

图6－32　北京圆明园曲院风荷平面及胜概图

1. 曲院风荷　2. 洛伽胜境　3. 渔家乐　4. 九孔桥　5. 金鳌　6. 玉蝀　7. 饮练长虹　8. 苏堤春晓　9. 四围佳丽

1. 望月楼
2. 坐落
3. 御碑亭

图 6-33 清·《南巡盛典》中的平湖秋月图

圆明园的"平湖秋月"在湖边，不若杭州造在水上之胜，但环境则较佳，前临湖而三面环河，港汊纵横，十分幽僻（参见图 6-33 和图 6-34）。如弘历诗序云：

> 倚山面湖，竹树蒙密，左右支板桥，以通步展。湖可数十顷，当秋深月皎，激滟波光，接天无际。苏公堤畔，差足方兹胜概。

坦坦荡荡

"坦坦荡荡"是仿杭州"玉泉鱼跃"之景，而未用其名。"坦坦荡荡"是取《易经》"履道坦坦"，和《尚书》"王道荡荡"之意。

杭州的"玉泉鱼跃"，在栖霞山和灵隐山之间的青芝坞口，南朝齐建元年间 (479~482) 所建的**清涟寺**内，因泉而凿的放生池。凭栏观鱼，有"鱼乐人亦乐，泉清心共清"的意趣，故名 **"玉泉鱼跃"**。清乾隆时两江总督高晋 (1707~1779)，为迎合乾隆皇帝南巡，特撰《南巡盛典》一书，书中描述当时的"玉泉鱼跃"情况：

> （泉）在清涟寺内，发源西山，伏流数十里，至此始见。甃石为池，方广三丈许，清澈见底，畜五色鱼，鳞鬣 (liè) 可数，投以香饵，则扬鬐 (qí) 而来，吞之辄去，有想忘江湖之乐。泉上有亭曰"洗心"。旁一小池，水色翠绿，以白粉投之，亦成绿色。[17]

中
国
造
园
艺
术
史

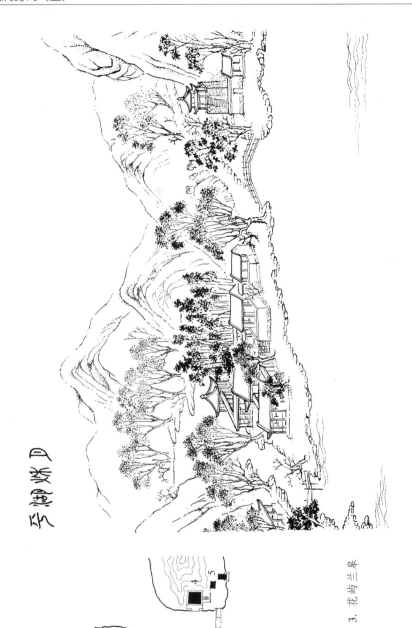

平湖秋月

1. 平湖秋月　2. 夏隐亭　3. 花屿兰皋
4. 双峰插云　5. 山水乐

图6-34　北京圆明园平湖秋月平面及胜概图

玉泉趵突

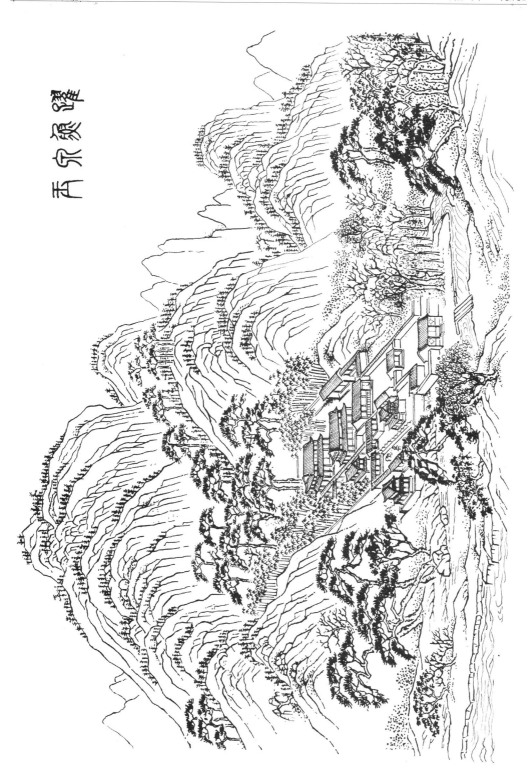

图 6－35　清·《南巡盛典》中的玉泉鱼跃图

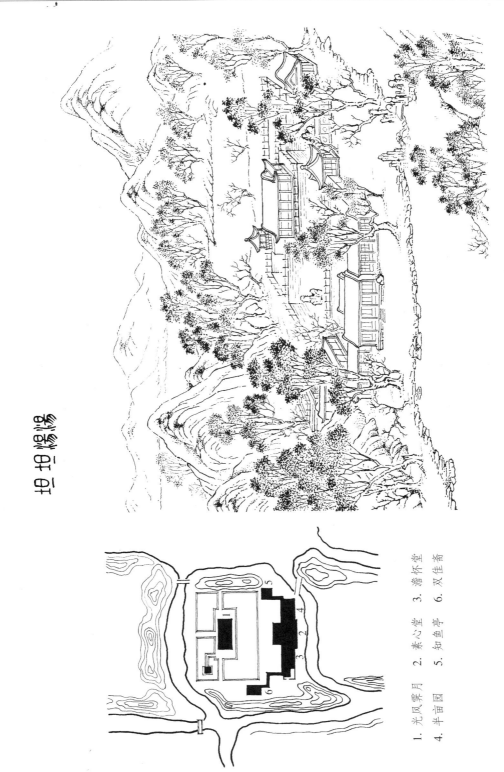

坦坦荡荡

1. 光风霁月　2. 素心堂　3. 澹怀堂
4. 半亩园　5. 知鱼亭　6. 双佳斋

图 6 -36　北京圆明园中的坦坦荡荡平面及胜概图

对照《南巡盛典》插图，（图6－35《南巡盛典》中杭州玉泉鱼跃图）可知，在清涟寺庭院中，有一石砌的长方形大池，池的两边围有廊房，池东院中建有两层的楼阁，与池西门屋外的楼阁对位，形成一条横向轴线。池中有石幢和湖石点缀，"洗心"亭和其旁的小池未画出来。"玉泉鱼跃"的主要特点，是在庭院中凿池，临池房廊半绕，意以观鱼而知鱼之乐。

"坦坦荡荡"的景境创作，既不受寺庙园林性质的制约，也不模仿庭院凿池的格局，而是突出观鱼的主题，建筑采取半开敞的组合形式，不筑院墙，利用四面环水而自成一体，并融合在周围环境之中（参见图6－36）。

"坦坦荡荡"在后湖西岸，是九州之一。前与"茹古涵今"相接，后与"杏花春馆"毗邻。岛上偏北，凿大方池，池中央为平台，台上建四面厅，名"**光风霁月**"；台的东、西、北三面，平桥如堤，与岸通连，并将水面分隔成一大两小三池，呈"品"字形，环堤均设雕栏，小池中有一亭，不仅池中的台榭和小亭，为静赏游鱼的佳处，亦可绕池凭栏，观鱼戏之乐。既扩大了观鱼的娱游功能，也充分发挥了"鱼乐园"这一主题。

在池南布置了一组建筑，以门殿"**素心堂**"为中心，东山接"**半亩园**"，西山接"**澹怀堂**"，三栋构成一列。两端接以游廊，向北伸延，东到池东南角的"**知鱼亭**"，西面长廊曲折，至池西岸的"**双佳斋**"，形成围池半抱之势。由于"光风霁月"与"素心堂"体量较大，前后对位，形成明显的轴线关系，从而将建筑与池组成一个有机整体。

"坦坦荡荡"山的创作也匠心独运，西面围蔽较高的山岗，东面向后湖开敞，仅地面稍有起伏之意，北面借隔河之山为屏障，南面豁然，与"茹古涵今"形成变化，轮廓丰富，建筑组群形成强烈的对比。这种"仿"是创造也有发展。本节只据四十景图与《南巡盛典》图对比，能从中领会圆明园的创作思想方法。事实上，今日所见遗址情况，有些景的建筑物要比图上画的多，说明建成以后的百余年间，在增华和发展。

五、承德避暑山庄

避暑山庄　是清代皇家园林规模最大的一座自然山水庭园，亦称热河行宫。在河北承德市北部，占地面积达564万平方米，周长近10公里，超过北京最大的"**圆明三园**"，比**颐和园**大1倍，为**北海**的8倍。分宫殿区、湖洲区、平原区、山岳区四大部分，共有180余景，著名的有康熙皇帝以四字题名的36景，乾隆皇帝以三字题名的 36 景，史称"康乾七十二景"。始建于康熙四十二年 (1703)，经康熙、雍正、乾隆三代王朝，至乾隆五十七年 (1792) 停建，历时 89 年。避暑山庄的造园融中国南北风格为一体，集国内名园胜景于一园，在中国建筑史和造园艺术上有很高的科学价值与艺术成就。

避暑山庄，是清王朝走向盛期时康熙朝的产物，乾隆朝是鼎盛时期，所谓盛极而衰，山庄随清王朝开始走下坡路逐渐衰败。到咸丰十年 (1860)，奕䜣为躲避英法联军，驻进山庄。十一年 (1861) 七月崩殁于山庄"烟波致爽"殿西暖阁。同年十月，6 岁的载淳登基，年号"同治"，实行两宫太后"垂帘听政"。十月下旬，慈禧太后谕旨："所有热河一切未竟工程，著即停止！"⑦⑧从此避暑山庄就断绝了一切修缮费用。

清朝末年，山庄由于年久失修，古建已多处坍塌。辛亥革命后，北洋军阀在山庄大肆掠夺财宝，大量砍伐古松，拆毁古建，山庄遭到毁灭性的破坏，加之日本帝国主义的践踏和掠夺，1945 年山庄清音阁失火，整个东宫被焚成灰烬。到中华人民共和国成立前夕，避暑山庄 72 景，只剩下 7 景，山庄内到处断垣残壁，瓦砾堆积，湖泊堙塞，树木凋零，满目荒凉景象。

20 世纪 50 年代至 70 年代，对避暑山庄这种供封建统治者娱游享乐的离宫别苑，还未能从历史文化遗产的角度加以保护，而任由一些单位各自占用，竟将这座皇家园林瓜分得七零八落。实际上，这二三十年避暑山庄已不复存在。1978 年，国家拨出资金，才将十余家军政单位和几百户居民从山庄中搬迁出去，并开始对山庄的文物古建进行整修，至 90 年代初，"康乾七十二景"恢复到 36 景，尚不足清代景观的三分之一，严重影响避暑山庄的历史文化价值。

（一）修建避暑山庄的缘由

"避暑山庄"，顾名思义，是清朝皇帝为避暑建造的离宫别苑。问题是：山明水秀、清凉宜人的避暑胜地很多，为什么选择承德这"塞裔荒僻之地"，建造如此规模庞大的别苑？

我们可从乾隆皇帝这段话中找到答案，他说："我皇祖建此山庄于塞外，非为一己之豫游，盖为万世之缔构也。国家承天命，抚有中外……而四十八旗诸部落屏藩塞外，恭顺有加，每岁入朝，赐赉宴赏，厥有常典。但其人未有出痘者，以进塞为畏，延颈举踵，以望六御之临，觌光钦德之念有固然也。我皇祖俯从其愿，岁避暑于此。……予小子，亲见皇祖高年须白，允宜颐养，尚且日理万机，暇则校射习网，阅马合围。……故继续以来，敬唯昔日时巡之意，更值四方宁谧之时，宜不敢使文恬武嬉，以隳圣祖家法。"⑦乾隆皇帝遵循祖制，自六年（1741）始至六十年（1795）的 54 年中，北巡 49 次、秋狝 40 次，是清帝中北巡秋狝次数最多的一代皇帝。

乾隆皇帝说得很清楚，他祖父康熙帝在塞外建此山庄，非为一己之豫游，而是为满清王朝缔构万世之基业。这是指屏藩塞外的四十八旗诸部落的满、蒙贵族，长期生活在北方寒冷地区，害怕传染天花，不敢进京。因为豫亲王多铎，入塞后染痘而死。顺治皇帝也因染痘症，只活了 23 岁，皇室中亦多有死于痘症者。蒙古王公对痘症则谈痘色变，将入塞视如畏途，这就严重地影响了清廷与塞外的联系。

对满清王朝，无论是进军关内，夺取江山；还是入关以后，巩固政权，没有蒙古的强力同盟和可靠的藩属关系是难以实现的，所以对蒙古的绥抚，加强、巩固与蒙古的亲善和藩属关系，就具有重大的政治意义，此其一。

满洲八旗兵入关以后，耽于安乐，而怠于武事，遂至军旅隳（huī 灰）敝，特别是平定三藩叛乱中，战斗力远远不及曩时。康熙皇帝对此十分忧虑，多次传旨："今天下太平，海内无事，然兵可百年不用，而不可一日无备。"⑧所以，加强军事训练，对巩固政权就有重要的意义，此其二也。

康熙皇帝是历代封建帝王中杰出的政治家和军事家，他用**木兰秋狝**的方式，将上述两大矛盾不仅统一起来而且完满地解决了。

《尔雅·释天》："秋猎为狝"。《国语·齐语》："**秋以狝治兵**"。狩猎自古以来就是训练军队，提高武备的形式，**"猎足以习战"**（成吉思汗语）。满族素"以骑射为业"。而康熙皇帝创立的木兰秋狝，与蒙古族习俗相仿，很受蒙古族欢迎。正如乾隆帝在《出古北口》诗注中说："皇祖辟此山庄，每岁巡幸，俾蒙古未出痘生身者皆得觐见、宴赏、赐赉（lài 睐），恩亦深而情亦联，实良法美意，超越千古云。"⑧康熙帝可谓深得**"民心悦，邦本得"**的治国之道，他不主张修筑长城，而是以毕生精力北巡蒙古，举行木兰秋狝，达到恩亦深而情亦联，使塞外雄藩成为"防备朔方，较长城更为坚固"⑧的**众志成城**。

木兰秋狝　木兰，是满语"哨鹿"之意。每年秋分以后，在鹿群繁殖季节，皇帝带着亲随侍卫等人，于黎明前藏迹山林，披着鹿皮，戴上假的鹿头，吹响木制的长哨，模仿公鹿的叫声，吸引求偶的母鹿，待鹿只靠近时，射杀或用陷阱、网套捕捉，这种捕鹿方式叫"木兰"⑧，后以"木兰"冠于围场名称之前。

清代史学家魏源说："本朝抚绥蒙古之典，以木兰秋狝为最盛。""凡内外各札萨克（蒙语：旗长）悉率左右分班扈猎，星罗景从，霆驱雨合。"[84]清帝"木兰秋狝"的规模盛大，人马众多，几千、一两万人，加上围场蒙古各部守候随围人等，最多达到3万人。北巡秋狝，提高了清军和蒙古诸部的军事素质，加强了战斗力。自康熙二十年（1681）建立木兰围场至康熙四十二年（1703）修建避暑山庄，这22年之中，康熙3次出征准噶尔，平息了噶尔丹的叛乱，取得两次抵御沙皇俄国的反侵略战争的胜利，签订了《中俄尼布楚条约》，确定了中俄的东段边界。就如康熙皇帝总结北巡秋狝的军事意义时所说："此皆因朕平时不忘武备，勤于训练所致也。若听信从前条奏之言，惮（dàn）于劳苦，不加训练，又何能远至万里之外，而灭贼立功乎。"[85]

木兰围场　作为清代皇家猎场，是清帝北巡的重要活动场所。位于河北省北部塞罕坝地区，南距承德153公里，距北京384公里，东西相距150公里，南北直径150公里，周长1000余公里，面积10 400平方公里，与现在河北省最北部的围场县相同。围场横跨塞罕坝上下，今坝上地区划为国家级风景名胜区，是避暑山庄外八庙风景名胜区的一个景区。

围场境内，有山地、有峡谷、有丘陵、有草原，地形复杂而富于变化。气候温和，林木茂密，河流纵横，动植物资源丰富。可谓清凉爽垲，夏宜避暑；动物繁多，秋宜狩猎。清帝北巡秋狝，常驻跸5个月左右，正因规模宏大，人马众多，就有建立行宫的需要，如乾隆帝弘历在《济尔哈朗图行宫作》所说："驼载为劳，故建行宫，以息物力。"

康熙皇帝四次出塞，平定厄鲁特蒙古准噶尔部大领主噶尔丹的叛乱，扼制了沙俄的侵略势力，取得边防巩固、政治上安定以后，于康熙四十一年（1702）始，在北京至围场途中，修建了多处行宫，在古北口外的有八处，即两间房、鞍子岭、桦榆沟、喀喇和屯、热河上营、蓝旗营、波罗和屯、唐山营。热河上营也就是**热河行宫**，随着热河行宫进行大规模的延园化建设，其他行宫的地位就日益降低，热河行宫**"避暑山庄"**则成为清朝皇帝在塞外的避暑之地，以及处理军政事务和民族问题的中心。

（二）山庄的园址选择

地处塞外要道　在塞外行宫中之所以重点建设热河上营，从行宫管理言它居于诸行宫的中间，肇建之初，清朝内务府就在此设立了"口外行宫庄园事务总管"，简称**热河总管**。据《热河志》记载："热河总管所辖汉军掌守卫口外行宫，康熙四十二年 (1703) 初设总管，先后迁移奉天、黑龙江、吉林乌喇、茅沟等处人户安置热河，分卫行宫。⑧⑥"

在政治军事上，古北口是历代兵家必争之地。可谓"地扼襟喉趋朔漠，天留锁钥枕雄关"。历史上古北口—热河—木兰围场一线，是北京通向漠北、东北的交通要道。

清·张廷玉在《御制避暑山庄三十六景诗·恭跋》中说：热河"去京师至近，章奏朝发夕至，综理万机，与宫中无异"。⑧⑦这在古代用人马传递信息的时代，北京与热河之间可"朝发夕至"，这对清廷选择在热河建避暑山庄，是很重要的因素之一。

自然生态良好 热河一带属燕山余脉，海拔在 300 米 ~ 700 米之间，而围场东北是阴山余脉塞罕坝和大兴安岭余脉七老图山的交汇处，形成"∧"形的天然屏障，既削弱了来自西伯利亚的寒流，同时又将顺滦河、潮河流域上溯的海洋性季风和暖流阻于坝下，因而热河一带气候湿润，雨量充沛，林木茂盛，自然生态环境比内地优越得多。清代学者赵翼《古北口》诗：

> 设险人增一堵墙，天然寒燠岂分疆？
> 如何一样垂杨柳，关内青青关外黄。

康熙皇帝北巡，每到热河非常喜欢这里的气候。居此感到精神日渐，颜貌加丰。揆叙《御制避暑山庄诗·恭跋》：热河"清凉爽垲，于夏为宜，每至盛暑，则奉皇太后驻跸焉。泉甘土沃，居此逾时，圣容丰裕，精神益健"。这也说明，人的生活愈接近大自然，就愈有益于健康，古今皆然。(揆(kuí)，宰相职位的人，此指张廷玉。)

景观蔚然深秀 热河行宫选址，从大环境看：不仅具有重要的历史地理位置，良好的自然生态环境，在周围的景观上，由于"群峰回合，清流萦绕，至热河而形势融结"。北有金山屏障，东与磬锤峰、蛤蟆石相望，南有僧冠峰为对景，西与广仁岭相接。登览山庄之山，是山外青山，层峦叠嶂，绵延无尽。从山庄的具体小环境看，是**三面绕水，一面依山**。即西依广仁岭，东有武烈河，南有西沟，即西大街旱河，北有狮子沟。狮子沟与西沟现已成季节性旱河，清代原是常流之水，自有一种山林天然之美。康熙皇帝认为，此地"金山发脉，暖流分泉，云壑渟泓，石潭青霭。境广草肥，无伤田庐之害；风清夏爽，宜人调养之功。自天地之生成，归造化之品汇"⑧⑧。玄烨积各地游幸的经验，对山庄的自然地理环境有很高的评价，认为此地最宜造园，并对如何因地制宜提出原则性的设想，他说：

> 朕数巡江干，深知南方之秀丽；两幸秦陇，益明西土之殚陈。北过龙沙，东游长白，山川之壮，人物之朴，亦不能尽述，皆吾之所不取。惟兹热河，道近神京，往还无过两日；地辟荒野，存心岂误万机。因而度高平远近之差，开自然峰岚之势。依松为斋，则窍崖润色；引水在亭，则榛烟出谷。皆非人力之所能，借芳甸而为助，无刻桷丹楹之费，喜泉林抱素之怀。(89)

玄烨的“无刻桷丹楹之费，喜泉林抱素之怀”的思想，为山庄建筑定下了基调。今天我们从山庄遗存的建筑物可见，没有一栋房屋彩画丹楹，更没有一栋房屋筑脊用琉璃瓦。不仅如此，山庄所有建筑的体量和尺度，较北京故宫、颐和园建筑要小得多，尤其是进入“正宫”的侧院，由于房屋体量较小，高度较低，进深较浅，完全如一般民居庭院，毫无帝王离宫的辉煌与宏丽。避暑山庄与颐和园，虽然都是清代的皇家园林，两者在建筑的意匠经营上却各有千秋。

颐和园以独立的小山万寿山为主体，以汪洋巨浸的昆明湖为景区。万寿山也是景境的中心，为了使万寿山不觉其小，与昆明湖相得益彰，采取了“**因山构室**”的手法，在山的开面处建寺，寺依山势，自下而上，层层构筑殿庭，殿宇层叠，翼角飞扬，在近山顶处，八面三层四重檐，高 41 米的佛香阁，屹立在 20 米高的石台基上，为全园制空点，壮丽的佛阁与金碧辉煌的佛殿，交相辉映，使高不足 60 米的万寿山气势磅礴，这是：

> 山藉建筑之翚飞气势倍增，
> 建筑因山构室而其趣恒佳。

避暑山庄则不同，是建园于自然山林，此处之山，如康熙朝保和殿大学士张廷玉所说：“自京师东北行，群山回合，清流萦绕，至热河而形势融结，蔚然深秀。古称西北山川多雄奇，东南多幽曲，兹地实兼美焉。”(90)谓此地之景乃天地山川自然之气所发著，如玄烨《芝径云堤》诗中强调的“**自然天成地就势，不待人力假虚设**”。“凡所营构，皆因岩壑天然之妙。开林涤涧，不采不断，工费省约而绮缩绣错，烟景万状。”(91)

康熙帝玄烨不仅是杰出的政治家，也是对汉族传统文化艺术有很深修养的皇帝，在建山庄的人与自然的关系上，他力求保持山林的天然之趣，避免人事之功对自然环境的破坏。所有山庄建筑务率简朴，屋不筑脊，瓦无琉璃；柱不

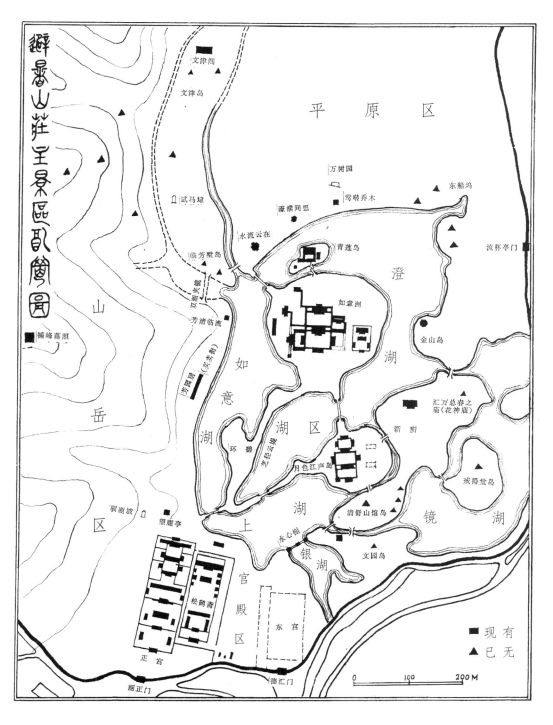

图6-37 河北承德避暑山庄主景区配置图

加丹，梁无彩绘；"无刻桷丹楹之费也"。堂涂数级，不用阶陛，平易近人；体量不求高大宏伟，尺度较小而精在宜人。山庄的建筑无帝王离宫别馆的金碧辉煌和宏伟壮丽，而是古朴淡雅、和谐协调地融于自然山林之中。

20世纪90年代初，我应邀参加承德市城市建设专家研讨会，住山庄对门的北山宾馆，借此机会对避暑山庄进行考察，在湖区见近年恢复所建的一座方亭，黄琉璃瓦攒尖顶，刻桷丹楹，雕梁画栋，富丽堂皇，非常焕赫，可惜与山庄的建筑环境极不协调，不是为廷园生色，而是大煞风景。希望此亭能尽去雕饰。山庄景点埋没者三分之二，大量景点需恢复重建，但愿在今后重建中，能主之人者能如明代造园家计成所说："须陈风月清音，休犯山林罪过。"

（三）避暑山庄的建设

康熙四十年（1701）腊月，玄烨到遵化昌瑞山（今河北遵化县马兰峪）孝陵，祭其父顺治皇帝陵，后出喜峰口，冬腊途中至哈伦告鲁（汉语热河上营）一带，形势融结，蔚然深秀，夏宜避暑，秋好狩猎，康熙皇帝决定在此辟为离宫。《承德府志》载："避暑山庄在府治东北，圣祖仁皇帝岁巡塞外，驻跸热河。康熙四十二年肇建避暑山庄"。

山庄自康熙四十二年（1703）始建，到乾隆五十七年（1792）停建，前后89年，历经三代，建设是在康、乾祖孙二代进行，雍正在位13年，因忙于宫廷内部的安定和南方事务，从未到过热河，也未能对山庄进行建设。故山庄建设分康熙时期和乾隆时期。

康熙时期

避暑山庄的建设，可分两个阶段。康熙四十二年（1703）至康熙四十七年（1708）的创建阶段。这一阶段主要是开辟湖区，山庄是自然之山，虽具重峦叠嶂之雄，岩隈幽曲之美，却少浮空泛影清旷明镜的水面。原湖区所在地，是一片沼泽，间有几个泡子，如《园冶》云："入奥疏源，就低凿水"，成为山庄创建的首要任务。

从康熙皇帝《芝径云堤诗》"命匠先开芝径堤，随山依水辇辐齐"句，和嘉庆皇帝《芝径云堤歌》"山庄胜境肇仁皇，芝径云堤诚鼻祖"句，都很清楚地说明，山庄肇始就是从开挖湖沼，堆土筑"芝径云堤"开始的。芝径云堤之名，如《热河志》载："由万壑松风北行，长堤蜿蜒，径分三洲，若芝英、云朵、如意。中架木桥，南北树宝坊，湖波镜影，胜趣天成。"是名其一堤三岛之形。清代皇家园林中理水，皆有三岛，如颐和园、圆明园等，说明古代象征性的海上三神山水景造法，作为创作题材被继承下来。而具体的景境创作，是各有千秋，毫无形似之处的。

芝径云堤，在湖区的中间，左接**环碧**，右连**月色江声**，顶达**如意洲**。如意洲在三岛中最大，康熙五十年 (1711) 前，未建宫殿区以前，如意洲做宫殿之用，正宫建成后，是湖区的重要景区（参见图 6-38）。

从康熙皇帝的诗句"**随山依水辌辐齐**"，"辌"是车轮的外廓；"辐"是连接车毂和车轮的呈放射形的木棍。而辐辌中心的毂，就是山庄的中心，即清帝起居和处理政务的宫殿区，"辌"也就是山庄赖以建设的山岳、以及山下的一部分平原了。山庄建成后,宫殿区的三组建筑正宫、松鹤斋、东宫的结束，正是湖区的芝径云堤和东西堤岸构成的三条游览线的起点,湖区就起了**辌辐齐**的作用;形成以宫殿区为中心和主导,湖洲区为脉络,山岳、平原辐辌,和谐而有机的整体。

湖区的意匠，化整为零成九湖十岛，不仅为景点的建立提供了多种环境的立基之地，而且以满足帝室园居生活的需要。从工程学而言，在沼泽地理水，挖土成池，堆土为堤、为岛、为洲、为渚，是合于土方平衡的系统工程要求的。

芝径云堤诗，是康熙五十年 (1711) 避暑山庄初具规模，康熙帝玄烨选其中36 景观，命内阁学士沈喻绘制时所作，即《避暑山庄图咏》。此时宫殿区尚未建设，诗中已道出湖区对山庄的作用与意义，充分说明，山庄在建设之先，是经过惨淡经营的构思和规划的（参见图 6-37），而康熙帝玄烨从规划到实践过程是起着决定性的作用的。

湖洲区占地 57 公顷，其中水面 29 公顷，总称**塞湖**。塞湖有九湖十岛，九湖：镜湖、银湖、下湖、上湖、澄湖、如意湖（参见图 6-38）、内湖、长湖、半月湖。十岛五大五小，五大岛为：文园岛、清舒山馆岛、月色江声岛、如意洲、文津岛；小岛为：戒得堂岛、金山岛、青莲岛、环碧岛、临芳墅岛。形成"堤偃桥横，洲平屿矗"层次景观丰富而清幽的环境。今九湖尚存七湖，十岛只有八岛了。

康熙皇帝创建山庄的最初十年，开凿了八处湖泊,建成芝径云堤和三岛及其他二十几组建筑,所以说山庄已初具规模。康熙四十六年(1707)以前,志书均称热河下营或上营,四十七年(1708)《热河志》第一次出现了"**热河行宫**"名称,说明山庄已基本具备接待皇帝驻跸的生活和娱游条件。山庄建设初成,是塞外一件盛事。

图 6-38　承德避暑山庄中的如意湖

四十七年六月漠北喀尔喀蒙古、漠西厄鲁特蒙古的王公，和下嫁到巴林的和硕荣宪公主、嫁到科尔沁的和硕端敏公主齐集热河朝贺。为此，康熙皇帝命宫廷画师冷枚画了一幅《热河行宫图》，是这一时期热河行宫的再现。

康熙四十七年 (1708)，大学士张玉书游览行宫后记述："登舟泛湖，湖之极空旷处与西湖相仿佛，其清幽澄洁之胜，则西湖不及也。岸有乔木数株，近侍云：'此皆奉上命所留'。随树筑堤，苍翠交映，而古干更具屈蟠之势。舟中遥望，胜概不可殚述。有远岸萦流其浩淼者，有岩回川抱极其明秀者，万树攒绿，丹楼如霞，谓之画境可，谓之诗境亦可"。玄烨亦有 "自有山川开北极，天然风景胜西湖" 之赞。

张玉书就其所见，在《扈从赐游记》中，记有 16 景：

一曰澄波叠翠，御座正门也；

一曰芝径云堤，则长堤也；

一曰长虹饮练，则长桥也；

一曰暖流暄波，则温泉所从入也；

一曰双湖夹镜，则两湖隔堤处也；

图 6-39 承德避暑山庄中的锤峰落照图

图 6-40 承德避暑山庄中的南山积雪图

中
国
造
园
艺
术
史

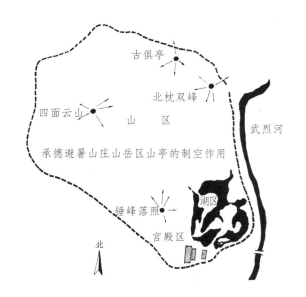

图 6－41 承德避暑山庄
中的亭的制空作用

一曰万壑松风，则入门山崖之殿也；

一曰曲水荷香，则流觞处也；

一曰西岭晨霞，则关口西岭也；

一曰锤峰落照，则远望苑西一峰也；

一曰芳渚临流，则石磴之小亭也；

一曰南山积雪，则苑内一带山地也；

一曰金莲映日，则西岸所见金莲数
亩也；

一曰梨花伴月，则春月梨花极盛处
也；

一曰莺啭乔木，则堤畔乔木数株也；

一曰石矶观鱼，则石矶可随处垂钓
者也；

一曰甫田丛樾，则田畴林木极盛处
也。

图 6－42 承德避暑山庄中的万壑松风

据张玉书文中记载，除上列16景，如意洲上还有延薰山馆、水芳岩秀、云帆月舫和一片云戏台；苑内还有萍香泮、龙王庙。据《热河园廷现行则例》记载：澄湖东面的金山岛也是在这一阶段建成。这些绝大多数是围绕湖区所建的景点，其中"**锤峰落照**"和"**南山积雪**"是山顶上的两座亭子，而张玉书所写则是"锤峰落照"处远眺所望之景；说"南山积雪"仅是苑内的一带山地（图6-39锤峰落照，图6-40南山积雪）。有一点可以肯定，张玉书曾游历过这两个山顶上的观赏点，当时还没有建亭，否则他不会如此记述。这就是说，景虽已题名，而亭尚未建。这正说明，园址确定后，康熙皇帝曾周全地踏勘，精心地构思过，不仅选择了可远眺借景的最佳观赏点的山顶，也说明他很了解山顶构亭的制空作用，只有山顶之亭形成尽览山林的视界范围，自然山林才能转化为廷园山林（参见图6-41）。

康熙四十八年(1709)到五十二年(1713)，是康熙朝建设山庄的第二阶段，主要工程有三大项：

（一）建造正宫

原将宫殿设在如意洲，本是临时性的过渡措施，是为了可随湖区的建设尽快地投入使用。湖区基本建成后，如意洲四面环水，空间受限，且建筑也比较狭小，就需要建设正式的宫殿区了。

宫殿区建设有许多要求，首先必须当正向阳，与山庄大门在一根轴线上，地形规整，地势爽坦，且与城市和市际交通有方便的联系。于是就将已建成的一组建筑**万壑松风**（参见图6-42），西南的山丘铲平，土方碎石向南推移，垫成一块高爽平坦的台地，盖起了正宫（参见图6

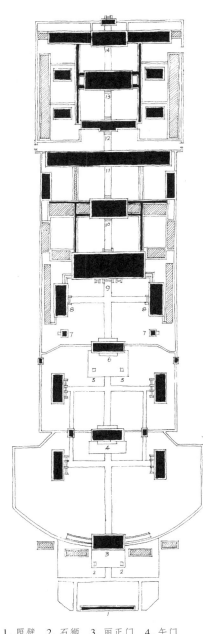

1. 照壁　2. 石狮　3. 丽正门　4. 午门

5. 铜狮　6. 宫门　7. 乐亭　8. 配殿

9. 澹泊敬诚殿　10. 依清旷殿

11. 十九间殿　12. 门殿

13. 烟波致爽殿　14. 云山胜地楼

15. 岫云门

图6-43 避暑山庄正宫平面图

－43）。

  正宫是清帝处理朝政、举行庆典和生活起居的处所，占地 10 公顷，在湖洲区之南，南端与市区毗邻，西北邻山岳区，是山庄几条游览线的起点。正宫采用传统的庭院组合方式，沿轴线组合成平衡对称的多进殿庭，从功能分**前朝后寝**两大部分，前朝按序列为：**丽正门、午门、正宫门、澹泊敬诚殿、四知书屋、万岁照房**，组成五进殿庭。以万岁照房为界，北为后寝，由**门殿、烟波致爽殿、云山胜地楼、岫云门**组成三进殿庭。

  丽正门 是山庄的正前门，为单檐歇山卷棚顶的宫城门。"丽正"源出《易·离卦》："离，丽也；日月丽乎天，百谷草木丽乎上，重明以丽乎正，乃化成天下。"（参见图 6－44）。

  午门 俗称大宫门，外午门。左右设掖门，东西建朝房。

  正宫门 亦称内午门、阅射门。玄烨、弘历常在此接见官吏，举行射箭比赛。康熙五十年(1711)，玄烨题写**"避暑山庄"**匾额悬于门上，避暑山庄自此得名。

  澹泊敬诚殿 正宫主殿，康熙五十年 (1711) 初建，乾隆十九年 (1754) 用楠木改建，俗称楠木殿。面阔七间，进深三间，歇山卷棚顶，灰瓦青砖，廊庑周匝。是清帝驻山庄时，举行庆典，接见使节的地方。

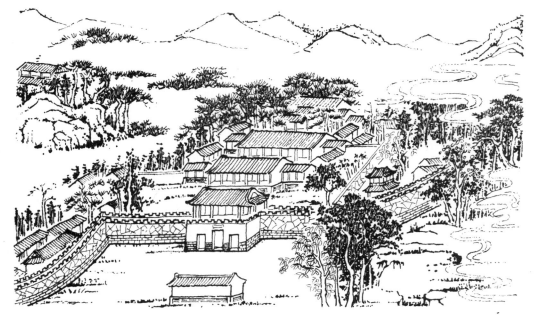

图 6－44 承德避暑山庄中的丽正门

图6-45　承德避暑山庄中的水心榭

图6-46　承德避暑山庄中的畅远台

四知书屋　是一座简朴的五间平房。举行大典前后，为皇帝休息更衣处。平日"常朝"在此召见大臣、处理军国政务。康熙皇帝题名"依清旷"，乾隆皇帝晚年增题四字："四知书屋"。

万岁照房　为北方民居式的一列 19 间平房，俗称"十九间房"。是宫女侍班和存放庆典什物的地方。以此为界，南属前朝，北属后寝。

烟波致爽殿　是皇帝的寝宫，"康熙三十六景"的第一景。阔七间深两间，中三间为敞厅，为后妃朝拜皇帝处。东两间为堂，接待太后和后妃叙话用。西次间为佛堂，西尽间是皇帝的寝宫，俗称"西暖阁"。咸丰十年 (1860)，奕詝为逃避英法联军攻北京而居此，第二年 8 月 22 日，咸丰帝奕詝就死在西暖阁。

云山胜地楼　为五间重楼，室内无梯，由东间外假山磴道上楼。底层西间原有室内小戏台，供帝后日常听戏曲之用。《热河志》描述："高楼特起，八窗洞达，俯瞰群峰，夕霭朝岚，顷刻变化，不可名状。"是座园庭化的小楼，所谓瞰群峰者假山之峰石也，故名云山胜地。楼北三间垂花门，是正宫后门，题名**岫云门**，门外就是湖洲景区。

（二）开拓东湖

康熙朝第一阶段开凿的湖泊有：澄湖、如意湖、上湖、下湖、西湖、半月湖。这一阶段将湖区向东扩展，增辟了镜湖、银湖。原下湖东面，山庄界墙下的水闸，就处在湖心了，遂在闸上架石为桥，并在桥上造了三座亭榭，中间为三间长方形，重檐歇山卷棚顶水榭。南北两头均为四角重檐攒尖顶方亭，桥头南北原有四柱牌楼各一座，均已无存。玄烨题名**水心榭**，是山庄水景的最佳观赏点，本身也是形制殊丽的水景建筑，成了避暑山庄的一个标志（参见图 6-45）。其情景如玄烨咏杭州西湖《湖心亭》诗："水上起楼台，湖面平如镜；春风吹柳条，远与山光映。"在东湖区内，又兴建了一组建筑：**清舒山馆**，其中包括**颐志堂、静好堂、畅远台**等三处殿宇（参见图 6-46）。

（三）修筑宫墙

原初山庄的宫墙低矮简陋，康熙五十二年 (1713) 用罚江南、江西总督噶礼的赃款，正式修建了宫墙。⑫

康熙五十年 (1711)，山庄已建成 40 余景。玄烨于这一年写了《避暑山庄记》，并将他以四字题名的 36 景编辑成集，每景皆题诗作序，史称"康熙三十六景"。即：

1. 烟波致爽	2. 芝径云堤	3. 无暑清凉	4. 延薰山馆
5. 水芳岩秀	6. 万壑松风	7. 松鹤清樾	8. 云山胜地
9. 四面云山	10. 北枕双峰	11. 西岭晨霞	12. 锤峰落照
13. 南山积雪	14. 梨花伴月	15. 曲水荷香	16. 风泉清听
17. 濠濮间想	18. 天宇咸畅	19. 暖流暄波	20. 泉源石壁
21. 青枫绿屿	22. 莺啭乔木	23. 香远溢清	24. 金莲映日
25. 远近泉声	26. 云帆月舫	27. 芳渚临流	28. 云容水态
29. 澄泉绕石	30. 澄波叠翠	31. 石矶观鱼	32. 镜水云岑
33. 双湖夹镜	34. 长虹饮练	35. 浦田丛樾	36. 水流云在

（参见图6-47、图6-48、图6-49、图6-50、图6-51、图6-52、图6-53）

图6-47 承德避暑山庄中的金莲映日

图 6-48 承德避暑山庄中的曲水荷香

图 6-49 承德避暑山庄中的石矶观鱼

图 6-50　承德避暑山庄中的天宇咸畅

图 6-51　承德避暑山庄中的暖流暄波

中国造园艺术史

图 6-52　承德避暑山庄中的濠濮间想

图 6-53　承德避暑山庄中的浦田丛樾

乾隆时期

乾隆六年 (1741) 至乾隆十九年 (1754)，为第一阶段，重点仍在宫殿区，主要是为皇太后起居所建的松鹤斋，和以大戏楼为主的东宫。

松鹤清樾　康熙时皇太后在山庄，是住在榛子峪过隘口两百余步的"**松鹤清樾**"。乾隆十四年 (1749)，弘历在正宫东面，建了一组八进殿庭，与正宫形制略同的宫殿，供皇太后起居之用。

松鹤清樾的空间序列是：**门殿、二门、松鹤斋**，后改为"含辉堂"、**绥成殿**，是皇太子居处，**十五间照房、乐寿堂**，皇太后寝宫，后改名"悦性居"、**畅远楼**。

松鹤斋是皇太后的寝宫，很注重环境的庭园化，如弘历诗赞："常见青松蟠户外，更欣白鹤舞庭前"。不仅是青松白鹤，而且有驯鹿悠游其间，可谓"岫列乔松，云屏开翠献；庭间驯鹿，雪羽舞阶前。"⑨

东宫　位置与正宫、松鹤斋并列，地势则有低约 6 米之高差。东宫在山庄宫墙上另辟有大门，称**德汇门**。东宫占地宽 90 米，全长 230 米，比正宫短 70 米。1945 年被焚，现已成广场。

东宫这一组群建筑，自南而北沿轴线的空间序列：德汇门、门殿、正殿、清音阁、福寿阁、勤政殿、卷阿胜境殿等。

清音阁，俗称大戏楼。戏楼与故宫畅音阁、颐和园的德和园、圆明园的同乐园大戏楼形式相近。高三层，面阔三间，进深三间，每层台板设天井，一层台板下有地音室，内掘深近 6 米、直径 2 米的地井 5 个，以利演出时音响的清晰宽厚。阁的外观雄丽，结构精巧。据在清音阁看过戏的朝鲜使臣朴趾源记述：

> 八月十三日，乃皇帝万寿节。……另立戏台于行宫。楼阁皆重檐，高可达五丈旗，广可容数万人。设、撤之际不相挂碍，台左右木假山高与阁齐，而琼树瑶林，蒙络其上，剪彩为花，缀珠为果。每设一本，呈戏之人无虑数百，皆服锦绣之衣，逐本易衣，皆汉官袍帽。其设戏之时，暂施锦步障于戏台，阁上寂无人声，只有靴响。少马，撤帐则已，阁中山峙海涵，松矫日矗，所谓《九如歌颂》者即是也。歌声皆语调倍清，而乐律举皆高亮，如出天上，无清浊相济之音，皆笙、箫、胡、笛、锤、磬、琴、瑟之声，而独鼓响，间以叠钲。顷刻之间，山移海转，无一物参差，无一事颠倒，自尧舜莫不像其衣冠，随题戏之。⑩

可见清音阁演戏的盛况。与清音阁相对的五间二层坐北向南的"福寿阁"，上层是皇帝和后妃听戏的御座楼，底层与两侧群楼，是大臣、使节、蒙古王公看戏的地方。

福寿阁后之"勤政殿"与故宫的养心殿、圆明园的勤政殿作用相同，是皇帝接见群臣，发布政令之处。勤政殿后进的"卷阿胜境"，是皇帝常在此赏赐王公大臣茶点，陪皇太后进膳的地方，也是湖区游览线的一个起始点。

这一阶段除上述宫殿区的建设外，乾隆八年 (1743)，在湖中建造了大型御舟**青雀舫**；乾隆十六年 (1751)，修建了**永佑寺**。

乾隆十九年 (1754)，弘历继"康熙三十六景"之后，将玄烨未收入的和本朝所建者，以三字题名又组成三十六景。如乾隆所说："今年敬奉安舆，来驻于此。自夏至初过，讫于处暑，招凉延爽，弦望再更，机政之余，登临览结，乃知三十六景之外，佳胜尚多，幸而录之，复得三十六景。各题二十八字，其中有皇祖当年题额者，亦有迩年新署名者。"[35]

乾隆三十六景中，康熙皇帝题名的有 16 景：

水心榭　颐志堂　畅远台　静好堂　观莲所　清晖亭　般若相　沧浪屿　一片云　萍香沜　翠云岩　临芳墅　涌翠岩　素尚斋　永恬居　如意湖

康熙皇帝提名乾隆皇帝易名者 4 景：

澄观斋（惠迪吉）、宁静斋（淡泊）、玉琴轩（图史自娱）、罨画窗（霞标）

乾隆皇帝题康熙时建成未题名者 6 景：

采菱渡　凌太虚　绮望楼　万树园　试马埭　驯鹿坡

乾隆皇帝题名的新建者 10 景：

丽正门　勤政殿　松鹤斋　青雀舫　冷香亭　嘉树轩　乐成阁　宿云檐　千尺雪　知鱼矶。

（参见图 6－54、图 6－55、图 6－56、图 6－57、图 6－58、图 6－59、图 6－60、图 6－61、图 6－62、图 6－63、图 6－64、图 6－65）

史称**"康乾避暑山庄七十二景"**。

图 6－61　承德避暑山庄中的驯鹿坡

图 6-54 承德避暑山庄中的沧浪屿

图 6-55 承德避暑山庄中的观莲所

中
国
造
园
艺
术
史

图 6-56 承德避暑山庄中的萍香泮

图 6-57 承德避暑山庄中的涌翠岩

图 6-58　承德避暑山庄中的临芳墅（"畅远台"见图 6-46）

图 6-59　承德避暑山庄中的罨画窗

中
国
造
园
艺
术
史

图 6-60 承德避暑山庄中的试马埭

图 6-62 承德避暑山庄中的青雀舫

图 6-63　承德避暑山庄中的嘉树轩

图 6-64　承德避暑山庄中的宿云檐

中国造园艺术史

图 6-65 承德避暑山庄中的千尺雪

　　乾隆二十年 (1755) 至五十七年 (1792) 为第二阶段。这一阶段建设的规模最宏伟，工程量也最大，乾隆皇帝命曾任总管兴修清漪园工程的内大臣三和负责。

　　在平原区，修建了**永佑寺舍利塔**和**春好轩**。

　　在湖区，修建了**文园狮子林、文津阁、戒得堂、烟雨楼、汇万总春之庙** (花神庙)。

　　在山区，沿四条峡谷，工程全面铺开，增建了 **14** 处景点、**9** 座寺庙。

　　园林建筑有：绿云楼、创得斋、瀑源亭、笠云亭、食蔗居、敞晴斋、秀起堂、静含太古山房、有真意轩、碧静堂、含青斋、玉岑精舍、宜照斋、山近轩

　　寺庙祠观有：珠源寺、旃檀林、碧丰寺、水月庵、鹫云寺、斗姥阁、广元宫、山神庙 (仙苑昭灵)、西峪龙王庙。(参见图 6-66、图 6-67、图 6-68、图 6-69)

　　乾隆二十八年 (1763) 疏浚了湖区，弘历在次年写道："去年淤泥大铲治，新秋活水满池清。"

图6-66　承德避暑山庄中的食蔗居

图6-67　承德避暑山庄中的秀起堂

中国造园艺术史

碧峰寺

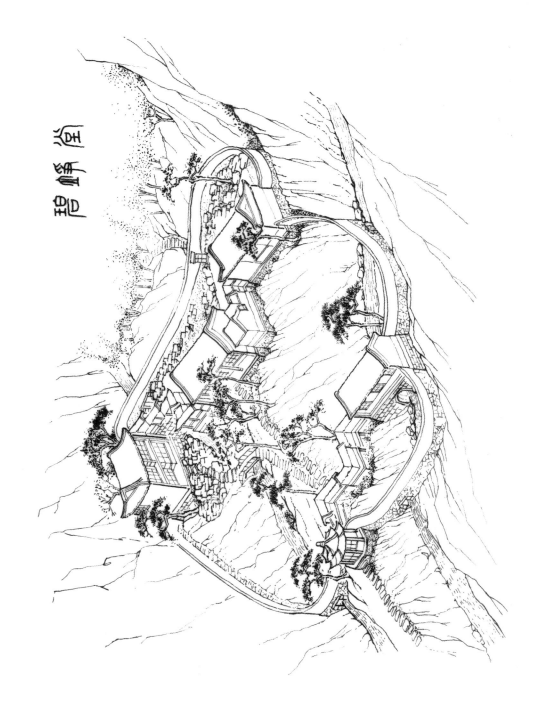

图6-68　承德避暑山庄中的碧静堂

山近轩

图 6-69　承德避暑山庄中的山近轩

中
国
造
园
艺
术
史

（四）山庄景境的意匠

避暑山庄是清代建于自然山林中的一座廷园，山虽其"形势融结，蔚然深秀"之美，但却无水。如论画者云："山以水为血脉，以草木为毛发，以烟云为神彩。故山得水而活，得草木而华，得烟云而秀媚。"⑤康熙皇帝是个有很高艺术造诣的皇帝，创建山庄之始，就从开挖湖泊，堆筑堤岛动工，可谓"山本静，水流则动"，既弥补了有山无水之不足，又将山庄建设成合于帝室园居生活要求的廷园。

山林造园，景点分散，且登岩涉壑，难免登攀之劳，只宜兴至偶尔一游，不适待宾客、皇室日常娱游消遣。山庄九湖十岛，水面有宽有窄，湖之极空旷处，"其清幽澄洁之胜，则西湖不及也"；且"堤堰桥横，洲平屿矗"，不仅使湖洲区形成丰富的空间层次，使亭榭处于隐显之中，造成参差迷离的景色。更重要的是，湖区既为景点的设计提供了多种多样的地貌环境，又将诸景融于山光水色之中。

在"康乾七十二景"中，以水命名的就有**三分之一**，其中一半以上在湖区；而模仿江南园林的景点，几乎全在湖滨。全园总共有 184 景，在湖区的就有 66 景，这就是说，占全园土地面积仅仅 10% 的湖区，却拥有 35% 的景点，占全园景点的**三分之一**以上。充分说明，山林地建苑是帝室园居生活的功能需要。

山庄水面的设计是很复杂的问题，在规划时九湖十岛有何依据呢？如计成《园冶》所说**"目寄心期，触情俱是"**。造园者根据基地的地形地貌特点，目之所见与心之所想，即造园者长期积累的丰富的造园素材和实践经验，当主客两者契合之时，触发造园者的想像力，产生一个或多个新的景象，造园者捕捉住这种契机，从总体上经过对诸多因素衡量、取舍的精心构思，最后形成切实可行的设计方案。

从康熙帝玄烨所写《避暑山庄记》和对景境题诗写序等文字，认为山庄是"自然天成地就势，不待人力假虚设"，以**"顺应自然"**为建园的指导思想，"凡所营构，皆因岩壑天然之妙。开林涤涧，**不采不断**，工费省而绮缋绣错，烟景万状。"⑦而原湖区是起伏不平的沼泽地带，其中有不少泉源，涌出的泉水，形成小溪、水泡和沼泽，溪旁水边林木苍翠。如文华殿大学士张玉书（1642～1711）于康熙四十七年（1708）游览山庄湖区，看到岸上有数株高大乔木，苍翠交映，古干蟠屈之景，近侍告诉他："此者奉上命所留"。凡湖区原有树木，均"不采不断"，随树筑堤，为洲为岛，充分生发出"**自成天然**"之美。

康熙皇帝不仅深谙多年树木"**荫槐挺玉成难**"（《园冶》）之理，并且根据湖区原来的地形地貌，"度高平远近之差"，利用树木自然分布，随树筑堤，留树为洲岛，借以划分水面，创造景境，正因如此，才能以人工借天巧，造成"**绮绾绣错，烟景万状**"的景象。这种珍惜树木、保留树木，并借树木以创造景境的方法，是中国造园的优秀传统，也是应予继承和弘扬的园林设计的一个重要思想方法。

康熙皇帝在山庄建设中，非常重视利用原有树木创造景境，如康熙四十七年（1708），在湖洲区之南，后来的宫殿区"松鹤斋"之北，原有古松数百株，地据高岗，造了一组建筑"**万壑松风**"，就是以风吹松林常发出雄浑而澎湃的松涛声命名。这组建筑完全按园林化的手法，主殿万壑松风与附属的五栋单体建筑，前后参差，以回廊相连，布局自由而灵活。

在澄湖北岸之西，**莺啭乔木**一景（参见图 6–70），据玄烨《莺啭乔木》诗，八角卷棚亭的周围"夏木千章，浓荫数里。晨曦始旭，宿露未晞。黄鸟好音，与薰风相和，流声逸韵，山中一部笙簧也"。环境之清幽在树，而这千章之夏

图 6–70 承德避暑山庄中的莺啭乔木

木，不可能靠移载树木而浓阴数里。

如意洲上**澄波叠翠**亭旁，"一松盘郁，古色苍然"；沧浪屿原有巨松，因此在**沧浪屿**中题有"双松书屋"，显然这些松树是特意保留作为点景的。

从山庄的建筑命名，以植物造景者很多，如以松树命名者，除上面已提到的还有：松鹤清樾、萝月松风、松岩亭、松霞室、就松室、松鹤间楼、古松书屋等等；以枫树命名的，青枫绿屿、吟红榭；以梨树为景的梨花伴月；借荷花造景的曲水荷香、香远溢清、冷香亭、观莲所等，不一而足。

中国园林与西方的花园不同，栽种植物不仅是一种净化、美化环境的手段，数千年儒家**"比德"**说已形成中国人传统的审美观念，将花草树木的一些形态特征，看做为人的精神拟态，比附有人的道德品质。在造园中不单只是净化和美化环境的手段，而是象征着实现某种理想生活的目的，融合在人的思想感情之中，是园居生活的有机组成部分。

山庄中有从各地移植的奇花异木，玄烨要求，"触目皆仙草，迎窗遍药花"，山谷中则是"香草遍地，异花缀崖"。山谷的景色，如弘历《创得斋》和《肩舆至创得斋因而得句》所写的松林峪："左溪右则山，右冈左必涧，峰回水流处，率有板桥贯。""石溪往往响流泉，泉尽峰回门面前。"⑧四季景色之佳，"所赢赵（伯驹）、李（成）、倪（瓒）、黄（公望）者，春夏秋冬景各殊。"⑨

关于避暑山庄中的景境意匠分析，详见拙著《中国造园论》第九章　**"笔在法中　法随意转——中国园林艺术的创作思想方法"**中的第四节"避暑山庄"。

〜〜〜〜〜〜〜〜〜〜〜〜〜〜〜〜〜

注：

①元·郝经：《陵川文集》，卷一。

②明·宋濂等：《元史·世祖纪二》。

③元·虞集：《道园学古录》，卷二十三，《大都城隍庙碑》。

④明·蒋一葵：《长安客话》。

⑤童寯：《江南园林志·沿革》。

⑥明·张岱：《陶庵梦忆》。

⑦《江南园林志·沿革》。

⑧清·钱泳：《履园丛话》。

⑨《陶庵梦忆·于园》。

⑩清·钱大昕：《网师园记》。

⑪明·袁宏道：《袁中郎全集·序》。

⑫王丽娜：《〈金瓶梅〉在国外续述》，载《金瓶梅研究集》，齐鲁书社，1988。

⑬《陶庵梦忆·不二斋》。

⑭清·郑燮：《板桥集·竹石》。

⑮清·乾隆：《御制白塔山总记》，载《日下旧闻考·国朝宫室》。

⑯《中国名胜词典》，上海辞书出版社，1991。

⑰《燕京春秋》第7页，北京出版社，1982。

⑱元·张养浩：《谏灯山疏》，载《归田类稿》，卷一。

⑲明·萧洵：《故宫遗录·序二》。

⑳《故宫遗录·序》。

㉑清·于敏中等：《日下旧闻考·宫室·元一》。

㉒《故宫遗录》。

㉓㉔清·于敏中等：《日下旧闻考·宫元三》。

㉕㉖㉗明·佚名：《北平考·元》，卷四。

㉘清·孙承泽：《天府广记》，卷之四十四。

㉙㉚㉛㉜㉝㉞《日下旧闻考·宫室·明三》，卷三十五。

㉟㊱㊲《日下旧闻考·国朝宫室》，卷十九。

㊳《诗·鄘风·定之方中》，卷二。

㊴《昭明文选》南朝梁·任昉：《为范始兴作求立太宰碑表》。

㊵《昭明文选》晋·潘岳：《寡妇赋》。

㊶《梁思成文集》四，"北京——都市计划的无比杰作"，中国建工出版社出版。

㊷明·萧洵：《故宫遗录》。

㊸㊹㊺㊻《天府广记·名迹》，卷三十七。

㊼㊽《日下旧闻考·国朝宫室·西苑一》，卷二十一。

㊾《日下旧闻考·国朝宫室·西苑六》，卷二十六。

㊿《日下旧闻考·宫室·明四》，卷三十六。

51元·陶宗仪：《辍耕录·万岁山》，卷一。

52《日下旧闻考·国朝宫室·西苑六》，卷二十六。

53明·《倪岳记》。

54 55《天府广记·岩麓》，卷三十五。

56《日下旧闻考·国朝苑囿》，卷七十四。

57《日下旧闻考·国朝苑囿》，卷八十四。

58清·吴振棫《养吉斋丛录》，卷十八。

59《日下旧闻考·国朝苑囿》，卷八十四。

60 61乾隆：《御制万寿山昆明湖记》，载《日下旧闻考》，卷八十四。

㉒㉓㉕《日下旧闻考·国朝苑囿》，卷八十四。

㉔清·吴振棫：《养吉斋丛录》，卷十八。

㉖唐·欧阳询等：《艺术类聚》，卷二三引《孙卿子》。

㉗《日下旧闻考·国朝苑囿》，卷八十四。

㉘《日下旧闻考·国朝苑囿》，卷八十。

㉙清·王士禛：《居易录》。

㉚明·计成：《园冶·掇山》。

㉛《养吉斋丛录》，卷十八。

㉜乾隆：《惠山园八景诗序》，《日下旧闻考·国朝苑囿》，卷八十四。

㉝乾隆：《小有天园记》，《日下旧闻考·国朝苑囿》，卷八十三。

㉞张家骥：《中国建筑论》，第九章"建筑装修与陈设"，山西人民出版社，2003。

㉟《圆明园四十景图咏》，中国建工出版社，1985。

㊱北宋·范仲淹：《范文正公集》七。

㊲清·高晋：《南巡盛典》。

㊳清《穆宗实录》，卷七。

㊴《热河志·行宫一》，卷二十五。

㊵《清圣祖实录》，卷二一五。

㊶《热河志·巡典九》，卷二十一。

㊷《清圣祖实录》，卷一五一。

㊸清·高士奇：《松亭纪行》，《小方壶斋舆地丛钞》第一帙。

㊹清·魏源：《圣武记》，《国朝绥服蒙古记》三。

㊺《清圣祖实录》，卷二九九。

㊻《热河志·兵防驿递》，卷八十四。

㊼《热河志·行宫》，卷四十四。

㊽㊾康熙：《御制避暑山庄记》。

㊿㈤清·张廷玉：《御制避暑山庄三十六景诗·恭跋》。

㈥《清史稿》，卷五十四，《志》二十九，《地理》一。

㈦《热河志》，卷三十，《行宫》六"松鹤斋"。

㈧朝鲜·朴趾源：《燕岩集》，卷十三，《热河日记·戏剧名目》。

㈨乾隆：《再题避暑山庄三十六景诗序》。

㈩宋·郭熙：《林泉高致》。

⑰揆叙：《御制避暑山庄诗·恭跋》。

⑱《热河志》，卷三十六，《行宫》十二。

⑲《热河志》，卷三十九，《行宫》十五。

第七章　明清时代（下）

在中国造园史上，明清时代私家园林之兴盛，无论从分布城市之广，数量之多，艺术水平之高，都是空前的。尤其是经济繁荣之地，风尚华丽之所的城市，如苏州、扬州等地，园林之多数以百计，造园已不可能皆由园主自出机杼，造园就成为一种社会需要。事实上任何新的事物，都是在社会需要时产生和发展的。正是社会对造园的需要，造园才成为一种谋生手段、专门的职业，才造就出张南垣、计成这样对造园业有重要贡献的、杰出的人物。现分别简介之。

第一节　张涟与叠山

张涟，字南垣，原籍华亭人（今上海松江县），晚岁徙居嘉兴。其生卒时间，据曹汛《张南垣生卒年考》云："南垣生于万历十五年（1587），至迟万历四十七年（1619）其累石之技艺已负盛名。南垣卒于康熙十年（1671）前后，五十余年造园叠山实践，跨明、清各一半。"①

张南垣（1587～1671?）是明末清初杰出的造园叠山艺术家，其生平事迹，史籍多有记载。

清康熙二十四年（1685）《嘉兴县志》载"张南垣传"云："张涟字南垣，少学画，得山水趣，因以其意筑圃垒石，有黄大痴、梅道人笔意，一时名籍甚……吴梅村尝为之传，子孙多世其术。"②

阮葵生（1727～1789）《茶余客话》中"张南垣父子善叠假山"条云："华亭张

涟，字南垣，少写人物，兼通山水。能以意垒石为假山，悉仿营邱、北苑、大痴画法为之，峦屿涧濑，曲洞远峰，巧夺天工。……昔人诗云：'终年累石如愚叟，倏忽移山是化人'。"③

　　南垣少年时就学画，善画人物，对山水画亦颇有造诣。文中所说的营邱，是指五代、宋初画家**李成**，五代战乱，避地营邱，故世称李营邱；北苑，也是五代画家**董源**，南唐中主时任北苑副使，人称董北苑；大痴，是元代画家**黄公望**，字子久，号大痴；梅道人，元代画家**吴镇**，字仲圭，号梅花道人、梅沙弥。黄公望、王蒙、倪瓒、吴镇，号称"**元末四大家**"。

　　从上述南垣生平中，非常值得重视的是：南垣在造园叠山艺术上之所以能达到很高的境界，取得杰出的成就，同他"能以意垒石为假山"，或"因以其意筑圃垒石"有关。简言之，就是能以**画意叠山**，所谓"画意"指中国画家对自然山水长期的观察，经过概括、提炼、把握自然山水的形质特征和规律，能充分体现中国传统的自然美学思想和借笔墨以表现山水精神的创作思想方法。

　　张涟之所以能"画意叠山"，正是由于他"**少学画，得山水趣**"之故，园林写意山水的创作，从审美经验，本源之唐代自然文学小品，从审美思想，直接受写意山水画的影响。如叠山者缺乏修养，"胸中无丘壑，眼底无性情"，能模仿者，尚可得形似；模仿也无能者，只会百孔千疮，如乱堆煤渣，毫无**山林意境**可言了。

　　前引《嘉兴县志》张南垣传中谓："吴梅村尝为之传"者，吴梅村，是清初诗人吴伟业（1609～1671），号梅村，曾任国子监祭酒，后请假归里，隐居不仕。南垣虽是"长镵（chán 缠，意：刺）短展"、"终年累石"的清贫叠山匠师，但同诗人吴伟业、史学家谈迁（1594～1658）、思想家黄宗羲（1610～1695）为布衣交，可见南垣之为人。南垣82岁时，请吴伟业为之作传。

　　吴伟业《梅村家藏稿》"张南垣传"云："退老于鸳湖之侧，结庐三楹。余过之，谓余曰：'自吾以此术游江以南也，数十年来名园别墅易其故主者，比比是矣。荡于兵火，没于荆榛，奇花异石，他人辇取以去，吾仍为之营置者，辄数见焉。吾惧石之不足留吾名，而欲得子文以传之也。'"④于是吴伟业应南垣之请而为之作传。据《传》载，南垣所为之园，著称者"则李工部之横云，虞观察之预园，王奉常之乐郊，钱宗伯之拂水，吴吏部之竹亭为最著。"⑤**鸳湖，即嘉兴南湖**。

　　乐郊，是南垣为清初画家王时敏（1592～1680）所造之园。王时敏，太仓人，字逊之，号烟客、西庐老人，崇祯初以荫官至太常寺少卿，太常礼乐文教之官，原称奉常，后改太常，故称王时敏为"王奉常"。清初不仕，工诗文，善隶书，擅长山水画，与王鉴、王翚、王原祁合称"四王"，加之吴历、恽寿平又称"清六家"。在其《王烟客先生集》中有"乐郊园分业记"云：

> 乐郊园者，文肃公芍药圃也，地远嚣尘，境处清旷，为吾性之所适。旧有老屋数间，数陋不堪容膝。己未（万历四十七年1619）之夏，稍拓花畦隙地，锄棘诛茅，于以暂息尘鞅。适云间（华亭）张南垣至，其巧艺直夺天工，怂恿为山甚力。⑥

烟客先生是当时著名的画家，赞南垣叠山，**"巧艺直夺天工"**，评价可谓高矣。南垣"以此游于江南诸郡五十余年"，积累了丰富的经验，并在一生大量实践的基础上，改变前人以高架叠缀为工，不喜见土的旧模，独辟蹊径，**"以土作冈，点缀数石，全体飞动，苍然不群"**（童寯语）。吴伟业《张南垣传》：

> ……南垣过而笑曰，是岂知为山者耶！今夫群峰造天，深岩蔽日，此盖造物神灵之所为，非人力可得而致也。况其地辄跨数百里，而吾以盈丈之址，五尺之沟，尤而效之，何异市人搏土以欺儿童哉！惟夫平冈小坂，陵阜陂陁，版筑之功，可计日以就。然后错之以石，累置其间，缭以短垣，翳以密篠，若似乎奇峰绝嶂，累累乎墙外而人或见之也。其石脉之所奔注，伏而起，突而怒，为狮蹲，为兽攫，口鼻含呀，牙错距跃，决林莽，犯轩楹而不去，若似乎处大山之麓，截溪断谷，私此数石者为吾有也。⑦

张南垣抓住了园林造山最根本的矛盾，即广漠无垠的自然山水之大，和环堵之内的园林空间之小，彻底否定了园林造山模仿自然的**写实**方法，提出以少总多，将山的形象寓于山麓的意象之中的**写意**式的表现方法，可称之谓**"截溪断谷法"**。

从南垣于己未年，即万历四十七年（1619）为王时敏的"乐郊园"叠山，已因其技艺之精湛名满江南公卿间。说明南垣30岁时已成名，用"截溪断谷"法叠山已获得成功。那么，刘侗在《帝京景物略》中所写，"定园"的"如山脚到涧边，不记在人家圃"，和张岱在《陶庵梦忆》中所写无锡惠山右的"愚公园"，"如山脚到涧边，不记在人间"的创作，三者完全属同一思想方法，这之间存在什么关系呢？

《帝京景物略》和《陶庵梦忆》都是记明末之事，但其所记之园，并非始建于明末。张岱所记"愚公园"已不可考，而刘侗所记"定国公园"，则可据园主氏系作点考证。"定园"建于何时？据《明史·徐达传》，定国公这个封号，是明代开国元勋徐达四子增寿死后，明成祖朱棣追封定国公，"以其子景昌嗣……三传至玄孙光祚，累典军府，加太师。……传子至孙文璧，万历中，领后军府……加太师。再传至曾孙允祯，崇祯末为流贼所杀。"⑧刘侗记定园时的园主即允祯。记称园内题榜曰："太师圃"，加封太师的有增寿五世孙徐光祚和光祚孙徐文璧。定园的建造，以较近的时间计，即万历中徐文璧这一代所建，到刘侗记定园园主徐允祯时，至少已有半个世纪。而张南垣在30岁左右成名，是在万历末年。也就是说，很可能在张南垣从事造园活动之前，北方的定园已经存在了。

刘侗也说："环北湖之园，定园始"，是北湖创建最早一座园林。据记"园左右多新亭馆，对湖乃寺，万历中有筑园于侧者，掘得元寺额，曰：'石湖寺'焉。"也说明定园始建年代，不会晚于明代万历年间。此说如果符合史实的话，那就是说，写意式山水造景，早在张南垣在江南从事叠山造园之前，不仅在北方的私家园林中已经出现了，而且在太湖边上的愚公园，都采用了几乎相同的写意式山水造景手法。可见写意山水的创作已成时代风尚。

这种写意式山水造景手法的出现，孰先孰后，无关宏旨，因为三者在不同时空中的相似虽具**偶然性**，但在这偶然性中，却反映出在一定条件下，造园的写意山水创作具有**必然性**。既然园林山水抽象写意化，是造园发展的社会需要，然在长期大量的造园实践中，探索出写意山水的创作方法，并进一步揭示出它的规律，则是必然的现象。

南垣30岁名满江南诸郡，入清后其作品被誉为"海内为首推焉"，晚年京师公卿亦来聘请。如吴伟业《张南垣传》："晚岁辞涿鹿相国之聘遗其仲子行。"《清史稿》亦有"晚岁大学士冯铨聘赴京师，以老辞，遗其仲子往"。南垣子孙多世其术，王士祯《居易录》："南垣死，然继之。今瀛台、玉泉、畅春苑，皆其所布置也。"⑨南垣之子张然，曾参与北京皇家园林的造园叠山工作。戴名世(1653~1713)《张翁家传》记张然事云："益都冯相国构万柳堂于京师，遗使迎翁至为经画，遂擅燕山之胜。自是诸王公园林，皆成翁手，会有修葺瀛台之役，召翁治之，屡加宠赉。请告归，欲终老南湖。南湖者君所居地也。畅春苑之役，复召翁至，以年老赐肩舆出入，人皆荣之。事竣复告归。卒于家。"⑩可见张涟父子，在明清时代对造园事业的贡献。

第二节　计成与《园冶》

　　计成 (1582~?) 字无否，号否道人，吴江人 (今属江苏省苏州市)。其生平资料很少，他的生卒年代，生年是从其《园冶·自识》中"崇祯甲戌岁，予年五十有三"推算，崇祯甲戌是七年 (1634)，计成生于万历十年 (1582)，卒年不详。

　　计成在《园冶·自序》中说："不佞少以绘名，性好搜奇，最喜关全、荆浩笔意，每宗之。游燕及楚，中岁归吴，择居润州。"⑪佞 (ning)，才能。不佞，即不才，对自己的谦称。按计成自述，他少年时就以绘画知名了。性好游山玩水，寻奇搜胜，最喜五代画家关全、荆浩的重峦叠嶂、气势雄横的笔法，而师法之。青年时他游历了河北、两湖等地，凡名胜园林，多其游踪，这就为他以后从事造园，积累了丰富的感性经验。

　　他"中岁归吴"，即在四五十岁时回到江南，定居润州，今江苏镇江市。一个偶然的机会，为人垒过石壁，遂以叠石远近闻名。从而得到常州做过布政使的吴又于邀请，为其造园。落成，吴甚喜"自得谓江南之胜，惟吾独收矣"。从此计成也就以造园为业了。

　　计成从事造园的偶然性中，同样有其必然性。明清时代随着社会经济的发展，尤其是土沃风淳，会达殷振的江南，造园之风盛行，大量园林的兴建，造园作为一种专业，也就必然成为社会的需要。计成原是个"传食朱门"的寒士，本有多方面的技艺和才能，在这种形势之下，他留心造园之学，以便获得更好的谋生手段，不能说没有他的必然性。

　　计成与张南垣是同一时代人，计成较南垣长 5 岁，但从事造园业却晚得多。万历末南垣 30 岁已成名家，而计成造园"实自崇祯初为江西布政吴玄筑园始"。二人在叠山艺术上都有很高的成就，有个重要的原因，如童寯先生所说：

　　　　业叠山者，在昔苏州称花园子，湖州称山匠，扬州称石工；人称张南垣为张石匠。叠山之艺，非工山水画者不精。如计成，如石涛，如张南垣，莫不能绘，固非一般石工所能望其项背者也。⑫

　　仅此叠山一端，也可见西方花园与中国园林在文化内涵上的巨大差别，而**"假山"**一词，在今人的概念中，不过是点缀之石而已，与自然山水已毫无联系了。究其原因，如童寯先生所说，**"叠山之艺，非工山水画者不精"**也！

张南垣 50 余年造园叠山，从其一系列名园杰作的丰富实践中，认识到摹写山水根本不能解决空间矛盾，明确地提出"**截溪断谷**"的写意式山水创作方法，无愧是我国**明末清初造园叠山艺术大师**。计成造园无论在时间上和数量上，都远不如南垣之长久和丰富，但计成能从其有限的创作和社会实践中，探索事物的发展规律，将优秀的实践经验上升为理论。就以写意山水的创作而言，他不局限于具象的如何意匠，而是精辟地概括出"**未山先麓**"的原则，并且从人看山与登山的不同视觉心理活动特点，用"**欲藉陶舆，何缘谢屐**"的典故，非常生动而形象地说明，寓山的形象（全）于山麓意象（不全）之中，这一写意山水创作的科学依据。计成无愧是**中国历史上杰出的造园学家**。在《园冶》一书中，他引用了历史上大量有关造园的典故，也说明他长期钻研造园、留心史料的积累。计成正是在总结前人和他人造园经验的基础上，并通过自己的实践总结，才写出《园冶》这部不朽的著作，为中国造园史留下光辉的一页。

关于计成造园的业务活动方式，他的社会关系以及《园冶》一书的写作特点、社会背景等等，我在拙著《园冶全释——世界最古造园学名著研究》的"序"中，作了较详的分析阐述，读者有兴趣可以检阅。[⑬]

《园冶》一书，据计成"自序"，定稿于崇祯四年（1631）。计成在为仪征汪士衡造寤园时，闲中整理书稿，原题书名为《园牧》。姑孰（今安徽省当涂县）曹元甫来仪征，游园中对计成所作，大加赞赏。计成就将《园牧》拿给他看，他说："斯千古未闻见者，何以云'牧'？斯乃君之开辟，改之曰'冶'可矣！"[⑭]这是《园冶》书名的由来了。据书后"自识"，书梓行于崇祯七年（1634），计成时年53 岁。此时"惟闻时事纷纷，隐心皆然"，社会已很不安定。仅时隔10 年，明王朝覆灭，计成亦不知所终。

《园冶》共三卷，第一卷首篇"兴造论"和"园说"是总论，下为"相地、立基、屋宇、装折"四篇；第二卷"栏杆"；第三卷分"门窗、墙垣、铺地、掇山、选石、借景"六篇。从园林的总体规划到个体建筑位置，从结构构架到建筑装修，从景境的意匠到具体手法，涉及园林创作的各个方面，内容十分丰富。《园冶》一书，是中国造园艺术发展成熟的理论总结，其中所蕴藏的园林创作思想方法和规律性的东西，对后世的造园实践，无疑具有普遍性的启示意义。

《园冶》是部公认难读的古书，要读通读懂它确非易事。《园冶》之难读，主要不在于计成采用骈体，大量用典和追求竟陵派的"幽深孤峭"的文风，而是由于时代的局限，他不得不"有意杂以么弦侧调，叫人很难绳之以法"。这可以从计成著《园冶》的目的来分析。

任何人著作，都要考虑其读者对象。那么，计成著《园冶》是给谁看的呢？读者对象，既非他视如拙鸠的工匠，更非他的同行造园叠山师了。为什么？因为在商品经济不发达的封建社会，有名的匠师无不是掌握有行业特殊技艺的人，所谓"身怀绝技"。"绝技"在人口较少、需要不多的社会条件下，是匠师的职业地位和谋生最可靠的资本和保证，是秘而不外传的，尤其对高消费的造园，更是如此。

所以，计成的《园冶》，是写给那些有力量造园的闲居士绅和退隐官僚们看的，用今天的说法是给"客户"看的。在封建社会里，中国"士"的阶层，是社会文化的代表，是在物质生产上居统治地位，从而也是居于精神统治地位者。《园冶》能得到他们的青睐和赞赏，不但可获得业主，扩大造园业务，在学术上也就得到某种程度的肯定，在当时也就是一种社会性的肯定。这就不难理解，计成著《园冶》，为迎合其读者对象的口味，而采用"骈四俪六，锦心绣口"的文体，大量用典，追求竟陵派文风的时尚，赞扬园居生活的情操与高雅，精心描绘园林的情与景，注重在"意象"和"意境"上下工夫了。

但是，计成得造园艺术之三昧，匠心独运的那些空间意匠和手法，仅点到为止，尝以惊人之笔提出，正是要彰其独"**有**"；却又含糊其词，不加解释而故弄玄虚，是怕失之而"**无**"。因为这些对造园者有用的东西，对造园的业主来说，是没有意义的。《园冶》的这个矛盾，郑元勋在《园冶·题词》中已经道出，他一方面评论《园冶》说："所传者只其成法，犹之乎未传也。"一方面又极高地推崇《园冶》说："即他日之规矩，安知不与《考工记》并为脍炙乎？"[15]

为了读者对《园冶》的阅读和研究，我于1993年出版了《园冶全释——世界最古造园学名著研究》一书。为青年读者免受大量注解之烦，将全书释文集中于该书的第一部分。为深入阅读和研究的需要，将《园冶》的原文、注释和参考等文字集中在译文之后，为第二部分。对计成"有意杂以么弦侧调，叫人很难绳之以法"的，有关园林创作思想和意匠手法，用注释难以解释清楚的，则用"按语"的形式，做出合目的性和合规律性的解释。对《园冶》中具有理论意义的内容，均吸收在拙著《中国造园论》中作系统的阐发。

明清时代，私家园林盛兴，尤其是江南一带，至20世纪中叶情况如童寯先生所说：

江南园林，创自宋者，今欲寻其所在，十无一二。独明构经清代迄今，易主重修之余，存者尚多，苏州拙政园，其最著者也。⑯

对遗存者有实物可供研究，无须去爬剔古籍。因此，在这一章里，对明清的私家园林，只限于文字中记载者，明代以刘侗、于奕正在《帝京景物略》一书中所记的北京园林；清代以李斗在《扬州画舫录》中，阐述较详，有图可以参考的几座园林，适当地补充些必要的材料，以说明明清私家园林的一般情况。至于遗存可见的江南园林，则在第八章"江南古典园林"一节再一一加以介绍，并作必要的分析。

第三节　《帝京景物略》中的明代北京园林

一、《帝京景物略》与其作者

明代北京的私家园林之盛，超过以往任何时代。刘侗、于奕正合著的《帝京景物略》，刊印于明崇祯八年 (1635)，是记述北京风土景物较早的一部书，对北京的名胜园林介绍比较细致。《帝京景物略》一书，并非专记园林的作品，作者不在于告诉人们园里都有些什么，这些景物是怎样的，而是作者从个人感受出发，记其认为所要记的东西，值得记的东西。正因为如此，作者在他所要记的阐述中，虽言简意赅，颇多精辟之论，反映出的造园思想和审美观念，既有高水平，也有代表性，从中可以了解明代造园的时代特点和风貌。

刘侗，生卒时间不详，湖北麻城人，字同人，号格菴。崇祯七年 (1634) 成进士，后外放南直隶 (今江苏) 吴县知县，赴任路过扬州时，死在船上，时年 44 岁。《中国人名大词典·历史人物卷》："刘侗 (1591～1634)"。这个生卒时间，显然是错误的，刘侗为《帝京景物略》写"叙"，注明时间是"崇祯八年乙亥，冬至后二日"，他绝不会 1634 年死了，1635 年还能写"叙"罢！从刘侗与于奕正的关系，刘侗的卒年，至少在崇祯九年 (1636) 以后。

于奕正，字司直，宛平人 (今北京)。崇祯初年秀才，家境较富，喜欢交友，好游名山。崇祯七年 (1634)，于奕正和刘侗想去湖北游览，取道南京未果，刘侗中道和他分手，于奕正一人去江南游览，于崇祯九年 (1636) 回到南京，病死在旅舍，年 40 岁。按于奕正崇祯九年病故，终年 40 岁计，他生年 1596 年，卒年1636 年。刘侗护其丧归，并为于操办丧事。所以，刘侗卒年不会早于 1636 年。

刘侗诗文多幽古奇奥，在晚明文学流派中，属钟惺、谭元春的竟陵派，反对明代前后七子的摹拟、复古，提倡抒写**灵性**，与三袁（袁宗道、袁宏道、袁中道）的公安派是一致的。但他们追求**"幽深孤峭"**的文风，文字冷僻、艰涩难懂。如清代的纪昀（1724～1805）对竟陵派倡导**"诡俊纤巧之词"**，鄙之为伪体，但对《帝京景物略》一书也说：

> 其胚胎，则《世说新语》、《水经注》；其门径，则出入竟陵、公安；其序致冷隽，亦时复可观。盖竟陵、公安之文，虽无当于古作者，而小品点缀，则其所宜；寸有所长，不容没也。⑰

这是纪晓岚从文学角度的评论。《帝京景物略》多用短句，用几句话，或几个字便能表现出一种境界，勾勒出一幅图画。如写德胜门外的水田景色："堤柳行植，与畦中秧稻，分露同烟。春绿到夏，夏黄到秋。"写出了空间的景象随时间变化的特色。从造园学而言，文字过简，则阔略难证，多只能为园林勾画出一个轮廓。从园林意匠角度，却有言简意赅的精辟之论，如英国公新园中所说：**"入我望中，与我分望"**，道出园林**"借景"**的真谛。而定国公园中之**"老柳瞰湖而不让台，台遂不必尽望"**，则是非常高妙的设计手法了。

刘侗在《帝京景物略·叙》中说："奕正职搜讨，侗职摛（chī，舒笔）辞。事有不经不典，侗不敢笔；辞有不达，奕正未尝许也。所未经过者，分往而必实之，出门各向，归相报也。"⑱刘、于二人合作，于奕正负责收集资料，刘侗执笔。凡事有不确或疑问的，刘侗不敢下笔；文字表达不准确完善的，于奕正也不会同意。假如没有去过的，他们就分别去看，回来相报。从资料的收集，到文字舒笔，是非常认真的，如于奕正在书前的"略例"中说："成斯编也良苦，景一未详，裹粮宿舂；事一未详，发箧细括；语一未详，逢襟捉间；字一未详，动色执争。历春徂冬，铢铢纲纲而帙成。"⑲可见著作此书的艰辛和严谨了。

刘侗仿《水经注》之例，分其地而载之，按都城的四个方位，分南北东西，城内城外，为五卷，另记西山、畿辅名迹三卷，全书共八卷。是以地为经，以事为纬，对时人著名的私家园林，按地列名，专题描述。"有名称著而骈列以地，如净业寺、莲花庵之附水关，李园、米园之附海淀者。有名称隐而特标著之，如水关之太师圃，卧佛之水尽头者。有昔著今废，犹为指称焉，如高梁桥之极乐寺，玉泉山之功德寺者。"⑳这些附于地名下所记多为寺院，其中附水关下的李园、米园，李园是明末皇亲武清侯李戚畹园；米园是北宋书画家米芾后裔，明末书法家米万锺（1570～1628）的"勺园"，他生平喜收藏奇石，故人称友石先生。书法与董其昌齐名，号称**"南董北米"**。对此二园所记甚略，但记人言"李园壮丽，米园曲折；米园不俗，李园不酸"。

本书为研究者检阅之便，将八卷中专记有私家园林者，列出如下：

卷之一，城北内外：定国公园、英国公新园、英国公家园；

卷之二，城东内外：成国公园、冉驸马园（宜园）、曲水园；

卷之三，城南内外：李皇亲新园；

卷之五，西城外：白石园、惠安伯园。

《帝京景物略》中专加记述的园林仅有9座，皆王公显贵所建，具有代表性，从中可知明代北方造园的特点。但地方的概述中，虽只列某地有某园而已，却可纵观明代北京私家园林的发展盛况。

如"城北内外"中"水关"条，水关"志有之，曰积水潭，曰海子，盖志名，而游人不之名。游人诗有之，曰北湖，……土人曰莲花池。"㉑据记这一带：

> 沿水而刹者、墅者、亭者，因水也，水亦因之。梵各钟磬，亭墅各声歌，而致乃在遥见遥闻，隔水相赏。立净业寺门，目存水南。坐**太师圃**、晾马厂、**镜园**、莲花庵、**刘茂才园**，目存水北。东望之，**方园**也，宜夕。西望之，**漫园**、**湜园**、**杨园**、**王园也**，望西山，宜朝。深深之太平庵、虾莱亭、莲花社，远远之金刚寺、兴德寺，或辞众眺，或谢群游矣。㉒

作者借人目之游动，远眺近览，左右环瞩，写出沿湖四周的景物。其中提到的园圃，就有8座。漫园，是米万锺在北京的三座园林之一。在卷二"城东内外"的"泡子河"条记：

> 崇文门东城角，洼然一水，泡子河也。积潦耳，盖不可河而河名。东西亦堤岸，岸亦园亭，堤亦林木，水亦芦荻，芦荻上下亦鱼鸟。南之岸，**方家园、张家园、房家园**。以房园最，园水多也。北之岸，**张家园、傅家东西园**。以东园最，园水多，园月多也。路回而石桥，横乎桥而北面焉。中吕公堂，西**杨氏泌园**，东**玉皇阁**。水曲通，林交加，夏秋之际，尘亦罕至。㉓

围绕"泡子河"这"洼然一水"的积潦之地，就记有私家园林7座。从文后所集诗中，有刘侗作《夏日于司直招饮傅氏濯园》之**"濯园"**，大概是"傅家东西园"之一的园名。当时的人对这里有"不远市尘外，泓然别有天"的赞誉。

卷之三"城南内外"的"金鱼池"条，金代名"鱼藻池"，"池上有殿，榜以瑶池。殿之址，今不可寻。池泓然也，居人界而塘之，柳垂覆之，岁种金鱼以为业。……池阴一带，**园亭多于人家**，南抵天坛，一望空阔。"此卷中的"草桥"条记有：

　　草桥去丰台十里，中多亭馆，亭馆多于水频围中。而元·廉希宪之**万柳堂**，赵参谋之**匏瓜亭**，栗院使之**玩芳亭**，要在弥望间，无址无基，莫名其处。㉔

西城外"高梁桥"一带，水"来西山涧中，去此入玉河"，河堤上"柳高十丈，拂堤下水，尚可余四五尺。岸北数十里，大抵皆别业、僧寺，低昂疏簇，绿树渐远，青青漠漠，间以水田，界界如云脚下空。"㉕这里原有"极乐寺"，为都人娱游胜地。袁中郎曾赞它"小似钱塘西湖然"。高梁桥西北 5 公里的海淀，有李戚畹园和米万锺的勺园。

以上所记虽简略，但可看到明代北京的私家园林。遍布京城内外，大都因水而筑。正因"北水多卤"，且"燕不饶水"，所以泉水汇集淀潴的地方，也就为园林比较集中处。如刘侗概括说："**近都邑而一流泉，古今园亭之矣**"。

二、《帝京景物略》中的园林

定国公园

在北京德胜门的水关，是水所从入城之关，亦称"积水潭"，游人则称**北湖**。"北水多卤，而关以入者甘"。故水关附近为园林汇集之处，定国公园，即定园，是以**朴**著名之园：

　　环北湖之园，定园始，故**朴**莫先定园者。实则有思致文理者为之，土垣不垩，土池不甃，堂不阁不亭，树不花不实，不配不行，是不亦文矣乎。园在德胜门桥右，入门，古屋三楹，榜曰"**太师圃**"，自三字外，额无扁，柱无联，壁无诗片。西转而北，垂柳高槐，树不数枚，以岁久繁柯，阴遂满院。藕花一塘，隔岸数石，乱而卧，土墙生苔，如山脚到涧边，不记在人家圃。野塘北，又一堂临湖，芦苇侵庭除，为之短墙以拒之。左右各一室，室各二楹，荒荒如山斋。西过一台，湖于前，不可以不台也。老柳瞰湖而不让台，台遂不必尽望。盖他园，花树故故为容，亭台意特特在湖者，不免佻达矣。园左右多新亭馆，对湖乃寺。万历中，有筑于园侧者，掘得

元寺额，曰"石湖寺"焉。㉕

这一段文字，对整个定园只记了三间的门屋，临湖一堂，左右各有一两间之室，湖前一台而已。据此对定园只能有个大约的轮廓，园以池塘为中心，门屋在池南，池北临有堂，应似园景建筑主体，前有台，凸在池中，或半挑水上。从"又一堂临湖"之"又"，说明园中并非没有其他的建筑景物，刘侗是抓住园的主要特征，其他都略而不记了。

定园的最大特色，是"土垣不垩，土池不甃，堂不阁不亭，树不花不实，不配不行"。即土墙不加涂饰，土池不砌驳岸，建筑简朴而不究形式，树木不追求花实，而欲长青；配置种植不按行列，听其自然。刘侗一言以蔽之，曰："朴"。他赞赏这才是"有思致文理"的人所造之园。对照《洛阳名园记》，两书所记都是王公贵胄的园林，宋时讲究高堂锦厅，以"**宏丽**"为尚，到明代则归之于"**朴**"，从美学思想来说是个"**质**"的变化，如汉代荀爽 (128～190) 所说："**极饰反素也**"。"朴"就是崇尚自然，反对雕饰。这同绘画艺术，从金碧山水发展到水墨山水；文学之反对虚伪的摹拟、复古，而至"**绚烂之极，归于平淡**"是一致的，都是为了追求一种更高的艺术境界。正是在这种"白玉不雕，宝珠不饰"的美学思想指导下，形成造园学家计成在《园冶》中提倡"**虽由人作，宛自天开**"的造园艺术创作思想。

刘侗写定园的两处景境例子，确是经过精选用来说明园林的创作思想和精湛的手法。即：

其一，是山水造景。"藕花一塘，隔岸数石，乱而卧，土墙生苔，如山脚到涧边，不记在人家圃。"以生苔的土墙为背景，一潭池水，数块乱石，给人以如临大山之麓的感觉。这种创作可谓**以少总多**，是**寓大于小，寓全于不全之中**的创作方法，追求的已不是景物自身的形式美，而是由有限的景物，创造出山水艺术的形象美，**即意境之美**。

其二，是建筑的意匠。强调景物之间的有机组合，个体之美，服从于景境形象的创作需要，力求自然。所谓"老柳瞰湖而不让台，台遂不必尽望"。实际上是筑台不必让柳，把老柳组合在台的景境之中。这已近于现代化的建筑设计手法了。刘侗认为花树亭台特意将其突出而加以标榜，是"不免佻达"而不足取法的。这些做法和见解，都是前所没有的。

英国公新园

英国公新园，是北湖 (积水潭) 一带的园林之一，规模不大，颇为特殊的园林。据《帝京景物略》云：

> 夫长廊曲池，假山复阁，不得志于山水者所作也，杖履弥勤，眼界则小矣。崇祯癸酉（六年，1633）岁深冬，英国公乘冰床，渡北湖，过银锭桥之观音庵，立地一望而大惊，急买庵地之半，园之，构一亭、一轩、一台耳。但坐一方，方望周毕，其内一周，二面海子，一面湖也，一面古木古寺，新园亭也。园亭对者，桥也。过桥人种种，**入我望中，与我分望**。南海子而外，望云气五色，长周护者，万岁山也。左之而绿云者，园林也。东过而春夏烟绿，秋冬云黄者，稻田也。北过烟树，亿万家甍，烟缕上而白云横。西接西山，层层弯弯，晓青暮紫，近如可攀。

这是一座别开生面，突破造园空间局限的园林。它不在于园内造景，而是利用三面环水，四围景色幽美之地利，借以观赏园外的环湖风光。故园内只构一亭、一轩、一台，无须"杖履弥勤"，"但坐一方"，就可坐游饫览湖山胜概。园对"银锭桥"，江夏黄正色《春日过银锭桥》诗曰：

> 远水未成白，长条复新黄。
> 鳞鳞鱼岸出，喈喈鸟林翔。
> 寒去身犹褐，春将野可觞。
> 客行冗似昨，又向一年芳。

南眺万岁山屏嶂叠翠，云气五色；北望千百户炊烟袅袅，白云横空。西山逶迤，而晓青暮紫；东边稻田，春绿到夏，秋黄到冬，视界开阔，旷如也。

这是一座完全靠"**借景**"而胜绝的园林，文中虽无"借景"一词，却极尽借景之能事。刘侗所说："**入我望中，与我分望**"，十分精辟地道出借景的真谛。桥上行人种种，皆成图画，说明城市生活本身，即可构成景境的内容，也阐明了借景的辩证关系。所谓"**互相借资**"，不仅在景物之间，而且应包含着人在景中的活动。他处之景，为我所赏；我处亦景，为他人所观。造园中的"借景"，不能脱离景境中人的活动内容，这一点是颇为重要的。

英国公园

《帝京景物略·城北内外》记"英国公园"，这是英国公的宅园。记曰：

> 英国公赐第之堂，曲折东入，一高楼，南临街，北临深树，望去绿不

已。有亭立杂树中，海棠族而居。亭北临水，桥之。水从西南入，其取道柔，周别一亭而止。亭傍二石，奇质，元内府国镇也，上刻元年月，下刻元玺。……亭北三榆，质又奇，木性渐升也，谁搤（è,同扼）令下，既下斯流耳，谁掖（yè,提拔）复上，左柯返右，右柯返左，各三四返，遂相攫拿，捺捺撇撇，如蝌蚪文，如钟鼎篆，人形况意喻之，终无绪理。亭后，竹之族也，蕃衍硕大，子母祖孙，观榆屈诘（jié杰,曲折）之意。用是亭亭条条，观竹森寒。又观花畦以豁，物之盛者，屡移人情也。畦则池，池则台，台则堂，堂傍则阁，东则圃。台之望，古柴市，今文庙也。堂之楸，朴老，不好奇矣，不损其古。阁之梧桐，又老矣，翠化而俱苍，直干化而俱高严。东圃方方，蔬畦也。其取道直，可射。

这段文字，大半是写的园中树木，正如于奕正在书的"略例"中所说："山川记止夷陵，刹宇记止盛衰，令节记止嬉游，园林记止木石。"可见，奇花异木，古木繁柯，作为独立的观赏对象，在明代园林的景境创作中，已占有重要的地位。

从简略的记述中，大体上可知，园在第宅之东，与宅可能并列，南面临街有楼，楼北杂树林深，有亭翼然，有水从西南入，绕亭一周入池。亭北临水有桥，亭后是一片萧然的竹林。园中有大池，临池有台，台后筑堂，堂傍建阁。园东是菜圃，圃中有箭道可射。显然，除亭堂之外，还会有其他的建筑和景物。而园中凿池，池北建堂，堂前临水筑台，已成一种普遍采用的形式。

成国公园

成国公园，即"适景园"，俗称"十景园"。在崇文门内东城隅，泡子河一带。据《帝京景物略》记：

成国公"园有三堂，堂皆荫，高柳老榆也。左堂盘松数十科，盘者瘦以矜，干直以壮，性非盘也。右堂池三四亩，堂后一槐，四五百岁矣，身大于屋半间，顶嵯峨（cuó'é,山高峻）若山，花角荣落，迟不及寒暑之候。下叶已兔目鼠耳，上枝未萌也。绿周上，阴老下矣。其质量重远，所灌输然也。数石经横其下，枝轮脉错，若欲状槐之根。树傍有台，台东有阁，榆柳夹而营之，中可以射。繇园出者，其意苍然"。

园以一株四五百年的老槐树著称于世，文后所集之诗，多对老槐的描写，如茶陵李东阳《成国公槐树歌》：

> 东平王家足乔木，中有老槐寒逾绿。
>
> 拔地能穿十丈云，盘空却荫三重屋。

园中除三堂而外，据袁宏道的《适景园小集》诗云："一门复一门，墙屏多于地"而言，该园可能还有不少建筑庭院。而刘应秋《夏日集成国公山亭》诗云："高台亭子禁城东，少得浮埃多得空"，可知园中还有亭建在高台之上。但诗中均未言有水，看来古槐之奇，盖过景色之美矣。

冉驸马园

冉驸马园，即"宜园"，在城东石大人衕衕。创建于明武宗正德 (1506～1521) 中，咸宁侯仇鸾所筑，后归成国公朱，崇祯三年 (1630) 归冉驸马。记曰：

> 堂室则异宜己，幽曲不宜谦张，宏敞不宜著书。垣径也亦异宜，蔽翳不宜信步，晶旷不宜做愁。宜园，其堂三楹，阶墀朗朗，老树森立，堂后有台，而堂与树，交蔽其望。台前有池，仰泉于树杪堂溜也，积潦则水津津，晴定则土。客来，高会张乐，竟日卜夜去。视右一扉而扃，或启焉，则垣故故复，径故故迂回。入垣一方，假山一座满之，如器承餐，如巾纱中所影顶髻。山前一石，数百万碎石结成也。……石有名曰"万年聚"，不知何主人时所命名也。

园名之为"宜"，宜者，宜己也。如何才能宜己？刘侗阐发得十分精要，他从当时人的园居生活要求，提出厅堂不宜幽深曲折，幽曲则不适于宴集的活动需要。但也不宜于太过宏敞，宏敞则不适于著书，故堂室要清净明朗，而尺度宜人。垣径不宜坦荡绳直，因晶旷则不适于静坐沉思也；也不宜隐蔽幽深，蔽翳则不适于随意漫步，故垣径要曲折有情，而有隐显开合的空间情趣。

北京园林以水多为胜，宜园水无泉源，靠下雨积水而凿池，如《楚辞·九辩》："寂寥兮，收潦而水清"了。而凿池者，多沿池建堂，堂前或者堂后，临水筑台。堂在池北，则台在堂前；堂在池南，则台在堂后，似在明代已成较盛行的模式。宜园的假山无可称道的，在方庭中，堆满一座假山，如刘侗所说，是"如器承餐"，如裹在头上纱巾里的顶髻，连形式美也谈不上了，故在文后所集诗中，只见有"石自万年聚"句，而无讲假山的。此山可谓假之为假，毫无**"做假成真"**的意趣。

中国造园艺术史

曲水园

曲水园，是驸马万公家园，原为新宁远伯之故园也。据《帝京景物略·城东内外》记：

> 燕不饶水与竹，而园饶之。水以汲灌，善淳焉，澄且鲜。府第东入，石墙一遭，径迢迢皆竹。竹尽而西，迢迢皆水。曲廊与水而曲，东则亭，西则台，水其中央。滨水又一廊，廊一再曲，临水又台，台与室间，松化石攸（yōu，水流貌，作助词，无义）在也。木而化软？闻松柏槐柳榆枫焉，闻化矣，木尚半焉，化石，非其化也，木归土而结石也；……然石形也松，曰松化石，形性乃见，肤而鳞，质而干，根拳曲而株婆娑，匪松实化之，不至此。

从阔略的记述，大体可知，园在宅西，有大片竹林，以池沼为中心，环池构筑亭台，并多用廊作空间连接，以"曲廊与水而曲"，和"滨水又一廊，廊一再曲"，说明池的形状很不规整，池岸曲折逶迤。松化石在"台与室间"，临水之台，多筑于堂室之前，是座以水竹为胜的园林。

曲水园不仅富于水竹，更以形态如松的奇石著称。奇石者，松化石也。刘侗对化石大发了一通议论说："松千岁为茯苓，茯苓，土之属也；又千岁为琥珀，又千岁为瑿，琥珀与瑿，石之属也。……"松与茯苓是两种植物，茯苓是担子菌纲，多孔菌科。生在赤松或马尾松的根部，在土中 20～30 厘米。因生土中，刘侗误以为由松化而成。琥珀，是植物的树脂经过石化的产物，多产于煤层中。瑿（yī）是黑色的琥珀，与茯苓更是风马牛不相及也。

刘侗此说，见于李时珍（1518～1593）《本草纲目·木部四》中"瑿"集解："古来相传松脂千年为茯苓，又千年为琥珀，又千年为瑿。时珍曰：瑿即琥珀之黑色者，或因土色熏染，或是一种木渖结成，未必是千年琥珀复化也。"[22]李时珍用"未必"否定了这千年变化之说，刘侗却相信了。

从曲水园的松化石，宜园的"万年聚"，可见明人好奇石之风，尤以米万锺为代表。据清人孙承泽《天府广记·名迹》载："古云山房，米太仆万锺之居也。太仆好奇石，蓄置其中。其最著者为非非石，数峰孤耸，俨然小九子也。又一黄石，高四尺，通体玲珑，光润如玉。一青石高七尺，形如片云欲堕，后刻元符元年（1098）二月丙申米芾题，又有"泗滨浮玉"四篆字。太仆尝以所蓄石令闽人吴文仲绘为一卷，董玄宰、李本宁尝为之题，古今好石者，自襄阳后人辄称太仆云。"⑧可证明人之好石了。

李皇亲新园

李皇亲新园，是武清侯李公新建之园，从凉州吴惟英《游李武清新园泛舟》中"海淀微嫌道路长，背城特地又新庄"句，可知新园在海淀附近，背城而建。据记：

> 三里河之故道，已陆作乂（yì，治理），然时雨则淳潦，泱泱然河也。武清侯李公疏之，入其园，园遂以水胜。以舟游，周廊过亭，村暖隍修，巨浸而孤浮。入门而堂，其东梅花亭，非梅之以岭以林而中亭也，砌亭朵朵，其为瓣五，曰梅也。镂为门为窗，绘为壁，甃为地，范为器具，皆形以梅。亭三重，曰梅之重瓣也，盖米太仆之漫园有之。亭四望，其影入于北渠，渠一目皆水也。亭如鸥，台如凫，楼如船，桥如鱼龙。历二水关，长廊数百间，鼓枻（yì 易，桨）而入，东指双杨而趋诣，饭店也。西望偃如者，酒肆也。鼓而又西，典铺、饼煠（zhá，炸）铺也。园也，渔市城村致矣，园今土木未竟尔。计必绕亭遍梅，廊遍桃、柳、荷蕖、芙蓉，夕又遍灯，步者、泛者，其声影差差相涉也。计必听游人各解典，具酒、且食，醉卧汀渚，日暮未归焉。

这是利用三里河故道，雨季积水成河，引入园内，以水为胜的园林。从"村暖隍修"句看，远处的村庄，见于杂树迷蒙之中，近前的城濠，虽干涸而得到修整，雨水淳潦成河，疏引入园，汇为巨浸，可乘舟以游园。

从"入门而堂，其东梅花亭"，和梅花亭"其影入于北渠"，约略可知，园门在南，门东有亭，而池在亭北而已。至于园与饭店、酒肆、典铺、饼煠铺等的关系，语焉不详。但可理解，由园内乘船，出二水关，有"长廊数百间"的"渔市城村"，而有"市暗昧爽贯城阃"的景境了。

园内的建筑大有新意，如梅花亭，刘侗申明此亭非梅岭或梅林中的亭，而是将亭造成梅花形状，不仅如此，亭的门窗，室内器具和铺地，都做成梅花样式，亭为五柱三重檐，以象征梅的重瓣，当时只有米万锺的"漫园"中有之。与刘侗、于奕正同时的造园家计成，在《园冶》中仅绘了梅亭的平面图，未讲构筑方法。今天可见之梅亭实物，是始建于明，重建于清代同治七年（1868）的南翔"猗园"。说明：梅亭基本上就是五角攒尖顶亭，稍有不同的地方，是将亭的五面外墙，砌成弧形，平面就呈梅花形了。将园林建筑做成花的形式，最早见于宋代陶穀《清异录·居室》："杜岐公别墅，建蔷蘼馆。室形亦六出，器用之属俱象之。接《本草》：栀子一名木丹，一名越桃，然正是西域蔷蘼。"[24]栀子花六瓣，梅花五瓣也。

图7-1 苏州怡园画舫斋

文中所谓"亭如鸥，台如凫，楼如船"者，非三幢建筑，而是由三幢建筑加上台的组合建筑，即前为台，台后为卷棚顶之亭，亭后接两坡顶之屋，屋后接二层楼阁，组合成船的**意象**，即今日可见江南园林中的**"不系舟"**也（参见图7-1 苏州怡园画舫斋）。这种组合建筑，既保持了中国古典建筑形式的特点，而其整体形象又具舟船之意，妙在似与不似之间，作为一种象征，是具有浓厚民族性和高度艺术性的建筑形式。

《帝京景物略》所说，这种似船非船的象征性水景建筑，是见于文字的最早记载。同一时间的计成在所著《园冶》中，列有"屋宇"专篇，却无一字道及"不系舟"者，不知这种组合式建筑，最早是否出现在缺水的北方，然后才盛行于南方园林呢？

白　石　庄

白石庄，是"曲水园"主驸马万仲晦的别业。园在西城外，白石桥北。据《帝京景物略·白石庄》记：

> 庄所取韵皆柳，柳色时变，闻者惊之。声亦时变也，静者省之。春，黄浅而芽，绿浅而眉，深而眼。春老，絮而白。夏，丝迢迢以风，阴隆隆以日。秋，叶黄而落，而坠条当当，而霜柯鸣于树。柳溪之中，门临轩对，一松虬（qiú 求，虬龙），一亭小，立柳中。亭后，台三垒，竹一湾，曰爽阁，柳环之。台后，池而荷，桥荷之上，亭桥之西，柳又环之。一往竹篱内，堂三楹，松亦虬，海棠花时，朱丝亦竟丈，老槐虽孤，其齿尊，其势出林表。后堂北，老松五，其与槐引年。松后一往为土山，步芍药牡丹圃良久，南登郁冈亭，俯瞰月池，又柳也。

白石庄门临溪柳，园内柳树遍植，以柳为胜，故云："取韵皆柳"也。门内柳林中有小亭，亭后有"台三垒"，从"径阒龙孙长碧鲜，高台迥出蔚蓝天"诗句（杭州阮泰元《白石庄》），台为高台而非平台。台旁竹径可达爽阁，"全凭高阁爽，共仰月华新"（山阴张学曾《爽阁》）。台后为池，池中植荷；亭桥西，竹篱内建**堂三楹**；池北有**后堂**，堂北是土山，山后大约是花圃，山阴张学曾《白石园看牡丹》诗："为爱药栏胜，旬中一再来"，可见牡丹芍药之胜了。

总的看，白石庄的规模较大，景物却不多，是属郊野式的园林，故时人刘荣嗣《游白石庄》诗云："野圃宜秋色，苍苍况夕曛"，可以想见白石庄的风貌。

惠安伯园

惠安伯园，在平则门外，"主人为惠安伯张公善"，是以大面积种植花卉而著称的园圃。《帝京景物略》记惠伯安园，园略到"其堂室一大宅"；景略到"其后牡丹，数百亩一圃也"。除了解花时都人往观之盛，"有迷归径，暮宿花中者"。对园的情况，却使人不甚了了。

清初孙承泽《天府广记》载《袁宏道游牡丹园记》，对惠安伯园则记载较详。《牡丹园记》曰：

> 园的"主人为惠安伯张公善，皓发赪颜，词容甚谨。时牡丹繁盛，约开五千余，平头紫大如盘者甚夥，西瓜瓤、舞猊青之类遍畦有之。一种为芙蓉三变尤佳，晓起白如珂（kē科，如玉之石）雪，已后作嫩黄色，午间红晕一点如腮霞，花之极妖异者。主人自言，经营四十余年，精神筋力强半疲于此花，每见人间花实即采而归之，二年芽始茁，十五年始花，久则变而异种单瓣而楼子者，有始常而终冶丽者。已老不复花，则芟其枝。时残红在海棠，犹三千余本，中设绯（fēi非，大红色）幕，丝肉递作，自篱落以至门屏，无非牡丹，可谓极花之观。最后一空亭，甚敞。亭周遭皆芍药，密如韭畦，墙外有地数十亩，种亦如之，……红者已开残，惟空亭周遭数十亩如雪，约十万余本。"㉚

此园是在宅后，数百亩的园子里只有一座空亭，除花卉而外别无其他景物。从园艺角度言，明末惠安伯园中的**"芙蓉三变"**，较之李格非在《洛阳名园记》所写宋代的奇异珍品**"姚黄魏紫"**，已不可同日而语。这种大量培种花卉的只供欣赏的园圃，显然是商品经济不发达的一种现象。明代不仅贵族嗜花，筑园圃专门培植，地方缙绅也有专莳花卉的园子。如张岱在《陶庵梦忆》中就记有北方兖州的花园例子。

其一，"菊海"

> 兖州张氏期余看菊，去城五里，余至其园，尽其所为园者而折旋之，又尽其所不尽为园者而周旋之，绝不见一菊，异之。移时主人导至一苍莽空地，有苇厂三间，肃余入，遍观之，不敢以菊言，真菊海也。厂三面砌坛三层，以菊之高下高下之。花大如瓷瓯，无不殊，无不甲，无不金银荷花瓣，色鲜艳，异凡本，而翠叶层层无一叶早脱者，此是天道，是土力，是人工，缺一不可焉。兖州缙绅家风气袭王府，赏菊之日，其桌、其炕、其炉、其灯、其盘、其盒、其盆盘、其肴器、其杯盘大觥、其壶、其帏、其褥、其酒、其面食、其衣服花样，无不菊者。夜烧烛照之，蒸蒸烘染，较日色更浮出数层。席散，撤苇帘以受繁露。㉛

张氏园可说是开菊展，将菊花按花的高下列三层花坛上，以苇厂覆盖，夜间撤去遮盖的苇帘，使花以受繁露；宴客时桌椅家具、饮食器皿，连家人衣服花样，无不菊者，可见当时地方缙绅对菊之爱好和生活的奢侈和豪华了。

其二，"一尺雪"

> 一尺雪为芍药异种，余于兖州见之。花瓣纯白，无须萼，无檀心，无星星红紫，洁如羊脂，细如鹤翮（hé，鸟羽之茎），结楼吐舌，粉艳雪肤。上下四旁方三尺，干小而弱，力不能支，蕊大如芙蓉，辄缚一小架扶之。大江以南，有其名无其种，有其种无其土，盖非兖勿易之见也。兖州种芍药者如种麦，以邻以亩。花时谦客，棚于路、采于门、衣于壁、障于屏、缀于帘、簪于席、裀于阶者毕用之，日费数千勿惜。余昔在兖，友人日剪数百朵送寓所，堆垛狼藉，真无法处之。㉜

明末兖州种芍药像种小麦一样，其盛况可知，花时搭路棚、扎彩门、树屏风、缀帘幕、供几席、列阶墀，无不用芍药鲜花为饰，不惜日费数千，种者之多，好者之广，却是空前的，无疑地将推动芍药品种的繁植和园艺的发展。单以芍药而言，宋代刘攽（1023～1089）《芍药谱》记有 31 个品种，孔武仲（1041～1097）《芍药谱》记有 33 个品种，到清初陈淏子（约 1612～?）《花镜》一书中，所记芍药已有 88 种之多，其中白芍药就有 14 种。实际还不止于此，如陈淏子所说："然或有耳目不及办者，以待后之博雅自别之可也。"㉝说明我国古代花卉园艺，到明清时代随城市商业经济的发展，园林的兴盛，已具有很高的水平。

从《帝京景物略》所记北京园林，可以看到自宋元以来园林有很大的变化和发展，主要的有下列几点：

一、园林建筑由宏丽走向雅朴，不是如宋代之追求宏敞巨丽，而是讲究雅洁宜己，建筑尺度要宜人。如明·文震亨（1585～1645）所说："要须门庭雅洁，室庐清靓（liàng，好看）；亭台具旷士之怀，斋阁有幽人之致。"㉞这个变化说明，明代的私家园林已不同于宋代以宴集活动为主的私人游乐园的性质，园林的功能与居住生活紧密联系起来，成为住宅的有机组成部分，可谓是名副其实的"**宅园**"了。宅园，非傍宅之园，而是在性质上，不止可游、可观，而且**可居**，即具有居住生活内容，能满足**园居生活**的要求。

在建筑的环境意匠上，《景物略》所记园林，大都沿池构堂，堂前（后）临水筑台，这种做法已成明清时代私家园林的典型模式。在建筑形式上，更为丰富多彩，特别是"亭如鸥，台如凫，楼如船"这种象征性的"**不系舟**"出现，使园林建筑具有更高的艺术性。

二、园林山水景境的创作。如果说李格非在《洛阳名园记》中无叠石为山之说，是北宋造园还处于从"摹写"到"写意"山水发展的转变过程中，那么，明末清初的思想家黄宗羲（1610～1695）在《张南垣传》中所说："旧以高架叠缀为工，不喜见土"，到张南垣才"一变旧模"，创立"截溪断谷"之法，可以说在江南一带，自元代倪云林参与狮子林的叠山，到明代万历年间，张南垣因叠山巧艺而名满江南公卿间，此前的写意山水的创作，还在叠石为山的探索中。《帝京景物略》所记定国公园，"如山脚到涧边，不记在人家圃"的创作，可能是在北方较早的成功实例。计成在《园冶》中，从实践总结将这种写意山水的创作，上升为理论，即"未山先麓"的原则，说明**中国古典园林写意山水的创作已经成熟，并达到很高的水平。**

三、园艺的发展，从史籍记载专门种植花卉的园圃，宋代的洛阳名园中，虽只"天王院花园子"一所，还是花农的生产园圃，但北宋园林，多讲究花木之胜，莳花则百种千株，种竹则琅玕万竿。明末专以观赏为目的，非商品生产性的私人花圃很盛行，如刘侗所记"惠安伯园"，宅后种植牡丹芍药数百亩，张岱记兖州张氏的"菊海"和种芍药如种小麦一样的盛况，贵族和地方缙绅嗜花之风，可说到了迷狂的地步，这无疑地大大促进了花卉栽培技术和园艺的发展。

第四节　《扬州画舫录》与扬州园林

扬州自古就是我国的东南重镇，古代的"九州之一"。唐代盐铁转运使住在扬州，掌有财政大权，其佐理政事的僚属判官多至数十人，坐商行贾往来如织，民谚有"扬一益二"之说，认为天下最繁盛的地方，扬州数第一，而四川的益州次之。张祜诗云："十里长街市井连，月明桥上看神仙。人生只合扬州死，禅智山光好墓田。"王建诗说："夜市千灯照碧云，高楼红袖客纷纷。如今不似时平日，犹自笙歌彻晓闻。"而徐凝的"天下三分明月夜，二分无赖是扬州"诗句成了传世的名句，唐时扬州的盛况可想而知。

唐以后的扬州，因兵燹一再被毁而衰落，到明清时又因是两淮盐运中心，盐商集居之地而兴盛起来，至乾隆年间又出现极其繁盛的局面，成为著名的风尚华丽之所。（参见宋·洪迈《容斋随笔·唐扬州之盛》卷九。）

扬州园林的空前盛兴，是与清代乾隆皇帝六次南巡有关。我们可从乾隆皇帝南巡前后，扬州瘦西湖的变化来说明。如袁枚所说：

> 余游平山，从天宁门外，拖舟而行。长河如绳，阔不过二丈许，旁少亭台。不过堰潴细流，草树卉歕而已。自辛未岁天子南巡，官吏因商民子来之意，赋工属役，增荣饰观。参（zhà 炸，开）而张之。水则洋洋然回渊九折矣，山则峨峨然磴约横斜矣；树则焚槎发等，桃梅铺纷矣；苑落则鳞罗布列，閛（pēng 烹，关门声）然阴闭而霅（shà，急速）然阳开矣。猗欤休哉！其壮观异彩，顾、陆所不能画，班、扬所不能赋也。㉟

建成后瘦西湖的胜况，袁枚夸张地形容六朝三大家中的大画家顾恺之、陆探微所不能画；汉代大辞赋家班固、扬雄所不能赋也。但这种"楼台画舫十里不断"的盛况局面，并没有维持多久，笋性斋老人于道光十四年(1834)，为《扬州画舫录》写的"跋"文中说：

> 嘉庆八年(1803)过扬，与旧友为平山之会，此后渐衰，楼台倾毁，花木凋零。……近十余年闻荒芜更甚。且扬州以盐为业，而造园旧商家多歇业贫散，书馆寒士亦多清苦，吏仆佣贩皆不能糊其口。兼以江淮水患，下河饥民由楚黔至滇城，结队乞食诉乡谊，予亦周恤送之。李艾塘斗撰《画舫录》在乾隆六十年，备载当年景物之盛。按图而索园观之，成黄土者七八矣；披卷而读，旧人廑（jǐn 瑾，通"仅"）有存者矣。五十年尘梦，十八卷故书，今昔之感，后人之所不尽知也。㊱

自《扬州画舫录》乾隆六十年刊出，不到10年已开始衰败。又40余年，"书中楼台园馆，廑有存者。大约有僧守者，如小金山、桃花庵、法海寺、平山堂尚在；凡商家园丁管者多废，今止存尺五楼一家矣"。㊲这种情况，也说明佛教在历史上保存文化艺术作用的一面。

乾隆朝盛极一时的扬州园林，犹如昙花一现，正深刻地说明，瘦西湖的盛极一时，根本不是社会发展的经济现象，而是所谓"**翠华六巡，恩泽稠叠**"为迎接皇帝的政治现象，随南巡的终止，瘦西湖即衰败。清王朝的发展也由乾隆朝的顶峰，开始走向下坡路。

一、李斗与《扬州画舫录》

李斗(生卒年不详)，字艾塘，又字北有，江苏仪征人。据自述："斗幼失学，疏于经史，而好游山水。尝三至粤西，七游闽浙，一往楚豫，两上京师。"㊳他虽疏于经史，但博学工诗，通数学音律。除撰有《扬州画舫录》外，著有《永报堂集》、《艾塘乐府》、《奇酸记传奇》等。

艾塘既说"疏于经史"，也就弃科举，不入仕途，而寄情山水。如杨焰《题画舫录》诗："艾塘孔子徒，不作而述之。往来闽粤间，去楚游京师。于世阅历深，于物探索奇。……归来坐蓬户，一砚赏自随。……忆我与子游，冰雪怀丰仪。霜鬓遂如此，相见重低眉。"艾塘邀游四方，当在青年之时，如中年回乡，"退而家居，则时泛舟湖上，往来诸工段间。阅历既熟，于是一小巷一厕居，无不详悉。又尝以目之所见，耳之所闻，……皆登而记之。自甲申至于乙卯，凡三十年。所集既多，删而成帙"。^③李斗在《扬州画舫录·自序》中的这段话，可说明其生平的一些情况。如：

"退而家居"之家，应在扬州而非仪征，否则他不可能经常"泛舟湖上"了。

"往来诸工段间"，诸工段，是指扬州盐商为逢迎乾隆皇帝六次南巡，在瘦西湖两岸大肆建造园林的工地。他"阅历既熟"，对瘦西湖的诸园"无不详悉"。这也是贯串全书的主要内容之一，并绘图三十一幅，别记《工段营造录》一卷。乾隆皇帝六次南巡时间：

辛未：乾隆十六年（1751）

丁丑：乾隆二十二年（1757）

壬午：乾隆二十七年（1762）

乙酉：乾隆三十年（1765）

庚子：乾隆四十五年（1780）

甲辰：乾隆四十九年（1784）

"自甲申至乙卯，凡三十年"。这是李斗回乡为著书收集资料和写作时间。**甲申**，是乾隆二十九年（1764），乙卯，是乾隆六十年（1795）。从袁枚于乾隆五十八年（1793）78岁时，为《扬州画舫录》所写的"序"中说，40年前的瘦西湖还是"堰潴细流、草树卉歙而已"。40年前，也就是乾隆第二次南巡1757年以前。可见李斗回乡之时，正是瘦西湖的建设高潮期间。

若李斗中年回乡，年龄在40岁左右的话，他的生年约在康熙末雍正初约1724年前后。乾隆六十年（1795）十二月《扬州画舫录》初刊时，李斗约70岁。所以杨焰于嘉庆二年（1797）题诗中，有"霜鬓遂如此，相见重低眉"句，艾塘可能已是古稀之年了。嘉庆二年春他的同乡阮元（1764～1849），为《扬州画舫录》

作序，称此书为"仪征李公艾塘所著也。"评《扬州画舫录》"其裁制在雅俗之间，洵为深合古书体例者。[40]"阮元，乾隆年间进士，累官至总督、大学士，在广州创立学海堂，提倡朴学。罗致学者从事编书刊印工作，主编《经籍纂诂》、汇刻《皇清经解》等。所著《畴人传》、《积古斋钟鼎彝器款识》，可供研究我国历代天文学家、数学家和古文字学的资料。与阮元齐名的江都人焦循（1763~1820），通经学，精于《易》，对历算、声韵、训诂及戏曲理论皆有研究。为李艾塘《题扬州画舫录》诗：

> 太平诗酒见名流，碧水湾头百个舟。
> 十二卷成须寄我，挑灯聊作故乡游。

阮、焦较艾塘年轻得多，对李斗很尊重，视为名流中人。至于李斗的卒年，尚无可供推论的参考材料，就阮元作序，杨焆题诗，可知李斗到嘉庆二年（1797），大概已年逾古稀，但还健在。

《扬州画舫录》仿《水经注》之例，"以地为经，以人物记事为纬"。按扬州郡城之地，以上方寺至长春桥为"**草河录**"，以便益门为"**新城北录**"，以北门为"**城北录**"，以南门为"**城南录**"，小东门为"**小秦淮录**"。分虹桥外为"**虹桥**"上、下、东、西四录，分莲花桥外为"**冈东录**"、"**冈西录**"、"**蜀冈录**"，共十六卷。别记"**工段营造录**"、"**舫扁录**"二卷，共十八卷，绘图三十一幅。

李斗中年回乡，正逢瘦西湖大造园林，"则时泛舟湖上，往来诸工段间"，以目之所见，耳之所闻，皆登而记之。并"考索于志乘碑版，咨询于故老通人，采访于舟人市贾"，历三十年之积累，"故凡城市山林之胜，缙绅轩冕之尊，富商大贾之豪，学薮词林之彦，旧德先畴之族，岩栖石隐之流；以及忠孝实迹，节烈遗徽，寓公去留，游士往来，禅师说法，羽客谈玄，莫不析缕分条，穷源竟委。俗不伤雅，琐不嫌阘（tà，卑下），其叙述之善也如此。"[41]上述囊括了《扬州画舫录》的所有内容，其中记园林之多不下数十座，所记亦有详略，我们选择一是：今日遗存可见的著名名胜，如平山堂、五亭桥等；二是：围绕"虹桥"的几座名园。据李斗说："虹桥为北郊佳丽之地"，也是当时"文酒聚合之地"。而多绘有图，虽"昔人绘图，经营位置，全重主观，谓之为园林，无宁称为山水画。"[42]其实文字，也是作者兴之所至，信笔而书，非科学著作，但有图文互参，易于了解罢了。

二、《扬州画舫录》中的园林

本节中所写园林文字，凡引自《扬州画舫录》中者，均不一一注明。

砚池染翰

"砚池染翰"四字，是南园的题额。据《平山堂图志》云："隔岸文峰寺有塔，俗称文笔，故称南池为砚池"，园主汪氏因题其园为"砚池染翰"。据《扬州画舫录·城南录》云：

> 砚池染翰在城南古渡桥旁。歙县汪氏得九莲庵地，建别墅曰"南园"。有"深柳读书堂"、"谷雨轩"、"风漪阁"诸胜。乾隆辛巳（1761），得太湖石九于江南，大者逾丈，小者及寻，玲珑嵌空，窍穴千百。众夫舁至，因建"澄空宇"、"海桐书屋"；更围"雨花庵"入园中，以二峰置"海桐书屋"，二峰置"澄空宇"，一峰置"一片南湖"，三峰置"玉玲珑馆"，一峰置"雨花庵"屋角，赐名"九峰园"。

乾隆皇帝来游幸时，很欣赏这些珍奇的太湖石，故赐名"九峰园"。既然皇帝喜爱，园主就"奉旨选二石入御苑"。所谓"名园九个丈人尊，两叟苍颜独受恩"，九峰止存七峰，园已名不副实了。

据《扬州画舫录》中的图 7-2 砚池染翰图，图文对照，按图索骥，可得其概要。

园背城沿河，南临砚池，地处护城河和南湖之间，地形狭长的土屿上。以西部原有的雨花庵为起点，夹河湖向东伸延，中部"深柳读书堂"，为园的主体建筑，堂东为园的正门。向东则连以曲折的长廊，至水边的"风漪阁"形成东部景区。这是南园的大致情况，各区的具体景境分述如下：

园门　在园的中部，坐北面河。门屋三楹"左右子舍各五间，水有牂牁系舟，陆有木寨系马"。牂牁（zānggē），系船的木桩，门屋内"设散金绿屏风，屏内右折为二门，门内多古树"。

深柳读书堂　在门屋之右（西），是园的主体建筑。堂内有集唐诗句对联云：

> 会须上番看成竹，（杜甫）
> 渐拟清阴到画堂。（薛远）

1. 大门
2. 深柳读书堂
3. 谷雨轩
4. 玉玲珑馆
5. 一片南湖厅
6. 观音堂
7. 御书楼
8. 临池亭
9. 烟渚吟廊
10. 风漪阁

图 7-2　扬州瘦西湖砚池染翰图

从图看，深柳读书堂东与门屋间，隔一用廊分隔的小院，西、南两面用墙围合成院。对堂南墙，是用黄石叠成峭壁。据云："堂前黄石叠成峭壁，杂以古木阴翳，遂使冷光翠色，高插天际。盖堂为是园之始，故作此壁，欲暂为南湖韬光耳。"由东面小院南出，至"谷雨轩"。

谷雨轩　在深柳读书堂东南，坐西向东，东面是两合院，北、东两面筑墙，北墙与门屋庭院相隔，东墙设门，与门屋东面两院相通，似应形成环路。西面是半开敞的三合院，院内"种牡丹千本，春分后植竹为枋柱，上织芦荻为帘旌，替花障日。"花时绮窗洞开，联云：

> 晓艳远分金掌露，（韩琦）
> 夜风寒结玉壶冰。（许浑）

院中为赏花，"辟'卐'字径，开'川'字畦，朝日夕阳，莲炬明月，最称佳丽。花过后各户全扃（jiōng，门插关）"。

谷雨轩的装修亦有特色，"旁多小室，中一间窗牖作车轮形，谓之'车轮房'，一名'蜘蛛网'"。显然谷雨轩东向槅扇十分开敞，西筑墙垣，车轮形窗即开在西墙上。

玉玲珑馆　从九峰园诸胜中有"其东南阁子额曰：玉玲珑馆，是屋两面在牡丹中，一面临湖，轩后多曲室，车轮房，结构最精"的记述，可知玉玲珑馆在谷雨轩南，是与谷雨轩成"丁"字形相接的一幢较大厅堂。坐北朝南，东部与谷雨轩组成开敞的三合院，西部与谷雨轩组成封闭的两合院。馆中联云：

北榭远峰闲即望，(薛能)

南园春色正相宜。(张谓)

在玉玲珑馆南，还有一座小厅，额曰："**一片南湖**"。面向南湖，视野开阔，"是屋窗棂，皆贮五色玻璃，园中呼之为'玻璃房'。"从图看"一片南湖"，如玉玲珑馆的抱厦似的小厅。有联云：

层轩皆画水，(杜　甫)

芳树曲迎春。(张九龄)

"一片南湖"之旁，有小廊十余楹，额曰："**烟渚吟廊**"。向东，折南曲折而下，直入水阁三楹，额曰："**风漪**"。"是阁居湖北滑 (chún，水边)，湖水极阔。中有土屿，松榆梅柳，亭石沙渚，共为一丘。其下无数青萍，每秋冬间，艾陵野鸟，扬子鸿雁，皆觅食于此。风雨时作激涌，状如下石。钟山对岸，南堤涧中，飞动成采。此湖上水局最胜处也。"阁有联云：

隔岸春云邀翰墨，(高　适)

绕城波色动楼台。(温庭筠)

风漪阁东，漏花墙曲折，阁前水湾"种芰荷，夹堤栽芙蓉花，旁构小亭"。亭左墙上设八角门，可通别院，图上未画出，据记为花匠莳弄盆景和住处，已是园东尽头了。

在"烟渚吟廊"之后，与园墙之间一带，多落皮松，剥皮桧，中有两卷厅，四周安有玻璃窗，名之为"玻璃厅"。乾隆皇帝赐名"**澄空宇**"三字。院中点缀有太湖石，"太湖即九峰中之二峰"。厅有联，其中之一曰：

纵目轩窗饶野趣，

遗怀梅柳入诗情。(弘历)

在澄空宇厅右，有小室三楹，"室前黄石壁立，上多海桐，颜曰'**海桐书**

屋'"，海桐是长绿灌木，开白花有香气。澄空宇和海桐书屋图上均未画出。这是园区情况，西部则是后来纳入园内的"雨花庵"了。

雨花庵　属南园的西部，是较大的一个建筑组群。在庵前与南湖之间，挖有池塘，筑堤与湖开隔。池上架三折板桥，石板桥外湖堤上建方亭，额曰："**临池**"。亭前为园中的舣舟处，有画舫名曰"移园"。以池为中心，形成庵前的景境。

雨花庵门外嵌石，刻曰："**砚池染翰**"。联曰："高树夕阳连古庵，（卢纶）小桥流水接平沙。（刘兼）"集句颇能点出庵门前之景。

雨花庵东南的"**御书楼**"，即雨花庵旧址，楼右（西）开门，嵌"雨花庵"旧额石刻于门上。中供千手眼准提像，昏钟晓磬，园丁司之。准提或准胝观音，意为"心性洁净"，为六观音之一，形相为三目十八臂。"御书楼"后的庭院中，"**观音堂**"是庵的主体建筑。以庵堂入园，在李斗著录前，已流行的《红楼梦》中，曹雪芹在大观园里就写有"翠陇庵"了，这种情况可能受儒释合流、以禅入画的思想影响。

在"深柳读书堂"与"观音堂"之间，在空间处理上有值得注意之处。雨花庵虽已纳入园林的景境之中，但性质上仍然是供佛的庵堂，又是园的组成部分，既不能与园随便通连，也不宜隔于园外，只能从庵的大门进出。南园在空间处理上可谓颇具匠心，其法：在两堂之间夹空处，于堂后连以房廊，中间一堵院墙直入廊房之内，留有通路即可，从空间上就构成一个隐蔽的"∩"形路线，将两处方便地联系起来。在视觉上，在两堂院内不见有路可通，但由旁廊内南望，则一堵高墙分两院，两边景观各不同，手法之妙，足资借鉴。

虹桥修禊

虹桥修禊　是洪氏的别墅，洪氏在瘦西湖有两座园林，"虹桥修禊"为大洪园，"卷石洞天"为小洪园。大洪园有二景，一为"虹桥修禊"，一为"柳湖春泛"。因当时著名文学家王士禛赋冶春诗处，卢转运使曾修禊于此，故名景为"虹桥修禊"。乾隆皇帝南巡赐名**倚虹园**。

《画舫录》描述"倚虹园"的文字，阔略而无征，方位亦难究，我作了些分析考证，为省笔墨，就图7-3虹桥修禊所绘作简要阐述。

倚虹园　三面临水，在虹桥之北，保障湖的东岸，湖西是"柳湖春泛"。园北临镇淮门市河，与"西园曲水"隔河相望。西傍城濠，架转角桥可通城墉下。

中
国
造
园
艺
术
史

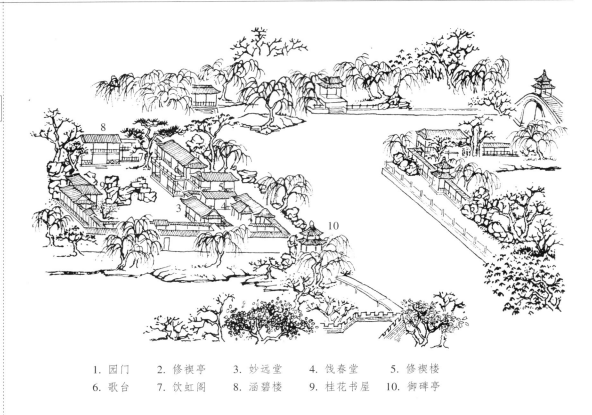

1. 园门　　2. 修禊亭　　3. 妙远堂　　4. 饯春堂　　5. 修禊楼
6. 歌台　　7. 饮虹阁　　8. 涵碧楼　　9. 桂花书屋　　10. 御碑亭

图7-3　江苏扬州瘦西湖虹桥修禊图

"虹桥修禊"图上只画出倚虹园的主要部分，园南面为崔园旧址，建有"致佳楼"，但"楼后皆新辟荒地"，这可能是未画的缘故了。

倚虹园的大体布局，由图可见，基本上是沿河湖构筑房屋的方式。大门在园的东北角，面临镇淮门市河，"园门右厅事三楹，中楹屏间鼓儿上刻'虹桥修禊'四字，大径尺余。旁筑短垣，开便门通转角桥"。大门旁近转角的桥头，建有御碑亭，碑刻御制诗二首，其一：

虹桥自属广陵事，园倚虹桥偶问津。

闹处笙歌宜远听，老人年纪爱亲询。

柳拖弱挈学垂手，梅展芳姿初试颦。

予借花朝为上巳，冶春惯是此都民。

妙远堂　在大门之内，右为饯春堂。妙远堂坐北朝南，饯春堂坐西朝东，西向为一带长廊，三者与门厅组成四合院。院东，长廊夹隙的狭长小院，可通前达后，看来多半是庖厨之类的服务性建筑，因妙远堂是"园中待游客地也。**湖上每一园，必作深堂，饬庖寝以供岁时宴游**，如是堂之类"。说明瘦西湖一带新兴园林，多是供岁时宴游，可供宿食之处，不同于私人家庭生活之用的宅园。妙远堂有联云：

河边淑气迎芳草，（孙邈）

城上春阴覆苑墙。（杜甫）

这副集唐诗对联，很贴切地描绘了倚虹园傍城堞，临河流的环境景观。饯春堂联云：

莺啼燕语芳菲节，（毛熙震）

蜨影蜂声烂缦时。（李建勋）

修禊楼　在饯春堂之后，临河沿水，成曲尺形的楼房，是湖上著名的水楼。楼二十余楹，是一幢体量较大的组合建筑。北向开敞的庭院，楼前有平台，名"**歌台**"。这就是计成《园冶》中所说："楼阁前出一步而敞者。"⑬楼下开门，内供御匾"倚虹园"三字，及联一副，联云："柳拖弱挈学垂手，梅展芳姿初试频。"

修禊楼之胜，在水景之佳丽，临水窗牖洞开，"使花、山涧、湖光、石壁搴（qiān 千，揭起）裳而来，夜不列罗帷，昼不空画屏，清交素友，往来如织。晨餐夕膳，芳气竟如凉苑疏寮，云阶月地，真上党熨斗台也。"故有湖上水楼，"以修禊楼为最"之誉。

饮虹阁　在园的西南隅，两面临水、曲尺形重廊，将"修禊楼"与西面的"涵碧楼"连通起来。廊为二层楼式建筑，故不称之为廊，题名曰"饮虹阁"，"峭廊飞梁，朱桥粉廓，互相掩映，目不暇给。"

涵碧楼　坐西朝东，背后临湖，前面庭院，院中以假山为胜。据《扬州画舫录》云：

涵碧楼前怪石突兀，古松盘曲如盖，穿石而过，有崖峻嶒秀拔，近若咫尺。其右密孔泉出，迸流直下，水声泠泠，入于湖中。有石门划裂，风大不可逼视，两壁摇动欲摧。崖树交抱，聚石为步，宽者可通舟。下多尺二绯尾鱼，崖上有一二钓人，终年于是为业。楼后灌阴郁莽，浓翠扑衣。其旁有小屋，屋中叠石于梁栋上，作钟乳垂状。其下嶙屼（cuánwán，山高锐峻大）嵽嵲（diénèi，高峻之山），千叠万复，七八折趋至屋前深沼中。屋中置石几榻，盛夏坐之忘暑；严寒塞墐，几上加貂鼠绿绒，又可以围炉斗饮，真诡制也。

这是描写园林叠山较详的一段文字，从石裂如门，"风大不可逼视"，和"两壁摇动欲摧"的说法，这组假山可能打破园墙的封闭，在"函碧楼"北山墙外，豁敞直到湖边，且溪涧与湖水通连，方能形成风口的局部环境。而"其旁有小屋"，应是石屋，屋中置石几石榻，顶上叠石如钟乳，作为假山，景境体量较大而幽邃，可见当时扬州园林叠山技艺之精。

桂花书屋 在庭院之南，呈"之"形的建筑，西为假山，东接南北长廊，构成园中的环路。这幢建筑有小室数十间，空间曲折多变，"令游者惝恍（tǎng huǎng，模模糊糊），弗知所之"。桂花书屋的室内空间分隔连络，大有匠心独运的妙处，因而使人身入其中，迷离惝恍而不知所至了。

柳湖春泛

据记："柳湖春泛，在渡春桥西岸，土阜蓊郁，利用栽柳，洪氏构草阁，题曰'辋川图画'。阁后山径蜿蜒入草亭，曰'流波华馆'。馆西步平桥入湖心亭，复于东作板廊数折入舫屋，曰'小江潭'。皆用'档子法'，谓之点景，如**'邘上农桑'、'杏花村舍'**之类。"

柳湖春泛的建筑皆用草亭、草阁，以建筑作为**点景**，名之为**档子法**。何谓"档子法"？从字义："档"是框格或指橱架。从做法《扬州画舫录》卷一"华祝迎恩"条云：

自高桥起至迎恩亭止，两岸排列档子；淮南北总商分工派段，恭设香亭，奏乐演戏，迎銮于此。档子之法，后背用板墙蒲包，山墙用花瓦，手卷山用堆砌包托，曲折层叠青绿太湖山石，杂以树木，如松、柳、梧桐、十日红、绣球、绿竹，分大中小三号，皆通景像生。

在这段文字下，还有许多具体做法从略，文中之"档子"、"包托"可能是工匠的俚语之类，意思大体上还是能理解的，这是为了应急摆样，沿河两岸搭制的立体布景，楼台亭阁，假山树石都是假的，而沿河景象看上去似真的样子。真可谓虚有其表，反映出歌舞升平的虚假景象了（参见图7-4）。

1. 辋川图画阁　　2. 流波华馆　　3. 湖心亭　　4. 怀仙馆

图 7－4　扬州瘦西湖柳湖春泛图

西园曲水

西园曲水　“即古之西园茶肆，张氏、黄氏先后为园，继归汪氏。中有濯清堂、觞咏楼、水明楼、新月楼、拂柳亭诸胜。水明楼后，即园之旱门，与江园旱门相对，今归鲍氏。”（参见图 7－5）

西园曲水，即西园。在虹桥东岸，西面与“冶春诗社”隔湖相望；南临市河，与“虹桥修禊”一衣带水之隔；东为园的旱门，与江园“荷浦薰风”相邻。

西园是两面临水，地形方整，园在总体规划上很有特色，园中凿大方池，“池广十余亩，尽种荷花”。整个园林的平面呈“回”字形，从而决定了园的基本布局方式：楼堂亭馆，环池布列，相互以廊连接，形成以池为中心的闭合空间。临水两面，除西南角为二层的“新月楼”，其他皆一层单幢散列，回廊通透空灵，空间虽然闭塞，视觉上却十分开朗。庭院组合，则集中在东面，开园门处，既有临街交通之便，也免进园后开门见山、一览无余之弊。主要景点：

觞咏楼　在园的西北隅，坐北朝南，从图看是池北一带楼房中进深大者。背负虹桥，楼前有架水平台，可通东楼，楼有联云：

中国造园艺术史

1. 舫咏楼　2. 东楼
3. 濯清堂　4. 新月楼
5. 拂柳亭　6. 水明楼

图 7-5　扬州瘦西湖西园曲水图

香溢金杯环满座，（徐彦伯）

诗成珠玉在挥毫。（杜　甫）

舫咏楼是园中宴集之处，此楼在窗户意匠上颇得借景之妙。"楼后即小洪园的'射圃'多梅。因于楼之后壁开户，裁纸为边，若横披画式，中以木榍嵌合。俟小洪园花开，抽去木榍，以楼后梅花为壁间画图。此前人所谓'尺幅窗，无心画'也。"尺幅窗、无心画之说，为李渔所创，写在《闲情偶寄》一书中，李渔约在康熙十八年(1679)去世，距李斗写《扬州画舫录》已过百年，故称"前人"。

濯清堂　由舫咏楼西出，沿廊折南至"濯清堂"，是池西的主要建筑，背压湖水，面临莲池。联云：

十分春水双檐影，（徐寅）

百叶莲花万里香。（李洞）

新月楼　由濯清堂直南，沿廊至"新月楼"。楼东向在园的西南隅，前河右湖，两面临水，为园中得月最早处，故名"新月楼"。联云：

蝶衔红芷蜂衔粉，（高　隐）

露似珍珠月似弓。（白居易）

拂柳亭 园的西南一带多柳，"构廊穿树，长条短线，垂檐覆脊，春燕秋鸦，夕阳疏雨，无所不宜。"是池南长廊中的一个观赏点、休憩处。联云：

曲径通幽处，(高 适)

垂杨拂细波。(温庭筠)

李斗赞叹说："北郊杨柳，至此曲尽其态矣！"拂柳亭前，沿镇淮门市河一带，廊亭退后，前留余地，以文石驳岸，围以雕栏，设舣舟的码头。据记云：这里的园林均设有水、旱园门，陆路骑马、水道乘舟。拂柳亭左，对着码头的建筑，就是水道园门了。

水明楼 在池东旱园门内，坐北朝南，与"新月楼"东西相对。楼名"水明"，是取杜甫的"残夜月明楼"句。李斗据《平山堂图志》说：此楼"仿西域形制，盖楼窗皆嵌玻璃，使内外上下相激射，故名"。联曰：

盈手水光寒不湿，(李群玉)

入帘花气静难忘。(罗 虬)

园东北隅有一组庭院，大概是园内服务性的辅助建筑。

卷石洞天

卷石洞天 即小洪园，原古郧园地，郧园以怪石老木为胜。"以旧制临水太湖石山，搜岩剔穴，为九狮形，置之水中。上点桥亭，题之曰'卷石洞天'，人呼之为小洪园。"从图7-6卷石洞天图可见，园前水中有狭长的岛屿，"卷石洞天"就题在小岛的亭子中，亭建在一较高的台基上，亭西有桥，过桥在小岛尽端筑台，名"春台"。据云，瘦西湖桥之佳者，**春台**旁砖桥是其中之一，"低亚作梗，通水不通舟"，是座很小巧的拱桥（参见图7-6）。

卷石洞天，在镇淮门市河北岸，西与"西园曲水"相接，是沿河狭长的地带，所以建筑沿河东西分布。在总体规划上，全园大致可分三部分：东部，以"群玉山房"、"薜萝水榭"为主，构成建筑组群，为东部景区；中部，以"委宛山房"、"修竹丛桂之堂"为主的建筑组群，为中部景区；西部，为"射圃"，与"西园曲水"相邻。

群玉山房 入园门向南可进入"群玉山房"用廊围合的庭院。园门南有临水房舍三楹，前有平台，可能是园的舣舟处水门。群玉山房有联云：

中国造园艺术史

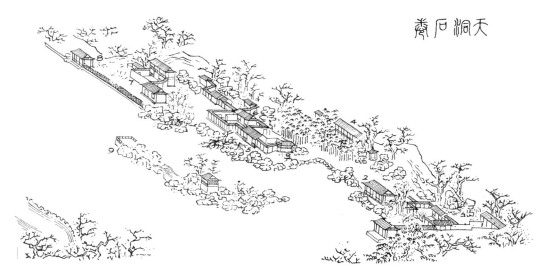

1. 群玉山房　　　2. 薜萝水榭　　　3. 契秋阁　　　4. 夕阳红半楼　　　5. 委宛山房
6. 修竹丛桂之堂　　7. 射圃　　　8. 丁溪　　　9. 春台

图7-6　扬州瘦西湖卷石洞天图

> 渔浦浪花摇素壁，（司空曙）
>
> 玉峰晴色上朱栏。（李群玉）

薜萝水榭　过群玉山房，构廊与河蜿蜒，入薜萝水榭，"后壁万石嵌合，离奇夭矫，如乳如鼻，如腭如脐。石骨不见，尽衣薜萝。榭前三面临水，欹身可以汲流漱齿。"榭有联：

> 云生硐户衣裳润，（白居易）
>
> 风带潮声枕簟凉。（许　浑）

契秋阁　在薜萝水榭之西，榭西循山路入竹柏中，"石路未平，或凸或凹，若踶（dì，弟）若啮（niè，咬），蜿蜒隐见，绵亘数十丈。石路一折一层至四五折。而碧梧翠柳，水木明瑟，中构小庐，极幽邃窈窕之趣。额曰'契秋阁'。"联云：

> 渚花张素锦，（杜　甫）
>
> 月桂朗冲襟。（骆宾王）

契秋阁，是中部景区建筑组群的东端较小的建筑，坐西朝东，与南面临河的"委宛山房"，西面的"修竹丛桂之堂"，用廊和墙进行围合分隔，构成环环相套的路线，而有往复无尽的空间意趣。

委宛山房　是中部景区，庭院组合中间一幢主体建筑，坐北朝南，南面临湖，与"春台"小渚隔水相望。"房竟多竹，竹砌石岸，设小栏点太湖石。石隙老杏一株，横卧水上，夭矫屈曲，莫可名状。"山房有联云：

> 水石有余态，（刘长卿）
>
> 凫鹥亦好音。（张九龄）

修竹丛桂之堂　在"委宛山房"之右，曲廊围合之中，是中部景区三幢建筑最西的一幢。堂后即"夕阳红半楼"，"红楼抱山，气极苍莽"。堂联云：

> 老干已分蟾窟影，（申时行）
>
> 采竿应取锦江鱼。（林云凤）

夕阳红半楼　在中部景区"委宛山房"等北面，以太湖石为胜。据记：

> 狮子九峰，中空外奇，玲珑磊块，手指攒撮，铁线疏剔，蜂房相比，蚁穴涌起，冻云合沓（tà 踏，繁复），波浪激冲；下水浅土，势若悬浮，横竖反侧，非人思议所及。树木森戟，既老且瘦。**夕阳红半楼**飞檐峻宇，斜出石隙。郊外假山，是为第一。

丁谿　临水小屋三楹，面对保障湖和南湖，二水交合处，形如丁字，故名"丁谿"。联云：

> 人烟隔水见，（甫皇冉）
>
> 香径小船通。（许　深）

射圃　园的西部，"丁谿"之后，"土山逶迤，庭宇萧疏，剪毛栽树，人家渐幽，额曰'射圃'，圃后即门。"门，指园的旱门；而丁谿为水道入园处，设有码头。

荷浦熏风

荷浦熏风　一名"江园"，乾隆三十七年（1772），弘历赐名**净香园**，御制诗二首，其一：

> 满浦红荷六月芳，慈云大小水中央。
>
> 无边愿力超尘海，有喜题名曰净香。
>
> 结念底须怀烂缦，洗心雅足契清凉。
>
> 片时小憩移舟去，得句高斋兴已偿。

中
国
造
园
艺
术
史

1. 浮梅屿	2. 碑亭	3. 春禊亭	4. 清华堂	5. 绿杨湾
6. 荷浦熏风亭	7. 春雨廊	8. 射圃	9. 青琅玕馆	10. 怡性堂
11. 翠玲珑馆	12. 江山四望楼	13. 天光云影楼	14. 秋晖书屋	15. 涵虚阁

图 7-7 江苏扬州瘦西湖荷浦熏风图

江园的位置，在虹桥之北，湖的东岸，南沿虹桥东街，与西园相对，西与"香海慈云"隔湖相望。从图 7-7"荷浦熏风"看，图上的桥，并非是虹桥，而在虹桥北，跨园中夹河的**春波桥**。

江园规划很有特色，因在园与湖之间有一条夹河，江园凿开园前的堤岸，使河湖连成一片。这种做法有许多优越性，首先扩大水面，将湖的部分纳入园内，开阔了空间视野。再者，园林建筑退入夹河以后，则不受湖上的干扰。当时沿湖一带，茶肆酒楼与园林错杂，而且是园主所开，如江园门内竹径，"临水筑曲尺洞房，额曰'**银塘春晓**'。园丁于此为茶肆，呼曰'**江园水亭**'，其下多白鹅"。盛时游船画舫如织，有云："丢眼邀朋游伎馆，并头结伴上湖船"十分热闹。江园则有避嚣烦之利，能于闹处寻幽也。在景境创作上，江园门外，前湖后浦，可以为岛，可以为渚，园林边岸，不受湖堤限制，可随意曲折，规划自如，大大地丰富了园林空间层次，扩大了景深，增添了游趣。

江园在建筑布局，空间环境意匠上，确下过一番惨淡经营的工夫：

浮梅屿 是在湖浦交汇处，水中的一座小渚，名曰"浮梅屿"。屿上建亭，供奉石刻御赐匾**"净香园"**三字及"雨过净猗竹，夏前香想莲"一联。屿上"丹崖青壁，眠沙卧水"，水中乱石漂泊，宛然小瞩，成了江园在湖上的标志，空间景观的序幕与前奏。

春禊亭 在"浮梅屿"后，浦中居湖口处，架于水上之亭，亭三楹体量较大，歇山卷棚顶，平台回绕，石栏周护，有小桥与"浮梅屿"通（图上未画出）。亭后是园的水码头"绿杨湾"。亭有联云：

> 柳占三春色，(温庭筠)
>
> 荷香四座风。(刘　威)

清华堂 面水一带修廊的中间，对湖口的一幢五楹三卷式厅堂，体量最大，是园的主体建筑。清华堂临水，荇藻生足下，联云：

> 芰荷叠映蔚，(谢灵运)
>
> 水木湛清华。(谢　混)

绿杨湾 廊下开门为水码头，位置在"春禊亭"后，"清华堂"修廊之南，联云：

> 金塘柳色前溪曲，(温庭筠)
>
> 玉洞桃花万树春。(许　浑)

荷浦熏风亭 在清华堂修廊的北端，河堤凸向水中处，构小亭，亭中设四扇屏风，上嵌"荷浦熏风"四字。

以上建筑是江园沿夹河对外的一面，虚实的处理，可谓有情有致。以"荷浦熏风亭"为界，向南一带修廊面水，具开敞之势；廊内庭院均是园的主要厅堂。采用这种虚的手法，就将园外之浦，纳入园的空间而融为一体。但自"荷浦熏风亭"向北，则围以墙垣，与建筑组成空间曲折的大小庭院，既免"春波桥"道口人流干扰，又与桥形成湖口内较隐蔽的清幽环境。从功能上说，这里的建筑，是书房和供游人休憩的地方。可见江园在空间意匠上，用廊还是用墙，是围是隔，是虚是实，既有构图上景观审美的要求，也有功能上生活使用的需要。

沿河一带的修廊，名**"春雨廊"**，在"绿杨湾"门内，廊的南端，原建有"杏花春雨之堂"，堂已墟而成**"射圃"**。也就是"西园曲水"的"舫咏楼"，后窗所借之景。

青琅玕馆　在"清华堂"之后，由廊下门入竹径中，长廊透迤，修竹映带，中藏矮屋，曰"青琅玕馆"。联云：

> 遥岑出寸碧，（韩愈）
> 野竹上青霄。（杜甫）

怡性堂　在"清华堂"后，与"青琅玕馆"及"翠玲珑馆"，组成园中最大的庭院。"怡性堂"坐北朝南，是院中的正厅，悬御匾"怡性堂"三字，及"结念底须怀烂缦，洗心雅足契清凉"一联。此堂"栋宇轩豁，金铺玉锁，前敞后荫"。建筑装修与家具陈设非常讲究，仿"西洋人制法"，"前设栏楯，构深屋。……用玻璃镜取屋内所画影，上开天窗盈尺，令天光云影相摩荡，兼以日月之光射之，晶耀绝伦"。

翠玲珑馆　由"怡性堂"，左旋，入小廊至"翠玲珑馆"。"屋内结花篱。悉用赣州滩河小石子，甃地作连环方胜式。旁设书椟，计四，旁开椟门，至"**蓬壶影**"。语焉不详，椟是木柜，书椟可能是高大的柜子，"旁开椟门"的意思，大概是利用书柜作暗门，可以通达室外假山的石室中。"翠玲珑馆"联云：

> 碧瓦朱甍照城郭，（杜　甫）
> 穿池叠石写蓬壶。（常元旦）

蓬壶影　是院中假山所构的石室。据云江氏买此地建园时，掘地得宣石数万，"江氏因堆成小山，构室于上，额曰'水佩风裳'"。是当时叠山名手**仇好石**所作，好石因点是石，"得痨瘵而死"，时年仅 21 岁。

江山四望楼　怡性堂后，竹柏丛生，取小径入圆门，门内危楼切云，名曰："江山四望楼"。联云：

> 山红涧碧纷烂缦，（韩　愈）
> 竹轩兰砌共清虚。（李咸用）

天光云影楼　在"江山四望楼"之后，两楼曲尺形相连，也就是平面呈 Z 形的楼房。楼下不通连，而楼上相通。联云：

> 檐横翠嶂秋光近，（吴融）
> 波上长虹晚景摇。（罗邺）

秋晖书屋　在"怡性堂"后的狭长小院中，即"江山四望楼"的底层，制如卧室，游人多憩息于此。联云：

> 诗书敦夙好，(陶潜)
> 山水有清音。(左思)

涵虚阁　在"江山四望楼"之左，北出小廊，至四间房舍，名"涵虚阁"，是全园的最后一栋建筑，西对"春波桥"，联云：

> 圆潭写流月，(孙逖远)
> 华岸上春潮。(清　江)

《扬州画舫录》中评价："江园最胜在怡性堂后"。李斗曾作游记一首，重点描写在岸上的活动，就是"江山四望楼"和"涵虚阁"一带。

平 山 堂

平山堂，位于蜀冈上，法净寺西侧，是历来著称的扬州名胜。李斗引《寰宇记》曰：

> 邗沟城在蜀冈上。宋庆历八年 (1048) 二月，庐陵欧阳文忠公继韩魏公之后守扬州，构厅事于寺之坤隅。江南诸山，拱揖槛前，若可攀跻，名曰"平山堂"。

说明"平山堂"是北宋文学家欧阳修所创建。欧阳修 (1007～1072)，字永叔，号醉翁、六一居士，累官知谏院，擢知制诰。散文说理畅达，抒情委婉，为唐宋八大家之一，词风流畅而婉丽。卒谥文忠。

李斗记"平山堂"废兴说，自宋以来，"历元、明两朝，兴废亦不得其详"。据元代舒颐诗有"堂废山空人不见"句，平山堂在元代已毁。明万历间曾重修，清康熙元年，归入寺中。康熙十二年 (1673)，"舍人汪蛟门懋麟修复'平山堂'。堂之大门仍居寺之坤隅，门内种桂树，缘阶数十级，上行春台，台上构厅事，额曰'平山堂'。"康熙十四年 (1675)，"汪蛟门拓堂后地建'真赏楼'，楼下为'晴空阁'，楼上祀宋诸贤；堂下为讲堂，额其门曰：'欧阳文忠公书院'。乾隆元年 (1736) 汪应庚重建，增置'洛春堂'，又于堂西建'西园'，自是改门额为'平山堂'，书院之名始革。"这是平山堂由宋仁宗庆历年间，到清乾隆六十年的700多年间的兴废情况。平山堂自创建至今已有近千年之久（参见图 7-8）。

平山堂　总的布局很简单，以平山堂、真赏楼、洛春堂三幢建筑，前后排

1. 平山堂
2. 行春台
3. 真赏楼
4. 洛春堂
5. 覆井亭
6. 荷花厅

图 7-8 江苏扬州平山堂及西园

列，东西筑墙形成三个院落，东与法净寺相邻，西墙外是**西园**。因位于冈顶，地势较陡，进门内植老桂百余株，"琢石为阶，凡三十余级，上筑石台，即'行春台'。台上老梅四五株，上建厅事，额曰'**平山堂**'。"御赐联云：

> 诗意岂因今古异，
> 山光长在有无中。

真赏楼 原在"晴川阁"旧址上扩建的，故楼下乃名"晴川阁"，阁名取之"平山栏槛倚晴空"句，匾为清初戏曲作家孔尚任 (1648~1718) 所书。真赏楼名，取自"遥知为我留真赏"句。联云：

> 雨今雨旧，乃知晴亦为佳；
> 无想无因，那不空诸所有？

洛春堂 在真赏楼后，"多石壁，上植绣珠，下栽牡丹。洛春之名，盖以欧公《花品叙》有'洛阳牡丹天下第一'之语，因有今名。"当时习尚，都以绣球花配牡丹，相沿成俗，北郊园林已很盛行，"而是堂又极绣球牡丹之盛"。

西　园

西园在法净寺西，与平山堂一墙之隔，原塔院西廊井旧址，卢转运《虹桥修禊诗序》云：

> 自乾隆辛未（十六年，1751），始修平山堂御苑，即此地。园内凿池数十丈。瀹（yuè月，疏通）瀑突泉，庋（guǐ轨，搁置）宛转桥，由山亭南入**舫屋**。池中建**覆井亭**，亭前建**荷花厅**；缘石磴而南，石隙中陷明徐九皋书"**第五泉**"三字石刻。旁为**观瀑亭**，亭后建**梅花厅**，厅前奇石削天，旁有泉泠泠，说者谓即明释沧溟所得井。良常王澍书"**天下第五泉**"五字石刻，今嵌壁上，《图志》所谓是地拟济南胜境者也。

从图上看，西园因地形有坡度，池在坡下，池岸怪石嶙峋，池周叠以假山，散点布置亭榭（见图7-8扬州平山堂及西园图。）

覆井亭　"在池中，高十数丈，重屋反宇，上置辘轳，效古美泉亭之制。"亭高十数丈之"丈"，当为"尺"之误。亭南连板桥，曲折水上，可达"荷花厅"。

梅花厅　在池之南，奇石为壁，两壁夹涧，壁中有"第五泉"，黝黑不测。洞外石隙，层级而上，筑阁岭际，中有便门通"行春台"，而至平山堂。

西园茶棹子　西园之右，山势曲折向西南，"山民编竹为篱，种树为园，藤萝杂卉，列若墙壁。内构矮瓦三四楹。树间多鹤，清夜辄唳。秋深风栗霜柿，缀若繁星。居人逢市会则置竹凳、茶灶于门外，以供游人品赏，谓之西园茶棹子。"

西园因冈岭环绕，凿池深数十丈，巉岩怪石，颇有山壑的意境。

莲　花　桥

莲花桥，在瘦西湖畔莲性寺旁，因桥建在莲花埂上，故名。桥上建五亭，又称"**五亭桥**"。《画舫录》：

> 莲花桥在莲花埂，跨保障湖，南接贺园，北接寿安寺茶亭。上置五亭，下列四翼洞，正侧凡十有五。月满时每洞各衔一月，金色滉漾。乾隆丁丑，高御史建。

乾隆丁丑，是乾隆二十二年，即公元1757年。五亭桥从创建至今已246年

中
国
造
园
艺
术
史

图 7-9　江苏扬州莲花桥图

图 7-10　今日扬州瘦西湖之五亭桥

　　了。从图 7-9 扬州莲花桥图所绘，同今所见，虽基本相似，但并不全同，与图 7-10 今日之扬州瘦西湖五亭桥对比，两者显著的差别在于，前者桥上的五亭，都是圆亭，而后则是方亭。从空间构图上，圆亭与桥面的方台，不够协调，更重要的是，圆亭屋顶之圆，与瓦垅的放射状，有排它的独立性，五亭簇立，显得较散而缺乏整体性。方亭则上下一致，联络成一体，重檐反宇覆盖如云，统一协调而和谐。

　　五亭桥，平面呈"艹"字形，总长 55.3 米，桥身为拱卷形，共十五孔，最大桥孔跨度长 7.13 米。桥上中心一亭，重檐四角攒尖顶；四翼有四亭，单檐四角攒尖顶，亭之间用廊相连。桥"上瓣华以交纷"，桥下孔孔皆衔月，形象奇丽，十分动人。

三、扬州园林的特殊性

清代乾隆皇帝南巡时期，扬州暴发式兴起的园林群，在中国造园史上，可谓昙花一现。正因建园目的在供皇帝驻跸时的游赏，故重在**可望、可游**，为了与**宅园**相区别，可名之为**游赏式园林**。这种游赏式园林，虽属私家所有，却无私家园林**"可居"**的要求，它具有与私家园林不同的性质和特点，对中国造园学是很有研究价值的课题。其特点可概括如下：

旅游路线的园林化

为乾隆皇帝南巡所建园林，集中在瘦西湖一带，从扬州天宁门外至平山堂，是主要的旅游路线。原先这里只是"长河如绳，阔不过二丈许，旁少亭台。不过堰潴细流，草树卉歙而已"。[44]随瘦西湖的开发，"水则洋洋然回渊九折矣，山则峨峨然磔约横斜矣；树则焚槎发等，桃梅铺纷矣。"[45]并且沿途设景，如"自迎恩桥直行向西，有**邗上农桑、杏花村舍、平岗艳雪、临水红霞**四段（参见图7-11和图7-12），至长春桥而止"。[46]前两景为农村景象，或"矮屋比栉，辘轴参横"，或"高柳映人家，奇松衬楼阁"；后两景是由桃花庵构成，"其旁厝(cuò错，浅埋待葬)屋鳞次，植桃树数百株"，故在牌坊上题曰："临水红霞"。庵后冈上，沿岸多梅树，花时如雪，故名"平冈艳雪"。用简易的竹篱茅舍和大量的绿化使沿途皆景。如"长堤春柳"、"四桥烟雨"等。这样就将城市和景区联系起来，既扩大了城市空间，又提高了城市的经济效益。

园林建筑风格的地方化

乾隆朝是清王朝的鼎盛之时，也是清王朝开始衰败的前夕。乾隆皇帝是继康熙皇帝之后，南巡次数最多的皇帝。乾隆皇帝每次南巡，都要驻跸扬州，而扬州的盐商，皆是海内豪富之家，有非常雄厚的经济实力。为讨得皇帝的欢心，揣摩帝王之好，而仿造北京的建筑款式，多用传统的庭院组合方式，因而极少苏州园林庭院**"小屋数椽委曲"**，空间往复无尽的意趣；建筑出檐虽比较深远，由于屋面坡度较缓(南方)，屋角起翘不大(北方)，而无苏式园林建筑，翼角轻飏，飞舞欲举之势，造型

图 7-11　今日扬州瘦西湖之邗上农桑（杏花村舍）

图 7-12　今日扬州瘦西湖之平岗艳雪

比较俨雅而稳重,从而形成扬州园林特有的地方建筑风格。

园林景境的开敞与开放性

游赏式园林,无居住的卧房,或藏脩密处的书斋,或爽垲高深的藏书画的楼阁等等要求。要在可望、可游,大多纵目环瞩,可尽览一园之胜概。随地形不同,在冈阜者,地势变化,多分散布景,建筑多用散点式布置,如**"柳湖春泛"**。处平地而较方整者,以池水或以叠石为中心,周围环列建筑,以重廊曲槛,透迤相接,前者如**"西园曲水"**,后者如**"虹桥修禊"**。地形狭长者,多沿湖呈线型的分散组合,庭院廊庑多向湖上开敞或半开敞,如**"卷石洞天"**、**"荷浦熏风"**等。

扬州瘦西湖,就是由园林集中形成的游览胜地。每一所园林,是构成这一胜地的有机组成部分,同时也是湖上水道的一段景观。这就要求:这种游赏式园林,虽各自独立,只相对而言,不能像私家宅园那样,对外隔绝地封闭起来,而是要互相联络,在湖面景观上融为一体,具有一定的开放性。

如**"虹桥修禊"**,即大洪园,三面临水,园门在市河北岸,与**"西园曲水"**隔河相对。园的规划结构,主要是以建筑围合成园,但临水建筑直接显现向外,厅堂楼阁,高下错列,有情有致,构成沿水的丰富建筑画面。

"西园曲水",虽楼台亭阁,环池布列成园。但沿市河一面,向水面开敞,亭廊退进岸内,空灵的亭廊,将园外的空间景象,由于视线通透而融为一体。

"卷石洞开"、**"荷浦熏风"**,则是打破园墙界限,将河湖的一段堤岸做岛屿,扩大水面,从而将园外的空间纳入园内,成为园林的有机组成部分。

扬州园林这种开放性的特点,从李斗在《扬州画舫录》中的瘦西湖游记,非常形象而生动地说明瘦西湖园林这种开放性的特点。

《记》云:"辛卯七月朔,越六日乙巳,客有邀余湖上者。酒一瓮、米五斗、铛三足、灯二十有六、挂棋一局、洞箫一品;篙二手,客与舟子二十有二人,共一舟,放乎中流。有倚槛而坐者,有俯视流水者,有茗战者,有对弈者,有从旁而谛视者,有怜其技之不工而为之指画者,有捻须而浩叹者,有讼成败于局外者;于是一局甫终,一局又起,颠倒得失,转相战斗。有脱足者,有歌者、和者,有顾盼指点者,有隔座目语者,有隔舟相呼应者;纵横位次,席不暇暖。是时舟入**绿杨湾**,行且住,舍而具食。食讫,客病其器,戒弈,亦不游,共坐**涵虚阁**各言故事。人心方静,词锋顿起,举唐、宋小说志异诸书,尽入塵下。自庞眉秃发以至白晳年少,人如其言而言如其事。又有寓意于神仙鬼怪之说，至于无可考证，耀采缤纷。……纂组异闻，网罗轶事，猥琐赘余，丝纷栉比，一经奇见而色飞，偶尔艳聆而绝倒。乃琐至歈曲谐谑，释梵巫呪，傩逐伶倡，如擎至宝，如读异书，不觉永日易尽。是时夕阳晚红，烟出景暮，遂饮阁中。酒三巡，或拇战，或独酌，或歌，或饮，听客之所为。酒酣耳热，箫声于于，摇艇入烟波中。……灯火灿烂，菱蔓不定；竹喧鸟散，曙色欲明；寺钟初动，舟中人皆有离别可怜之色。今夕何夕？盖古之所谓七夕也。归舟共卧于**天光云影楼**下。七夕既尽，八日复同登天光云影楼；不洗盥、不饮食、不笑语；仰首者辄负手，巡檐者半摇步，倚栏者皆支颐，注目者必息气，欠伸者余睡情，箕踞者多睥睨，各有潇洒出尘之想。"㊼

正由于这些园林远离住宅，与园主的家庭生活无关，日常闲置无用，商人与士大夫不同，要考虑生财之道。所以"**湖上每一园，必作深堂，饬庖寝以供岁时宴游**"。㊽说明，不止是《记》中的江园如此，湖上的园林均可供游人食宿。

清代扬州瘦西湖上的园林，这种一定程度的开放性和商业性，虽有其形成的特殊历史原因和背景，实际上，也反映出城市商业经济的发展，市民对娱游生活的需要。这种特殊性，对今天的造园实践来说，有更多值得研究的，或者说可以借鉴的东西。

清代扬州的园林建筑

李斗在《扬州画舫录》的"工段营造录"中，对建筑和营造之法，作了多方面的记述。这里对有关建筑形式问题，就几种主要的建筑形式，摘录之以见一斑。

厅："有大厅、二厅、照厅、东厅、西厅、退厅、女厅。以字名如一字厅、工字厅、之字厅、丁字厅、十字厅；以木名如楠木厅、柏木厅、杪椤厅、水磨厅；以花名如梅花厅、荷花厅、桂花厅、牡丹厅、芍药厅；若玉兰以房名，藤花以榭名，各从其类。六面庋(guǐ，搁置)板为板厅；四面不安窗棂为凉厅；西厅环合为四面厅；贯进为连二厅及连三、连四、连五厅；柱檩木径取方为方厅；无金柱亦曰方厅；四面添廊子飞缘攒角为蝴蝶厅；仿十一檩挑山仓房抱厦法为抱厦厅；枸木椽脊为卷厅；连二卷为两卷厅；连三卷为三卷厅；楼上下无中柱者，谓之楼上厅；楼下厅；由后檐入拖架为倒坐厅。"

堂："正寝曰堂，堂奥为室，古称一房二内，即今住房两房一堂屋是也。今之堂屋，古谓之房；今之房，古谓之内；湖上园亭皆有之，以备游人退处。厅事无中柱，住室有中柱，三楹居多；五楹则藏东、西两梢间于房中，谓之套房，即古密室、复室、连房、闺房之属。又岩穴为室潜通山亭，谓之洞房。各园多有此室，江氏之'蓬壶影'、徐氏之'水竹居'最著。又今屋四周者谓之四合头，对雷为对照，三面连庑谓之三间两厢，不连庑谓之老人头。凡此又子舍、丙舍、四柱屋、两徘徊、两厦屋，东西雷之属。其二面连庑者，谓之曲尺房。"

　　亭："行旅宿会之所馆曰亭，重屋无梯，耸檐四勒，如溪亭、河亭、山亭、石亭之属，其式备四方，六、八角，十字脊，及方胜圆顶诸式。"

　　廊："浮桴在内，虚檐在外，阳马引出，栏如束腰，谓之廊。板上甃砖，谓之响廊；随势曲折，谓之游廊；愈折愈曲，谓之曲廊；不曲者修廊；相对者对廊；通往来者走廊；容徘徊者步廊；入竹为竹廊；近水为水廊。花间偶出数尖，池北时来一角，或依悬崖（yá 牙，山边），故作危槛；或跨红板，下可通舟，递迢于楼台亭榭之间，而轻好过之。廊贵有栏，廊之有栏，如美人服半背，腰为之细，其上置板为飞来椅，亦名美人靠。其中广者为轩，《禁扁编》云：'窗前在廊为轩。'"⑭

这篇《工段营造录》，如李斗"自序"中所说，是他"退而家居，则时泛舟湖上，往来诸工段间"，耳闻目见，留心营造，记录下来的资料。从中大体可知清代扬州园林中所有的建筑情况。其中有的需稍作解释者如：

厅中以木为名之"桫椤厅"，"桫椤"，据《广群芳谱·木谱》卷八十"娑罗木"："《通雅》：娑罗外国之交让木也。叶似栟，皮如玉兰，葱白最洁，鸟不栖，虫不生，子能下气。"⑳《辞源》："桫椤，木名，茎高而直，含淀粉，可供食用；叶片大，羽状分裂。"茎既可食，当不能为梁栋。此厅以木为名，可能是厅附近有桫椤木，因以为名也。

"四厅环合为四面厅"，与今所说之"四面厅"，独立布置又四面开敞之厅不同。而是四厅聚合，四面皆厅。这种形式的建筑，见图 7-2"砚池染翰"图中的"临池亭"，四厅之前后二厅为三间，左右大约是两间，平面组合可能呈"十"字形，或者"丁"字形，四顶均为歇山卷棚顶。这种形式的建筑，屋顶须用天沟排水，构造既烦，且易渗漏，故遗存实物已不可见。

连厅、连卷厅，指贯进连以二栋或二栋以上房屋者，前者未限屋顶的形式，后者专指用卷棚顶者。如图 7-7"荷浦熏风"图中的"清华堂"，就是用歇山式的三卷厅。此式亦因天沟排水之弊，后世极少有用者。

堂中所说的"子舍"、"丙舍"。子舍，是指别于正房的旁室；丙舍，后汉宫中正室两旁的房屋。实际上，都是指正室旁的别室。

廊中的"浮柎"、"阳马"、"轩"需要作些解释。先说"柎"字。《辞海》解释："柎（fú，扶）房屋的次栋，即二梁。"将"柎"解释为"二梁"，"栋"就是主梁了，这个解释是错误的！中国木构建筑，构架中架在柱上的是梁，搁在两片梁架梁头上称"檩"或"桁"，"栋"是脊檩；"柎"是金檩，不能称梁。[51]在进深一间的廊中，柎的位置是檐檩。浮柎，就是架在梁头上的檐檩，在檐口之内，故云"浮柎在内"。

"阳马"，梁思成《营造法式注释》卷上："何晏《景福殿赋》："承以阳马。""释："阳马，屋四角引出以承短椽者。"又："《义训》：阙角谓之柧棱。"释："今俗谓之角梁。"[52]阳马引出，意思是：角梁伸出檐椽之外。

"轩"，李斗在文中讲了两条，即"其中广者为轩"；"窗前在廊为轩"。其实就是指檐廊，一般较宽（进深），为了抬高檐口和廊顶部空间整齐美观，用重椽做成对称的假顶，椽子加工成各种形式，称之谓轩式。如茶壶档轩、船篷轩、鹤胫轩、菱角轩等等。

值得注意的是，李斗讲了那许多建筑形式，也没有刘侗在《帝京景物略·李皇亲新园》中所描述："亭如鸥，台如凫，楼如船"的组合式象征"不系舟"的建筑。与刘侗同时的计成，在《园冶》中也没有提到这种象征性的组合建筑。一个半世纪以后，到清代乾隆时，扬州大造园林，仍然没有这种建筑形式。是否可以说，这种象征船的组合式建筑，最初出现在明末的北方私家园林，直到清代乾隆以后，才在南方的私家园林中流行起来？

~~~~~~~~~~~~~~~~~~~~~~~~~~~~

注：

①曹汛：《张南垣生卒年考》，载《建筑史论文集》，第二辑，清华大学建工系，1979。

②清·康熙二十四年：《嘉兴县志·张南垣传》，卷七。

③清·阮葵生：《茶余客话》，卷九。

④⑤⑦⑨清·吴伟业：《梅村家藏稿·张南垣传》，卷五一二。

⑥清·王时敏：《王烟客先生集》。

⑧清·张廷玉等：《明史·徐达传》，卷一百二十五。

⑩清·戴名世：《南山集·张翁家传》，卷七。

⑪明·计成：《园冶·自序》。

⑫童寯：《江南园林志·假山》。

⑬张家骥：《园冶全释——世界最古造园学著名研究》"序言"，山西古籍出版社，1993。

⑭《园冶·自序》。

⑮《园冶·题词》。

⑯童寯：《江南园林志·沿革》。

⑰转引自北京古籍出版社：《帝京景物略》的"出版说明"。

⑱刘侗、于奕正：《帝京景物略》，刘侗"叙"。

⑲⑳《帝京景物略·略例》。

㉑㉒《帝京景物略·城北内外》，卷之一。

㉓《帝京景物略·泡子河》，卷之二。

㉔《帝京景物略·城南内外》，卷之三。

㉕《帝京景物略·西城外》，卷之五。

㉖《帝京景物略·城北内外》，卷之一。

㉗明·李时珍：《本草纲目·木部四》。

㉘清·孙承泽：《天府广记·名迹》，卷之三十七。

㉙宋·陶毂：《清异录·居室》，卷下。

㉚清·孙承泽：《天府广记·袁宏道牡丹园记》，卷之三十七。

㉛明·张岱：《陶庵梦忆·菊海》，卷六。

㉜《陶庵梦忆·一尺雪》，卷六。

㉝清·陈淏子：《花镜·花草类考》，卷六。

㉞明·文震亨：《长物志·室庐》，卷一。

㉟《扬州画舫录·袁枚序》。

㊱㊲《扬州画舫录二跋》。

㊳㊴清·李斗：《扬州画舫录·自序》。

㊵《扬州画舫录·阮元序》。

㊶㊷《扬州画舫录后序》。

㊸《园冶·屋宇》。

㊹㊺《扬州画舫录·袁枚序》。

㊻《扬州画舫录·草河录上》，卷一。

㊼《扬州画舫录·桥东录》，卷十二。

㊽《扬州画舫录·虹桥录上》，卷十。

㊾《扬州画舫录·工段营造录》，卷十七。

㊿《广群芳谱·木谱·娑罗木》，卷八十。

51张家骥"对《辞海》中古建名词释义的质疑"附于《中国建筑论》，山西人民出版社 2003 年版。

52梁思成：《营造法式注释》，卷上，中国建筑工业出版社，1983。

第八章　江南古典园林

第一节　概　　述

关于江南古典园林的兴衰，20 世纪 30 年代童寯先生在所著《江南园林志·现况》中，有段很简要的概述：

> 南宋以来，园林之盛，首推四州，即湖、杭、苏、扬也。而以湖州、杭州为尤。明更有金陵、太仓。清初人称"杭州以湖山胜，苏州以肆市胜，扬州以园亭胜"（见《扬州画舫录》）。今虽湖山无恙，而肆市中心，已移上海；园亭之胜，应推苏州；维扬则邃馆露台，苍莽灭没，长衢十里，湮废荒凉。江南现存私家园林，多创始或重修于清咸丰兵劫以后，数十年来，复见衰象。①

这段话上下历时数百年，其间社会变革直接地或间接地对私家园林的发展产生很大的影响，如不了解有关的历史背景情况，对这段话的意思，就难以真正理解。如第一句说"南宋以来，园林之盛"。那么，南宋以前的数百年，园林是否不兴盛，为什么？清初人认为园林最兴盛的城市是扬州，后来不久就衰败了，为什么？从造园史学言，是应予解释清楚的。以著者的管见，试析如下：

古典园林，多指城市宅园而言。所谓盛世造园林，自秦汉至唐宋这数百年，秦皇、汉武、唐宗、宋祖，都处于历史上的盛世，从前面各章大致也可看出，南宋以前历代的王公贵胄、富贾豪商，多喜造园，随着社会的发展，文献记载的私家园林，是由少渐多地发展。为什么童寯先生认为古代园林兴盛是从"南宋以来"呢？

从史料有关园林的记载，南宋以前造园可归纳两个特点：从造园者言，主要是：帝族、王侯、外戚、公主等擅山海之富②的极少数贵族统治阶级，和极个别的富民。到唐宋时代，公卿大臣建园的多了起来，如《洛阳名园记》所记19座私家园林，园主是当朝宰相的，有唐代的牛僧孺、李德裕、王溥、裴度等；宋代的有赵普、富弼、吕蒙正、文彦博、司马光等。除这些名公大人，就是"富贵利达，优游闲暇之士"了③。从造园的地点言，多在都城之内或畿辅之地，京畿之外的其他城市，极其少见有私家园林的记载。据此，结论是：秦汉至唐宋千余年间，造园只是在封建统治阶级上层少数权贵间流行，而且集中在京畿之内，虽有发展尚不普及，故云不兴。

究其原因，从造园本身是不会找到答案的，从社会经济发展本身，也难找到历史发展的直接因果关系。

据我的研究，这一特殊现象，是同北宋以前，准确地说是北宋仁宗朝以前，一直实行**坊市制**的城市管制有直接关系。所谓坊市制，是指城市居民按编户居住的街**"坊"**和商业贸易指定的活动场所**"市"**，是用围墙封闭起来，坊市的门**晨开暮闭**，对居民的生活活动，在空间上加以禁锢，时间上加以管制的**城市管理制度**，这是从奴隶社会延续和继承下来的特有的一种制度。

坊市制可谓源远流长，直到北宋仁宗朝，才在社会经济发展力量的冲击下，逐渐解体以至彻底崩溃。

坊市制的存亡，对中国古代的城市生活以至社会生活必然产生很大的影响。我于1984年在《科技史文集》上发表了《西周城市初探》一文，对古代坊市制作了探讨。④近20年了，在城市史学和建筑史学中，尚未见有在这方面进行深入专题研究的文章。

在实行坊市制时的城市情况，元代人已不清楚了。如元·骆天骧撰《类编长安志》卷之八《纪异》中"鬼市"条云："务本坊西门，盖鬼市也。或风雨暝晦，闻喧聚之声。……或月夜闻吟云：'天街鼓绝行人歇，九衢茫茫空有月'。"⑤在明代文人笔记中，亦有此所谓的鬼作之诗：

六街鼓歇人绝灭，
九衢茫茫空有月。

其实，这两句诗非常真实而形象地描绘出，在坊市管制下城市夜晚的景象和禁严阴森的氛围。骆天骧在该书《引》中说书写于"元贞丙申中元日"，丙申是元成宗元贞二年 (1296)，而坊市崩溃在北宋仁宗朝，约公元 1000 年左右，说明三百年后的元代人，已不能想像坊市制时代的城市景象了。

这种在空间上禁锢、时间上管制的坊市制度，既束缚了城市的发展，更扼制了商业的繁荣，而商业与城市有着相互依存的关系，**"商业依存于城市的发展，城市的发展又以商业为条件"**（马克思语）。

坊市制的崩溃，摧毁了千年来限制城市发展的桎梏，城市出现了空前的繁荣，街道两旁，封闭的高墙消失了，而是商业市房，栉比连云；沿河邸店，列屋成市；雄峙街衢的高楼杰阁，竟是茶馆酒肆……正是这种城市面貌的空前巨变，才会产生出中国绘画史上举世闻名的杰作《清明上河图》。作者张择端，是北宋徽宗朝翰林图画院的工笔画家，《清明上河图》所绘，是北宋仁宗朝坊市制崩溃的百年以后，京师汴梁的盛况，而城市的繁荣已不限于京都。经济的力量，不仅摧毁了实行千余年的坊市制度，而且从本质上改变了古代城市间单纯的政治关系，成为城市间的纽带，即社会经济关系。

城市商业昌盛，经济繁荣，无疑会促进私家园林的发展。造园与吟诗作画不同，建园首先是要通过物质生产的方式，需要大量的人力、物力、财力，造园较建宅所费之多不知凡几，园林是财富、是产业，这是园林艺术与纯意识形态性的艺术，本质上的不同之点。园林的发展不可能与社会经济无关。北宋李格非在《洛阳名园记》中提出："洛阳园林之盛衰，天下治乱之候也"，认为社会的"治"和"乱"与园林的"盛"和"衰"，有直接的联系与关系，这是把复杂的社会现象简单化了。

李斗于乾隆末年所撰《扬州画舫录》中，曾记有时人刘大观的评论：**"杭州以湖山胜，苏州以市肆胜，扬州以园亭胜，三者鼎峙，不可轩轾。"**⑥李斗云"洵至论也"。

三者中"扬州以园亭胜"，就与社会的治乱无关。如果将刘大观的这个评论，当成有清一代的情况，就大谬不然了。这个评论，应是指清代乾隆年间的情况，更准确地说，是乾隆四五十年间的事。杭州具湖山之胜，是无与伦比的。与苏杭二州比较，"扬州以园亭胜"，其实从数量上，"明代，扬州园林比苏州少得多，清代两处大体相当，因之，清朝实际存在的园林仍然大大超过扬州"⑦。从质量上，虽各有千秋。但在艺术境界上，苏州要更胜一筹。

说"扬州以园亭胜"者，是在乾隆皇帝六次南巡期间，扬州盐商接驾，为满足皇帝驻跸时的娱游之赏，集中地建造了大量园林。如清诗人袁枚（1716～1798）在为《扬州画舫录》作"序"时所说："自辛未岁天子南巡，官吏因商民子来之意，赋工属役，增荣饰观，参而张之。"自天宁门外至平山堂，沿途夹水，园林鳞罗布列，霎然阳开。正如诗云：

> 绿油春水木兰舟，步步亭台邀逗留。
> 十里图画新阆苑，二分明月旧扬州。

可见，扬州园林的突飞猛建，是因乾隆皇帝南巡，地方官吏逢迎皇帝所好，美其名曰"因商民子来之意"，是借《诗经·灵台》中**庶民子来**的典故，即民众对君主的需要，像儿子对父亲一样尽心出力。将"庶民"改成"商民"者，正因富贾盐商集居扬州，建园的大量资金很易筹措也。

历史上扬州的这阵园林风暴，实是一种政治风暴，事过则境迁，乾隆皇帝逝后仅二三十年，官府收回盐业自营，以盐业繁盛的扬州，很快就衰败下去，造园的旧盐商多因歇业贫散，园林也日益荒废，以至埋没殆尽，无迹可寻。

第二节　古典园林的鉴赏与品评

如果说"**江南园林甲天下**"，那么，说"**苏州园林甲江南**"是当之无愧的。中国古典园林今天遗存最多，造园艺术水平最高的，多集中在苏州。苏州园林集中地代表了中国古代灿烂的园林文化成就和造园艺术的高超水平。

苏州园林的发展，离不开其滋生的土壤——苏州。苏州在明代已很繁荣，清代时如孙嘉淦（1683～1753）在《南游记》中说：

> 姑苏控三江五湖而通海，阊门内外，居货山积，行人水流，列市招牌，璨若云锦。语其繁。都门不逮。⑧

据说当时苏州府在户口人数和岁供京师粮饷等方面，居全国 159 府之首。说"苏州以肆市胜"，也是名不虚传的。苏州土沃风淳，会达殷振，人文荟萃，故达官显贵，文人雅士，多喜在苏州置宅筑园。苏州除经济文化的优越，与"吴宫闲地，人家尽枕河"，水乡城市清净的环境，适宜于造园也有很大关系。

从园主看，不论是被罢官、贬官，还是告老还乡，退避市隐，他们对传统文化都有较高的修养，有人就是诗人画家，造园往往是自出机杼。这同扬州园林主多富贾豪商，对造园的影响自不相同。画家中著称于世的"明四家"：沈周、文徵明、唐寅、仇英等形成的吴门画派，多参与过园林的意匠经营，从而使绘画的理论与技法，渗透于造园的艺术实践之中（参见图 8-1）。

文徵明的曾孙文震亨（1585~1645）所著《长物志》，涉及园林和园居生活的诸多方面，虽非系统的造园理论之作，虽属雅人深致的鉴赏品评，但其中亦不乏精辟之论。在中国园林美学上，《长物志》对提高人们的审美思想和欣赏水平，有积极的作用和意义。

江南园林长期兴盛不衰，在大量造园实践的基础上，产生了吴江人（今属苏州市）计成（1582~？）所著的、世界最古的造园学名著《园冶》，标志着中国造园学从实践到理论体系的完成，也反映了中国园林在艺术上的高度成就。

《园冶》首先提出："**虽由人作，宛自天开**"的山林意境。意境是中国艺术的灵魂，意境的高下是衡量作品成败的关键。即使用中国园林建筑的形式，也以水石造景，若毫无山林意境可言，从严格的意义上说，就不能称之为园林，也够不上是园林艺术创作，就同西方的花园一样，最多是用传统的建筑形式和水石树木，对环境的一种绿化和美化。

中国造园为创造**城市山林**的意境，积千百年的实践经验，创造出一系列的艺术处理和意匠手法。如果说意境是"**虚**"，难以衡量和把握，具体的手法则是"**实**"在的。园林设计是否懂得并恰当地运用这些手法，可作为衡量园林艺术高下或成败的参照。现据《园冶》总结出一些造园的主要设计方法，归纳如下：

造山 视觉心理活动依据，"**欲藉陶舆，何缘谢屐**"。具体方法是"**未山先麓**"。

叠石 峰石不论是一块，还是两三块拼叠"**宜上大下小，似有飞舞势**"。石有飞舞欲举的动势，才能给人以高峰峻立的联想，象征山峰崇高的精神。

理水 "**亭台突池沼而参差**"，临水亭台突出池岸，高低参差，前后错列，水面则曲折，而有空间层次，不至一览而尽。"**疏水若为无尽，断处通桥**"，水口处架以桥梁，空间上隔而不断，从而隔出层次，扩大了视觉景深。

建筑空间环境 《园冶》在"装折"中有两种手法：即"**砖墙留夹，可通不断之房廊**"；"**出幕若分别院，连墙拟越深斋**"。源出于中国古老哲学"无往不复，天地际也"的空间意识，形成园林循环往复，无始无终的游览路线，充分体现中国古典园林美学"以少总多"、"即小见大"的原则。这种从有限达于无限的视觉审美心理活动，是人们获得自然山林意境的最佳条件。（详见拙著《园冶全

图8－1　明·仇英《园居图》部分（摹写）

释——世界最古造园学名著研究》装折篇注释、《中国造园论》第三章"中国造园艺术的空间概念"。)

总体规划　对园林的总体规划布局，从《园冶》"兴造论"中，可用"**互相借资**"、"**体宜因借**"来概括。是说园林规划必须因地制宜，构景要巧而得体，造境要考虑互相借资。因游园不论是动观，还是静赏，人的目光都在游动之中。景境的设计，不是孤立的画面，而是园林整体中的有机组成部分。因此，凡游人身之所处，目之所见，是过渡空间的浏览，还是定点空间的静赏，要做到游目皆景，就必须互相借资，才能处处引人入胜。

以上所列，仅是著者认为园林设计时重要的几条，以本章下面介绍的二十余座江南园林实例对照，凡能体现《园冶》的造园思想，充分运用《园冶》所总结的设计方法和处理方法的，多为成功的杰作。所以，从运用这些经千百年锤炼的方法和手法的多少与巧拙，大体可见园林设计水平的高下，反映出立意的优劣与雅俗。如果看不到这些手法的运用，园林也不可能有意境可言，恐怕也不会有什么艺术性了。具体见下面的实例分析。

从这些实例比较中可见，苏州园林在总体上要比其他园林更胜一筹。虽然苏州古典园林中，有个别"名"园，经近人改建而有许多败笔。原建之中，亦有不足之处，只是大醇小疵而已。多数皆堪称佳构，尤其在建筑空间环境设计方面，**往复无尽的流动空间理论**，仅在苏州园林中有所体现。苏州得天时、地利、人和之三才，古典园林有高度艺术性，集中体现了千百年来中国造园艺术实践的精华。今天，苏州园林已列入了《世界文化遗产名录》，作为世界的文化瑰宝，受到人类的珍惜。

以下对遗存的江南古典园林的一些实例，作简要的介绍，并作必要的分析。

第三节　古典园林实例简析

一、拙　政　园

拙政园位于苏州娄门内东北街，被誉为中国的四大名园之一。历史上，曾是三国时郁林太守陆绩、东晋高士戴颙、唐代诗人陆龟蒙、北宋胡稷言等人的第宅。元代为大弘寺。明正德四年 (1509)，吴县人御史王献臣，因受诬被解职，归隐苏州，建园名拙政。是自比西晋潘岳，取《闲居赋》："筑室种树，灌园鬻蔬，以供朝夕之膳，是亦拙者之为政也"之意 (参见图 8-2)。

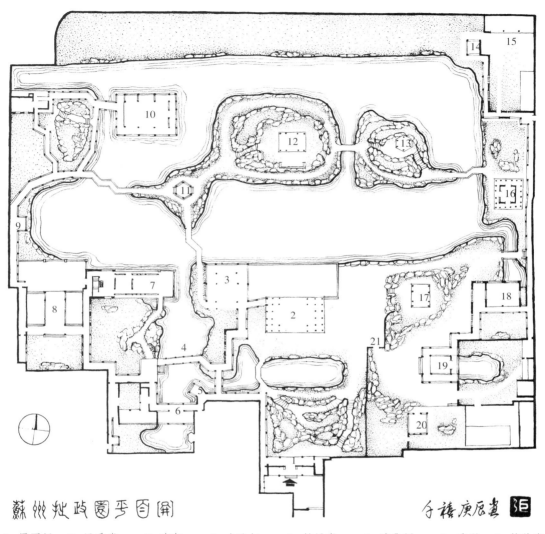

苏州拙政园平面图

于禧庚辰画

1. 原园门　2. 远香堂　3. 南轩　4. 小飞虹　5. 松风亭　6. 清华阁　7. 香洲　8. 笔花堂
9. 别有洞天　10. 见山楼　11. 荷风四面亭　12. 雪香云蔚亭　13. 待霜亭　14. 绿漪亭
15. 采花楼遗址　16. 梧竹幽居亭　17. 绣绮亭　18. 海棠春坞　19. 玲珑馆　20. 嘉实亭　21. 枇杷园

图 8-2　苏州拙政园平面图

拙政园初建时，规模有 13.34 公顷，嘉靖十二年 (1533) 文徵明为王献臣作《拙政园记》，对园景记述较详，计有 31 景，园的水面颇多，可见规模之大。王献臣死后归徐氏，后随徐氏子弟衰落，园遂日趋荒废。

崇祯四年 (1631)，园东部荒地约 0.7 公顷，为侍郎王心一购得，建园名"归田园居"。清初，钱谦益构曲房于"拙政园"西部，为名妓柳如是居处。从此

中
国
造
园
艺
术
史

图 8-3 苏州拙政园小飞虹水院

"拙政园"演变为相互分割的三个部分。

四百多年间，园林易主二十余人，园名亦随之变更，曾有"复园"、"蒋园"、"吴园"、"书园"、"补园"等等之称。而现存建筑物，大多是太平天国时作为忠王府的一部分建造的。自清代"拙政园"形成东、中、西三部分，中部是"拙政园"的主要部分。园屡易其主，多次改建，这种演变本身也是个发展过程。东部的"归田园居"，清代为"复园"时的景物多已不存，十分旷如，今为"拙政园"的大门，已成人流集散的大片绿地与过渡空间，中部是"拙政园"的主要部分，也是全园的精华所在（参见图 8-5）。

"拙政园"中部占地约 1.23 公顷，水面占三分之一。园在宅后，宅在街北，为了园门能直接通向街道，只能在建宅时留出夹巷，形成宅门与园门（已封闭）同在东北街上。由巷门经夹巷北行至园门，门内假山屏蔽，循廊绕山，豁然开

图 8-4 苏州拙政园海棠春坞庭园

敞，主体建筑"**远香堂**"在前。可谓"门内有径，径欲曲。径转有屏，屏欲小"（清闲供·小蓬莱）。蔽而通之，以免一览无余，是中国建筑和园林的传统手法。

拙政园总体布局的特点，因园在宅后，园中庭院，集中在南面靠住宅一带，主要游览线——园门至"远香堂"的东西两侧，西侧由廊桥"小飞虹"围成的水院（参见图 8-3），隐显藏露之间，颇能引人入胜。东侧，"**枇杷园**"和"**海棠春坞**"一组庭园，空间设计，虚虚实实，周流循环，令人不知所终，是中国独特的"**往复无尽流动空间理论**"最佳的实例（参见图 8-4）。关于"海棠春坞"的空间意匠和分析，见拙著《中国造园论》。

"**远香堂**"四面厅，廊庑周匝，堂北大池，水中筑有东西相连的两个岛屿，山麓围以湖石，山上构以空亭，翼角飞扬。池东沿墙，以"**倚虹亭**"半亭为中点（今为东园入园处），修廊南通"海棠春鸹"小院，北端与"**梧竹幽居**"亭相接。池西沿墙，游廊曲折，爬山涉壑，下至西北的"**见山楼**"，楼二层，三面环水，体量较大，廊楼对池呈环抱之势，在池水的联络映带之下，将池沼竹树、亭台楼阁连成一气，疏而不散，使园林水石有清旷的山林意境（参见图 8-6）。

中
国
造
园
艺
术
史

图8-5　苏州拙政园中部胜概

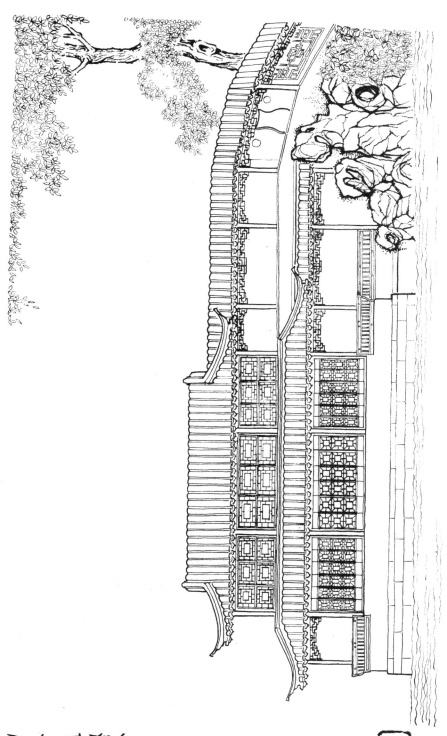

图 8 - 6　苏州拙政园见山楼

二、留园

留园，位于苏州阊门外留园路，明万历间 (1573～1619)，太仆寺卿徐泰时所建之东园。据明文学家袁宏道 (1568～1610) 《园亭记略》载：园"宏丽轩举，前楼后厅，皆可醉客。石屏为周生时臣所堆，高三丈，阔可二十丈，玲珑峭削，如一幅山水横披画"。还记堂侧的土垄上有太湖石一座，高三丈余，"妍巧甲于江南"，名**"瑞云峰"**。相传为北宋朱勔花石纲遗物。徐泰时死后，园渐废，惟湖石一峰，岿然独存。

清乾隆年间，归东山人刘恕所有，在**东园**故址建园。"园饶嘉植，松为最，梧竹次之，平池涵漾，一望渺弥"⑨，正因"竹色清寒，波光澄碧"（钱大昕《寒碧庄宴集序》），故改名为**"寒碧山庄"**。又因园地处旧**"花步里"**，亦名园为**"花步小筑"**，但里人却以园主姓氏称之为**"刘园"**。

同治十二年 (1873)，武进人盛康购得此园，加以扩展，园广约 2.7 公顷，大肆修葺，于光绪二年 (1876) 竣工，木荣卉繁，石奇水碧，凉亭燠馆，廊庑相接。俞樾 (1821～1907) 曾在战乱前后两次游园，见称"其泉石之胜，花木之美，亭榭幽深，犹未异于昔"⑩。而阊门外因历经兵燹，惟此园独存，故谐"刘园"之音而名为**"留园"**（参见图 8－7）。

"留园"是苏州的大型古典园林之一，园广约 2 公顷，园在住宅祠堂之后，其对外的通路，在住宅与祠堂间的夹巷中，那宅、祠、园的大门并列在街北。夹巷虽长近 50 米，且狭窄而曲折，但虚实有致，曲折有情，颇能引人入胜（参见图 8－8）。

留园的空间结构，是以进园门的南北一线为区划，祠堂后的山水景区，为全园景境的主体，以池水为中心，池南池东，沿水皆围以建筑，亭台楼阁，前后错列，高下有致，有**"池塘倒影，拟入鲛宫"**之趣（《园冶》）。池南，入园门由**"古木交柯"**向西（参见图 8－9、图 8－10），经**"花步小筑"**、**"绿荫轩"**，空间化实为虚，以藏为显，颇具导向作用，至池南的**"明瑟楼"**、**"涵碧山房"**，为景区的主体建筑。

池东，沿水由南而北，是**"曲溪楼"**、**"西楼"**、**"清风池馆"**，三者的平面组合，"曲溪楼"在前，"西楼"错后，"清风池馆"则为临水的敞轩；三者的造型设计亦十分精妙，"曲溪楼"为狭长的五间楼房，进深很浅，形同走廊，虽用单坡顶，却筑脊设计成半个歇山顶，向池一面翼角飞扬，立面虚实而富变化，造

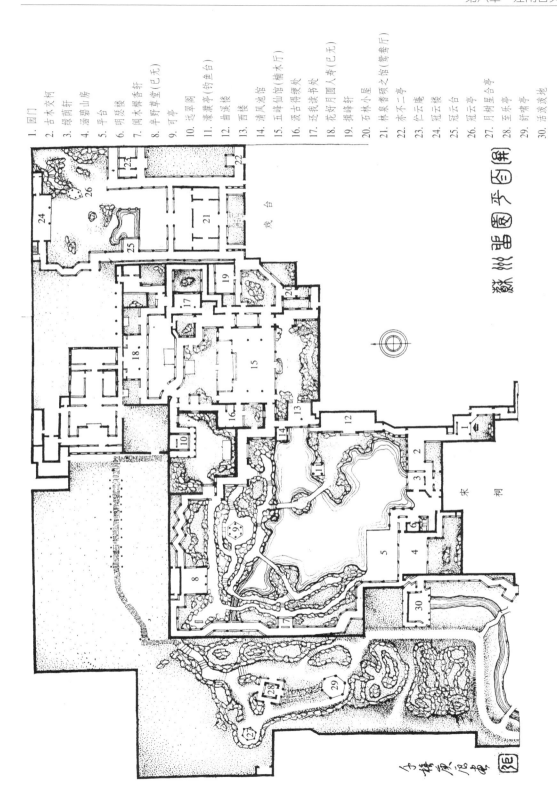

1. 园门
2. 古木交柯
3. 绿荫轩
4. 涵碧山房
5. 平台
6. 明瑟楼
7. 闻木樨香轩
8. 半野草堂（已无）
9. 可亭
10. 远翠阁
11. 濠濮亭（钓鱼台）
12. 曲溪楼
13. 西楼
14. 清风池馆
15. 五峰仙馆（楠木厅）
16. 汲古得绠处
17. 还我读书处
18. 花好月圆人寿（已无）
19. 揖峰轩
20. 石林小屋
21. 林泉耆硕之馆（鸳鸯厅）
22. 亦不二亭
23. 仁云庵
24. 冠云楼
25. 冠云台
26. 冠云亭
27. 月榭星合亭
28. 至乐亭
29. 舒啸亭
30. 活泼泼地

图 8-7　苏州留园总平面图

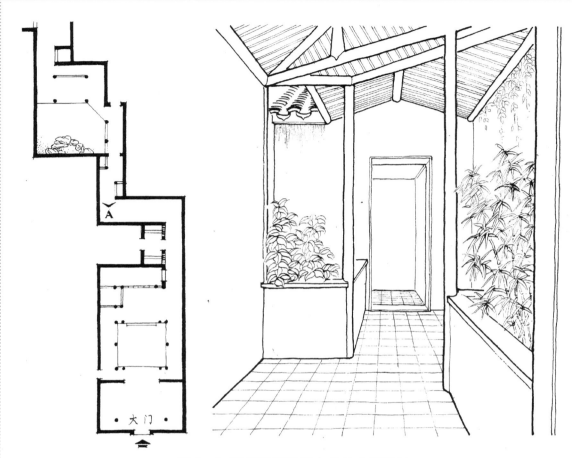

图 8-8　苏州留园进门夹巷的空间设计

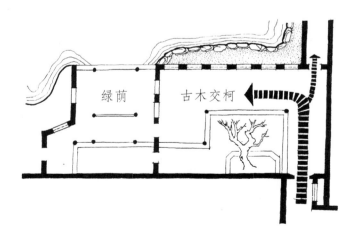

图 8-9　苏州留园古木交柯平面图

图 8-10 苏州留园古木交柯小院

型清逸而雅致。"西楼"错后，"清风池馆"前凸临水，歇山卷棚顶，曲槛空灵。三者构成一幅完美的建筑图画。

景区的西、北筑土构石为山，山上一带长廊回旋，自"涵碧山房"西出，游廊曲折而上，北折沿西园墙，高下起伏，至北园墙，中间**"闻木樨香轩"**，为"曲溪楼"、"清风池馆"的对景，居高临下可瞰一园之胜。东折沿北园墙而下，游廊若接若离，至东端的**"远翠阁"**，是二层重檐歇山卷棚顶建筑，楼下为"自在处"。廊沿墙而前为山，中立六角攒尖顶**"可亭"**，与"涵碧山房"隔池相对。

留园环池西北皆山，外石内土，叠石虽无佳构，但山环水抱，颇有城市山林的清旷意境。

园的东部，在住宅之后，主要是由建筑庭园组成的景区。留园在建筑空间上，可谓极臻变化之能事，给人以无尽的空间意趣。在中国古典园林空间艺术意匠上，是最富创造性的非常杰出的一座园林（参见图 8－11）。

入园沿"古木交柯"东墙北出，经"曲溪楼"至"清风池馆"，向东抵园林东部的大厅**"五峰仙馆"**，大厅梁柱皆为楠木，俗称"楠木厅"。是苏州园林厅堂中，体量之大者，面阔五间，进深 11 架，面积近 300 平方米，硬山卷棚顶。"五峰仙馆"是鸳鸯厅结构，但前后作不等宽的分隔，前深后浅，中用屏门、纱槅、飞罩，按明间、梢间凹凸间隔，形成室内南北空间有主次之分；南部厅内，空间功能划分明确。厅南庭园，以湖石筑台，列峰石为景，故题厅名"五峰仙馆"。

从"五峰仙馆"去隔院，没有门户可见的通路，庭院东的**"鹤所"**是曲折的廊屋，只辟地穴、月洞，阙如无扇，宽大者如横幅，狭小者若单条，**当窗为画**，成为观赏院中峰石的立体图画（参见图 8－12）。

由"五峰仙馆"至隔壁**"揖峰轩"**的**"石林小院"**，在空间意匠上是非常精妙的。在"五峰仙馆"内东窗外望，可见层次深重的小院，有引人入胜，探奇觅幽之趣（参见图 8－13）。

出东山前后门空，经一段夹隙修廊，可令人惊奇地发现深藏的"揖峰轩"小院。由于廊路的隐显，路线的循环，从而造成空间的无始无终，极臻变幻景境。这一空间设计，正合于计成在《园冶》中所说："**出幕若分别院，连墙拟越深斋**"的方法，充分体现了中国古典园林建筑艺术**往复无尽的流动空间理论**的独运与精妙。（空间设计的具体分析见拙著《中国造园论》）

据园主刘恕的《石林小院说》，清嘉庆十二年 (1807) 得"晚翠峰"，因"筑

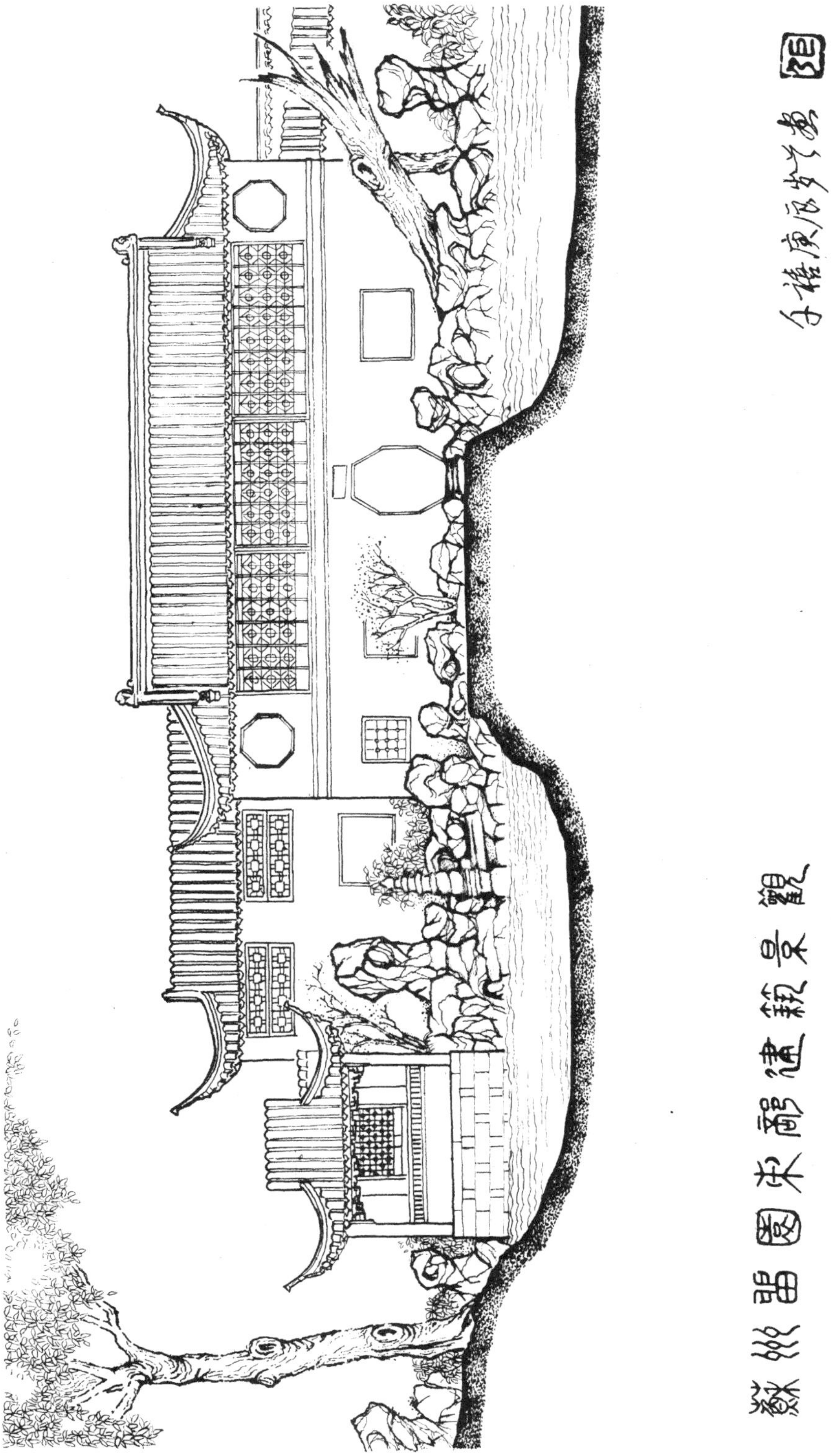

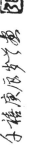

苏州留园未扇健竟景观

图8-11　苏州留园景区东立面图

分程庶戍好卷图

图 8－12　苏州留园鹤所的窗牖意匠

书馆以宠异之"，即指"揖峰轩"。刘恕爱石，后又陆续得到"独秀峰"、"段锦峰"、"竞爽峰"、"迎晖峰"和"拂云石"、"苍鳞石"等四峰二石，"其小者或如圭，或如璧，或如风荃之垂英，或如霜蕉之败叶，分列于窗前阶畔、墙根坡角，则峰不孤立，而石乃为林矣"。"揖峰轩"庭院，题名"石林小院"，说明是处为观赏湖石的小院也。

　　由"石林小院"到"东园"（即东端盛家在 1888—1891 年间新辟的东园），空间和路线设计，采用《园冶》"**砖墙留夹，可通不断之房廊**"的手法，与拙政园"海棠春坞"不同处，"夹"不是留在院内，而是留在院外，由"揖峰轩"檐廊，出东山门空，经廊至"**林泉耆硕之馆**"。（空间设计具体分析见拙著《中国造园论》）留园和拙政园在空间艺术上的杰出成就，既是苏州古典园林艺术的成就，也代表中国古代造园在思想性和艺术性上的高度成就。

　　园主盛氏爱好戏曲，扩建留园时，在园的东端、住宅之后，原来建有戏楼，且规模颇大，戏台两翼为包厢，中央大厅可置十大圆桌，宴集听戏，名"东山丝竹"，故戏楼东侧有附属建筑和厨房水井等设施。抗日战争后期被毁，1949

图 8-13　苏州留园由静中观东望石林小院景观

年整修，改建成以欣赏峰石为主要景物的庭园，南以"林泉耆硕之馆"厅堂为主，北以"冠云楼"为对景，庭中列三峰，以高 6.5 米的"冠云峰"为主景和构图中心，其后"瑞云峰"在左，高 4.5 米，"岫云峰"在右，高 5.5 米。三峰前凿池"浣云沼"。南为厅堂的露台，故南、东以文石为岸，砌以雕栏；绕池石东西构筑游廊亭台，西临池沼有"冠云台"，东叠石之上有"冠云亭"。厅堂东沿园墙为"伫云庵"狭长小院，原为盛氏家庵，是学禅礼佛之处。

"林泉耆硕之馆"是鸳鸯厅，由宅内进入是主要厅堂，故南半"林泉耆硕之馆"用圆堂制作，北半面向庭园，观赏盛氏所得冠云峰奇石，相国张之万（字子青）为之题额"奇石寿千古"，用匾作厅。院北面的"冠云楼"，登楼可俯瞰庭园景色，远眺虎丘山之胜。东园改建是成功的，"冠云峰"庭园之开阔，与"五峰仙馆"、"揖峰轩"空间的回环窈蔼，形成强烈的对比；往复无尽的空间感受，更有助于人们对广庭中峰石崇高的联想；改建的东园，使留园东部有机地组成以欣赏峰石为主题的、有序列、有节奏的景境。

三、网师园

网师园，位于苏州城东南阔家头巷，南宋淳熙初年，吏部侍郎史正志，归老苏州，在此建"万卷堂"，筑园名"渔隐"。史正志死后，园售常州丁氏，家败园遂荒废。

清代乾隆年间，光禄寺少卿宋宗元退隐，在此重新建园，仍托原"渔隐"之意，名"网师园"，吴语称渔翁为网师也。嘉庆元年 (1796)，园归富商瞿远村所有，据钱大昕《网师园记》所说，其时"园已日就颓圮，乔木古石，大半损失，唯池水一泓，尚清澈无恙"。瞿远村购得后，"因其规模，别为结构，叠石种木，布置得宜，增建亭宇，易旧为新"①。园中建有"梅花铁石山房"、"小山丛桂轩"、"濯缨水阁"、"蹈和馆"、"月到风来亭"、"云冈亭"、"竹外一枝轩"、"集虚斋"等 8 处建筑。名"瞿园"，亦称"蘧园"。为今"网师园"奠定基础。

民国六年 (1917)，归张锡銮，改称"逸园"，后筑"琳琅馆"、"道古轩"、"殿春簃"、"萝月亭"诸胜。绘画大师张大千与其兄善孖卜居此园，善孖擅画虎，有"虎痴"之誉，为揣摩写生，曾饲一幼虎，虎死葬园中。今"殿春簃"庭院西壁有砖刻为记。

"网师园"在住宅西面，宅占地 0.2 公顷，园占地 0.33 公顷，地形大致呈 T 形，长于南北，而短于东西，横轴在北，园宅并立，沿街面阔较窄，仅宽 50 米左右，园林不大，故不设园门，由住宅轿厅西侧"网师小筑"过小厅，西出院墙门入园（参见图 8－14 和图 8－15）。

"网师园"的总体布局特点，是实两头而空其中的小园典型模式，在 T 形园基的南北长轴方向，中凿大池，池南以"道古轩"为主体厅堂，堂西侧，前有"蹈和馆"，为入园的对景；后有"濯缨水阁"，临池前端架水，这一组建筑，是接待宾客和宴集的场所。池北，前后错列的"看松读画轩"和"集虚斋"，为书画吟咏之处，与南岸对景。

池东，一带宅院高墙，为免呆板，上用假漏窗四方以破之。近后部，为内宅入园处，构折廊通"集虚斋"，门口廊端，用歇山卷棚顶，山花向外，翼角飞扬，借古射鸭的娱乐之意，而名"射鸭廊"，以增游趣，也起了化实为虚，化景物为情思的作用。

池西，沿墙回廊曲折，中间构亭架水，名"月到风来亭"。向南与南部建筑的廊庑相接，向北至"殿春簃"庭院门前，砖刻"潭西渔隐"。

园基 T 形短轴的东西两头，各自闭合成院。东头为藏修密处的二层楼房"五峰书屋"，紧邻内宅，方便而又隐蔽，完全合乎《园冶·书房基》要求，"择偏僻处，随便通园，令游人莫知有此"也。

西头"殿春簃"庭园，屋前植有名品芍药数株，因芍药花时在春末，故曰"殿春"。簃者阁边小屋也。"殿春簃"坐北朝南，南向庭院户牖虚敞，北有借天

1. 轿厅　　　7. 潭西渔隐
2. 网师小筑　　8. 殿春簃
3. 道古轩　　9. 冷泉亭
4. 蹈和馆　10. 看松读画轩
5. 濯缨水阁　11. 集虚斋
6. 月到风来亭　12. 五峰书屋
　　　　13. 射鸭廊

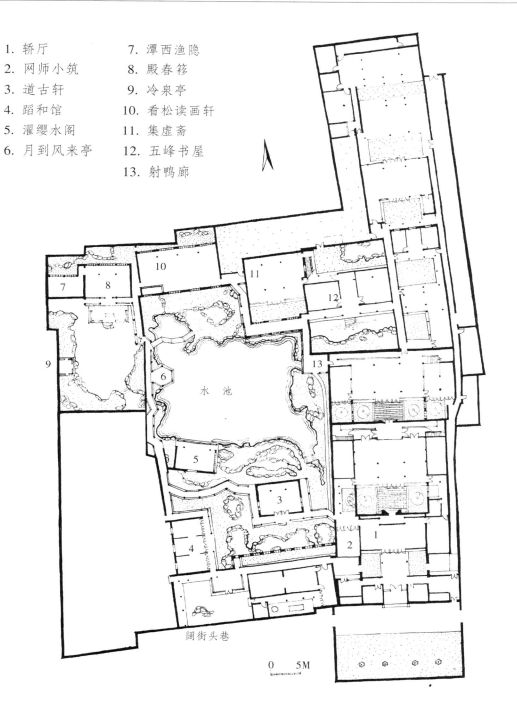

图8-14　苏州网师园平面图

中
国
造
园
艺
术
史

由轿厅入园处

由门屋入园口

图 8-15 苏州网师园鸟瞰图

夹隙，点以竹石，"满耳秋声图"也，室内十分明净清靓。院内只西垣的隔院山墙下建一半亭，名"冷泉亭"。原有古木一株已没（见图 8－16 苏州网师园冷泉亭），点缀的湖石尚存。此院不大，可谓室庐清靓，庭院雅洁，1980 年，它的仿制品"明轩"，在美国纽约大都会艺术博物馆落成。

网师园的山水造景，简洁而精致，池呈方形，东南与西北角向外伸延成溪，西北在"潭西渔隐"门前架石梁，如《园冶》云，**"疏水若为无尽，断处通桥"**，是隔出境界的手法。西南之水，引蔓通津，沿墙向南至假山下。网师园用石，仅在池南叠一黄石小山，造型简洁而自然，大量用石集在池边沿岸，有**"水令人远"**的意趣。

图 8－16　苏州网师园冷泉亭

网师园可谓"地只数亩，而有迂回不尽之致；居虽近廛，而有云水相忘之乐"。其精致空灵，堪称江南小园林的典范。

四、狮 子 林

狮子林在苏州城东北隅园林路，北去拙政园不远。元至正二年 (1342) 始建，如清人钱泳在《履园丛话》中说，是僧人天如禅师请朱德润、赵善长、倪云林、徐幼文共同参与规划建成。至正十二年 (1352)，改菩提正宗寺。欧阳玄 (1274~1358) 的《狮子林菩提正宗寺记》云：

> 林有竹万个，竹下多怪石，有状如狻猊者，故名狮子林。且师得法于普应国师中峰本公，中峰倡道天目山之狮子岩，又以识其授受之源也。

说明"狮子林"名称的由来，寺以竹石为胜，而石中有形怪像狮子者；天如禅师有纪念其师在天目山狮子岩倡道的普应国师之意。林，众僧聚处称"丛林"之略。

据史学家顾颉刚《史志笔记》引苏州吴瘤庵考证："狮子林为朱勔从太湖运来之石，未及送汴而徽、钦北去，乃留苏州，及宋亡而寺僧筑园。"可证狮子林之石，是北宋花石纲遗留的太湖石；而"林中地之隆阜者叫山，山上有石而崛起者叫峰，计有'含晖峰'、'吐月峰'、'立玉峰'、'昂霄峰'，其中最高状如狻猊者名'狮子峰'"。将石置山上为峰，这一点对造园学来说很重要，须作些分析：

太湖石，自唐人发现作为独立的审美对象，在庭院中"列而置之"的观赏方式，到元代狮子林，堆土为山，石置山上为峰，是山自为山，石自为石，土石尚未有机地结合起来。对峰石的命名，显然是欣赏石各自的自然形态之"怪"，而不是土阜上置石的"山"。这就填补了历史上私家园林造山，由独立欣赏的太湖之石到掇石为山的中间空白，即土山置石是古代写意式掇山的中间过渡形式。而"狮子峰"亦非叠石成形，是石的自然形态状如狻猊之谓。

元末潘元绍居此，明初"吴中四杰"的高启《狮子林十二咏序》云："规制特小而号为幽胜，清池流其前，崇丘崎其后，怪石峾崒而罗立，美竹阴森而交翳，闲轩净室，可息可游，至者皆栖迟忘归。"明初的狮子林，仍以竹石为胜，怪石罗立崇丘之上。明嘉靖间园废，万历二十年 (1592)，修复一隅，名"圣恩寺"。明洪武六年 (1373)，画家倪云林过狮子林，应如海方丈之请，为狮子林作

图 8-17 清·乾隆《南巡盛典》中的狮子林园图（摹写）

图、诗各一，已趋冷落的寺院，因而名噪一时，为文人雅士燕集觞咏之处。后人遂把狮子林和倪云林连在一起，"人称倪瓒叠石固非，谓为倪之别业更非"⑫。

清乾隆十二年(1747)，狮子林改名"画禅寺"，并筑墙把寺院与园林隔开，园林部分为休宁黄云衢所购，名"涉园"。此时的狮子林已非初时的土山置石，而是"叠石耸峭，峰峦起伏，洞岩奥窔，玲珑透辟，阳开阴阖"(袁学澜《游狮子林记》)。《记》并赞"石之奇，为吴中冠"。所记狮子林之叠石，同今所见大概相去不远。但与袁学澜同时代的沈复 (1763~1807)，在《浮生六记》中对狮子林的叠山，却有完全不同的评价，他认为：

> 其在城中最著名之狮子林，虽曰云林手笔，且石质玲珑，中多古木，然以大势观之，竟同乱堆煤渣，积以苔藓，穿以蚁穴，全无山林气势。以余管窥所及，不知其妙。⑬

沈复评论"**全无山林气势**"，可说是一语中的。当然也不乏有喜欢这种假山的人，当时人赵翼 (1727~1814)《游狮子林题壁兼寄园主黄云衢诗》：

> 山蹊一线更纡回，九曲珠穿蚁行隙。
> 入坎涂愁墨穴深，出幽蹬怯钩梯窄。
> 上方人语下弗闻，东面来客西未觌。
> 有时相对手可援，急起追之几重隔。

并无半点山林意境的审美感受，而只是"**罅堪窥管中之豹，路类张孩戏之猫**"(《园冶·掇山》)钻山洞的嬉戏之乐而已，虽有物趣，但毫无天趣。

在对狮子林的评价问题上，有个尚无人深究的历史疑案。乾隆皇帝南巡，亲临过狮子林，他曾两次把狮子林仿建在北京长春园和承德避暑山庄里，这里令人很费解的是：弘历对传统的文化艺术修养很深，对造园可以说是颇有造诣的皇帝，对"全无山林气势"的狮子林，何以如此锺爱，而一再仿建呢？可惜两处仿建的狮子林，都早已湮没无存，不知如何仿建的了。

问题的答案，我终于在《日下旧闻考》中找到，其中《国朝苑囿·长春园》载，乾隆皇帝《御制续题狮子林八景诗·序》云：

> 倪瓒原卷中自识，与赵善长商榷作狮子林图，且属如海因公宜宝弆云云，是则为图本自倪，而叠石筑室已在疑似，何况历岁四百余年，室主不知凡几更，而今又属黄氏矣。则今之亭台峰沼，但能同吴中之狮子林，而

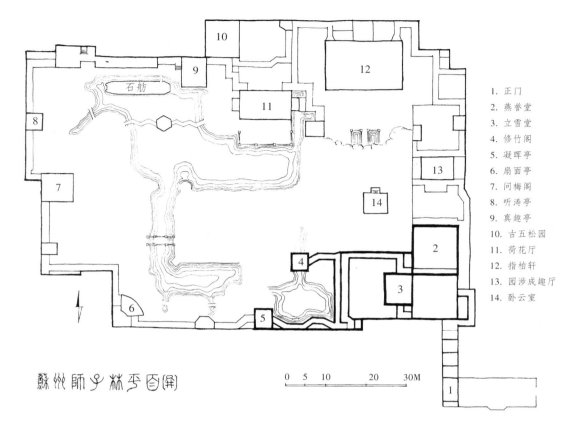

图 8-18　苏州狮子林平面图

1. 正门
2. 燕誉堂
3. 立雪堂
4. 修竹阁
5. 凝晖亭
6. 扇面亭
7. 问梅阁
8. 听涛亭
9. 真趣亭
10. 古五松园
11. 荷花厅
12. 指柏轩
13. 园涉成趣厅
14. 卧云室

不能尽同迂翁之狮子林图，固其宜也。虽然，予之咏高山而企慕蔺，实在倪而不在黄，言之不足长言之，因复取其可咏者凡八景，为续题云。[14]

　　弘历据倪瓒所画狮子林图卷中的自识，倪云林只是与赵善长商讨如何画此图，所以弘历认为狮子林的叠石、建筑是否为倪所为还是个疑问，何况已历时四百多年，园主不知换了多少。他仿建狮子林，并非特别欣赏当时的黄氏涉园，而是出于对倪云林的企慕。这一点从《日下旧闻考·长春园》中所列狮子林景中有"清閟阁"、"云林石室"也足以说明（参见图 8-17 和图 8-18）。

　　倪云林（瓒）是元代文人画代表之一，文人画纯于笔墨上求神趣，非但不重形似，不尚真实，甚至不讲物理，重在表现个人性灵。倪画山水不着色，极少点缀人物，而以枯木、竹石写平远之景，以天真幽淡为宗。他于明洪武六年(1373)所绘《苏州狮子林图》，几间房舍，古木寒林，虽非写实，显然是在表现园初万竿修竹，散列怪石，淡静幽旷的意境。若如今之所见，建筑华丽雕琢，

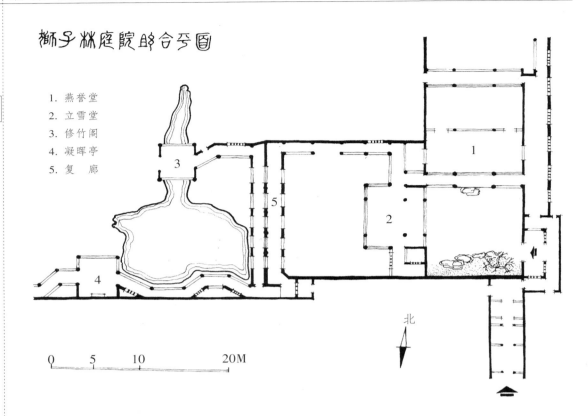

狮子林庭院的合平图

1. 燕誉堂
2. 立雪堂
3. 修竹阁
4. 凝晖亭
5. 复　廊

北

0　5　10　　20M

图 8-19　苏州狮子林西线之空间设计

叠石耸峭林立，想来倪云林是不会为之作画的。黄氏以后园又废。

民国七年 (1918) 归苏州贝润生，贝氏用 9 年时间，耗资七八十万银圆改建，在故址重建了"指柏轩"、"问梅阁"、"卧云室"、"立雪堂"诸胜。"新建的景点计有'湖心亭'、'九曲桥'、'石舫'、'荷花厅'、'见山楼'、'五松园'、'飞瀑亭'、四周长廊及廊壁之《听雨楼藏帖》、乾隆皇帝御碑、文天祥诗碑等。"[15]当时，扩大了园址，凿池掘土堆成西面的土山，把阴宅和阳宅连在一起，形成前祠堂、后住宅、西为园的格局。这是今天所见的狮子林了（参见图 8-19）。

以余之见，遗址重构者古韵尚存，尤其是自"燕誉堂"、"立雪堂"至"修竹阁"一线，庭院的组合和空间意匠，堪称苏州古典园林中杰作之一（参见图 8-20）；扩大重建者俗笔遍涂，以石舫可为集中代表，偌大的石舫在一洼死水之中，不是做假成真，而是仿真更假。不是以小见大，而是石舫之大，倍显池水之小，且了无生气。狮子林的山水，加之彩画辉煌的亭榭，已毫无一点山林的意趣。

修竹閣

图 8-20　苏州狮子林修竹阁

五、沧 浪 亭

　　沧浪亭，位于苏州城南三元坊，始建于唐末五代，是苏州园林中最古老的一座。据南宋范成大 (1126～1193)《吴郡志》云："沧浪亭，在郡学之南，积水弥数十亩，傍有小山，高下曲折，与水相萦带。《石林诗话》以为钱氏时，广陵王元璙池馆。或曰其近戚中吴军节度使孙承祐所作。既积土为山，因以潴水。庆历间，苏舜钦子美得之，傍水作亭曰'沧浪'。欧阳文忠公诗云：'清风明水本无价，可惜只卖四万钱。'沧浪之名始著。"⑯

　　从"既积土为山，因以潴水"的意思，孙承祐池馆始建时数十亩水面，水傍高下曲折的小山，是人工开凿堆筑而成。北宋庆历年间 (1041～1048)，诗人苏舜钦 (1008～1049) 用四万钱购得此地，建亭名"沧浪"，因欧阳修 (1007～1072) 诗

"沧浪亭"的名声而卓著。所以，以沧浪亭名园自苏舜钦始，或者说沧浪亭为苏舜钦始建。

苏舜钦建亭时的园址状况，他在《沧浪亭记》中说："一日，过郡学东，顾草树郁然，崇阜广水，不类乎城中。并水得微径，于杂花修竹之间，东趋数百步，有弃地，纵广合五六十寻，三向皆水也。杠之南，其地益阔。旁无民居，左右皆林木相亏蔽。……予爱而徘徊，遂以钱四万得之。构亭北碕，号'沧浪'焉。前竹后水，水之阳，又竹无穷极。澄川翠干，光影会合于户轩之间，尤与风月为相宜。"⑰苏舜钦建亭距孙氏池馆近百年，园已荒废，但仍保持池水竹树"澄川翠干"之胜，子美在《记》中只说在"北碕"建亭，碕者，曲岸也。亭未建于山上。

苏舜钦以其岳父宰相杜衍支持范仲淹改革，遭反对派陷害，除籍为民，闲居苏州，建沧浪亭，以诗明其志：

……

> 高轩面曲水，修竹慰愁颜。
> 迹与豺狼远，心随鱼鸟闲。
> 吾甘老此境，无暇事机关。

苏舜钦建"沧浪亭"后，三四年而卒，园屡易主，后为章家所有。据《吴郡志》载，章氏"广其故地为大阁，又为堂山上。亭北跨水，有名洞山者，章氏并得之。既除地，发其下，皆嵌空大石。人以为广陵王时所藏，益以增累其隙。两山相对，遂为一时雄观"。时人称之为**章园**。绍兴年间，抗金名将韩世忠提兵过吴，据沧浪亭为韩蕲王府，俗称"韩家园"。韩氏曾增了一些堂馆和亭子。

自元至明，"沧浪亭"废为僧居，为"妙隐庵"和"大云庵"。明时大云庵僧文瑛求著名文学家归有光写了《沧浪亭记》，清程润德等在《古文集解》中评此《记》"俯仰凭吊，慷慨无穷"，但并未写庵的环境景观。据明画家沈周《草庵记游并引》，隔岸望去，这里的水是"环后为带，汇前为池，其势萦互，深曲如行螺壳中"，加之竹树丛邃，使人感到"极类村落间"。可见，作为园林的"沧浪亭"已不复存在。

明嘉靖间，为纪念抗金名将韩世忠，将"妙隐庵"改建为"韩蕲王祠"。清康熙年间，又于其地建"苏公祠"。康熙三十五年 (1696) 重修沧浪亭，构亭于山

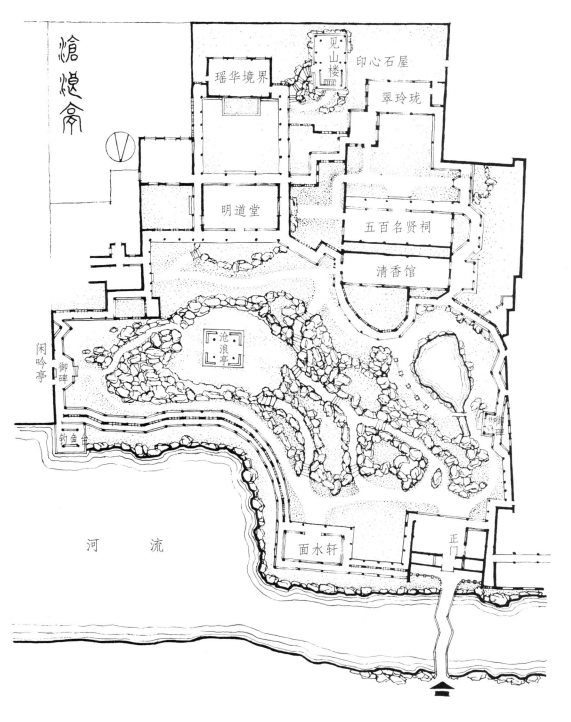

滄浪亭

瑤華境界

見山楼

印心石屋

翠玲珑

明道堂

五百名贤祠

清香馆

沧浪亭

闲吟亭

御碑

钓鱼台

河　　流

面水轩

正门

图 8-21　苏州沧浪亭平面图

中国造园艺术史

上，在北面临池建石桥为入口，增建一些轩廊等，成为今天的布局基础。道光七年（1827）再修，顾湘舟集吴郡名贤 578 人，由石蕴玉选匠摹刻石上，嵌于祠壁，名"**五百名贤祠**"。在咸丰年间园毁，于同治十二年（1873）重建，据光绪初佚名者所作《游沧浪亭》记述颇详，基本上如今所见之"沧浪亭"（参见图 8－21）。

沧浪亭的空间结构，尤其是景区的意匠，可谓因水之形，就水之势，水在园东汇为池沼，北面池水西流如带，石桥跨水为园门。由园门向西沿水景境设计十分精妙，于池溪相接的阳角构四面厅，名"**面水轩**"。东端空亭架水上者"**观鱼处**"，原名"濠上观"，俗称"**钓鱼台**"。其妙在于三者之间沿水，因形就势构成复廊，廊中用漏花墙相隔，既将池水纳入园林景境的规划之中，又将园的景境扩展到园林之外。**面水轩**，对外东、北两面临水，对内西、南两面对山，故南有联曰："仁心为质，大德曰生"；北有联曰："短艇得鱼撑月去，小轩临水为花开"。**钓鱼台**，匾题"观鱼处"，联为："共知心如水，安见我非鱼"。

园内以叠山为主，山的体势因地而成东西走向，外石内土，山脚石块嶙峋，山顶平可徜徉。石径盘曲，林木苍郁，**沧浪亭**翼然立于山的高处，亭用石柱，架斗拱歇山顶，筑正脊，形象古朴而雄秀。石柱有联："清水明月本无价，近水远山皆有情"（参见图 8－22）。

景区环山构筑回廊，南部与"明道堂"、"五百名贤祠"通连。"明道堂"与其南"瑶华境界"小轩用回廊围合成院；"五百名贤祠"与"翠玲珑"书斋组合成庭院。**翠玲珑**，原为韩世忠时"竹亭"额，取自苏舜钦《沧浪怀友》诗句"秋色入林红黯淡，日光穿竹翠玲珑"之意，现书斋前后，遍植翠竹，环境十分

图 8－22　苏州沧浪亭景观

清幽。

沧浪亭南，受"明道堂"和"五百名贤祠"两组庭院遮挡，不见园外景色，故在两组庭院之间，南端近园墙处，叠石为洞，名"印心石屋"，石屋上建亭，以眺远景，而名"见山楼"。惜乎今园外高楼林立，楼已无景可借矣。沧浪亭不仅古老，也是苏州古典园林中，内外景境结合的惟一例子。

六、艺　圃

艺圃在苏州阊门内皋桥吴趋坊文衙弄，为明嘉靖二十年 (1541) 学宪袁祖庚所建。袁氏弃官隐居于此，题名"醉颖堂"。后归明书画家文徵明曾孙文震孟为住宅，震孟曾官至礼部左侍郎兼东阁大学士，为人刚正，因反对奸宦魏忠贤，最后被罢斥，隐居于此，更园名为"药圃"。"药"，《楚辞》中指香草"芷"，清幽高洁，喻人格之雅洁。明崇祯十七年 (1644)，归山东人姜垛，更名为"敬亭山房"，其子姜安节更今名"艺圃"，一时"马蹄车辙，日夜到门。高贤胜境，交相为重"(汪琬《艺圃记》)。道光年间为绸缎同业会集之处，此后一度失修而破败不堪，1982 年修复。

康熙年间，著名画家王翚 (石谷) 曾绘有一幅《艺圃图》，图中池北无今之水榭，临池是平台，平台西为"敬亭山房"厅堂。厅前的荷池曲桥，亦有改观。历史上园林易主，维修扩建都会不同程度地改变原貌。年久失修，已倾圮颓败的园林，复修重建，也不可能恢复初时的旧貌，只能大体上或基本上恢复"原"貌而已。

艺圃位置，深藏于小街深巷，四面被围于邻舍之中，进门厅须经一段曲折深巷，先入住宅，后进园林。地形窄长，宅园各半，园在宅南，宅在园北，充分体现当初园主袁氏弃官归隐，隐逸韬晦之意。如《园冶》所说，城市中造园，**"必向幽偏处可筑"**，**"能为闹处寻幽"**（《园冶·相地》）。清诗人汪琬对艺圃的赞美：

> 隔断尘西市语哗，幽栖绝似野人家。
> 屋头枣结离离实，池面萍浮艳艳花。

园占地约 0.38 公顷，山水占 0.27 公顷之多，水面集中而宽广，是艺圃的显著特点（参见图 8-23）。

宅与园在北，东西并立，地形东北部较规整，组成三进庭院的住宅；西北

中
国
造
园
艺
术
史

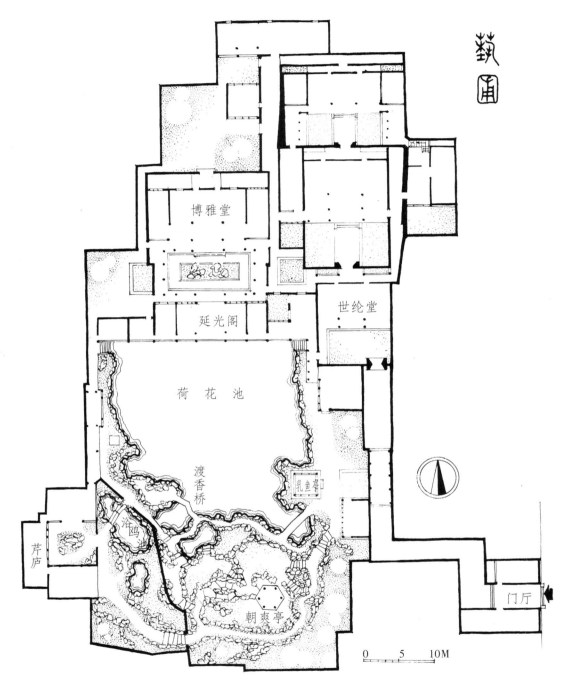

图 8-23　苏州艺圃平面图

部则呈阶梯形嵌缺，是由园林主体建筑"博雅堂"和堂前水榭"延光阁"组成的一个庭院。从住宅的第一进庭院"世纶堂"，经堂的前后廊西出，均可入园。

园以大池为中心，水面宽阔，池北"延光阁"水榭，横贯园的东西，是苏州古典园林中最大的水榭了。水榭前部悬挑架于水上，如将池一分为二，尚有池在榭北之感。

水榭北"博雅堂"五间，轩敞古朴而典雅，院中大花台植有牡丹，点以灵石，有楹联：

> 一池碧水，几叶荷花，三代前贤松柏寒；
> 满院春光，盈亭皓月，数朝遗韵芝兰馨。

这副楹联，不仅写出园林的特点，而且赞美袁、文、姜三代园主均为刚直之士，其有松柏之劲节。如文震孟敢于直谏，屡遭迫害，其弟文震亨，即《长物志》的作者，清兵攻陷南京苏州，他避居阳澄湖畔，剃发令下，欲投河自尽被救，后绝食呕血而死，是一位具有崇高民族气节之士。

池南边岸，则透宛曲折，池之转角处，均作支径脉散之势，并用"**断处通桥**"之法。东南角在"乳鱼亭"旁，平梁直跨溪头；西南角则曲折板桥卧于水上，并将池水引入隔墙小院的"浴鸥池"中，小院凿池叠石，构成小小山池景观。院西有一组建筑，体量很小，围合成院，名"芹庐"。古以芹藻喻有才学之士。南朝梁江淹有诗曰："淹幼乏乡曲之誉，长匮芹庐之德。"芹庐，学者之居也。

池水以南，除西南隅的小院外，为园中造山之处，土山载石，峰石嶙峋，洞壑宛转，盘旋而上，可至山巅之"朝爽亭"，周遭古木荫翳，颇有山林的意趣（参见图8-24）。

艺圃水面大而集中，建筑少而宏敞，延光阁横贯池北，东西两岸很少景物，而景观之胜汇集池南。延光阁水榭视野旷如，为园之最佳观赏处，而山亭造景似为水榭观赏而设，虽无"**多水泉者难眺望**"（《洛阳名园记》）之弊，但艺圃的空间设计较单调，全园只绕池一条主要游览线，纵目可尽。造园者立意，似不在可游，而重在可望、可居。若是如此，亦不失为造园之一法。艺圃的观赏特点，博雅堂中的一副对联已道出，联曰：

> 博雅腾声数杰，烟波浩淼，浴鸥清晖，三万顷湖裁一角

中
国
造
园
艺
术
史

图 8-24　苏州艺圃纵剖面图

艺圃蜚誉全吴，霁雨空濛，乳鱼朝爽，七十二峰剪片山

　　将艺圃的叠山理水，比喻为由太湖自然山水裁下的一角和剪下的一片，"裁一角"和"剪片山"之妙，不仅是言其小，而是道出艺圃之景宜于坐观静赏的特点。延光阁今已辟为茶室，可说是个很理想的品茗会友的去处了。

七、耦　园

　　耦园　位于苏州城东北娄门小新桥巷，清代顺治年间 (1644~1661)，保宁知府陆锦所筑。园不甚大，占地约 0.73 公顷，东近城壕，三面临水，名之为"**涉园**"。据陈亦增《涉园记》描述："踞虹而南，三面皆临流，陆氏凿池引流，以通其中。建得月之台，畅叙之亭。绕曲槛不加丹，以掩朴素。庭中杂卉乔木，惨淡萧疏，无浓荫繁葩，壅障风月，更不令栋宇多于隙地，即所谓涉园也。"从《记》中列名之景有"小郁林"、"观鱼槛"、"吾爱亭"、"藤花舫"、"宛虹桥"、"筼筜径"、"月波台"等十余景，未见有山的记载。

　　同治十三年 (1874)，园归苏松太道道员沈秉成，经二年改造、扩建此园。沈辞官退隐，偕夫人严永华园居于此。建园前沈有诗曰："何当偕隐凉山麓，握月担风好耦耕。"严永华亦有《题自画水村偕隐图便面诗》："为问他年偕隐地，风光得似此间无？"夫妇二人是能诗擅绘的雅士，也早有偕隐之意，故命名园为"**耦园**"。

　　耦园南、北、东三面临河，地处偏僻深巷之中，很适于市隐的要求，住宅建在当中，东西两头造园，"耦园"也有东西双园并列之意了。实际上，西园不能算独立的园林，不仅是园小，只是在宅院中莳花植树，叠山列石的**庭园**而已。

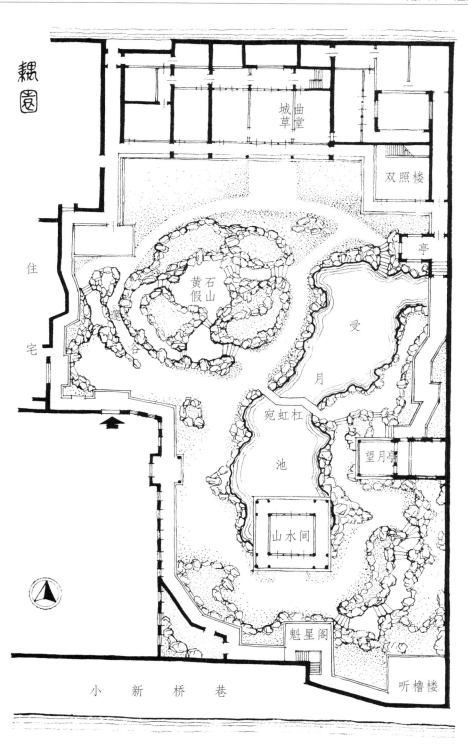

图 8-25 苏州耦园平面图

东园较大，占地约 0.27 公顷，是在原"涉园"故址上扩建而成的。

耦园总体规划的特点，是三面沿河园墙规整，西靠住宅一面嵌缺不齐，墙形如"弓"字，园基大体呈长方形，中部较宽，两头较窄，宽处偏西用黄石叠山，山之东麓凿池，水面曲折向南，抵水榭下，名"山水间"。耦园的布局特点，是以假山池水为中心，围绕山水沿墙布置楼堂亭阁，以游廊透迤相接（参见图 8–25）。

由耦园的园门入园，沿廊向西折北，为"枕波轩"的东山墙，有砖刻对联曰：

耦园住佳耦　　　　　　横额为：枕波双隐
城曲筑诗城

严永华 (1836~1890)，字少蓝，号不栉书生，工诗、书、画闺房三绝，为晚清一才女。著有《纫兰室诗钞》、《鲽砚庐诗钞》、《鲽砚庐联吟集》，可见当时夫妇偕隐唱和之乐。由廊向北，即耦园的主体建筑"**城曲草堂**"。

"城曲草堂"，"曲"者深隐偏僻之处也。《文选》汉·司马迁《报任少卿书》："仆少负不羁之行，长无乡曲之誉。"堂为楼厅，楼下堂屋原为园主宴集和子女课读的地方。1939 年，现代国学大师钱穆，曾居此侍奉老母，潜心著述。

"城曲草堂"东端为"**双照楼**"，楼名取自南朝梁·王僧孺《忏悔礼佛文》："道之所贵，空有兼忘，行之所重，真假双照，禀气含灵，莫闻斯本"之意。说明此处是夫妇学道之所。楼对园景区，两面窗棂虚敞，为一览胜概的佳处。由"双照楼"向南，沿墙傍水，游廊蜿蜒起伏，至"**望月亭**"。出亭向西，过三曲桥"**宛虹杠**"，可登隔水（受月池）之山。

入园门东行南折，至南墙联廊两座小楼，一名"**魁星阁**"，一名"**听橹楼**"。两楼由阁道相通。"听橹楼"建于园墙的东南角上，墙外即城河，有陆游"参差邻舫一时发，卧听满江柔橹声"之意，"听橹楼"名景中之情也。

园南部与"城曲草堂"对景者，水阁"**山水间**"也（参见图 8–26）。山水间，体量较大，歇山卷棚顶四面厅，位于弯曲如月的"受月池"南端，北架水、西看山，逸情雅兴，正是"在乎山水之间也"（《醉翁亭记》）。阁内有一明代的落地罩，宽 4 米，高约 3.5 米，杞梓木双面透雕松、竹、梅，技艺高超，精美绝伦，十分珍贵。

从"山水间"的环境意匠言，"北面对长池，东西两侧引水如沟渠，形成三

图 8-26　苏州耦园山水间（阁）

面有水的半岛式，突出榭（阁）在水中，因池小而觉榭的体量过大，榭的体量之大又倍觉池水之小，也失去水口的源头活水的意趣，从环境的意匠，此处景观是个不太成功的例子"⑱。

黄石假山　是耦园最著名的景物。黄石与湖石完全不同，湖石有嵌空、穿眼、宛转、险怪之势。黄石质坚，形状顽夯，线条硬直，必须依其性、顺其色、增其势，立意在古拙、险峻而雄秀。耦园之山，东侧较大为主，西侧较小为辅。主山峰顶有石刻"**留云岫**"（"岫"为"岫"的古字，读 xiù），后世在山上构有石室；小山上筑平台，两山之间为谷道，石刻"**邃谷**"。东南对桥设磴道，傍山岩石壁，在树木掩映衬托中，颇具山野之天趣。在江南园林的黄石假山中此山是最成功之作。江南园林的掇山，可说以环秀山庄之湖石山最胜，耦园以黄石之山卓著。

八、鹤　园

鹤园在苏州城内韩家巷，清光绪三十三年（1907）道员洪鹭汀始建，因学者

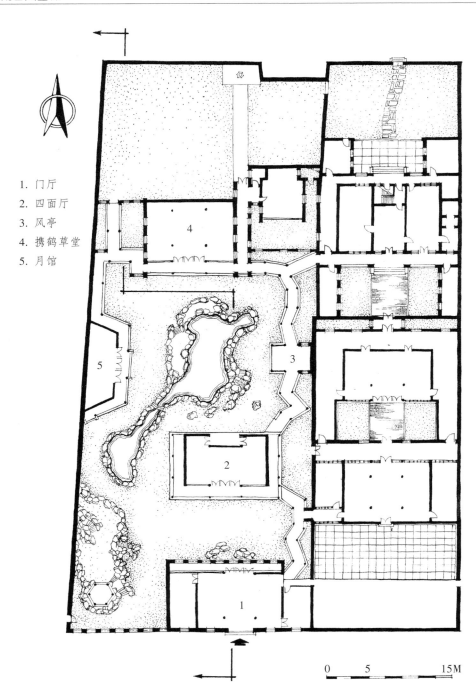

1. 门厅
2. 四面厅
3. 风亭
4. 携鹤草堂
5. 月馆

图 8-27　苏州鹤园平面图

图 8-28　苏州鹤园风亭景观

俞樾书"**携鹤草堂**"四字，榜曰："鹤园"。工未竣，售之庞蘅裳，复加修建而成。金松岑为撰《鹤园记》，一时成为文人雅集酬唱之处。词人朱祖谋，号沤尹，曾寄住园中，手植宣南紫丁香一株，庞氏为之筑花坛，并请邓邦述题刻篆书"沤尹词人手植丁香"，嵌于花坛之阴，丁香至今仍健。1932 年京剧表演大师梅兰芳，曾到园与吴中曲友、名票、书画家宴集清唱。现为苏州市政协联谊会所。

鹤园在住宅西边，东宅西园并列，总面积约 0.2 公顷，园占地约五分之三。园的进门处理不同一般，采取宅、园同走一门，而五间门厅设在园的东南隅，沿街巷一面的中间。为了避免在门厅通览园内，不是用隐壁，而是在厅后砌了一堵漏花墙，留有夹隙借天，门厅的槅扇形同虚设。出入则在后步柱东山开侧门，出门是沿园宅隔墙的曲折长廊，南北贯通全园。东面三进住宅，每进厅堂前的檐廊都辟门可入园。园门的意匠，对外轩敞，对内则隐蔽，可谓别具一格。从园的占地多于宅，门设在园部，住宅反而无"宅之表会"的大门，充分反映出主人重园居的"市隐"生活方式和造园的思想。

园的总体布局，因建筑较少，十分简洁，在园的南端三分之一处建了一座四面厅，将园一分为二，前与门厅相对，组成庭院；后与"携鹤草堂"相对，围合成园的主要景区（参见图8-27）。

四面厅廊庑周匝，从厅的位置经营，对园林言，既是入门的屏蔽，也是景区北向的景点；对住宅言，四面厅与门厅组成的前院，有进入住宅的空间过渡和导向作用。从住宅与园林的关系，鹤园的简单布局，却能充分体现计成在《园冶》中提出的"**选向非拘宅相，安门须合厅方**"⑲，门、厅对位和"**设门有待来宾，留径可通尔室**"⑳方便园主生活的规划设计思想和要求。

景区仍以水池为中心，两侧沿园墙布置建筑，因园纵深较浅，沿东墙空廊曲折，中只一亭名"**风亭**"；沿西墙建一梯形馆，名"**月馆**"。月馆和风亭的位置和建筑造型设计，均颇具匠心。（参见图8-28）。

小园面积小，宽度窄，以池为中心，环池布置建筑，除主体建筑和与其对景的厅堂，可以说是实两头、空其中的布局方式。若两侧皆用亭廊点缀，不论亭的形状、体量、大小如何不同，都是散点建筑，难免有零散而无重点之弊。若构置馆榭，则体量过大而郁塞。从鹤园和畅园来看，不约而同都采取将建筑横向压缩的办法，如畅园之船厅，平面压缩成一长条，并巧妙地用半个歇山顶，造成体量似大而毫无沉重之感；鹤园的月馆，呈扁梯形，檐宇重叠，戗角飞扬，而具轻飏之态。

风亭，正建于隔院厅堂的山墙下，并随墙提高亭基，曲折之廊而有起伏之势。更重要的是，廊亭打破了山墙的空间视觉障碍，起到了**化实为虚、化景物为情思**的妙用。我称之为"**见山构亭法**"。

鹤园水池之形似鹤，池水向西南延伸，如鹤颈直指四面厅西侧。在四面厅与月馆间"**断处通桥**"，构成景区的环路。水南端如鹤首处，做成水口，暗示源头活水的来由。池向西南延伸到景区之外，显然是为了与西南隅的假山取得接应与联络，以免四面厅前院的山亭之景孤立于景区之外。池岸叠石如涧壑，与假山上下呼应，形断而意续，有联络一体之妙（参见图8-29和图8-30）。

苏州鹤园假山的百闻不如一见立面景观

书法家晚年时未必写得如此苍劲

图8-29　苏州鹤园东立面图

风半弓夏景观

苏州鹤园图解图（局）

素荷有无情不一日之晴香色

图8-30　苏州鹤园西立面图

鹤园景观较显露，少掩映含蓄之美，不若畅园境界之幽深也。

九、畅　园

畅园在苏州城西养育巷庙堂巷内，太平天国后，为清道台王某所建。民国初，一度曾开过茶馆，后为潘姓律师所有，曾加修葺。20世纪50年代沦为居民杂院，"文化大革命"中遭到严重破坏，现经修复，基本恢复旧貌。

园在住宅东侧，宅与园共占地0.27公顷，各占二分之一。在园的东南隅，有直接对外的园门与宅门并立。地阔三间，以门厅与"桐华书屋"前后组成小院。园虽小，但其进门的处理，为苏州古典园林中难得通畅者。

园的地形狭长，南北长约两倍于东西。总体布局，北端"留云山房"为主体，与东南端之"桐华书屋"为对景。庭园以池水为中心，池的东西两侧沿墙布置亭榭，基本上采取"**亭台突池沼而参差**"的方式（参见图 8-31）。

进门厅过小院至桐华书屋，书屋凸向庭园，北向户牖开敞，可览园林胜概，亭台参差，竹树掩映，颇能引人入胜。书屋是游园的起点，廊庑周匝，西与沿墙的爬山廊相接，可至西南角假山上的"待月亭"，拾级而下，经折廊与西垣之修廊相接处，为住宅厅堂入园之便门。北行过方亭至船厅"涤我尘襟"，北接主要厅堂"留云山房"前之露台。船厅后设避弄，可谓如

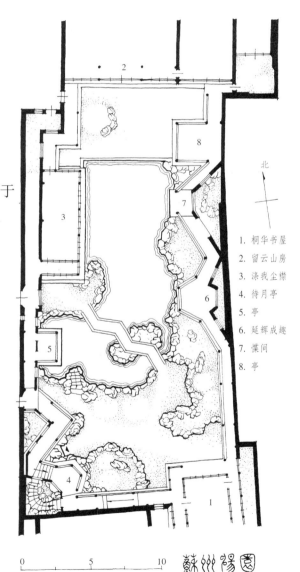

北

1. 桐华书屋
2. 留云山房
3. 涤我尘襟
4. 待月亭
5. 亭
6. 延辉成趣
7. 蝶间
8. 亭

0　　　　5　　　　10

苏州畅园

图 8-31　苏州畅园平面图

《园冶》所说的"**便径可通尔室**"之"便径"了。

桐华书屋北接东垣之廊，直北经六角方亭"延辉成趣"，游廊曲折，以两坡顶小亭"憩闲"为转折，亦达"留云山房"前露台，与西线形成一个大的环路。

畅园在建筑意匠上，可谓匠心独运，手法细致。从功能上，东线朝西，可游可望而不宜于居，只设开敞的亭廊。使游廊曲折离墙，以夹隙借天，点以竹石，使亭廊倍加空灵。西线朝东，而宜于居，故建船厅。

从位置上，东西两侧，凡建筑皆临水，池水占庭三分之二，北边直抵留云

图 8-32 苏州畅园西南隅假山上之待月亭

中国造园艺术史

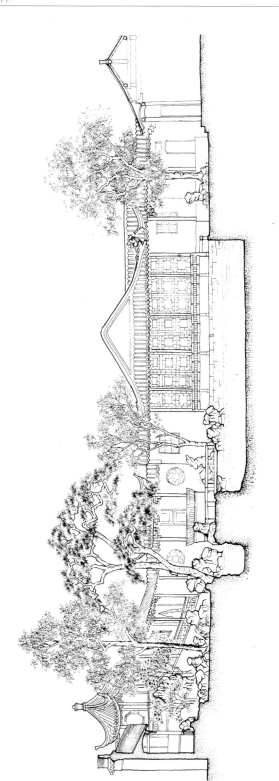

苏州畅园纵剖面（用）

图 8-33 苏州畅园西立面图

山房的露台下。建筑虽较多，因借水的浮空泛影，使人不觉建筑之多，空间之窄。可见水面的设计与建筑的位置经营相辅相成，意在规划之初，是意在笔先的（参见图 8－32 和图 8－33）。

从造型上，船厅"涤我尘襟"，建筑深度很浅，面阔较大，若用两坡顶，不仅山墙太实，且建筑体量显得很大。妙在设计者用了半个歇山顶，山花向外，翼角飞扬，檐下窗牖排比而虚邻，体量看似较大，而毫无沉重之感。

由"桐华书屋"北下台阶，北行有曲梁斜架池的南端，可跨水至船厅，可谓"**架桥通隔水，别馆堪图**"；将池一分为二，隔出空间层次，且在园的主要大环路中，形成小的环路，增加了游人探幽情趣。畅园为苏州古典小园林的佳构。

十、壶　园

园在苏州庙堂巷，为清末诗人郑文焯宅园。郑是辽宁铁岭人，字俊臣，号叔问、大鹤山人，清光绪举人，曾任内阁中书，后旅居苏州，为巡抚幕客四十余年。除工诗，兼长金石、书画，与吴昌硕、金鹤望等名流雅士聚会园中，诗酒尽兴。

园在住宅东侧，地形狭长，面积很小，仅约 300 平方米。平地筑园，无高下之趣，且空间狭隘闭塞，总体布局用实两头虚其中的方式，在景境创造上，却能利用水来突破空间的局限，取得咫尺山林的艺术效果（参见图 8－34 和图 8－35）。

因园在宅东，西垣辟圆洞门，入园即为沿墙构筑之折廊，南通花厅，北达船厅，中建架水之半亭。小小庭园，池水满院，水占有很大的比例。

壶园之水，确是下了一番惨淡经营的功夫，水面南阔北狭，南端直入堂涂阶下，半亭前楹架空挑出水上，水如出之其下；池岸曲折，石块嶙峋，而犬牙交错，从而打破了池水边岸的视界局限。池上还架有两座石板平桥，如《园冶》中所说，有"**疏水若为无尽，断处通桥**"的妙用，桥将这一勺之水，隔出了空间层次，隔出了境界（参见图 8－36）。

为打破隔邻东垣的闭塞，化实为虚，使"**围墙隐约于萝间**"（《园冶·园说》），加以庭中竹树掩映，小小庭园而有山林的意趣。惜乎，此园现已不存。

中
国
造
园
艺
术
史

住

宅

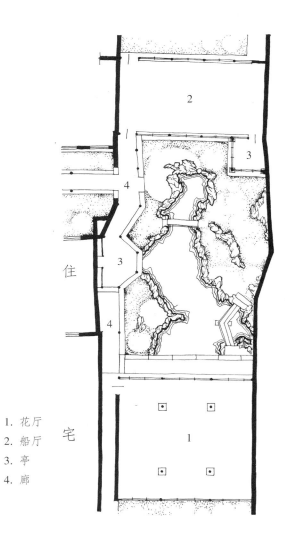

1. 花厅
2. 船厅
3. 亭
4. 廊

图 8-34 苏州壶园平面图

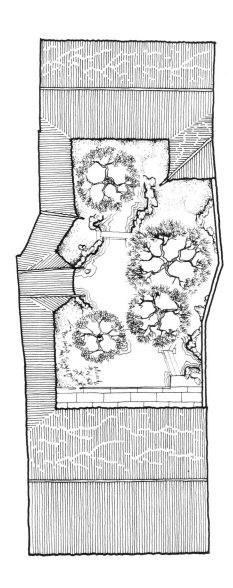

图 8-35 苏州壶园透视图

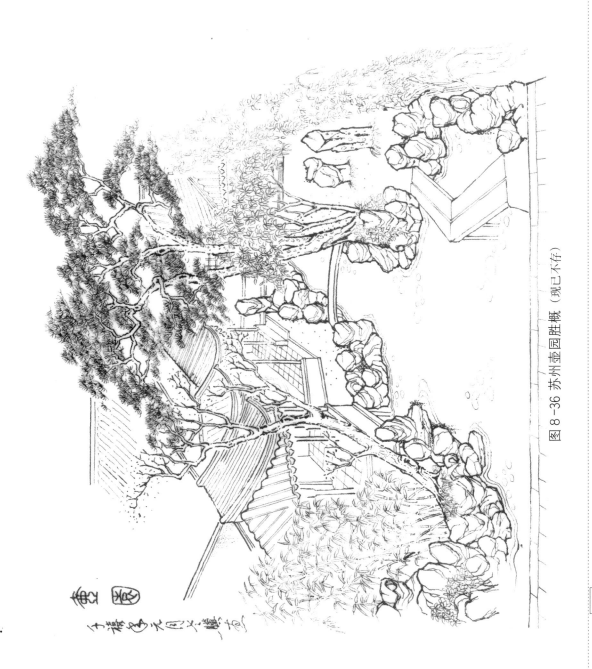

图8-36 苏州壶园胜概（现已不存）

十一、半　园

半园在苏州城东白塔东路保吉利桥东,因在仓米巷史氏半园 (已毁) 之北,俗称北半园。清代乾隆年间太史沈世奕所建,名"止园",后归太守周勖斋,加以扩建,更名"朴园"。清咸丰年间,朴园为江苏道台陆解眉所有,经改建后,取"知足而不求全"之意,名为"半园"(参见图 8 - 37)。

园在宅东,占地亩半之小园。园基地嵌缺不齐,总的深度约 50 余米,横宽不一,除南北两头宽仅 10 米余小块零地,中间前较窄处不足 20 米,后较宽约 25 米。园小本无独立对外的园门,在园的宽处,西墙辟门由住宅入园,近门为主体建筑"知足轩",是廊庑周匝的四面厅。厅前满庭池水,即园较窄部分。池两岸沿西墙,曲廊水榭,榭后依墙为两坡屋顶,前架水而翼角飞飏,是半个卷棚顶,因榭小而平面近方,称四方亭,额题**双荫**,因其旁一株二百余年的广玉兰,绿荫覆水,池映影碧,各居其半而名。楹联:"如乘宝筏何须楫,虽有长风不挂帆。"(参见图 8 - 38)。

沿东墙游廊,中三间离墙近水,借天夹隙,点以竹

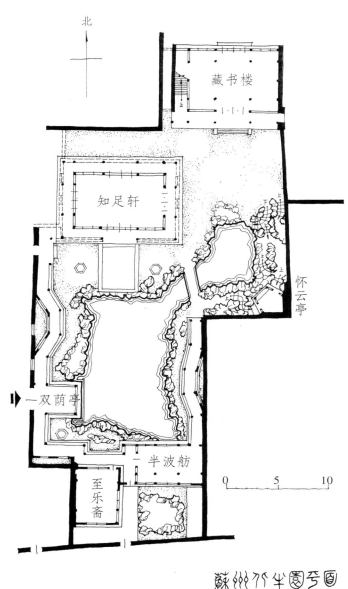

图 8 - 37　苏州半园平面图

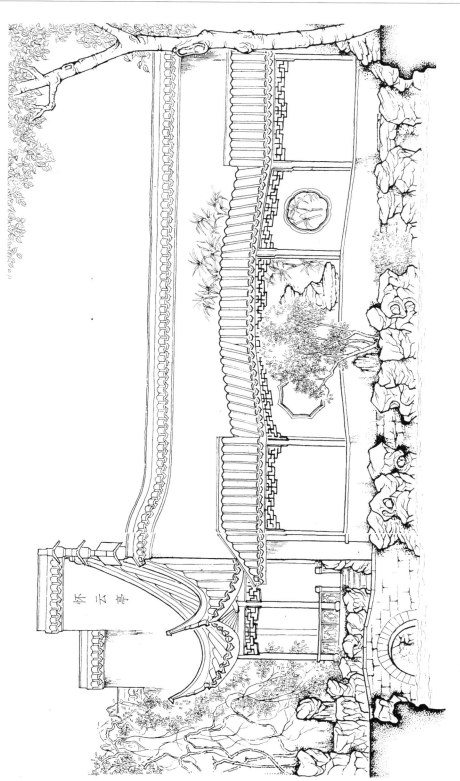

图8-38 苏州未园西园立面图

石，廊上两侧筑墙辟窗空，中间豁敞，构成一幅空灵生动的竹石小品。妙在东西两廊，附墙为厂（单坡顶），离墙为屋（双坡顶），亦不离"半"字的立意。向南，西廊东折至书斋，名**"至乐"**；东廊通入半船，为半个不系舟，且一侧临水，故名**"半波舫"**，是"知足轩"之对景。楹联："园号为半，身有余闲便觉天空海阔；事不求全，心常知足自然气静神怡。"道出了园林的立意。

园北端为藏书楼，内三层外观二层半，形制殊异。楼建东北隅两墙之间，填空补缺，得体合宜之作也。

藏书楼南之对景，为园墙转角处的**"怀云亭"**，亭为五角形双脊攒尖顶半亭，建于假山之上，随十分高耸的尖顶，将园墙相应地做成向两边叠落的形式，从而打破园墙转折处等高的呆板和单调（参见图8-39）。西、北两面拾级可上，砖雕亭栏亦

图8-39 苏州半园怀云亭

较精致,亭角如翚斯飞,墙上藤萝蔓延,联曰:"奇石尽含千古秀,春光欲上万年枝。"大池引水至亭前,意在联络;水隔断则通以半桥形成环路。园虽皆"半",意象则"全",可谓"以少总多",寓全于不全之中矣!

十二、残 粒 园

残粒园,在苏州接驾桥巷内,建于清末,原为扬州某盐商住宅的一部分。民国十八年(1929)归画家吴待秋,园的面积很小,仅 120 平方米左右,因之取李商隐诗句"红豆啄残鹦鹉粒"之意,名"残粒园"。

园在住宅东部,花厅(楼)的东山墙外,要从住宅的后部"锦窠"门入园。园小到边长仅 10 米左右,称它为园林而非庭园者,它不同于宅院中点缀景物,莳花植树,叠石造型,只能静赏,不能游观,主要作用在美化日常生活的空间环境。"残粒园"则不同,园虽比大的宅院还小,但在空间上,对住宅而言是相对独立的,在景境的创作上,不仅可观,而且可游,同样以自然山水为创作主题。

"残粒园"的总体规划设计,景物之少,只中央一洼小池,和西北角假山上的一只半亭,但却小中见大,虽少而精。入"锦窠"园洞门,迎面石峰屏立,中央小池以乱

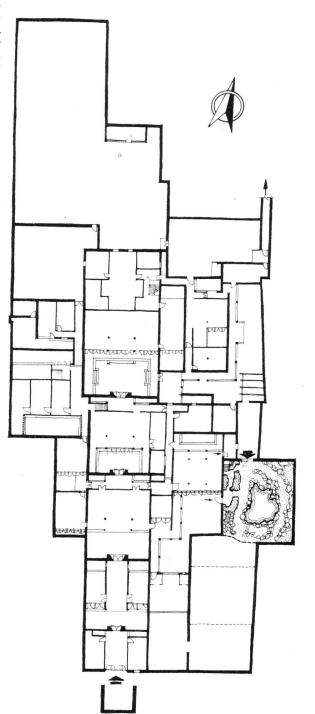

图 8-40 苏州残粒园及住宅平面图

中
国
造
园
艺
术
史

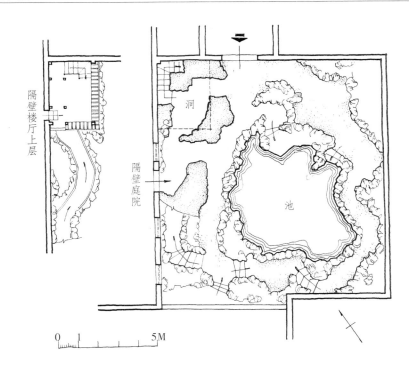

图 8-41　苏州残粒园平面图

图 8-42　苏州残粒园剖面图

图8-43 苏州残粒园东立面图

石为岸，而且都叠在挑出的石块上，使人不见水际，虽无"一勺则江湖万里"之势，却能给人以"水令人远"的遐想（参见图8-40和图8-41）。

园的西北角，正是隔壁楼厅的东山墙，为了化实为虚，用"见山构亭"法。因山墙高大，则依墙叠石为洞，洞上建一半亭，名"括苍"，这小小的半亭，是园内的惟一建筑物。洞中靠墙有石级，可上至亭中。亭外沿园西墙，设断崖、架栈桥，叠石为嶝道而下。亭山与背墙，高下相应，加之墙头悬葛垂萝，十分和谐而生动。残粒园可谓须弥芥子，能领悟其山林的意境，便可半升铛里煮江山了（参见图8-42和图8-43）。

十三、环秀山庄

环秀山庄 位于苏州景德路黄鹂坊桥东。五代时，广陵王钱元璙守苏州，其第三子钱文恽在晋代"景德寺"故址建造园第，名"金谷园"。

钱氏去国，园废为民居，百余年后至北宋庆历年间(1041~1048)，归朱氏，光禄卿朱公倬在"金谷园"基础上扩大，面积逾2公顷。时号"朱光禄园"。其子朱长文

(1039~1098)进一步营建,名"乐圃"。北宋书画家米芾(1051~1107),在《乐圃先生墓表》中云:"筑室居乐圃坊,有山林趣"。朱长文撰有《乐圃记》,南宋时为"学道书院",又改为"兵备道署"。元代属张适,筑室曰"乐圃林馆"。

明万历年间(1573~1619)宰相申时行,隐退苏州,购得"乐圃"故址,建"适适园"。明末清初,申时行之孙申揆加以扩建,名为"蘧园"。

清乾隆年间(1736~1795),为蒋楫所有,重葺厅楼,凿池叠山。掘地得古井清泉,题名为"飞雪"。山只一隅,占地半亩,而有巉岩之势。据说此山为叠山名家常州人戈裕良的杰作。后太仓人毕沅割其东部,名为"适园"。毕死后,有女史歌咏其事中的"清池峭石古亭台,深锁园扉昼不开"之句[21]。从前句,池山似应为戈裕良所叠之山,而"适园"之山应为"蘧园"的东部。从后句,毕沅是乾隆时人,死后园曾有过一段荒废。

毕沅殁后,园的归属,据陈从周先生主编《中国园林鉴赏辞典》中"环秀山庄"条云:"嘉庆年间,相国孙士毅得之,延请叠山名家戈裕良叠假山一座。[22]按:孙士毅(1720~1796)和毕沅(1730~1797)同在乾隆朝为官,孙官至吏部尚书协办大学士,毕为湖广总督,毕小孙10岁,较孙晚死一年。嘉庆元年(1796),是孙士毅的卒年,嘉庆年间(1796~1820)孙已不在人世,如何能得毕沅之园,延请戈裕良叠山呢?

清代钱泳(1759~1844)的《履园丛话》明确记载,"环秀山庄"中的假山为乾隆间叠山名家戈裕良的作品。钱泳与孙、毕基本上是同一时代的人,所云当属可信。

道光末年,宅园皆为汪姓所有,汪氏建立宗祠"耕荫义庄",东部"适园"更名**"环秀山庄"**,又名**"颐园"**。后逐渐颓败,至20世纪50年代,园中除假山大体完好,面积不足0.13公顷,建筑仅存**"问泉亭"**和**"补秋山房"**,其余均为修复时移建。

"环秀山庄"虽小,景境以造山为主,池水西、南两面绕山,中穿山而过形成绝涧。山以池东为主、池北为辅,主山涧壑两侧,南有石洞,北有石室,构若天然,大可容席,倍感涧壑之陡峭幽邃 (涧宽1.5米,高4.6米)。山为外石内土,临池均作峭壁,而无补掇堆叠之痕,可谓山不高而险,体不大而雄。恰如戈裕良所说:"只将大小石钩带联络如造环桥法,可以千年不坏,要如真山洞壑一般,然后方称能事。"[23]戈裕良**技**、**艺**结合的叠山方法,将古典园林叠山推向更高的艺术境界 (参见图8-44)。

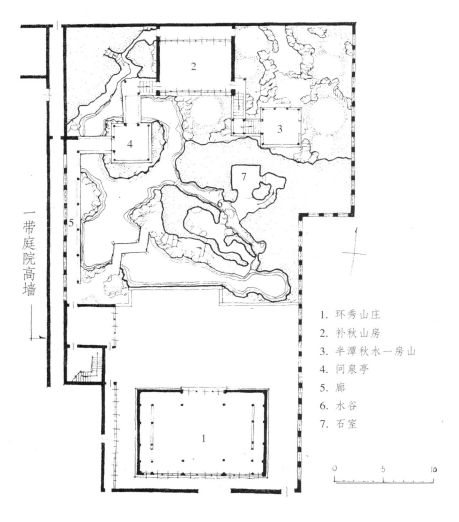

1. 环秀山庄
2. 补秋山房
3. 半潭秋水一房山
4. 问泉亭
5. 廊
6. 水谷
7. 石室

图8-44 苏州环秀山庄平面

"环秀山庄"的景物不多，如池南四面厅中的一副楹联所概括：

> 风景自清嘉，有画舫"补秋"，奇峰环秀；
> 园林占优胜，看寒泉"飞雪"，高阁涵云。

补秋，即"补秋山房"，亦称"补秋舫"。位在山北靠园墙，前檐户牖虚敞，后檐夹隙借天，题名之意如其对联：

> 云树远涵青，遍数十二阑凭，波平如镜；
> 门窗浓叠翠，恰受两三人坐，屋小如舟。

图 8-45 苏州环秀山庄西院高墙的建筑化处理

对联是形容人坐小屋之中，望窗外景色，如在山峡小船中的心理感受。

"补秋舫"前，西面小岛上有"问泉亭"，"飞雪"泉遗址；东有小崖石潭，潭边小亭名"半潭秋水一房山"。

园西是一堵高墙，为了打破高墙对小园空间的闭塞与沉重感，依墙贴面修建了一带层阁重廊，建筑进深极浅，虽难作活动之用，但从空间构图，无疑地起了化顽笨为奇秀，变郁塞为空灵，不失为"化实为虚"，化景物为情思的佳构（参见图 8-45）。

十四、拥翠山庄

拥翠山庄在苏州名胜虎丘山，二山门内上山蹬道西侧，是苏州惟一在山林地建造的园林。据清代金石书法家扬岘《拥翠山庄记》说，光绪十年 (1884) 春，朱庭修与僧云闲访得古憨憨泉遗址，井上覆巨石，而井水汲饮甘冽。随与同游者洪钧、彭南屏、郑叔问、文小波等人，集资在井旁月驾轩故址建此园。

拥翠山庄地形狭长，仅 0.06 公顷多地，采取建筑随山势高下叠落的布置，剖面呈阶级式，分四层台地，层层而上，建筑借台地之高下，各自成境，又联络一体，较平地筑园更具登攀之趣。如乾隆皇帝所说："**室无高下不致情，然室不能自为高下，故因山以构室者其趣恒佳。**"[24]（参见图 8-46 和图 8-47）。

拥翠山庄的总体布局，仍如地形狭长的小园规律，实两头而空其中的方式，自虎丘二山门山道西，拾级而上，园门内庭院中建屋三间，名"**抱瓮轩**"，用"抱瓮灌圃"之典，比喻安于拙陋淳朴的生活。北端山上以主体建筑"灵澜精舍"与其后"送青楼"组成庭院，南北相应，是基本上按轴线对称的格局。中

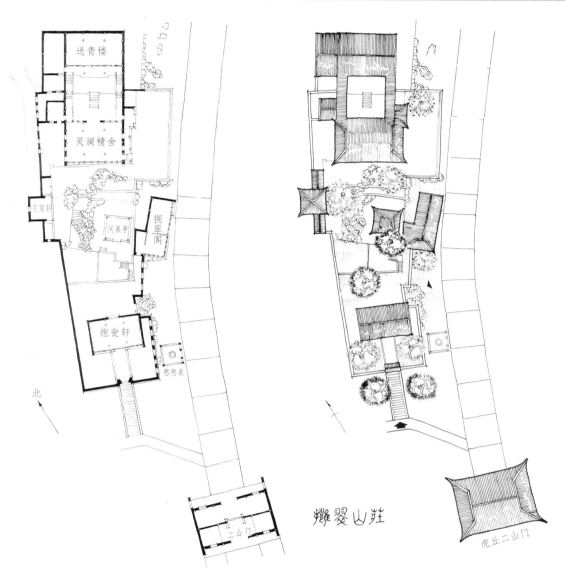

图 8-46　苏州虎丘拥翠山庄平面图　　图 8-47　苏州虎丘拥翠山庄俯视平面图

间台地布置灵活,中建一方亭,歇山卷棚顶,名"问泉",内置石桌石凳,可供小憩,从亭的空间环境看,体量过大些。亭西并列峰石数块,形似龙、虎、豹、熊,这大概是山庄两侧墙上,嵌有龙、虎、豹、熊 4 个 1.3 米大的石刻大字的由来了。字是清咸丰八年(1858),桂林官僚陶茂森游虎丘时所书(参见图 8-48)。

　　石峰之上,沿西山坡危台上,坐西面东的**"月驾轩"**翼然高踞,轩平面方形,两端接以小轩,三面筑墙,一面豁敞,从匾题"不波小艇",是喻为无水之

中
国
造
园
艺
术
史

潍翠山莊

图 8-48　苏州虎丘拥翠山庄鸟瞰图

图 8-49　苏州虎丘拥翠山庄月驾轩（方亭）

舟，取《水经注》中"峰驻月驾"之意（参见图 8-49）。

　　"**灵澜精舍**"是山庄的主体建筑，堂东筑有眺览的大平台，登台俯览，树木荟翠，石径盘曲；南眺，可见"狮子回头望虎丘"的狮子山名胜。故精舍内有洪钧一联："问狮峰底事回头，想顽石能灵，不独甘泉通法力；为虎丘别开生面，看远山老虎，翻凭劫火洗尘嚣。"

　　大台与其南建于墙外山道边的"**拥翠阁**"，上下呼应，从空间上把"拥翠山庄"与虎丘联系起来，成为虎丘的一个有机组成部分，是为虎丘生色的佳构。

十五、怡　园

怡园　位于苏州人民路，北有弹子巷，南邻尚书里。清代同治年间 (1862~1874) 顾文彬在其所建家祠 **"春荫义庄"** 之东，原明代成化时尚书吴宽 "复园" 故址扩建而成。顾文彬于光绪元年 (1875) 十月十八日给其子顾承信说："园名，我已取定'怡园'二字，在我则可自怡，在汝则为怡亲。"清学者俞樾 (1821~1907)《怡园记》曰："以颐性养寿，是曰怡园"。

顾文彬是收藏家，工书法，擅词章，时任江浙宁绍道台。据说造园之初，他曾宿于 "耕荫义庄" 数旬，揣摹 "环秀山庄" 的叠山艺术。怡园的规划经营，主要是其子画家顾承，并邀任阜长、程庭鹭、王石香等花卉画家参与设计。

怡园占地约 0.7 公顷，地形东西长于南北，中阔见方而两头窄，形如晾晒的上衣 ⎯⎡⎤。园中用复廊南北贯通，将园分隔为东西两部，东部较小，是利用明代 "复园" 故址，以建筑庭院为主，虽联廊曲折回环，却少往复无尽流动空间的妙趣。(参见图 8‐50)

复廊之西，为 "怡园" 的主要景区，其空间结构特点，仍以池水为中心，中凿大池，水面向西伸延，曲折蜿蜒成溪，与南墙转折相应，尽端环绕不系舟式建筑 **"画舫斋"** 为结束。"画舫斋" 既自成景境，亦为园西面的对景。

大池南北，池南沿水构筑厅廊，池北叠石为山，依山势高下而建亭。由复廊南端西出步廊，有亭名 **"南雪"**。雪，原指亭周种植的梅花。由 "南雪" 西出，沿傍水游廊至景区的主体建筑 **"可自怡斋"**，本顾文彬 "在我可自怡" 意，是取自南朝·梁隐士陶弘景诗："山中何所有？岭上多白云。只可自怡悦，不堪持赠君。"

"可自怡斋" 是鸳鸯厅结构，廊庑周匝，因在主要游览线中点，南面檐廊与东来游廊相接，廊内仅深一间，南半厅只能作交通缓冲之用，北半厅匾额：**藕香榭**。厅北临池筑平台，以文石为岸，由北檐廊东出，有曲桥横跨池上，可至对岸 **"金栗亭"**(亦名 "云外筑婆婆") 山下。

出 "可自怡斋" 西廊，有近水小榭，南筑云墙，围成小院，中植梧桐树、凤尾竹，故匾额题 **"碧梧栖凤"**。西邻园墙转角处建亭名 **"面壁"**，亭内壁间悬一大镜，隔水山上 **"螺髻亭"** 景色尽收亭中，有 "卷幔山泉入镜中"，"溪光合向镜中看" 扩大空间变幻景色之趣。由亭向北，依垣角转折西行，即为西部终端 "画舫斋"。"画舫斋" 后，园西尽端，为 **"湛露堂"** 围合成院的家祠，堂前

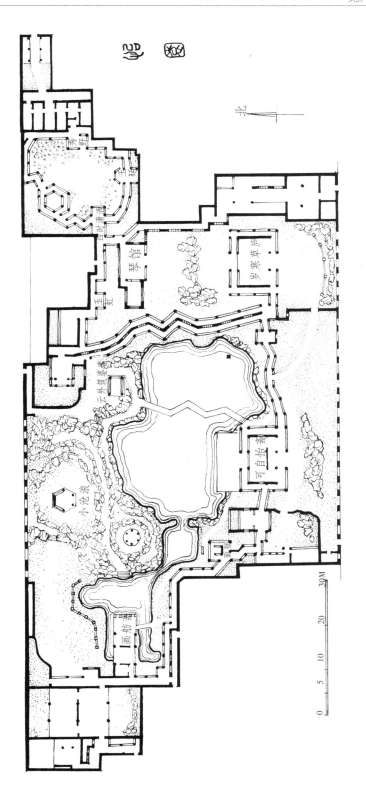

图 8－50 苏州怡园平面图

图 8-51　苏州怡园画舫斋

有牡丹台，亦称堂为"牡丹厅"、"琼岛飞来"（参见图 8-51）。

　　池北皆山，山抱水环，沿池半绕，围合成景区的环境。山上建三亭，呈鼎立之势，以北面近园墙的"**小沧浪**"为主，体量稍大，六角攒尖顶，翼角高翘，飞舞轻飏。从亭中楹联之一可知亭环境景观：

<blockquote>
磴石松斜，自放鹤人归，何事登临感慨
崖阴苔老，喜嘶蝉树远，不妨留待凉生
</blockquote>

　　"小沧浪"亭北有三块大石屏立，有山谷老人题"**屏风三叠**"（山谷宋诗人黄庭坚）。清·李鸿裔《题顾子山方伯怡园图》："苏家饮马桥头水，君往水西我往东；一样沧浪草亭子，愧无三叠好屏风。"为怡园奇石之一。

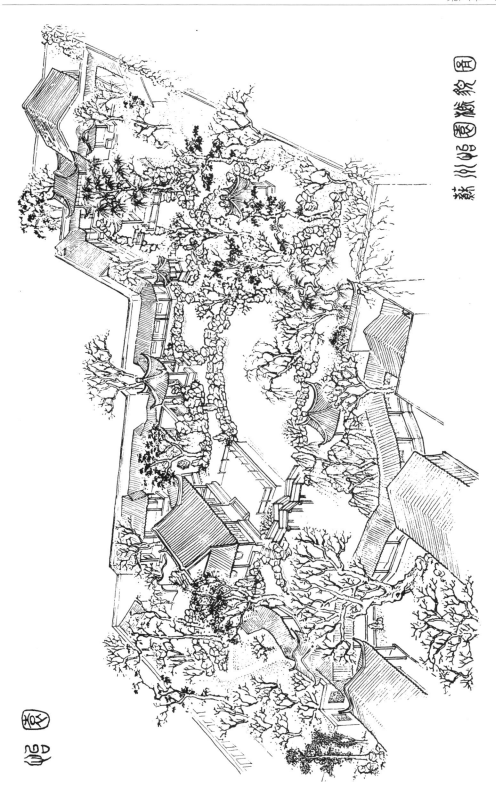

苏州怡园鸟瞰图

图 8-52 苏州怡园鸟瞰图

"小沧浪"前偏西的山中有洞，俞樾《怡园记》云："得一洞，有石天然如大士像，是曰：'慈云洞'。洞中石桌石凳咸具，石乳下注磊磊然。"大士，即观音菩萨也。因洞外多桃花，亦曰"**绛云洞**"（参见图8-52）。

慈云洞上山顶，构有精巧的六角攒尖顶小亭，名"**螺髻亭**"。取自宋·苏轼"乱峰螺髻出，绝涧陈云崩"诗意。

"**螺髻亭**"位于池西而居中，既有划分景区与"画舫斋"景境的作用，且所居之山最高，驻足亭中，游目环瞩，为纵览全园之胜的最佳处（参见图8-53）。

假山东部近复廊，山顶建四角攒尖顶方亭，前临大池，跨曲梁可至主体建筑"可自怡斋"厅堂。亭周石峰林立，遍植桂树，秋天桂花满枝，香气沁人，可谓"金粟吹香万木秋，露华凝叶翠云梢"，故名"**金粟亭**"。

怡园的路线规划十分简单，**环池周回**是一条主要的游览路线，故景不少而境平浅，山林的清旷或幽邃意境不足。

怡园的建造年代较晚，据云始建之初，园主意欲吸取其他古典园林之长。"如复廊采取'沧浪亭'部分格局；假山参照'环秀山庄'布置；荷花池与'网师园'相仿佛；旱船取法于'拙政园'的'香洲'；'面壁亭'悬镜仿'拙政园'、'网师园'；假山洞壑颇得'狮子林'之趣。"[㉕]

先辈学者刘敦桢教授，对怡园的评价：

> 此园建造较晚，力求吸收苏州各园的长处，有集锦式的特点，庭院处理也较精炼。但作为全园重心的西部，山、池、建筑各部的比例过于平均，相互之间缺乏有力的对比。园景内容，因欲求全，罗列较多，反而失却特色，结果，山比环秀山庄大而不见其雄奇，水比网师园广而不见其辽阔，是其不足之处。[㉖]

造成这样结果的原因，不在于园主欲吸收众园之长的愿望，也不在于仿建它园的成功之处。根本问题，在于园林创作思想方法的偏颇。好的愿望，只有在正确的思想指导下才能实现，欲把各个个体中好的东西，集中加在一起，使其成为兼众之长的最佳个体，这纯粹是主观的臆想，现实生活中是根本不存在的。事物的优越性和局限性**共生**，有优越性就有其一定的局限性。正因如此，世界才五彩缤纷丰富多样。

仿建，是古代造园的重要方法之一，清代的皇家园林中，都有大量仿建的景点和景物，问题是如何仿？怡园的"仿"，是**仿**对象的**形式**，这种割裂园林**整**

图 8-53　苏州怡园螺髻亭

体内容的**局部形式**的模仿，既失掉被模仿景点的特色，同时从根本上也否定了创造自身园林特色的可能性。

清代乾隆帝弘历，对造园创作如何"仿"的问题，曾提出非常精辟的论点，他在《惠山园八景诗序》中说："**略仿其意，就天然之势，不舍己之所长**"。所谓"**略仿其意**"，非但不是模仿其形式，而是要从对象意匠的意趣、意境中，抓住其主要特点，不是全部。不论被模仿对象的形式如何精巧奇特，**形似则死，神似方生**。所以，弘历在《小有天园记》中进一步强调指出："**尽态极妍而不必师，所可师者其意而已**。"如何"**肖其意**"，见皇家园林的有关部分。

十六、退 思 园

退思园　在吴江市同里镇，距苏州城区 **26** 公里，为清代兵备道任兰生所建。兵备道是协理总兵军务的文官，任兰生在任凤 (阳)、颍 (川)、六 (安)、泗 (州) 兵备道期间，因盘踞利津，营私肥己，被革职后，于光绪十一年 (1885) 回乡，请著名画家袁龙构思设计园宅，历时二年建成。取《左传》："进思尽忠，退思补过"之意，名园为"退思" (参见图 8－54)。

"退思园"为中型园林，占地近 0.7 公顷，地形呈横长方形，南北短于东西。设计者打破常规，因地制宜，改变纵向组合庭院为横向，一分为三，西部造厅堂对外，宅门内为轿厅 (门厅)、茶厅、正厅三进；中部为内宅，南北建两幢 5 间楼房"**畹芗楼**"，为主人和眷属居处。南北楼之间，接以二层的走廊，俗称走马廊。北楼的东北角，山墙之外建有"**揽胜阁**"。阁的设计甚妙，在园中处西北一隅，游廊之后，比较隐蔽，而宅院楼上眷属，恰可不出深闺而饱览一园之胜 (参见图 8－55)。

东部的园林，是通过中部宅院东廊下的圆洞门"云烟锁钥"进入。

"退思园"的总体布局简单，以池为中心，环池布景，采取一泓澄碧，亭台突池沼而参差的方式。

由"云烟锁钥"洞门入园，为一架水空亭，名"**水香榭**"。沿园墙南北接廊，北行东折，即园的主体建筑"**退思草堂**"，坐北朝南，面阔五间，三间两落翼，歇山卷棚顶，堂前临水构筑平台，文石为岸，绕以雕栏。由"水香榭"南行，游廊曲折，斜穿西南隅而过，中有架在水中的不系舟"**闹红一舸**"，其前、中、后舱皆用两坡顶组合而成，体量较小，造型简朴。向前为两层小楼，与"退思草堂"隔池南北相对，是园主的书斋，名"**辛台**"。东接二层敞廊，名

"**天桥**"，底层与东南向的"**菇雨生凉轩**"檐廊通连。小轩三间，临池枕水，原轩前水中菇蒲丛生，芦苇摇曳，如论画者云：有"合景色于草昧之中，味之无尽"[②]的野趣。

池东以叠石造景，而假山上的"**眠云亭**"，颇具匠心。由"水香榭"隔池相望，"眠云亭"是建于山顶之亭也。但实为两层的小阁，亭非立假山之上，而是底层被围于山石之中。构思之巧，既可节省大量的土方、湖石，又得到建筑空间与造型变化之趣。

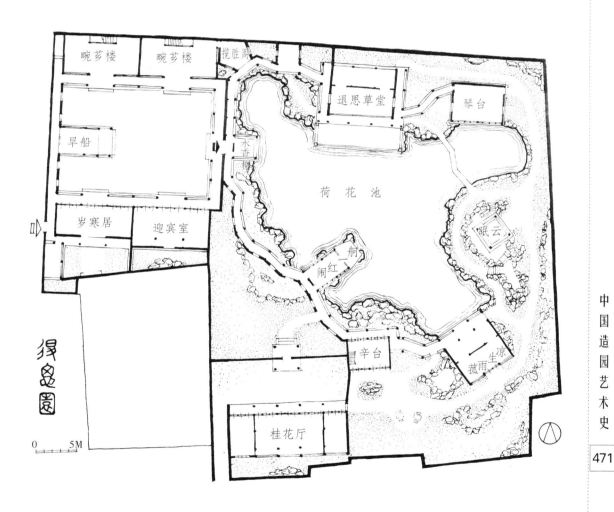

图 8-54 苏州同里退思园平面图

天桥　　　　闹红一舸　　　　　　　水香榭　　　退思草堂　揽胜阁

图 8-55　苏州同里退思园西立面图

　　"眠云亭"向北，隔水相对者**"琴台"**，是"退思草堂"东面的两间小舍，临大池东派之水湾，并采取**"疏水若为无尽，断处通桥"**的手法，三曲平梁，不仅将水面隔出层次，为"琴台"形成相对独立的景境，同时围绕"琴台"，使"眠云亭"与"退思草堂"间构成往复无尽的环路。

　　园的西南角，为五间大厅**"桂花厅"**，用墙围合成院。院门在北，门亭额**"金风玉露亭"**，门外被廊隔成三角形废地，是其不足之处。"桂花厅"已辟为茶园，供游人休息。从"桂花厅"庭院西墙，有砌塞的门洞。看来原先这里是**"设门有待来宾"**（《园冶》）的直接对外的园门才合乎情理。由中部内宅接待宾客，出入园林，根本不合古人"内外有别"的礼制要求。

　　"退思园"的空间结构虽简，但水面与景境相应，曲折而有致；亭台突池沼而参差，掩映而富有层次；建筑简朴，高低虚实，空间构图十分丰富，不失为江南中型园林的佳作。

十七、寄 畅 园

　　寄畅园　在无锡市西惠山，惠山公园的东北隅，是现存江南最古老的园林之一。明代正德年间 (1506～1520)，南京兵部尚书秦金购惠山寺僧寮"南隐房"、"沤寓房"改建别墅园林，秦金别号"凤山"，名其园为**"凤谷行窝"**。

　　秦金死后，园归其子秦梁和族侄秦瀚所有。嘉靖四十五年 (1566)，秦梁由湖广按察使 (巡抚的属官) 任上回籍奔父丧后不任，整修此园，改名"凤谷山庄"。明万历十九年 (1591)，秦梁之侄秦燿被解除巡抚之职，回归乡里，纵情园林，对园进行全面改造，历时七年，于万历二十七年 (1599) 竣工，造景二十余处，取

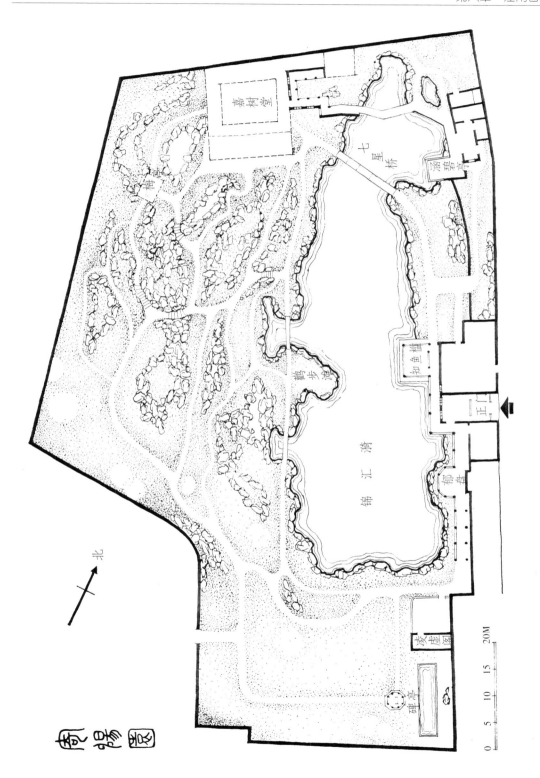

图 8－56　无锡寄畅图平面图

王羲之"寄畅山水之情"意，更园名为**"寄畅园"**。

明万历三十二年 (1604) 秦燿将家产分给子孙，园被一再分割。至清顺治十四年 (1657)，即半个世纪以后，秦燿的曾孙秦德藻把园重新合并，并特请叠山名家张涟参划，由其侄张钺构山叠石，引二泉之水，构八音洞、七星桥、美人石等景点，园更具山林清旷的意境。

康熙皇帝和乾隆皇帝多次南巡，都驻跸该园，寄畅园名遂大振。雍正朝，秦氏受王子争夺皇位牵连下狱，园充公而荒废。乾隆年间发还，秦氏族人合议将寄畅园作**"祠园"**，在东北隅建双孝祠。后为迎接乾隆南巡，秦氏于乾隆十六年 (1751)，对寄畅园作了全面整修。乾隆皇帝六次南巡，均来此游园，并命绘图携京，在颐和园万寿山东麓仿建，名"惠山园"，即今颐和园的谐趣园。此后屡败屡修，直到 1952 年秦氏后裔秦亮工将园献给国家，对游人开放。

寄畅园自 16 世纪初始建，到 20 世纪 50 年代，四百余年一直属秦氏一姓所有，从未换姓易主，这在中国造园史上是绝无仅有的一座古园了。

寄畅园占地约 10 000 平方米，地形呈不规则的梯形，南北长而东西窄，中间宽阔。园的规划布局特点，以池为主，池水随形依势，南北长约 90 余米，东西宽约 20 余米，面积虽仅 0.17 公顷，却给人以巨浸空澄、一泓净碧之感，名池为"锦汇漪"（参见图 8-56）。

池的东部，依墙傍水，亭阁参差，游廊曲槛，透迤相接，中间**"郁盘亭"**临池，北端**"知鱼槛"**架水。亭名"郁盘"，取王维《辋川园图》中"岩岫郁盘，云飞水动"之意，驻足亭中，隔池岗埠，高下起伏；老树偃盖，郁翠干霄，倒影双荫，令人心旷神怡。

"知鱼槛"凸在池中，三面环水，既可欣赏对岸山林景色，俯首凭槛，文鳞无数，唼喋拨剌于荇风藻雨间，如园主秦燿罢官归隐，见此景所咏："焉知我非鱼，此乐思蒙庄"。"知鱼槛"与对岸伸向水中的**"鹤步滩"**，似若相接，很自然地将池分成南北两部，既丰富了水际景观的变化，也加深了"锦汇漪"纵向深度的层次。乾隆帝南巡时，非常喜爱此处景色，曾作诗赞赏：

> 名园正对九龙岗，鹤步滩头引径长；
> 树有百年多古黛，花开千朵发清香；
> 流泉戛玉通芳沼，修竹成荫覆曲廊；
> 燕子来时春未老，故巢忆否旧华堂。

　　"知鱼槛"向北，锦汇漪水尽头，用七块大石板直铺的"**七星桥**"，横跨溪头，采用的是《园冶》："**疏水若为无尽，断处通桥**"之法，丰富了水面的空间层次，隔出了境界，"锦汇漪"一泓池水，而有清幽深邃无尽之感。

　　过"七星桥"水湾处，有亭翼然，名"**涵碧亭**"。如园主秦耀题咏："微风水上来，衣与寒潭碧"。向西跨水，过廊桥至园中的主体建筑"**嘉树堂**"。

　　"嘉树堂"在园北端，坐北朝南，20 世纪 60 年代时将其建成体量较大的歇山顶建筑，而与寄畅园的建筑风格和山林野趣，不相适应协调。1993 年据清代《南巡盛典》中寄畅园图，重新修建，适当缩小建筑的体量，改歇山顶为悬山式屋顶，尽祛原"嘉树堂"的典丽雄秀，而更以民居之古朴典雅，与环境取得和谐而惬赏。这就是计成在《园冶》中所说，园林建筑须"**精在体宜**"的意义所在。

　　"嘉树堂"前构廊，向东与原曲廊相连，曲折跨水，可至"涵碧亭"。向西与"八音涧"相通，原名"悬淙涧"，亦名"三叠泉"。即清初时，园主秦德藻特聘叠山名家张涟设计，其侄张鉽主持堆叠而成。

　　"八音涧"顺惠山之势，西高东低，总长 36 米，全用惠山黄石叠成，涧之最宽处有 4.5 米，最窄处仅 0.6 米，深 1.6 到 1.9 米，巉岩峭壁，曲折窈窕，浓荫偃盖，清泉潺湲，空谷来风，清音悦耳，而有晋诗人左思的"何必丝与竹，山水有清音"的境界（参见图 8‑57）。

　　"寄畅园"不仅在叠山理水上达到很高的水平，在远借园外自然山水之景上，在江南古典园林中也是独具特色的。由"嘉树堂"南望，近水亭阁，虚明

园门　　　　知鱼槛　　碑亭　锦汇漪　　　　　　　　　0　　　2　　　4M

图 8‑57　江苏无锡寄畅园南剖视图

洞彻；远处锡山，古塔屹立，远近交融，山水一色，天光涵数顷，倒影池中漾，令人有园在山水中之感。

十八、绮　园

绮园　在浙江省海盐县武原镇，原为清代海盐富商冯缵斋的宅园。冯虽经商致富，但颇通文墨，咸丰九年 (1859)，娶当时著名诗人、剧作家黄燮清 (1805~1864) 的次女黄琇为妻，黄琇自幼受父亲培养熏陶，知书达理，才识过人。同治间冯缵斋在其住宅"冯三乐堂"后辟地修建"绮园"。冯经商在外，园林的规划布局，实由黄琇一人主持经营，并利用其父黄燮清在战火中被毁的"拙宜园"中残留的古树名木和大量假山石块，于同治十年 (1871) 建成，是以山水为主，具有自然山野风致的园林。

"绮园"占地约 1 公顷，地形规整呈长方形，南北长 120 米，东西阔 80 米。全园以山为结构，以水为中心。从南至北，山体大致呈"E"字形，从南北东三面环抱，形成前后两个空间，前小后大，向进园方向西面豁敞。

"绮园"的主体建筑**"潭影轩"**，也是惟一的一栋厅堂，单檐歇山顶四面厅，位在南 (前) 面小空间中，背靠崖壁，前临深潭，"闲云潭影日悠悠，物换星移几度秋" (王勃《滕王阁诗》)，轩名之意也。潭边怪石嶙峋，潭水依山曲折，由西向东，折北成涧壑，穿过崖壁下的暗渠，汇入北面的大池。

潭西端九曲平梁架水，过桥可上南山。南山峭拔，洞壑幽邃，磴道迫隘。中间崖壁，隔分南北景区，外石内土，顶部平坦，古木数株，浓荫偃盖，有石桌石凳，可休憩品茗，为观大池山水，游瞩之胜所。

中部大池，三面环山，面积占全园的**三分之二**以上，如此大体量的人工山水，在私家园林中是绝无仅有的。池中筑有两堤三桥，即东堤和南堤，将水面分成三部分，东、南两处水面较小，西北水面很大，所以游人入园后，沿西岸或漫步南堤，仍有渌水澄澈，空灏际天之感。

贯通大池南北的东堤，北端架一座高拱桥**"罨画桥"**，桥洞两旁联曰："两水夹明镜，双桥落彩虹"。这桥堤之隔，不仅隔出了层次，而且大大丰富了大池的水景画面，东堤也成为招徕游人的一条游览路线。

大池在山的环抱中，南屏崖壁，丹崖险巇；东面山岗，迤逦绵延；北山岭峨嵾嵯，盘纡岪郁，东北一峰屹立，峰顶立六角小亭名**"依云"**，为全园的制高点，鸟瞰园林胜概之处。"绮园"可谓**"山水既清佳，结构更宽整"**，令人旷如，

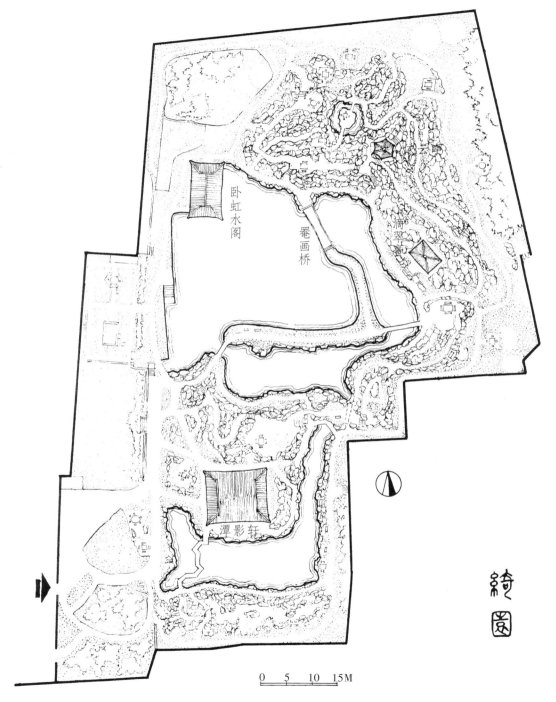

卧虹水阁

笔画桥

滴翠亭

潭影轩

绮园

0 5 10 15M

图 8-58 浙江海盐绮园平面图

而有自然山野之意境（参见图 8－58）。

　　"绮园"的建筑非常少，除崖壁南的"潭影轩"，和北山峰顶的"依云亭"之外，还有两栋建筑，一是在东山南部山麓的四坡顶**"滴翠亭"**，二是大池西北隅的**"卧虹水阁"**。亭与阁的选址，都是造景与观景的佳处，但建筑的质量很差，根本不合古典园林建筑的形制。20 世纪 80 年代末，著者曾去考察，据当时园林负责人讲，园林修复时，小县城无经费，就按普通民房建的。山顶的"依云亭"，是买自废园移建而来的。今天旅游业已很兴旺，园林是旅游城市的重要资源，想来绮园的建筑，早无因陋就简之憾，而应是亭阁翼然，岩谷因之而增色了。

　　海盐的园林历经沧桑，多次兵燹的破坏，能遗存下来的只有绮园，原有建筑已多不存，正因山的体量之大，池的水面之广，除非特意毁坏，是难以堙没的。就如日军占据承德"避暑山庄"，为需打靶场将内湖填平之类的破坏。但绮园山水也不可能保持原貌，尤其是山，如论画者云：山欲**远则取其势，近则取其质**[28]，绮园之山的位置经营，体量大小与空间构图在**得势**，"得势则随意经营一隅皆是，失势则尽心收拾满幅都非"[29]。

　　但对山的形质，即局部和细部造型，南山较好，而中部崖壁和北山临池一带，实是用石块砌筑的墙体，原貌如何不得而知，虽然"绮园"之山在形质的造型方面比较粗率，但并没有影响山的气势所给人的审美感受。道理是山的体量很大，重在远观其势，不在近赏其质。另一重要原因是，绮园的草木之华，园内多百年以上合抱的古树，古木繁柯，藤萝蔓延，**山得草木而华**也（参见图 8－59）。

依云亭　　墨画桥　滴翠亭　　　　　　　　　潭影轩

图 8－59　浙江海盐绮园东视剖面图

绮园的树木榆、槐、朴、槭、枫香等都是小叶的乔木，正因为叶小才显得山的高大，木杪排空，池塘泛影，令人有天水相忘之感。著者十多年前，曾去常熟"燕园"，当时尚未全部恢复，传说为戈裕良传世杰作的黄石假山，在院中一隅，既无环境衬托，山亦童童无草木，洞前新植的一株广玉兰，虽高不及丈，因叶大却显得山小而**假**，这是私家园林种植设计应予吸取的经验教训。

绮园之山的得势，不仅在山，也在水和树，宋代郭熙《林泉高致》中有段精辟之论曰：

> 山以水为血脉，以草木为毛发，以烟云为神彩。故**山得水而活**，得草木而华，得烟云而秀媚。水以山为面，以亭榭为眉目，以渔钓为精神。故**水得山而媚**，得亭榭而明快，得渔钓而旷落，此山水之布置也。[30]

画论不等于造园理论，从总结审美经验的角度，画论对造园还是很有参考价值的。

十九、个　园

个园　位于扬州城内东关街，清道光年间 (1821～1850)，两淮盐业商总黄应泰，在寿芝园旧址新建而成。以"个"字名园，个为"竹"之半，代表竹，园主以示其性爱竹。爱竹是中国士大夫的美学思想，据儒家的**"比德"**说：

> 君子比德于竹焉，原夫劲本坚节，不受雪霜，刚也；绿叶萋萋，翠筠浮浮，柔也；虚心而直，无所隐蔽，忠也；不孤根以挺耸，必相依以林秀，义也；虽春阳气生，终不与众木斗荣，谦也；四时一贯，荣衰不殊，常也；垂蒉实以迟凤，乐贤也；岁擢笋以成干，进德也……。[31]

儒家从人的道德品质理想，将自然山水树石的某些形态特征，看做人的精神拟态，这种审美心理已成历史传统，并渗透在中国造园艺术的创作思想之中。晋代大书法家王羲之 (303～361) 之子王徽之 (字子猷) (？～388)，居必种竹，尝曰："何可一日无此君"，成为历史佳话。北宋文学家、书画家苏轼 (1037～1101) 有句名言曰："可使食无肉，不可使居无竹。无肉令人瘦，无竹令人俗。"认为人瘦尚可胖，人俗是不可医的。竹在古代士大夫居住生活中，是不可少的东西。南宋叶梦得《避暑录话》云："山林园圃，但多种竹，不问其他，景物望之自使人意潇然。"[32]

"个园"在住宅之后，是从住宅的正贴和东侧边贴之间的"避弄"入园。也就是说，进入园林，要穿过整个住宅纵深长度狭窄的避弄，为了缓解人们穿过狭长而阴暗弄堂在心理上的压抑感，园门采取了开敞式的设计，不用门屋，而用一堵漏明墙，前筑两个花台，一左一右，中辟圆洞门，门额上题"个园"二字。

"个园"景观以叠山为主，而且山分四季，门前花台上，修竹数竿，石笋数尺，如郑板桥所说，如此竹石小景，"风中雨中有声，日中月中有影"，耐人寻味，而历久弥新。不用湖石而用松皮石笋者，寓意雨后春笋，故称此景为**春山**。

"个园"地形较规整，为东西长而南北较短的矩形。沿园门的中轴线上，前为四面厅"**宜雨轩**"，后为七间重屋"**壶天自春楼**"，中有小池假山，池形曲折，东畔有亭名"**清漪**"。轩和楼是园中最主要的建筑（参见图 8 - 60）。

"宜雨轩"位于景区之中，与园门对位，完全合乎《园冶》"**安门须合厅方**"的要求，本应是"**奠一园之体势者**"的主体建筑，却不称"**堂**"而称之为轩，

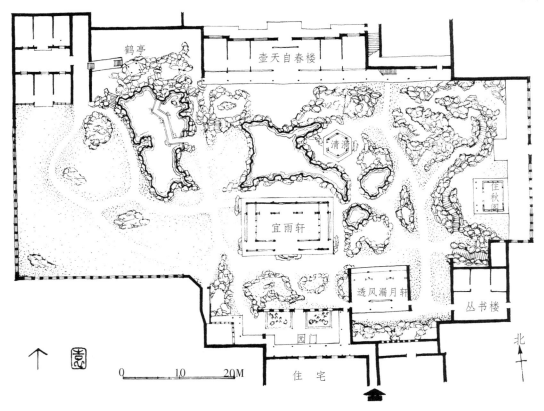

图 8 - 60　江苏扬州个园平面图

显然是其后面的七间长楼占了主导地位，楼的体量相对之大，面阔之广，既是园林显耀的背景，也是园居的重要活动场所和最佳的观赏点。登楼北望，市井房舍，鳞次栉比；凭栏南瞰，池沼竹树，物无遁形。夜晚登楼，而有"登楼清听市声远，倚栏潜窥鸟梦闲"的境界。

园林建筑以楼为主体，可说是扬州园林的一大特色。如"何园"的"蝴蝶厅"，而且利用楼的空间重叠，巧妙地设计成空间极臻变化的立体环路。

七间长楼的"壶天自春"，东接复道重廊。复道与重廊一墙之隔，墙北复道设有上二层的大楼梯。楼前檐廊与重廊上下连接，构成横贯东西的立体环路，将楼西侧的**夏山**与园东部的**秋山**连成一体。从而使"壶天自春楼"更加强了娱游的功能和作用。楼下檐廊西出即"夏山"，楼上檐廊东行，可至"秋山"顶上的"**住秋阁**"。将建筑空间与山水景境有机地结合起来，形成空间变幻意趣无穷的环路，可以说是体现出**往复无尽流动空间论**的设计范例之一（参见图 8－61）。

"个园"的四季假山很著名，形态复杂，技艺颇高。夏山，前有曲沼，东岸架曲梁向北，至假山洞口，洞穴嵚崎，风隙生凉，令人神骨具冷，故名夏山。洞顶筑平台，山势盘纡峁郁，有亭翼然。东部的秋山，体量较大，岩涧洞壑，岭峨而峥嵘，嶝道盘曲，错踪而复杂。山皆黄色，夕阳西下，有"竹缘浦以被绿，石照涧而映红"的秋色之意，而名**秋山**。由秋山南端，拾级而下，已是园的东南隅近园门处了，有小轩"**透风漏月**"。小轩东西封闭，西山外即园门，南北户牖开敞，虚明而洞彻，轩南小院，沿园墙凸出处，用宣石叠砌花台，台上依墙掇山，因宣石洁白，望之如满山积雪，故名**冬山**。为了加强冬天的氛围，

园门　　　　　宜雨轩　　　　　　　　壶天自春楼

图 8－61　扬州个园西视剖面图

在墙上有规则地开了 24 个圆洞，阵风吹过，有如朔风呼啸，使人有"籁从风处峭，响至石边遒"的联想。山分四季，其构思之意，如乾隆帝弘历在《安澜园记》中所说："春宜花，夏宜风，秋宜月，冬宜雪，居处之适也。"[33]

二十、何　园

何园　位于江苏扬州徐凝门街中段，本名**"寄啸山庄"**。清光绪九年 (1883)，盐官何芷舫所建，取陶渊明"倚南窗以寄傲"，"登东皋以舒啸"之意，名园为"寄啸山庄"，俗称"何园"。是扬州私家园林中之较大者。

园在宅后，地形嵌缺不齐，基本上呈横厂形。园分东西两部，东园地形曲尺，且宽度不大，故只布置了两座厅堂，南厅西山靠墙，东端歇山顶山花嵌有凤凰牡丹砖雕，而名**"牡丹厅"**。北厅**"静香轩"**居中，廊庑周匝，虚牖四敞；四面铺地，用卵石、瓦片成波纹状，人在轩中，有入画舫之感，楹联："月作主人梅作客，花为四壁船为家"，亦称为**"船厅"**。东北贴墙用湖石叠山，墙隅山顶立六角攒尖顶小亭**"月亭"**，沿北墙向西设嶝道，至西北隅**"小楼"**，有重廊与西园通连（参见图 8-62）。

西园以池为主，以池中**"水心榭"**为中心，"水心榭"平面正方形，体量较大，前有月台，右有小蹊，左有曲梁，与南北两岸相通。水榭原作演出戏曲之用，又称之为**"戏亭"**。所以童寯先生在《江南园林志》的"何园"条中说："山池之外，为戏台花圃，徒见昔日梨园药栏之盛。"[34]

正因为"水心榭"是一座水上的戏台，为欣赏戏曲的需要，沿池建筑均为楼房，重廊曲槛，透迤相接，周围的两层围廊，就是欣赏戏曲的看台。如池西的**"桂花厅"**，池北的**"蝴蝶厅"**都是楼厅。"蝴蝶厅"三楹，左右各有两间耳室，西为楼梯间，建筑平面形状似蝴蝶故名。"蝴蝶厅"西接楼梯间，东面重廊与中间的两层复廊连接。正因廊皆两层，南面地形狭窄处，虽看不见"水心榭"，也建重屋**"赏月楼"**者，显然是池南廊皆两层之故。

池的西南，以叠石构山为景，并可从室外假山嶝道，拾级而上，至"桂花厅"楼上。从园林的人流路线规划看，"何园"就形成独具特色的路线和空间设计，不仅平面上，人流路线环环相套，内外相通，而且上下周接，使人往复无尽，景观时变，意趣无穷（参见图 8-63）。

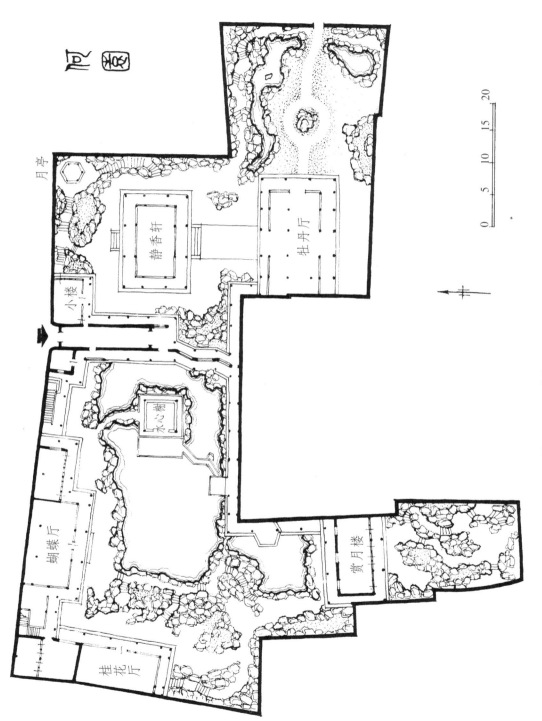

图 8-62 江苏扬州何园平面图

月亭

小楼

静香轩

牡丹厅

蝴蝶厅

桂花厅

赏月楼

0 5 10 15 20

中国造园艺术史

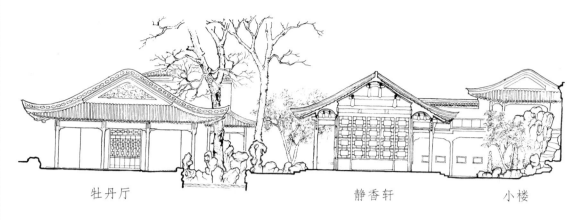

牡丹厅　　　　　　　　　　　　　静香轩　　　　　小楼

图 8－63　江苏扬州何园西剖视图

二十一、小 盘 谷

小盘谷　在扬州城南丁家湾大树巷内，清光绪三十年 (1904)，两江总督周馥购徐氏旧园所建。园不大，蹊径环曲，往复无尽；山不高，洞谷宛转，嶝道回旋，故名"小盘谷"。

"小盘谷"，园在宅东，并用漏砖墙隔成东西两个庭园，以西院为主。地形狭长，平面布局特点，亦如小园的通常模式，实两头而空其中，南有三间楠木花厅，北端为三间重楼，中凿水池，沿池两岸，构廊叠石，缀以亭台。但"小盘谷"的设计，在细处颇见巧思（参见图 8－64）。

由住宅大厅东侧的洞门入园，门的位置与一般宅傍小园不同，不是直接开在景区，而是开在"花厅"之南，入园向东出漏花墙门洞可至东院。如此构思，对小园而言，并非为了避免一览无余的问题，而是相对缩短景区的长度，使景物布置集中而不分散。同时"花厅"前形成小院，作为交通空间，住宅与东院的往来，西院则不受干扰；作为接待宾客游园，小院则是空间的过度和缓冲，显然有利于提高园居生活的质量。在总体规划中，"小盘谷"园门的位置经营，充分体现了**因地制宜**的原则。

"花厅"北面临水，绕水游廊北行，经三面环水，架于池上的"**水榭**"，可凭栏观鱼，欣赏隔池山亭景色。过"水榭"沿廊向北、廊北端为梯，直上"**北楼**"之二层。楼房内不设梯，由楼外假山或廊内直接上二层，这种做法南北园林中皆有，好处是楼上下各自成境，互不干扰，且增加园林建筑的情趣。

"小盘谷"在建筑空间和环境意匠上也不乏精思巧构之处。池东叠山造景，

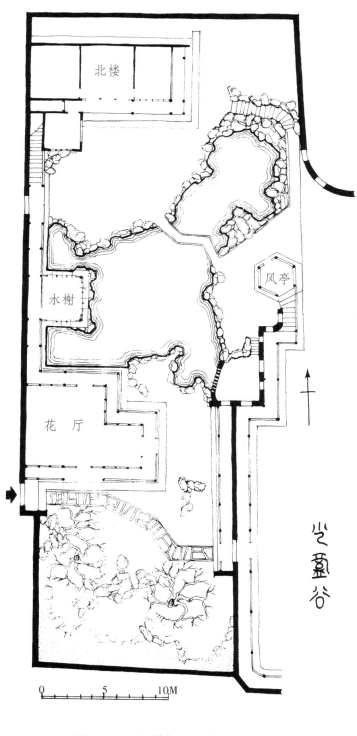

北楼

水榭

风亭

花厅

小盘谷

0　　　5　　　10M

图 8-64 江苏扬州小盘谷平面图

山中有洞，上下形成环路，山上立亭，名"**风亭**"，居全园最高点，且位置在东西两院隔墙之中，既可右瞰西园之胜，亦可左瞩东园景色。亭的路线设计亦颇见匠心，由亭东南沿台级而下，即东庭园之曲廊；出"风亭"由山顶向南，沿漏花墙下石级，迎面墙上两个门空，右通西院修廊，左通东院曲廊，在东园门洞处两廊相通，这一段形同复廊，这就不仅形成大环套小环的环路，而且从不同路线登山，由于所见环境景观不同，亭的建筑形象亦殊异。造园者以一墙之隔，巧妙地运用**往复无尽流动空间**的设计方法，既变化了景观，又扩展了空间。

"花厅"是园主待客和宴集之处，需要有一定的活动空间，建筑体量不可能很小，从平面图可见，三间花厅通面阔长，已占园宽度多达**三分之二**，如此体量之大，在这小小的园林中，可谓庞然大物，只能给人以沉重和压抑之感，与环境景观也无法协调，更违背中国古典园林"**即小见大**"的审美要求。

"小盘谷"的花厅，却很好地解决了园小建筑体量大的矛盾。三间花厅，靠墙的两间不动，将东端一间的进深减少一半，平面形同半个**凸**字，即保证有方整宽敞的空间，从结构构造上，则将建筑体量一分为二，形成屋脊的高低跌落，檐宇前后交错而飞飏，给人以小巧而轻逸的形象。"小盘谷"占地很小，景色不多，却能体现中国造园的美学思想和艺术特色（参见图8-65）。

图8-65　江苏扬州小盘谷南剖视图

二十二、乔　园

乔园　在江苏泰州城内八字桥直街，明万历年间 (1573～1620)，陈应芳所建。

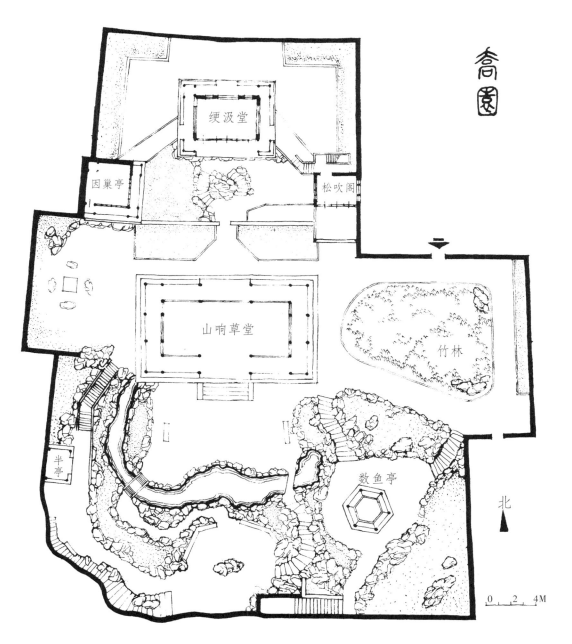

图 8-66 江苏泰州乔园平面图

488
中国造园艺术史

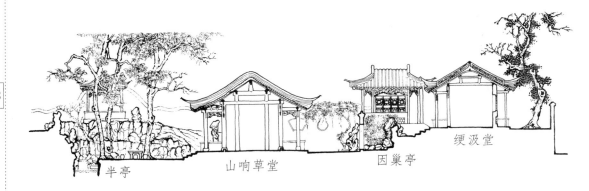

图 8-67　江苏泰州乔园西视剖面图

取陶潜《归去来辞》中"园日涉以成趣"之意，名"**日涉园**"。后几经易主，清雍正年间为高氏所有，更名"**三峰园**"。咸丰年间属吴文锡，名"**蛰园**"，后归两淮盐运使乔松年，遂称"**乔园**"。该园是苏北地区最古老的园林。

园的规模不大，属小园一类，地形嵌缺不齐，明显分为前后两部分，前部大，基本近方形，后部小，仅约为前部的**三分之一**。园的入口，在中间东面凸出部分，形成以主体建筑厅堂为中心的布局，堂名"**山响草堂**"（参见图 8-66）。

"山响草堂"之南，为园林山水造景之区，以叠石构山为主，堂前山下，曲水回环，有如萦带。西南，小桥圆拱以跨水；东南，平卧波梁而可渡。过拱桥，涧壑深邃，洞穴谽谺；渡平梁，嶝道曲折，至顶上平台。由西拾级而上，过"**半亭**"至山顶；东磴山头，有六角攒尖顶的"**数鱼亭**"，至南墙下石级，与洞穴相连。山区形成上下相通，前后左右环接的路线，引人探奇寻幽，往复无尽，而意趣无穷。

"山响草堂"北，一方不大的天井，如何造景，本难着笔，而设计者立意奇妙，用漏花墙隔成小院，中开洞门相通，将小院内的主体建筑"**绠汲堂**"抬高，建于黄石叠砌的平台上，堂前石磴，回旋可上。堂侧院隅，建二层楼阁，右名"**因巢亭**"，左名"**松吹阁**"（参见图 8-67）。

"绠汲堂"一组建筑，不仅丰富了"山响草堂"的背景景观，且使园林具高下之势，增加游人的兴致。如在"因巢亭"和"松吹阁"上，均可从"山响草堂"东西两侧，窥得山景的一角。乔园意匠经营，在江南古典小园中别具一格。

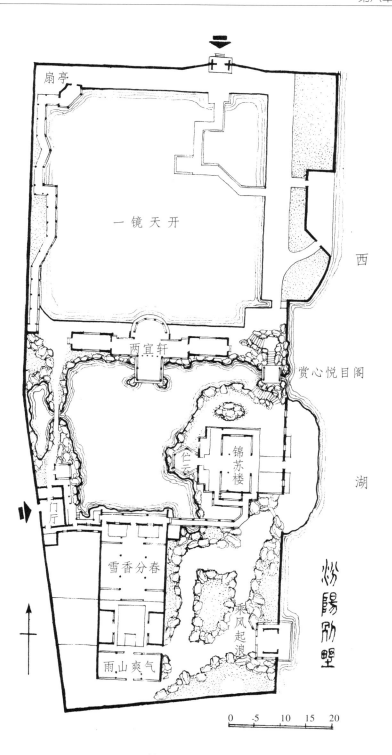

图8-68 浙江杭州汾阳别墅平面图

二十三、汾阳别墅

汾阳别墅　位于杭州环湖西路卧龙桥北，即郭庄，昔之宋庄也。郭庄建于清咸丰年间 (1851～1861)，几经变迁已近于湮没。20 世纪世纪 90 年代初，按原有面积和布局修复开放。童寯先生在 20 世纪 30 年代所著《江南园林志》中绘有平面草图，曾云：此园"取水为台榭，雅洁有似吴门之网师，为武林池馆中最富古趣者。"⑤

"汾阳别墅"滨里湖西岸，地形狭长，园的规划布局特点，是用组合建筑**"两宜轩"**，东西横贯中间，将园隔为南北两部分，前后 (南北) 满庭皆水，前庭景物集中，沿池布置建筑，故池岸随景境而曲折回环；后庭仅一扇亭，廊桥而外别无建筑，故池岸绳直，池形规整 (参见图 8-68)。

由西山路**门厅**入园，位于池之西南角，沿园墙向北，可至中间的"两宜轩"；门厅右出，步廊向东，为园的主要大厅**"雪香分春"**，与两厢及南堂**"雨山爽气"**组成独立的庭院，院中石板铺地，中凿莲池，绕以石栏，境颇清幽。

从"香雪分春"堂北临水为廊，中隔蟹眼小天井的做法，说明堂无观赏的功能。从南堂后檐廊东山出，是叠石为景的侧院，北可至**"锦苏楼"**，东可至**"乘风起浪"**轩。堂前临水北廊东出，跨水向东折北至"锦苏楼"。"锦苏楼"的设计亦颇有特点，楼两层原为绣楼，宜隐蔽不宜敞显，底层由廊南入，廊留夹隙，曲折而略作屏蔽，并围以漏花院墙。西出院墙洞门，近水空亭豁敞，名**"伫云"**；东出园墙洞门，为滨湖之浅滩；楼上可借西湖苏堤之景。

"锦苏楼"北，在池的东北角通向西湖的水口上，叠石为山，以山代墙，山顶建亭，名**"赏心悦目"**。驻足亭中，东眺西湖山水，西瞰全园之胜概。

北部庭园，很少景物，池形端方，池岸绳直，沿园的西墙，池岸虽直而游廊曲折，中一段挑出水上，廊端在西北隅接**"扇亭"**结束。北岸东端，对园的后门，水上架平梁，曲尺而至水中平台，再曲折至东岸。空间虽大，被围于院墙之中，且一目而尽，了无意趣。与苏州"网师园"毫无共同之处，更无**古趣**可言，显然童寯先生所指是园的南部而非北部。

二十四、落帆亭

落帆亭　在浙江嘉兴城北杉青闸。**杉青闸**建自宋代，闸原有吏舍及亭，明天启末年重构。清光绪六年 (1880) 重修有记云："亭名落帆，肇自南宋，历朝修

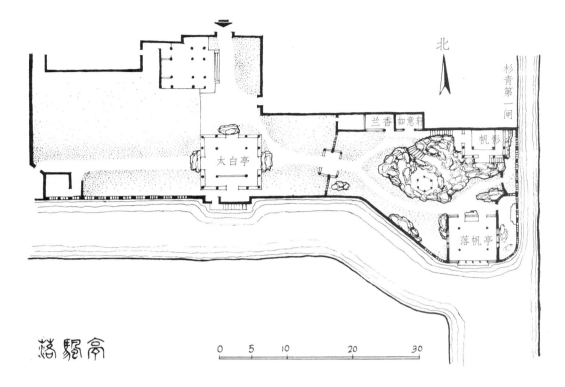

图 8－69　浙江嘉兴落帆亭平面

葺，记详载志。"据童寯先生 20 世纪 30 年代间，对江南园林考察所记："落帆亭及其前之叠山，为杉青闸精萃；酒仙祠则在范围之外。"③

"落帆亭"地处两河交汇口，凸向河流转折处的水中，占地很小，景物甚少，亭以"落帆"而著称，显然意境不在园内，而在园外。驻足亭中，船只南来东往，转航落帆，橹声伊轧，是借园外水道之景的佳构（参见图 8－69）。

从"落帆亭"的布局和景物意匠，也反映出**借景**园外水道景观的设计思想，除主体建筑临水的**"落帆亭"**，亭前（北）至园墙，叠石为山，亭之西，山上立**小亭**，亭之北，依山墙建半亭，栏楯围绕，名**"帆影亭"**，为山的最高处。两亭之高下位置，决定于是否受"落帆亭"的遮挡；亭皆立山顶，并非因园内有景可瞰，而是登高可远眺水道之景也，这是按借景要求设计小园的例子。

20 世纪五六十年代，随城市的发展，水道不兴，而且日益成为阻碍城市交通发展的障碍，这是江浙一带水乡城镇共有的矛盾，如何解决？对这些大都具有悠久的历史文化传统，和地方风格的水乡城市，当时不可能也根本不会从尊重历史文化传统、保护水乡城市特色去考虑旧城改造问题，而是急功近利，采取最简单的办法，将河道塞平改成马路，城市交通的问题似解决了，但破坏了原水网系统，造成了很大的隐患。随城市不断发展，人口的倍增，未被填没的水道，日益成为严重影响城市生活环境的污染源，今天不得不花费百倍千倍的人力物力去治理了。

"落帆亭"园外的水道，早被填没，已成车流喧嚣的马路，园也荒废多年，景物多已不存。20世纪80年代，经地方有识之士的努力，基本已作恢复，但"落帆亭"随环境景观的彻底改变，"落帆亭"的园林意义也已丧失。

二十五、瞻　园

瞻园　位于南京市区瞻园路，为明初开国元勋中山王徐达后代在南京所建的十所园林之一，据王世祯《游金陵诸园记》云："魏公西圃……当中山王赐第时，仅为织室马厩之属，日久不治，转为瓦砾场。太保公始除去之。"太保公，是指徐达的七世孙徐鹏举，在嘉靖四年（1525）受封为太子太保的尊称。可见明初此园是中山王府的废弃之地，到徐鹏举时才清整场地开始建园，建园时间应在1525年前后。因徐鹏举之子徐维志袭封魏国公，园在宅西，故王世祯《游金陵诸园记》称"**魏公西圃**"。㊲

明清之际，南京历经兵燹，而此园幸存。清初为江宁布政使的衙门，乾隆二十二年（1757）清高宗弘历第二次南巡时，曾驻跸于此，题为"**瞻园**"，此名遂沿用至今。乾隆皇帝并"肖其意"仿建于京师西郊长春园内，即"如园"。太平天国时，先为东王杨秀清的府第，后为夏官副丞相赖汉英的衙门。清同治三年（1864），清军攻陷天京，瞻园被毁。同治四年（1865）、光绪二十九年（1903）曾两次重修，有所恢复。民国时期为省长公署和内政部所占用，园遂日益荒败。

"1960年由刘敦桢主持作整治修复工作，叶菊华及詹永伟等参加设计，按规划设计方案修复了北部山池及大厅'静妙堂'，又在堂南添湖石假山及水池，堂东增曲廊、小院、花篮厅及园门诸项，使一代名园重展丰姿。"㊳

瞻园地形狭长，南北长近两倍于东西之宽。全园以山水造景为特色，建筑很少，除主体建筑"**静妙堂**"外，只在东西两侧，山上水滨点缀以虚亭小榭。

园的总体结构，以南部的"静妙堂"，及堂前的小池、**南假山**；北部的**北假山**，及山前之大池，和西部的**西假山**组成。池水引蔓通津，环绕联络三者之间，构成山环水抱的瞻园景色（参见图8-70）。

静妙堂　明代时名"**止鉴堂**"，清乾隆时更名"**绿野堂**"，同治年间江宁布

瞻园

北假山

水池

水池

园

一览图

亭

静妙堂

水池

花篮厅

办公

接待室

门廊

0　5　10　15M

图 8-70　江苏南京瞻园平面图

中
国
造
园
艺
术
史

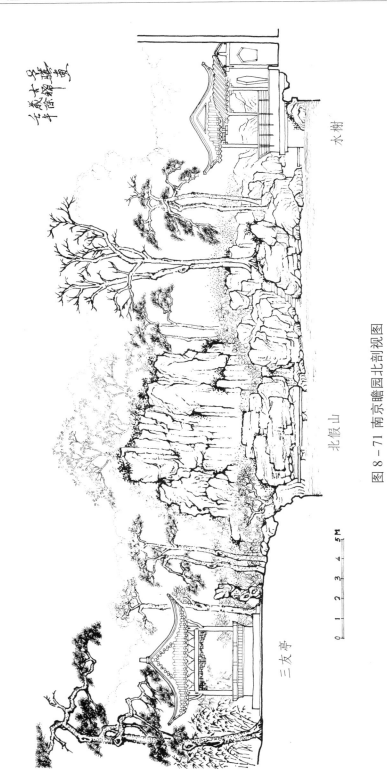

三友亭　　　　　北假山　　　　　水树

图 8－71 南京瞻园北剖视图

政使李宗羲取"静坐观众妙，得此壮胜迹"之意，而名"静妙堂"。堂是瞻园的主体建筑，也是体量最大的惟一的厅堂。堂前后皆有景可观，故东西筑墙封闭，南北户牖虚敞，堂中分隔为二，北堂可远眺北池山水；南堂临池，前构露台，与南假山隔池相望。

由"静妙堂"北檐廊东出，向南为园门，向北沿墙曲廊，时靠时离，通透空灵，至廊端有小榭，架大池之上，渡平梁就是北假山了。

北假山　体量较大，为明代遗构。临池岩崖峭壁，依壁蹊径，石矶浸水，东西两头有石梁可渡，颇具洞壑之意。中构山洞，穴谷深邃，东西两侧，有磴道可上，山顶平台，大石矗立如屏，而有绝壁巉岩之势。

西假山　为土中载石之山，岗阜逶迤，如论画者云："平垒逶迤，石为膝趾，山脊以石为领脉之纲，山腰用树作藏身之幄。"[39]山上有一四角攒尖顶方亭，与池东水榭为对景。因亭周植有松、竹、梅，故亭名"**岁寒厅**"，亦称"**三友亭**"。亭前种梅数十株，名"**梅花坞**"。清代小说家吴敬梓 (1701～1754) 在《儒林外史》中，就曾描写过瞻园有梅数百株的盛况。由亭向南，拾级而上，至"**扇面亭**"，为山之最高处，登亭眺望，一园之胜，尽收眼底。出扇面亭，一路下山，就回到"静妙堂"前的南假山了（参见图 8-71）。

南假山　是在刘敦桢先生亲自主持下，由苏州韩良源和南京王奇峰两位工匠负责施工，用千余吨太湖石堆叠而成。对"静妙堂"呈山环水抱之势，因山面堂背阴，前后高低，错落有致，层次分明，主峰高达 6 米，有一峰而山形崒崢之感。山中洞穴穹窿，灵透而深邃，山上人工瀑布，垂帘于洞口，洞下水流潺潺，使人如涉身岩壑之中。

山的造型，有"**师法自然**"之妙，石壁以沟漕作垂直面划分，颇似石灰岩壁受冲蚀的形象，加之叠石纹顺体适，而无补缀穿凿之痕，浑然一体，有若自然。

瞻园叠山的成功，离不开理水的相宜。论画者云："山本静，水流则动；石本顽，树活则灵。"[40]山无水则不活，水无山则不媚。北假山前大池，位于园的中心偏北，水面曲折有致，东北一隅，水随山势，向北延伸，形成山环水抱之势。用《园冶》的"**疏水若为无尽，断处通桥**"之法，在曲沼与大池的连接处架以石桥，隔出空间的层次和深度。

大池的西南角，随西山岗阜连续，引蔓长流，逦迤向南，经"静妙堂"西侧，注入堂前小池，在由南向东转折处，架以小桥，而有"**水欲远，掩映断其派**"的意趣。

二十六、煦　园

煦园　位于南京长江路，始建于明初，永乐二年 (1404)，明成祖朱棣封其次子朱高煦为汉王时，是汉王府的西园。后人以汉王之名而称"煦园"，俗称"西花园"。

清顺治四年 (1647)，清廷在南京设立两江总督时，为总督衙门。乾隆二十二年 (1757)，乾隆皇帝第二次南巡，为行宫园圃。1853 年 3 月，太平天国建都南京，煦园成为天王府的御花园。1864 年天朝覆灭，园毁坏殆尽。现存建筑物及假山，多为同治年间曾国藩重建总督衙门时所造。1912 年元旦，孙中山先生在煦园暖阁，宣誓就任中华民国临时大总统。园西一栋七开间平房，为临时政府办公室；东北隅小院中的三开间二层楼房，为孙中山的起居之所，居此有 3 个月左右。1927 年以后，为国民政府总统府的花园。

煦园地形很不规整，南半部宽而见方，北半部十分狭窄。园的布局，因形就势，从南至北，开凿一条窄长的水池，其形如瓶。围绕池塘四面，各有一栋建筑，布置简单，一目可尽（参见图 8－72）。

池南，水中置石舫"**不系舟**"，船头左架平梁，右支曲板，与两岸相通；池北，水中建阁，三楹重檐歇山卷棚顶，名"**漪澜阁**"，体量最大，是园的主体建筑。据说此阁曾被改为孙中山的办公室，虽四围皆水，阁两侧均用墙封护，阁后亦用墙围成小院，已无临眺之美。但从环境言，为园的狭窄处，三面被围园墙之中，两侧之水，形同沟渠，后为小池，既无可观之景，亦无可游之境，实同废弃之地（参见图 8－73）。

池的东西两岸，东有挑出池上之水榭，西有临水的二层高楼，两者隔池相望，互为对景。榭三楹歇山卷棚顶，名"**忘飞阁**"；楼三间二层歇山顶，名"**夕佳楼**"，这是围绕长池布置的四个主要景点。

池的外围，"夕佳楼"西之别院，为孙中山临时大总统的办公室。楼后墙上嵌有"**天发神谶碑**"，系三国吴末代皇帝孙皓 (264～280) 的纪功碑，原刻于东吴天玺元年 (276)，因断成三截，俗称"三段碑"。原碑毁于清嘉庆十年 (1805)，现碑为宣统元年 (1909)，两江总督端方 (1861～1911) 请名家摹刻。

在不系舟后，园的西南隅，靠墙构有两层方亭，亭后两边有梯可上，下层室内墙上，因嵌有《资江印心石屋山水图》，故亭名"**印心石屋**"。登亭北望，可尽览全园景色。

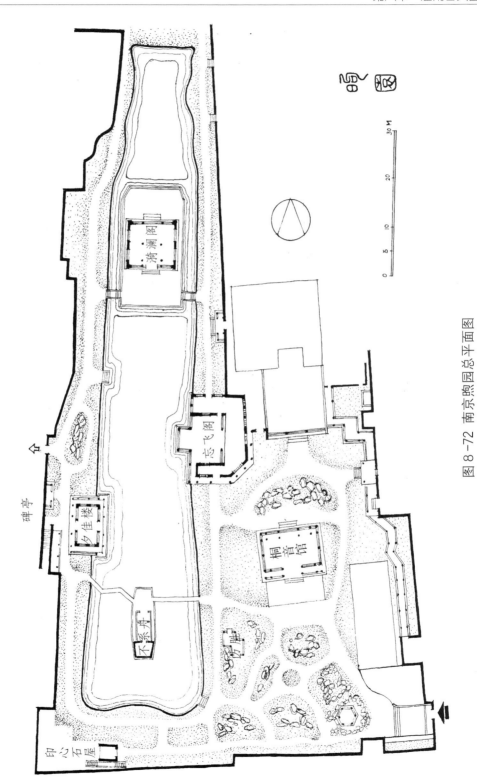

图8-72 南京煦园总平面图

　　园南池东，地势宽敞，近岸处与不系舟相对，有一平面呈套方形小亭，两个四角攒尖顶，既相对独立，又紧密相连，因其平面投影，如吉祥图案的方胜，而名"**方胜亭**"，又因如两亭连体，俗称之为"**鸳鸯亭**"。

　　这一片空庭中，原多植梧桐，桐在古代为庭院喜植之树，因其"皮青如翠，叶缺如花，妍雅华净，赏心悦目，人家斋馆多种之。"⑪桐荫下有栋檐桷翼翼，户牖四达的建筑，名"桐音馆"。馆之所以用"桐音"为名，不妨从"睡起秋声无觅处，满阶桐叶月明中"的诗意去领略其境界了。

　　煦园在布局和设计方法上，与江南古典园林有显著的不同，布局十分简单，所有景物包括建筑和假山，都采取散点布置的方式，景物间相对独立，而一目了然。根本见不到古典园林艺术中，处处可见的曲折致深，以小见大，以少总多的诸多手法。如何造园，如计成在《园冶·掇山》中所说，造园是"**雅从兼于半士**"的，即一半要取决于园主的修养和要求。煦园从开始就是王府，而朱高煦是个"性凶悍"之人；入清以后至民国，一直是总督衙门、天王府、总统府的花园，园中不允许有可隐匿之处，这是最高统治者处处防卫心理的共同要求，这应是煦园形式特征的内在因素，对园主而言"**境以惬赏为美**"，煦园不能说它不美。

　　在中国园林文化史上，煦园有其重要的历史意义和价值。但从造园艺术创作而言，煦园立意之俗，可说集中地反映在理水和水景建筑"**不系舟**"的意匠上。水池之形，纯依地形，南宽北窄，非常狭长，池岸绳直，毫无"**亭台突池**

图8-73　江苏南京煦园不系舟

沼而参差" 之趣。

不系舟，本是中国园林建筑中，具有高度艺术性的**象征性组合建筑**，造在渐台（水中之台）之上，用亭、房、阁三种形式组合成象征舟舫的水景建筑，前用空亭，横置作舱门；中舱为坡顶房舍，两侧满装青绮疏镇的和合窗；后舱为两层楼阁，三面砌墙，楼上则四面虚敞。前亭后阁，虚实对比，翼角飞飏。建筑虽三面皆水，而后面不离池岸，是借建筑之**形**，而具舟舫之**神**。

作为舟，它在**似与不似**之间。从其**形**，正因为它不似舟，才不觉其体量之大，池塘之小，使人无一汪死水了无生意之感。从其神，正因为它**神**似舟，才给人以丰富的联想，偃卧其中如乘行舟；皓月当空，伫立船首，水波粼粼，而有泛游江湖之想。

煦园的"不系舟"，舍**天趣**而求**物趣**，将建筑完全置于池水当中，石制船身做得如真船一般，其上建筑三者全用简朴的两坡顶，从任何角度看，都是一艘不小的游船，居然搁浅在这沟渠般的池水里，正由于追求**形似**，船不能航则死，形似之过也。煦园，一言以蔽之，毫无山水意境可言。而中国造园艺术水平之高，就在于对时空无限性与永恒性的追求，才能创造出具有高度自然山水精神境界的园林。

注：

①童雋：《江南园林志·现况》。

②北宋·李格非：《洛阳伽蓝记·城西·寿丘里》。

③南宋·张琰：《洛阳名园记·序》。

④张家骥著：《西周城市初探》，载《科技史文集》第11辑，上海科技出版社，1984。

⑤元·骆天骧：《类编长安志·纪异》卷之八。

⑥清·李斗：《扬州画舫录·城北录》。

⑦魏·嘉瓒：《苏州历代园林录》，第201页，北京燕山出版社，1992。

⑧清·孙嘉淦：《南游记》。

⑨清·范秉忠：《寒碧庄记》。

⑩清·俞樾：《留园记》。

⑪清·钱大昕：《网师园记》。

⑫《江南园林志·现况·苏州》。

⑬清·沈复：《浮生六记·浪游记快》卷四。

中
国
造
园
艺
术
史

⑭清·于敏中等：《日下旧闻考·国朝苑囿·长春园》，卷八十三。

⑮《苏州历代名园录》，第 99 页。

⑯宋·范成大：《吴郡志·园亭·沧浪亭》，卷一四。

⑰《吴郡志·园亭》，卷十四，附：宋·苏舜钦：《沧浪亭记》。

⑱张家骥：《中国造园论》，第 82 页，山西人民出版社，1991。

⑲明·计成：《园冶·立基》。

⑳《园冶·相地·傍宅地》。

㉑《苏州历代名园录》，第 64 页。

㉒陈从周主编：《中国园林鉴赏辞典》，第 54 页，华东师范大学出版社，2001。

㉓清·钱泳：《履园丛话》，卷十二。

㉔《日下旧闻考·国朝宫室·西苑六》，卷二十六。

㉕《苏州历史名园录》，第 257 页。

㉖刘敦桢：《苏州古典园林》。

㉗㉙清·笪重光：《画筌》。

㉘五代·荆浩：《山水诀》。

㉚宋·郭熙：《林泉高致》。

㉛清·汪灏等：《广群芳谱·竹谱·竹二》，卷八十三。

㉜宋·叶梦得：《避暑录话》。

㉝《日下旧闻考·国朝苑囿·圆明园三》，卷八十二。

㉞《江南园林志·现况·扬州》。

㉟《江南园林志·现况·杭州》。

㊱《江南园林志·现况·嘉兴》。

㊲明·王士祯：《游金陵诸园记》。

㊳潘谷西主编：《江南理景艺术》。

㊴㊵《画筌》。

㊶《广群芳谱·木谱六·桐》，卷七十三。

修订前初版时的后记

　　20 世纪 50 年代初，我还在大学读书时，到苏州实习，古典园林艺术的美就吸引了我：那朴素而典雅的形象，清幽而深邃的景境，流动而极臻变化的空间情趣，使我产生了极大的兴趣。50 年代末，我由上海同济大学建筑系调到哈尔滨支援哈尔滨建工学院，途经北京，有机会看到首都的古建筑，故宫和颐和园的雄丽，不禁使我心驰神往，深为中国古代劳动人民创造出如此灿烂辉煌的文化而感到作为炎黄子孙的民族自豪，同时有一种迫切研究古代造园和建筑文化的渴望。遗憾的是，在 50 年代却找不到一本系统的理论专著，当时仅有的一本中国建筑史，也非出自中国人之手。对此情景，我这个青年学子，真是恨无此力而奋惭怒臂，但也更加激励了我对古代造园和建筑理论的探索。

　　二十多年来，我虽一直从事建筑设计的教学工作，但始终没有停止过这方面的研究，而是手录笔耕，常通宵达旦，几无间日。曾涂鸦于斗室云：

　　　　寒窗结凌花，白壁映青辉；
　　　　炉火不觉烬，曙光透帘帏。

　　这景况正是多年使我忘却一切苦恼，埋头古籍于爬剔中感到生活充实和乐趣的写照了。

　　1962 年在《建筑学报》上，以"读书札记"的形式，发表了我的处女作《读〈园冶〉》。在当时极左思潮的影响下，对《园冶》中那许多封建官僚士大夫的思想意识和审美趣味等等的所谓"糟粕"，仍不免于"批判其虚、肯定其实"一番，末了还是给《园冶》下了个"大醇小疵"的结论，当然照例不免于受到责难和批评。但也受到一些方面的重视[①]，特别要感谢我的老师汪定曾先生写信来鼓励，肯定我的研究方向[②]，使我更有信心地坚持下去。

　　如果说《园冶》还有小疵的话，并非是计成在书中所写的那些封建统治阶级的生活方式和思想意识，而是从学术性著作要求，在系统性、逻辑性和理论的概括上尚不够科学严谨，太重文学趣味和感性经验的描绘，这也只能说是历史的局限了。

　　道理很简单，园林本来就是为了满足封建统治阶级的生活享乐需要而发展起来的。在阶级对抗的社会里，也只有在物质生产和精神生产上处于统治地位的阶级，才会有条件建造园林满足他们的需要，因此，在古典建筑和园林中，必然体现的是封建统治阶级的生活方式，充分反映出这个阶级的思想意识和审美要求。但任何社会没有劳动人民都不能够生存下去，更不用说去建造什么园林，所以在造园历史上又凝结着古代工匠和劳动人民的血汗和智慧，这就是以往的历史。

　　对今天的造园来说，封建统治阶级的生活方式和思想意识，是应予批判扬弃的。对古典园林本身来说，则是决定园林形式的思想内容，这是客观存在的历史事实。正如恩格斯所说：

　　　　自从各种社会阶级的对立发生以来，正是人的恶劣的情欲——贪欲和权势欲成了历史发展的杠杆[③]。

中
国
造
园
艺
术
史

　　整个造园史就足以为这个论点提供非常明显的例证。否定古代造园的内容，研究它的形式，从直观的感性景象分析古典园林的空间意匠和手法，并非没有必要，但这种形而上学的思想方法，"虽然在某一多少宽广的领域中（宽广程度要看研究对象性质而定）是合用的，甚至是必要的，可是迟早它总要遇着一定的界限，在这界限之外，它就变成片面的、局限的、抽象的，而陷于不能解决的矛盾之中了"④。

　　讳言古典园林的内容，肯定它的形式，实际上自觉或不自觉地在兼收并蓄全盘肯定了它的内容。这种情况从近年来的造园实践中已逐渐暴露出来，如有的城市，把原来很好的公园，硬按照苏州古典园林的空间布局，隔成许多大大小小的庭院，大肆兴建楼台亭阁的做法，岂不是在把今天人们丰富多彩的娱游生活，硬嵌进早已逝去的、僵死的生活环境里去吗？

　　回避内容，不究形式产生之所由，也就不可能了解古代造园同样有它产生、发展和衰亡的过程。在不同的历史发展阶段，园林在形式上之所以具有它时代的特征，正是随着社会经济的发展，人们生活方式和思想意识的变化而发展的。不承认内容与形式的辩证关系，就难以科学地揭示出古代造园历史发展的客观规律。我们也就不难理解，为什么迄今尚无一部中国造园史问世的主要原因了。

　　在科学的春天到来之后，著者受到各方面的鼓励与支持，整理了二十多年的集腋，竭尽全力用五百多个不眠之夜，奋力笔耕，写成这部很不成熟的作品，够不上填补这个领域的空白，只是在这片资源极为丰富的、亟待开垦的园地一角，开始做了点耕耘而已。仅仅是个开头，远远没有结束。期待着专家学者和广大读者的帮助，给予绳偏纠谬，我将继续深入地研究下去。

　　本书为了能加强形象性，更好地表现古代的造园艺术，不采用图片，全部插图均徒手绘制成钢笔画，这也是在钢笔画的民族风格方面做点探索。

　　我能够写出这部粗陋而不成熟的著作，仅靠个人的力量，其艰难亦可以想见，若是没有许多老同学、老朋友和校友们的热心帮助，今天也不可能呈献给读者。多年来他们不厌其烦地为我查找、购买、复印资料，或从当地图书馆借书不远千里地往返邮寄，甚至手抄笔录资料寄赠，如此情谊，对我也是个很大的鞭策。如江苏中医界老前辈秦正生老先生将他珍藏的古籍图书随我借阅，我的老同学南京工学院建筑系张敬人、上海财经学院经济思想史教研室葛寿昌、哈尔滨城市规划管理局徐礼白、我的家乡江苏淮阴市国画师章农诸位先生；以及各地的校友们，如山西省建筑科研所左国保、北京《建筑学报》编辑部周畅、吉林省建筑设计院吴雪岭、西安房地局下马陵设计室邸芃同志……等等，感谢他们为此书的写作所给予的热情支持和种种帮助。

张家骥

1984 年春写于苏州寒山寺西江枫园

这次重印的话

张家骥教授，从 1989 年深秋联系其第二部书稿《中国造园论》始，到 2013 年其以 82 岁的耄耋老人辞世，在他《中国造园史》之后长达 24 年，思如涌泉的著述生涯中与我们山西人民出版社有着友好而无间的编著合作关系。为纪念、缅怀这位在建筑理论界作出卓越贡献的学者，特将其著述出版的图书大致情况介绍如下：

《中国造园艺术史》：1986 年，家骥教授的首部著作《中国造园史》由黑龙江人民出版社出版。而后台湾明文书局和博远出版有限公司分别以繁体字版本重印出版。香港大公报载文评论"中国造园之有史，当以此书为始。"2004 年作者在此书的基础上做了较大修改，更名为现《中国造园艺术史》交付山西人民出版社出版。2011 年我社又与作者续签十年的出版合作，今年第二次重印此修订本。

《中国造园论》：1991 年由山西人民出版社初版。这是我国第一部系统的造园学理论著作。该书以空间、情景、虚实、借景、意境等五论建构了造园理论的主要框架，与《中国造园艺术史》被学界称为中国造园学上珠联璧合的史论双峰之作。这部以逻辑严密，方法多元，文采飞扬著称的学术专著荣获了第六届中国图书奖（为当时出版界最高奖）。2003 年此书修订后，又由我社重版；2008 年韩国出版公司购得此书在韩出版的版权译成韩文出版，次年又获第八届国家优秀图书输出奖。2011 年我社与作者续签了十年的出版合同，第三次重印出版。

《园冶全释——世界最古造园学名著研究》：此书将很难读懂，更难正确理解运用的古籍本《园冶》，从中国传统文化的历史背景出发，以中国传统造园艺术的哲学思想融汇，准确解读，并作了精要的评介和分析。1993 年交付山西人民出版社初版。该书以独特的编排形式方便了专业读者，深受园林学界师生的关注和欢迎。2002 年由我社第二次重印。售罄后 2011 年我社又与作者续签十年出版合同，第三次重印面世。

《中国园林艺术大辞典》：1997 年由山西教育出版社初版，翌年荣获华北优秀教育图书一等奖。2006 年中国学术期刊（光盘版）电子杂志社购此书链接检索版。其后，在初版的基础上增补，2010 年更名为《中国园林艺术小百科》由中国建工出版社再版。

《中国建筑论》：2003 年作者用五年多时间写成的这部鸿篇巨制又由山西人民出版社初版。此书 80 多万文字并配有近百幅国内著名摄影师顾棣老先生等人拍摄的相关彩照和黑白照，以及 400 多幅作者徒手绘的线条插图，厚重精深，代表了作者一生最高的学术成果；是中国建筑理论的奠基之作。因它是第一部对中国古代木构建筑体系的形成、发展、衰亡作全面、系统、整体性的研究并解决了建筑史学界许多悬而未决的一系列重大问题，总结出了中国传统建筑的设计原理和法则，建立了系统的中国建筑的思想理论体系。从而入选"中华优秀出版物奖参奖书目"。2011 年我社第二次与作者续签了十年的出版合同。2012 年此书的浓缩本，旨在普及的《简明中国建筑论》在原书责任编辑的全权代理下由江苏人民出版社出版。

以上学术专著连续的出版、修订、重印和精心的编印，考究的装帧，以及每次都给予作者最高标准的稿酬，无不充分地说明我们山西人民出版社对这位将毕生精力奉献给中国建筑，中国造园历史、理论研究并卓有建树的著名学者的尊重和有力支持！所有这些，使张家骥教授在呕心沥血、笔耕不辍、孤寂攀登崎岖的学术之路上得到了莫大的慰籍和常人难感的幸福！而他耐得寂寞、淡泊名利、焚膏继晷著述的精品专著也荣获了国家出版界不同的各级奖项，为山西人民出版社带来相应的很高荣誉！如今，其人已逝，在震惊与痛心中，写如上的话为记！

张家骥教授以上图书的责任编辑及出版参与和代理者

山西人民出版社编审赵世莲

2013 年 4 月

（癸巳年庚子日）

图书在版编目（CIP）数据

中国造园艺术史/张家骥著. —2 版 . —太原：山西人民出版社，2004.12（2013.6 重印）

ISBN 978 - 7 - 203 - 05148 - 0

Ⅰ. 中…　Ⅱ. 张…　Ⅲ. 造园林 - 建筑艺术史 - 中国　Ⅳ. TU - 098.42

中国版本图书馆 CIP 数据核字（2004）第 101382 号

中国造园艺术史

著　　者：	张家骥
责任编辑：	赵世莲
装帧设计：	陈永平
出 版 者：	山西出版传媒集团·山西人民出版社
地　　址：	太原市建设南路 21 号
邮　　编：	030012
发行营销：	0351 - 4922220　4955996　4956039
	0351 - 4922127（传真）　4956038（邮购）
E - mail：	sxskcb@163.com　发行部
	sxskcb@126.com　总编室
网　　址：	www.sxskcb.com
经 销 者：	山西出版传媒集团·山西人民出版社
承 印 者：	山西出版传媒集团·山西人民印刷有限责任公司
开　　本：	787mm×1092mm　1/16
印　　张：	32.5
字　　数：	544 千字
印　　数：	3001—6000 册
版　　次：	2004 年 12 月第 1 版
印　　次：	2013 年 6 月第 2 次印刷
书　　号：	ISBN 978 - 7 - 203 - 05148 - 0
定　　价：	120.00 元

如有印装质量问题请与本社联系调换